Training Mathematik

Band 1
Grundlagen

Von
Dr. Gert Heinrich
und
Dipl.-Math. Thomas Severin

R. Oldenbourg Verlag München Wien

Für

Anja, Susanne,

Felicitas, Sabine und Tim

Die Deutsche Bibliothek - CIP-Einheitsaufnahme

Heinrich, Gert:
Training Mathematik / von Gert Heinrich und Thomas Severin.
- München ; Wien : Oldenbourg
NE: Severin, Thomas:
Bd. 1. Grundlagen. - 1997
  ISBN 3-486-23887-6

© 1997 R. Oldenbourg Verlag GmbH, München

Gesamtherstellung: R. Oldenbourg Graphische Betriebe GmbH, München

ISBN 3-486-23887-6

Vorwort

Während unserer Lehrtätigkeiten (Universität, Berufsakademie, Volks-
hochschulen) im Fach Mathematik mußten wir, besonders in den letzten
Jahren, immer deutlicher feststellen, daß ein hoher Prozentsatz der Schüler
die erforderlichen Studienvoraussetzungen im Fach Mathematik nicht oder
nur sehr unvollständig besitzt.

Diese vierteilige Buchreihe (Grundlagen, Analysis, Lineare Algebra und
Analytische Geometrie sowie Stochastik und Statistik) soll Schülern und Stu-
denten helfen, die Grundkenntnisse der elementaren Mathematik zu erlernen
und durch Üben zu festigen.

Die gesamte Buchreihe ist so aufgebaut, daß zu Beginn eines jeden Ka-
pitels die jeweilige Theorie kurz dargeboten wird. An einer Vielzahl von Beispielen werden Anwendungsmöglichkeiten gezeigt. Diese Beispiele decken den
theoretisch behandelten Stoff vollständig ab. Auf die Beweise zu den Sätzen
wird bewußt verzichtet, da es sich bei diesem Buch um eine **Beispiel- und
Aufgabensammlung** handelt und nicht um ein Lehrbuch im herkömmli-
chen Sinne. Das Kernstück bilden dann **Übungsaufgaben**. Sämtliche Aufgaben sind mit **vollständigem Lösungsweg** versehen.

Im hier vorliegenden **Band 1, Grundlagen** werden die notwendigen
Hilfsmittel bereitgestellt, die für die weiterführenden Disziplinen Analysis,
Lineare Algebra und Analytische Geometrie sowie Stochastik und Stati-
stik unentbehrlich sind. Behandelt werden Mengenlehre, Zahlenbereiche und
Rechenregeln, Potenzen, Wurzeln, binomische Formeln und Logarithmen,
Beträge, Termumformungen, Prozent-, Zins- und Mischungsrechnung, Glei-
chungen und Ungleichungen, Geometrie in der Ebene und Körper im Raum.

Für die kritische Durchsicht des Manuskripts bedanken wir uns bei den Herren cand. math. Martin Severin und cand. math. Jochen Severin, die auch den größten Teil der Aufgaben nachgerechnet haben, bei Herrn Dipl.-Ing. Elekrotechnik, Fachrichtung Informationsverarbeitung (FH) Sven Rudisch für das Anfertigen der Abbildungen in den Kapiteln 1, 2 und 10 und bei Frau Susanne Heinrich für das unermüdliche Korrekturlesen. Unser Dank gilt auch Herrn Dipl. Volkswirt Martin Weigert vom Oldenbourg-Verlag für die angenehme Zusammenarbeit und weitestgehende Freiheit bei der Gestaltung dieses Buches.

Für Hinweise auf Fehler und Verbesserungsvorschläge sind wir jedem Leser dankbar.

Fellbach, Rechberghausen

Gert Heinrich
Thomas Severin

Inhaltsverzeichnis

Kapitel 1

Mengenlehre

1.1 Mengen und Elemente

Die Mengenlehre, so wie wir sie heute kennen, wurde von dem deutschen Mathematiker **Georg Cantor** (1845-1918) begründet. Sie spielt in vielen mathematischen Gebieten eine bedeutende Rolle z. B. in der Analysis, in der Wahrscheinlichkeitsrechnung und in der Stochastik.

Definition 1.1.1
Eine **Menge** *ist eine Zusammenfassung von wohlbestimmten und wohlunterschiedenen Objekten zu einem Ganzen. Diese Objekte werden* **Elemente** *genannt.*
Eine Zusammenfassung von nicht notwendigerweise verschiedenen Objekten zu einem Ganzen nennt man ein **System**.

Mengen werden auf unterschiedliche Weisen dargestellt. Die erste Möglichkeit hierzu ist die **aufzählende Darstellung**. Dabei werden die Elemente zwischen zwei geschweifte Klammern $\{\ldots\}$ geschreiben.
Gehört ein Element a zu einer Menge A, so schreibt man dafür:
$a \in A$ und spricht: a ist Element von A.
Gehört ein Element a nicht zu einer Menge A, so schreibt man:
$a \notin A$ und spricht: a ist kein Element von A.

Beispiel 1.1.1

Die Menge $A = \{1, 2, 3\}$ beinhaltet die drei Elemente 1, 2 und 3.

Im Gegensatz dazu ist $B = \{1, 2, 3, 2, 2, 3\}$ keine Menge, sondern ein System, da die Elemente 2 und 3 mehrfach vorkommen und dadurch nicht unterschieden werden können.

Beispiel 1.1.2

1.) Die Menge $A = \{\square, \diamondsuit, \triangle\}$ enthält die Elemente $\square$, $\diamondsuit$ und $\triangle$.

2.) Die Menge $B = \{1, 2, 3\}$ enthält die Elemente 1, 2 und 3, d.h. es gilt $1 \in B$, $2 \in B$ und $3 \in B$. Desweiteren gilt z.B. $4 \notin B$.

3.) Die Menge $C = \{\text{VW}, \text{Opel}, \text{Ford}, \text{Audi}\}$ enthält die Elemente VW, Opel, Ford und Audi, d.h. $\text{VW} \in C$, $\text{Opel} \in C$, $\text{Ford} \in C$, $\text{Audi} \in C$. Es gilt aber auch $\text{Toyota} \notin C$ oder $3 \notin C$.

4.) Die Menge $D = \{2, 4, 6, 8, \ldots 1\,000\}$ enthält alle geraden natürlichen Zahlen zwischen 2 und $1\,000$.

5.) Die Menge $E = \{2, 3, 5, 7, 11, 13\}$ enthält alle Primzahlen zwischen 2 und 13.

6.) Die Menge $F = \{7\}$ enthält nur die Zahl 7.

7.) Die Menge $G = \{\clubsuit, \diamondsuit, \heartsuit, \spadesuit\}$ enthält die vier Elemente $\clubsuit$, $\diamondsuit$, $\heartsuit$ und $\spadesuit$. Dies sind die vier Farben des französischen Kartensatzes.

8.) Die Menge $H = \{\text{Sabine}, \text{Anja}, \text{Susanne}\}$ enthält weibliche Vornamen.

9.) Die Menge $L = \{\}$ enthält überhaupt kein Element.

Bemerkung:

Hier ist ein Verweis auf Kapitel 2 angebracht. Dort werden zwei der wichtigsten Zahlenmengen vorgestellt:

- Die Menge der **natürlichen Zahlen** $\mathbb{N} := \{1, 2, 3, \ldots\}$.

- Die Menge der **ganzen Zahlen** $\mathbb{Z} := \{\ldots, 0, -1, 1, -2, 2, -3, 3, \ldots\}$.

Eine zweite Möglichkeit der Darstellung von Mengen ist die **beschreibende Form**. Eine Menge wird dabei durch Kennzeichnung der Eigenschaften ihrer Elemente in Worten beschrieben und zwar wie folgt:

$$M = \{a \mid a \text{ hat die Eigenschaft E}\}.$$

Die Sprechweise hierfür ist: M ist die Menge aller a für die gilt: a hat die Eigenschaft E.

Beispiel 1.1.3

1.) $A = \{a \mid a$ ist eine gerade natürliche Zahl, die kleiner gleich 100 ist$\}$.

2.) $B = \{b \mid b$ ist ein weiblicher Vorname$\}$.

3.) $C = \{c \mid c$ ist ein Tier$\}$.

Eine graphische Möglichkeit zur Darstellung von Mengen stellen die **Venn-Diagramme** dar. Dabei werden die Elemente als Punkte innerhalb einer geschlossenen Kurve dargestellt.

Abbildung 1.1.1
Venn-Diagramme

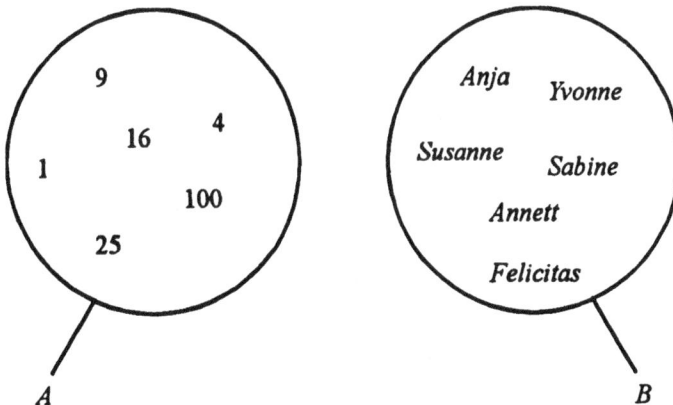

Zwei wichtige Mengen werden in der folgenden Definition vorgestellt:

Definition 1.1.2
Die **leere Menge** *enthält überhaupt kein Element. Sie wird mit* $\emptyset$ *oder einfach mit* {} *bezeichnet.*
Die **Grundmenge** G *enthält alle betrachteten Elemente.*

Das folgende Beispiel zeigt die Bedeutung der Grundmenge.

Beispiel 1.1.4
  1.) Seien $G = \{1, 2, 3, \ldots, 10\}$ und $A = \{a \mid a$ ist kleiner gleich 3$\}$.
      Dann gilt: $A = \{1, 2, 3\}$.

  2.) Seien $G = \{3, \ldots, 10\}$ und $A = \{a \mid a$ ist kleiner gleich 3$\}$.
      Dann gilt: $A = \{3\}$.

  3.) Seien $G = \{5, 6, 7, \ldots, 10\}$ und $A = \{a \mid a$ ist kleiner gleich 3$\}$.
      Dann gilt: $A = \{\}$.

1.2   Teilmengen

Definition 1.2.1
Eine Menge U *heißt eine* **Teilmenge** *oder auch* **Untermenge** *einer Menge* O, *falls jedes Element der Menge* U *auch ein Element der Menge* O *ist. Die Bezeichnung ist* $U \subset O$ *und die Sprechweise lautet:* U *ist Teilmenge von* O. O *bezeichnet man auch als* **Obermenge** *von* U. *Die Bezeichnung ist* $O \supset U$ *und die Sprechweise hierfür lautet:* O *ist Obermenge von* U.

Zwei Mengen A und B sind **gleich** $(A = B)$, wenn jedes Element der Menge A auch ein Element der Menge B ist und umgekehrt. Mithilfe der Definition 1.2.1 kann die Gleichheit zweier Mengen folgendermaßen beschrieben werden: Die Mengen A und B sind gleich, genau dann, wenn A Teilmenge von B und B Teilmenge von A ist. In Formeln bedeutet dies:

$$A = B \quad \text{genau } \overset{\Longleftrightarrow}{\text{dann, wenn}} \quad A \subset B \quad \text{und} \quad B \subset A.$$

Sind die Mengen A und B **nicht gleich**, so schreibt man $A \neq B$. Gilt $A \subset B$ und $A \neq B$, dann nennt man A eine **echte Teilmenge** von B.

Beispiel 1.2.1
Die leere Menge $\emptyset$ ist Teilmenge einer jeden Menge A, d. h. $\emptyset \subset A$ für jede
Menge A. Jede Menge A ist eine Teilmenge von sich selbst, d. h. $A \subset A$.

Beispiel 1.2.2
Seien $A = \{1, 2, 3, 4, 5, 6\}$ und $B = \{1, 2, 3, 4, 5, 6, 7, 8\}$. Dann ist A eine echte
Teilmenge von B, da alle Elemente von A auch in B sind, aber B zusätzlich
noch die Elemente 7 und 8 enthält.

Abbildung 1.2.1
Teilmengen im Venn-Diagramm.

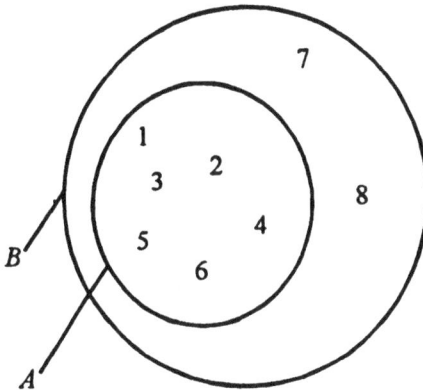

Beispiel 1.2.3
M sei die Menge, die aus den Elementen a und b besteht, also $M = \{a, b\}$.
Es gilt somit

- $a \in M$, da a ein Element der Menge M ist.

- $a \not\subset M$, da a keine Teilmenge von M, sondern ein Element von M ist.

- $\{a\} \subset M$, da $\{a\}$ eine Teilmenge von M ist.

- $\{a\} \notin M$ da $\{a\}$ kein Element, sondern eine Teilmenge von M ist.

- $a \neq \{a\}$, denn a ist ein Element der Menge M und $\{a\}$ ist eine Teilmenge von M.

Dieses Beispiel zeigt, daß man stets beachten sollte, ob man Teilmengen oder
Elemente einer Menge betrachtet.

Satz 1.2.1
Besitzt eine Menge M genau m verschiedene Elemente, so ist die Anzahl der
verschiedenen Teilmengen genau 2^m.

Die leere Menge und die Menge selbst werden bei der Anzahl der möglichen
verschiedenen Teilmengen mitgezählt.
Die Anzahl der Elemente einer Menge M wird mit $|M|$ bezeichnet.

Beispiel 1.2.4

1.) Die leere Menge $\emptyset$ enthält keine Elemente. Sie enthält also nur $2^0 = 1$
Teilmenge und zwar $\emptyset$, d.h. sich selbst.

2.) Die Menge $A = \{a\}$ enthält ein Element. Die Menge A besitzt somit
$2^1 = 2$ verschiedene Teilmengen. Diese sind $\emptyset$ und $A = \{a\}$.

3.) Die Menge $B = \{1, 2, 3\}$ besitzt $2^3 = 8$ verschiedene Teilmengen und
zwar: $\emptyset, \{1\}, \{2\}, \{3\}, \{1, 2\}, \{1, 3\}, \{2, 3\}, B$.

Definition 1.2.2
M sei eine beliebige Menge. Dann heißt die Menge aller Teilmengen von M
die **Potenzmenge** *von M,*

$$\mathcal{P}(M) = \{T \,|\, T \subset M\}.$$

Beispiel 1.2.5
Die Potenzmenge der Menge $B = \{1, 2, 3\}$ ist gegeben durch

$$\mathcal{P}(B) = \{\emptyset, \{1\}, \{2\}, \{3\}, \{1, 2\}, \{1, 3\}, \{2, 3\}, B\}.$$

1.3 Mengenoperationen

Betrachtet werden nun zwei Mengen M und N **mit derselben Grund-**
menge G. Für diese Mengen werden nun Rechenregeln erklärt.

Definition 1.3.1

Die **Vereinigungsmenge** *V der Mengen M und N ist die Menge aller Elemente, die zu M oder zu N gehören. Dabei ist das hier verwendete* oder *kein* entweder-oder*! Die Mengenschreibweise hierfür lautet:*

$$N \cup M = M \cup N = \{x \mid x \in M \ oder \ x \in N\}.$$

Die Sprechweise ist: M vereinigt mit N.

Beispiel 1.3.1
Es seien $A = \{1, 2, 3\}$, $B = \{2, 3, 4\}$, $C = \{1\}$ und $D = \{5, 6\}$.
Dann gilt: $A \cup B = \{1, 2, 3, 4\}$, $A \cup C = A$, $A \cup D = \{1, 2, 3, 5, 6\}$,
$B \cup C = \{1, 2, 3, 4\}$, $B \cup D = \{2, 3, 4, 5, 6\}$, $C \cup D = \{1, 5, 6\}$.

A und B seien beliebige Mengen in einer Grundmenge G und T sei eine Teilmenge von A. Dann gilt:

$$A \cup \emptyset = A, \qquad A \cup A = A, \qquad A \cup G = G,$$
$$A \cup T = A, \qquad A \subset (A \cup B), \qquad B \subset (A \cup B).$$

Es gilt also: $\qquad M \cup N = N \iff M \subset N$.

Die Vereinigung von $n \in \mathbb{N}$ Mengen M_i, $1 \le i \le n$ bezeichnet man mit

$$M_1 \cup M_2 \cup \ldots \cup M_n = \bigcup_{i=1}^{n} M_i$$
$$= \{x \mid x \ \text{liegt in mindestens einer der Mengen } M_i, 1 \le i \le n\}.$$

Die Vereinigung von unendlich vielen Mengen M_i bezeichnet man mit

$$M_1 \cup M_2 \cup \ldots = \bigcup_{i=1}^{\infty} M_i$$
$$= \{x \mid x \ \text{liegt in mindestens einer der Mengen } M_i, i \in \mathbb{N}\}.$$

Definition 1.3.2
Die **Schnittmenge** *S der Mengen M und N ist die Menge aller Elemente,*

die gleichzeitig in der Menge M und in der Menge N enthalten sind. Die Mengenschreibweise hierfür lautet:

$$N \cap M = NM = MN = M \cap N = \{x \mid x \in M \text{ und } x \in N\}.$$

Die Sprechweise ist: M geschnitten mit N.

Zwei Mengen M und N, die kein gemeinsames Element besitzen, heißen **elementefremd** oder **disjunkt**. Es folgt somit: M und N sind disjunkt, genau dann, wenn $M \cap N = \emptyset$ gilt.

Beispiel 1.3.2

Es seien $A = \{1,2,3\}$, $B = \{2,3,4\}$, $C = \{1\}$ und $D = \{5,6\}$. Dann gilt: $A \cap B = \{2,3\}$, $A \cap C = C$, $A \cap D = \emptyset$, $B \cap C = \emptyset$, $B \cap D = \emptyset$, $C \cap D = \emptyset$. Die Mengen A und D, B und C, B und D, sowie die Mengen C und D sind elementefremd oder disjunkt.

A und B seien beliebige Mengen in einer Grundmenge G und T sei eine Teilmenge von A, dann gilt:

$$A \cap \emptyset = \emptyset, \qquad A \cap A = A, \qquad A \cap G = A,$$
$$A \cap T = T, \qquad (A \cap B) \subset A, \qquad (A \cap B) \subset B.$$

Es gilt also: $\qquad M \cap N = M \quad \Longleftrightarrow \quad M \subset N$.

Den Schnitt von $n \in \mathbb{N}$ Mengen M_i, $1 \le i \le n$ bezeichnet man mit

$$M_1 \cap M_2 \cap \ldots \cap M_n = \bigcap_{i=1}^{n} M_i$$
$$= \{x \mid x \text{ liegt in allen Mengen } M_i, 1 \le i \le n\}.$$

Den Schnitt von unendlich vielen Mengen M_i bezeichnet man mit

$$M_1 \cap M_2 \cap \ldots = \bigcap_{i=1}^{\infty} M_i$$
$$= \{x \mid x \text{ liegt in jeder Menge } M_i, i \in \mathbb{N}\}.$$

Definition 1.3.3
*Die **Differenzmenge** D ist die Menge aller Elemente, die zu M, aber nicht zu N gehören. Die Mengenschreibweise hierfür lautet:*

$$M \setminus N = \{x \,|\, x \in M \text{ und } x \notin N\}.$$

Die Sprechweise ist: M ohne N.

Beispiel 1.3.3
Es seien $A = \{1, 2, 3\}$, $B = \{2, 3, 4\}$, $C = \{1\}$ und $D = \{5, 6\}$.
Dann gilt: $A \setminus B = C$, $B \setminus A = \{4\}$, $A \setminus C = \{2, 3\}$, $C \setminus A = \emptyset$, $A \setminus D = A$,
$D \setminus A = D$, $B \setminus C = B$, $C \setminus B = C$, $B \setminus D = B$, $D \setminus B = D$,
$C \setminus D = C$, $D \setminus C = D$.

Ist N eine **Teilmenge** von M, so kann man auch das **Komplement** der Menge N bezüglich der Menge M bilden ($K = C_M N = N^{C_M}$). Man spricht hier auch von der **Komplementmenge**. Das Komplement von N bezüglich M besteht aus den Elementen, die zu M aber nicht zu N gehören.
In der Mengenschreibweise erhält man für $N \subset M$:

$$C_M N = N^{C_M} = M \setminus N = \{x \,|\, x \in M \text{ und } x \notin N\}.$$

Die Vereinigungs-, Schnitt- und Differenzmenge der Mengen $A = \{1, 2, 3\}$ und $B = \{2, 3, 4\}$ in Venn-Diagrammen.

Abbildung 1.3.1
Die Vereinigungsmenge $C = A \cup B = \{1, 2, 3, 4\}$.

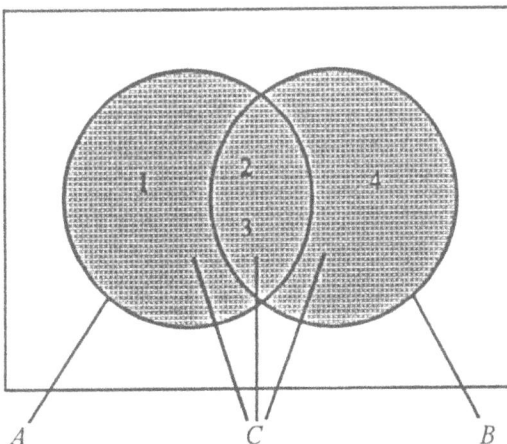

Abbildung 1.3.2

Die Schnittmenge $D = A \cap B = \{2, 3\}$.

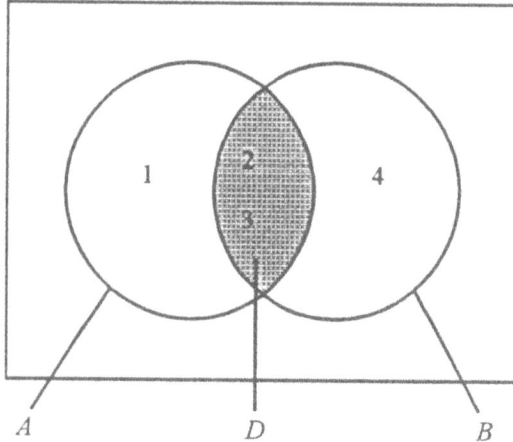

Abbildung 1.3.3

Die Differenzmenge $E = A \setminus B = \{1\}$.

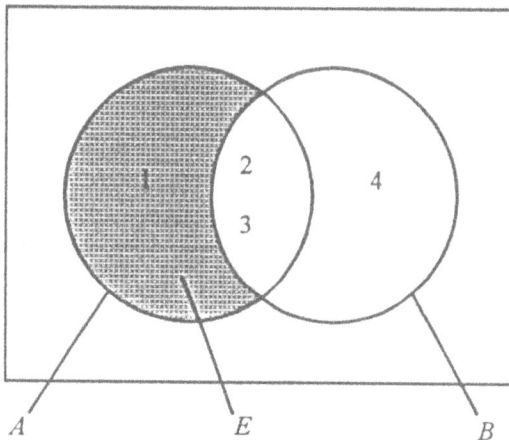

Beispiel 1.3.4

Es seien $A = \{1, 2, 3\}$, $B = \{2, 3, 4\}$, $C = \{1\}$ und $D = \{5, 6\}$. Dann gilt: $C^{C_A} = \{2, 3\}$. Weitere Kombinationen sind hier aufgrund der geforderten Teilmengenbeziehung nicht möglich.

A und B seien beliebige Mengen in einer Grundmenge G und T sei eine Teilmenge von A, dann gilt: $G \setminus A = C_G A = A^{C_G} = A^C$, d.h. bei der

Komplementbildung bezüglich der Grundmenge läßt man das tiefgestellte Mengenzeichen der Grundmenge G bei C_G einfach weg. Weiter gilt:

$$
\begin{aligned}
A \setminus \emptyset &= A, & \emptyset \setminus A &= \emptyset, & A \setminus A &= \emptyset, \\
A \setminus G &= \emptyset, & A \setminus T &= T^{C_A}, & T \setminus A &= \emptyset, \\
(A^C)^C &= A, & \emptyset^C &= G, & G^C &= \emptyset, \\
A^C \cup A &= G, & A^C \cap A &= \emptyset, & A \setminus B &= A \cap B^C.
\end{aligned}
$$

Für Mengen gelten folgende Gesetze und Regeln:

- **Disjunkte Zerlegung:**
  $A \cup B = (A \cap B) \cup (A \setminus B) \cup (B \setminus A)$.

- **Assoziativgesetz:**
  $(A \cup B) \cup C = A \cup (B \cup C)$,
  $(A \cap B) \cap C = A \cap (B \cap C)$.

- **Kommutativgesetz:**
  $A \cup B = B \cup A$,
  $A \cap B = B \cap A$.

- **Distributivgesetz:**
  $A \cup (B \cap C) = (A \cup B) \cap (A \cup C)$,
  $A \cap (B \cup C) = (A \cap B) \cup (A \cap C)$.

- **De Morgansche Regeln:**
  $(A \cup B)^C = A^C \cap B^C$,
  $(A \cap B)^C = A^C \cup B^C$,
  $A \setminus (B \cup C) = (A \setminus B) \cap (A \setminus C)$,
  $A \setminus (B \cap C) = (A \setminus B) \cup (A \setminus C)$.

Für zwei endliche Mengen A und B ist die Anzahl der Elemente der Vereinigungsmenge gegeben durch:

$$
|A \cup B| = |A| + |B| - |A \cap B|
$$

und die Anzahl der Elemente der Differenzmenge $A \setminus B$ kann mithilfe von

$$
|A \setminus B| = |A| - |A \cap B|
$$

berechnet werden.

1.4   Direktes Produkt von Mengen

Definition 1.4.1
Die Menge aller **geordneten** *Paare* (a,b) *mit* $a \in A$ *und* $b \in B$ *heißt* **direktes Produkt** *oder* **kartesisches Produkt** *der beiden Mengen* A *und* B. *Man bezeichnet es mit* $A \times B = \{(a,b) \mid a \in A \text{ und } b \in B\}$. *Die Sprechweise hierfür ist: A Kreuz B.*

Ist nun $A \neq B$, $A, B \neq \emptyset$, so ist die Bildung des kartesischen Produkts nicht kommutativ, d. h. $A \times B \neq B \times A$. Ist eine der Mengen die leere Menge, so setzt man $A \times \emptyset = \emptyset \times B = \emptyset$.

Beispiel 1.4.1
Gegeben seien die Mengen $A = \{1,2,3\}$ und $B = \{0,1\}$.
Somit gilt: $A \times B = \{(1,0),(2,0),(3,0),(1,1),(2,1),(3,1)\}$,
$B \times A = \{(0,1),(0,2),(0,3),(1,1),(1,2),(1,3)\}$,
also $A \times B \neq B \times A$. Die Menge $A \times B$ wird im folgenden Schaubild dargestellt.
Die einzelnen Elemente werden dabei als Punkte dargestellt.

Abbildung 1.4.1
Kartesisches Produkt zweier Mengen.
Die sechs Punkte stellen die Menge $A \times B$ des vorhergehenden Beispiels dar.

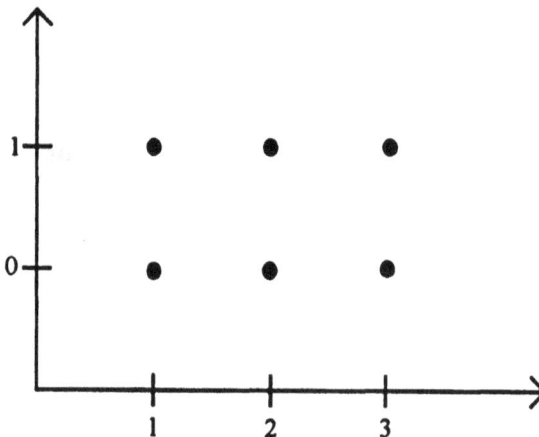

Satz 1.4.1
Sind die Mengen A und B endliche Mengen, dann gilt für die Anzahl der Elemente des direkten Produktes $|A \times B| = |A| \cdot |B|$.

Für den n-dimensionalen Fall gilt:

Definition 1.4.2
*Gegeben seien die Mengen A_1, $A_2, \ldots, A_n$ mit $n \in \mathbb{N}$. Dann nennt man $(a_1, a_2, \ldots, a_n)$ mit $a_i \in A_i$ für alle $1 \leq i \leq n$ ein **n-Tupel**. Die Menge aller n-Tupel nennt man das **direkte oder kartesische Produkt** der Mengen A_1, $A_2, \ldots, A_n$. Man bezeichnet es mit*

$$A_1 \times A_2 \times \ldots \times A_n = \{(a_1, a_2, \ldots, a_n) \,|\, a_i \in A_i \text{ für } 1 \leq i \leq n\}.$$

Gilt $A_i = A$ für alle $1 \leq i \leq n$, so setzt man $A_1 \times A_2 \times \ldots \times A_n = A^n$.

Satz 1.4.2
Sind die Mengen A_1, $A_2, \ldots, A_n$ mit $n \in \mathbb{N}$ endliche Mengen, dann gilt für die Anzahl der Elemente des direkten Produktes

$$|A_1 \times A_2 \times \ldots \times A_n| = |A_1| \cdot |A_2| \cdot \ldots \cdot |A_n|.$$

1.5   Aufgaben zu Kapitel 1

Aufgabe 1.5.1
Es sei $B = \{b \mid b \text{ ist Bundesland der BRD}\}$. Beschreiben Sie die Menge B, indem Sie alle Elemente angeben.

Lösung:
B = {Baden-Württemberg, Bayern, Berlin, Brandenburg, Bremen, Hamburg, Hessen, Mecklenburg-Vorpommern, Niedersachsen, Nordrhein-Westfalen, Rheinland-Pfalz, Saarland, Sachsen, Sachsen-Anhalt, Schleswig-Holstein, Thüringen}.

Aufgabe 1.5.2
$N = \{n \mid n \text{ ist Mitglied der NATO (Stand 1994)}\}$. Beschreiben Sie die Menge N, indem Sie alle Elemente angeben.

Lösung:
N = {Belgien, BRD, Dänemark, Frankreich, Griechenland, Großbritannien, Island, Kanada, Luxemburg, Niederlande, Norwegen, Portugal, Spanien, Türkei, USA}.

Aufgabe 1.5.3
Geben Sie die Menge der Buchstaben folgender Worte an:

a) Tag,

b) MATHEMATIK,

c) UHU,

d) Mississippi.

Lösung:

a) $A = \{T, a, g\}$,

b) $B = \{M, A, T, H, E, I, K\}$,

c) $C = \{U, H\}$,

d) $D = \{M, i, s, p\}$.

Aufgabe 1.5.4
Beschreiben Sie folgende Menge durch die Angabe ihrer Elemente.

a) $A = \{a \mid a$ ist eine durch 7 teilbare natürliche Zahl$\}$.

b) $B = \{b \mid b$ ist eine Primzahl zwischen 4 und 6$\}$.

c) $C = \{c \mid c$ ist eine Primzahl zwischen 24 und 28$\}$.

d) $D = \{d \mid 2 \cdot d$ ist eine natürliche Zahl, die durch 2 teilbar ist$\}$.

e) $E = \{e \mid e + 1$ ist eine natürliche Zahl, die durch 5 teilbar ist$\}$.

f) $F = \{f \mid f - 1$ ist eine negative ganze Zahl, die durch 3 teilbar ist$\}$.

Lösung:

a) $A = \{7, 14, 21, 28, 35, \ldots\}$.

b) $B = \{5\}$.

c) $C = \{\} = \emptyset$, da es keine Primzahl zwischen 24 und 28 gibt.

d) $D = \mathbb{N}$ die Menge der natürlichen Zahlen.

e) $E = \{4, 9, 14, 19, 24, \ldots\}$.

f) $F = \{-2, -5, -8, -11, -14, \ldots\}$.

Aufgabe 1.5.5
Beschreiben Sie die Menge $E = \{$Belgien, BRD, Frankreich, Italien, Luxemburg, Niederlande, Dänemark, Großbritannien, Irland, Griechenland, Spanien, Portugal$\}$ durch die Eigenschaft(en) ihrer Elemente.

Lösung:
$E = \{e \mid e$ ist Mitglied der EWG (Stand 1994)$\}$.

Aufgabe 1.5.6
Beschreiben Sie folgende Mengen durch die Eigenschaften ihrer Elemente.

a) $A = \{3, 6, 9, 12, 15, \ldots\}$.

b) $B = \{17, 19, 23, 29, 31\}$.

c) $C = \{2, 3, 5, 7, 11, 13\}$.

d) $D = \{7, 21, 35, 49, \ldots\}$.

e) $E = \{3, 7, 11, 15, 19, \ldots\}$.

Lösung:

a) $A = \{a \mid a$ ist eine durch 3 teilbare natürliche Zahl$\}$.

b) $B = \{b \mid b$ ist eine Primzahl zwischen 17 und 31$\}$ oder
$B = \{b \mid b$ ist eine Primzahl zwischen 14 und 36$\}$ oder
$B = \{b \mid b$ ist eine Primzahl zwischen 15 und 32$\}$ usw. .

c) $C = \{c \mid c$ ist eine Primzahl kleiner gleich 13$\}$.

d) $D = \{d \mid d + 7$ ist eine natürliche Zahl, die durch 14 teilbar ist$\}$.

e) $E = \{e \mid e + 1$ ist eine natürliche Zahl, die durch 4 teilbar ist$\}$.

Aufgabe 1.5.7

Geben Sie mindestens zwei Grundmengen zu den nachfolgenden Mengen an.

a) $\emptyset$.

b) $C = \{$Adler, Bussard, Habicht, Milan$\}$.

c) $D = \{$Mercedes-Benz, Volkswagen$\}$.

d) $E = \{$Hund, Katze$\}$.

e) $A = \{a \mid a$ ist eine durch 3 teilbare Zahl$\}$.

Lösung:

a) Jede beliebige Menge ist möglich, z. B. $G = \{1, 2\}$ oder die Menge aller italienischen Bekleidungshersteller.

b) Menge aller Raubvögel, Menge aller Vögel.

c) Menge aller deutschen Automobilmarken, Menge aller europäischen Automobilmarken.

d) Menge aller Haustiere, Menge aller Säugetiere.

e) Mögliche Grundmengen sind z. B. $\mathbb{N}$ oder $\mathbb{Z}$.

Aufgabe 1.5.8
Geben Sie für folgende Mengen die Teilmengenbeziehungen an.

$A = \{a \mid a \text{ ist ein Land}\}$,

$B = \{\text{Italien}\}$,

$C = \{c \mid c \text{ ist ein Land in Europa}\}$,

$D = \{\text{Neuseeland}\}$.

Lösung:
$B \subset C, B \subset A, C \subset A, D \subset A$.

Aufgabe 1.5.9
Geben Sie für folgende Mengen sämtliche Teilmengen und mindestens zwei Obermengen an, die Teilmengen einer gegebenen Grundmenge sind.

a) $A = \{\text{Vogel}\}$ (Die Grundmenge sei die Menge aller Tierarten.)

b) $B = \{\text{schwarz, weiß}\}$ (Die Grundmenge sei die Menge aller Farben.)

c) $C = \{a, b, c\}$ (Die Grundmenge sei die Menge aller kleinen Buchstaben des Alphabets.)

d) $D = \{1, 2, 3, 4\}$ (Die Grundmenge sei die Menge $M = \{1, 2, 3, 4, 5, 6\}$.)

Lösung:

a) $2^1 = 2$ Teilmengen: $\emptyset$, $A = \{\text{Vogel}\}$. Mögliche Obermengen sind z. B. $A_1 = \{\text{Vogel, Insekt}\}$ oder $A_2 = \{\text{Vogel, Säugetier, Amphibium}\}$.

b) $2^2 = 4$ Teilmengen: $\emptyset$, $B = \{\text{schwarz, weiß}\}$, $\{\text{schwarz}\}$, $\{\text{weiß}\}$. Mögliche Obermengen sind z. B. $B_1 = \{\text{schwarz, weiß, grau}\}$ oder $B_2 = \{\text{schwarz, weiß, grau, rot, blau, gelb}\}$.

c) $2^3 = 8$ Teilmengen:
$\emptyset$, $C = \{a, b, c\}$, $\{a, b\}$, $\{a, c\}$, $\{b, c\}$, $\{a\}$, $\{b\}$, $\{c\}$.
Mögliche Obermengen sind z. B. $C_1 = \{a, b, c\}$ oder $C_2 = \{a, b, c, z\}$ oder $C_3 = \{a, b, c, d, e, \ldots, x, y, z\}$.

d) $2^4 = 16$ Teilmengen: $\emptyset$, $D = \{1, 2, 3, 4\}$, $\{1, 2, 3\}$, $\{1, 2, 4\}$, $\{2, 3, 4\}$, $\{1, 3, 4\}$, $\{1, 2\}$, $\{1, 3\}$, $\{1, 4\}$, $\{2, 3\}$, $\{2, 4\}$, $\{3, 4\}$, $\{1\}$, $\{2\}$, $\{3\}$, $\{4\}$.
Alle möglichen Obermengen, die gleichzeitig Teilmengen der angegebenen Grundmenge sind, sind $D = \{1, 2, 3, 4\}$, $D_1 = \{1, 2, 3, 4, 5\}$ und $D_2 = \{1, 2, 3, 4, 5, 6\}$.

Aufgabe 1.5.10

Eine Menge M besitzt unter anderem folgende Teilmengen:
$A = \{2, 5, 7\}$, $B = \{4, 6, 9\}$, $C = \{2, 4, 7, 8\}$ und $D = \{1, 3\}$.

   a) Geben Sie mindestens drei Mengen M an, die die angegebenen Mengen als Teilmengen besitzen.

   b) Die Menge M mit obigen Teilmengen enthalte genau 9 Elemente. Geben Sie die gesuchte Menge M an.

Lösung:

   a) Die gesuchten Mengen müssen mindestens die Elemente der angegebenen Teilmengen enthalten, also die natürlichen Zahlen von 1 bis 9. Also muß die Menge $M_0 = \{1, 2, \ldots, 9\}$ Teilmenge dieser Mengen sein. Die Mengen A, B, C und D sind Teilmengen der Menge M_0. Somit ist M_0 bereits eine geforderte Menge. Weitere Mengen mit der gewünschten Eigenschaft wären z. B. $M_1 = \{0, 1, 2, \ldots, 9\}$, $M_2 = \mathbb{N}$, $M_3 = \mathbf{Z}$, $M_4 = \{-1, 0, 1, 2, \ldots, 9, 10, 19, 445\}$.

   b) Die gesuchte Menge ist die Menge $M_0 = \{1, 2, \ldots, 9\}$ aus Teilaufgabe a), da diese als einzige genau 9 Elemente besitzt und die geforderten Eigenschaften bezüglich der Teilmengen erfüllt.

Aufgabe 1.5.11

Die Einwohner einer Kleinstadt können in zwei Gruppen eingeteilt werden. In Personen, die ihr Fahrzeug selber reparieren und in Personen, die ihr Fahrzeug zum ortsansässigen Kfz-Mechaniker bringen. Zu welcher Gruppe gehört der Kfz-Mechaniker?

Lösung:

Der Kfz-Mechaniker gehört zu beiden Gruppen, also gehört er zur Schnittmenge dieser Gruppen.

Aufgabe 1.5.12

Stellen Sie folgende Mengen als endliche Vereinigung einelementiger (disjunkter) Mengen dar.

   a) $\{1, 2, 3, \ldots, n\}$ mit $n \in \mathbb{N}$.

b) $\{2, 4, 6, \ldots, 2n\}$ mit $n \in \mathbb{N}$.

c) $\{1, 3, 5, \ldots, (2n-1)\}$ mit $n \in \mathbb{N}$.

Lösung:

a) $\{1, 2, 3, \ldots, n\} = \bigcup_{i=1}^{n} \{i\}.$

b) $\{2, 4, 6, \ldots, 2n\} = \bigcup_{i=1}^{n} \{2i\}.$

c) $\{1, 3, 5, \ldots, (2n-1)\} = \bigcup_{i=1}^{n} \{2i-1\}.$

Aufgabe 1.5.13

Stellen Sie folgende Mengen als unendliche Vereinigung einelementiger (disjunkter) Mengen dar.

a) $\mathbb{N}$.

b) Menge der geraden natürlichen Zahlen.

c) Menge der ungeraden natürlichen Zahlen.

Lösung:

a) $\{1, 2, 3, \ldots, n, \ldots\} = \bigcup_{i=1}^{\infty} \{i\}.$

b) $\{2, 4, 6, \ldots, 2n, \ldots\} = \bigcup_{i=1}^{\infty} \{2i\}.$

c) $\{1, 3, 5, \ldots, (2n-1), \ldots\} = \bigcup_{i=1}^{\infty} \{2i-1\}.$

Aufgabe 1.5.14

Gegeben seien die Grundmenge $G = \{0, 1, 2, 3, 4, 5, 6, 7, 8, 9\}$, sowie $A = \{0\}$, $B = \{1, 2, 3, 4, 5, 6, 7, 8, 9\}$, $C = \{2, 4, 6, 8\}$, $D = \{1, 3, 5, 7, 9\}$ und $E = \{2, 3, 5, 7\}$.

a) Beschreiben Sie die Mengen durch die Eigenschaften ihrer Elemente.

b) Welche oben angegebenen Mengen sind Teilmengen von B?

c) Bilden Sie $B \cup C$, $B \cap C$, $C \cup D$, $C \cap D$, $C \cup E$ und $D \cup E$.

d) Bilden Sie A^C, B^C, C^C, D^C, E^C und G^C.

e) Bilden Sie $G \setminus A$, $G \setminus B$, $B \setminus A$, $B \setminus C$, $B \setminus D$, $G \setminus E$, $C \setminus E$ und $E \setminus C$.

f) Bilden Sie $(C \cup D) \cap E$, $(D \cup C) \cap A$ und $(E \cup C) \cap D$.

g) Bilden Sie $(C \cap D) \cup E$, $(D \cap C) \cup A$ und $(E \cap C) \cup D$.

h) Bilden Sie $(C \cup D)^C$, $(B \cup C)^C$, $(B \cup D)^C$, $(B \cup E)^C$, $(G \cup A)^C$, $(E \cup D)^C$, $(E \cup C)^C$, $(E \cup A)^C$, $(A \cup B)^C$, $(A \cup C)^C$ und $(A \cup D)^C$.

i) Bilden Sie $(C \cap D)^C$, $(B \cap C)^C$, $(B \cap D)^C$, $(B \cap E)^C$, $(C \cap E)^C$, $(D \cap E)^C$ und $(G \cap A)^C$.

j) Bilden Sie $(D \cap E)^C \setminus C$ und $(C \cap E)^C \setminus D$.

k) Bilden Sie $B \setminus (C \cup E)$, $(B \setminus C) \cap (B \setminus E)$, $B \setminus (C \cap E)$ und $(B \setminus C) \cup (B \setminus E)$.

Lösung:

a) G ist die Menge der ganzen Zahlen von Null bis 9.
A ist die Menge, die nur die Null enthält.
B ist die Menge der natürlichen Zahlen kleiner gleich 9.
C ist die Menge der geraden natürlichen Zahlen kleiner gleich 8.
D ist die Menge der ungeraden natürlichen Zahlen kleiner gleich 9.
E ist die Menge der (natürlichen) Primzahlen kleiner gleich 7.

b) C, D, E.

c) $B \cup C = B$, $B \cap C = C$, $C \cup D = B$, $C \cap D = \emptyset$,
$C \cup E = \{2, 3, 4, 5, 6, 7, 8\}$ und $D \cup E = \{1, 2, 3, 5, 7, 9\}$.

d) $A^C = B$, $B^C = A$, $C^C = \{0, 1, 3, 5, 7, 9\}$, $D^C = \{0, 2, 4, 6, 8\}$,
$E^C = \{0, 1, 4, 6, 8, 9\}$ und $G^C = \emptyset$.

e) $G \setminus A = B$, $G \setminus B = A$, $B \setminus A = B$, $B \setminus C = D$, $B \setminus D = C$,
$G \setminus E = \{0, 1, 4, 6, 8, 9\}$, $C \setminus E = \{4, 6, 8\}$ und $E \setminus C = \{3, 5, 7\}$.

f) $(C \cup D) \cap E = B \cap E = E$, $(D \cup C) \cap A = B \cap A = \emptyset$ und
$(E \cup C) \cap D = \{2, 3, 4, 5, 6, 7, 8\} \cap \{3, 5, 7\} = \{3, 5, 7\}$.

g) $(C \cap D) \cup E = \emptyset \cup E = E$, $(D \cap C) \cup A = \emptyset \cup A = A$ und
$(E \cap C) \cup D = \{2\} \cup \{1, 3, 5, 7, 9\} = \{1, 2, 3, 5, 7, 9\}$.

h) $(C \cup D)^C = B^C = A$, $(B \cup C)^C = B^C = A$,
$(B \cup D)^C = B^C = A$, $(B \cup E)^C = B^C = A$,
$(G \cup A)^C = G^C = \emptyset$,
$(E \cup D)^C = \{1,2,3,5,7,9\}^C = \{0,4,6,8\}$,
$(E \cup C)^C = \{2,3,4,5,6,7,8\}^C = \{0,1,9\}$,
$(E \cup A)^C = \{0,2,3,5,7\}^C = \{1,4,6,8,9\}$, $(A \cup B)^C = G^C = \emptyset$,
$(A \cup C)^C = \{0,2,4,6,8\}^C = D$ und
$(A \cup D)^C = \{0,1,3,5,7,9\}^C = C$.

i) $(C \cap D)^C = \emptyset^C = G$, $(B \cap C)^C = C^C = \{0,1,3,5,7,9\} = A \cup D$,
$(B \cap D)^C = D^C = \{0,2,4,6,8,\} = A \cup C$,
$(B \cap E)^C = E^C = \{0,1,4,6,8,9\}$,
$(C \cap E)^C = \{2\}^C = \{0,1,3,4,5,6,7,8,9\}$,
$(D \cap E)^C = \{3,5,7\}^C = \{0,1,2,4,6,8,9\}$ und
$(G \cap A)^C = \{0\}^C = A^C = B$.

j) $(D \cap E)^C \setminus C = \{3,5,7\}^C \setminus C = \{0,1,2,4,6,8,9\} \setminus \{2,4,6,8\} = \{0,1,9\}$
und $(C \cap E)^C \setminus D = \{2\}^C \setminus D = \{0,1,3,4,5,6,7,8,9\} \setminus \{1,3,5,7,9\} = \{0,2,4,6,8\}$.

k) $B \setminus (C \cup E) = B \setminus \{2,3,4,5,6,7,8\} = \{1,9\}$,
$(B \setminus C) \cap (B \setminus E) = D \cap \{1,4,6,8,9\} = \{1,9\}$,
$B \setminus (C \cap E) = B \setminus \{2\} = \{1,3,4,5,6,7,8,9\}$ und
$(B \setminus C) \cup (B \setminus E) = D \cup \{1,4,6,8,9\} = \{1,3,4,5,6,7,8,9\}$.

Aufgabe 1.5.15
Gegeben seien die Grundmenge $G = \{a, b, bb, c, cc, ccc, d, dd, ddd, dddd\}$, sowie $A = \{a, b, c, d\}$, $B = \{bb, cc, dd\}$, $C = \{ccc, ddd\}$, $D = \{dddd\}$ und $E = \{a, bb, ccc, dddd\}$.

a) Bilden Sie $B \cup C$, $B \cap C$, $C \cup D$, $C \cap D$, $C \cup E$ und $D \cup E$.

b) Bilden Sie A^C, B^C, C^C, D^C, E^C und G^C.

c) Bilden Sie $G \setminus A$, $G \setminus B$, $B \setminus A$, $B \setminus C$, $B \setminus D$, $G \setminus E$, $C \setminus E$ und $E \setminus C$.

d) Bilden Sie $(C \cup D) \cap E$, $(D \cup C) \cap A$ und $(E \cup C) \cap D$.

e) Bilden Sie $(C \cap D) \cup E$, $(D \cap C) \cup A$ und $(E \cap C) \cup D$.

f) Bilden Sie $(C \cup D)^C$, $(B \cup C)^C$, $(B \cup D)^C$, $(B \cup E)^C$ und $(G \cup A)^C$.

g) Bilden Sie $(C \cap D)^C$, $(B \cap C)^C$, $(B \cap D)^C$, $(B \cap E)^C$ und $(G \cap A)^C$.

h) Bilden Sie $(D \cap E)^C \setminus C$ und $(C \cap E)^C \setminus D$.

i) Bilden Sie $B \setminus (C \cup E)$, $(B \setminus C) \cap (B \setminus E)$, $B \setminus (C \cap E)$ und $(B \setminus C) \cup (B \setminus E)$.

Lösung:

a) $B \cup C = \{bb, cc, dd, ccc, ddd\}$, $B \cap C = \emptyset$, $C \cup D = \{ccc, ddd, dddd\}$,
$C \cap D = \emptyset$, $C \cup E = \{a, bb, ccc, ddd, dddd\}$ und $D \cup E = E$.

b) $A^C = \{bb, cc, ccc, dd, ddd, dddd\}$, $B^C = \{a, b, c, d, ccc, ddd, dddd\}$,
$C^C = \{a, b, c, d, bb, cc, dd, dddd\}$, $D^C = \{a, b, c, d, bb, cc, dd, ccc, ddd\}$,
$E^C = \{b, c, d, cc, dd, ddd\}$ und $G^C = \emptyset$.

c) $G \setminus A = A^C = \{bb, cc, dd, ccc, ddd, dddd\}$,
$G \setminus B = B^C = \{a, b, c, d, ccc, ddd, dddd\}$,
$B \setminus A = B$, $B \setminus C = B$, $B \setminus D = B$,
$G \setminus E = E^C = \{b, c, d, cc, dd, ddd\}$, $C \setminus E = \{ddd\}$ und
$E \setminus C = \{a, bb, dddd\}$.

d) $(C \cup D) \cap E = \{ccc, ddd, dddd\} \cap \{a, bb, ccc, dddd\} = \{ccc, dddd\}$,
$(D \cup C) \cap A = \{ccc, ddd, dddd\} \cap \{a, b, c, d\} = \emptyset$ und
$(E \cup C) \cap D = \{a, bb, ccc, ddd, dddd\} \cap \{dddd\} = \{dddd\} = D$.

e) $(C \cap D) \cup E = \emptyset \cup E = E$, $(D \cap C) \cup A = \emptyset \cup A = A$ und
$(E \cap C) \cup D = \{ccc\} \cup D = \{ccc, dddd\}$.

f) $(C \cup D)^C = \{ccc, ddd, dddd\}^C = \{a, b, c, d, bb, cc, dd\}$,
$(B \cup C)^C = \{bb, cc, dd, ccc, ddd\}^C = \{a, b, c, d, dddd\}$,
$(B \cup D)^C = \{bb, cc, dd, dddd\}^C = \{a, b, c, d, ccc, ddd\}$,
$(B \cup E)^C = \{a, bb, cc, dd, ccc, dddd\}^C = \{b, c, d, ddd\}$,
$(C \cup D)^C = \{ccc, ddd, dddd\}^C = \{a, b, c, d, bb, cc, dd\}$ und
$(G \cup A)^C = G^C = \emptyset$.

g) $(C \cap D)^C = \emptyset^C = G$, $(B \cap C)^C = \emptyset^C = G$, $(B \cap D)^C = \emptyset^C = G$,
$(B \cap E)^C = \{bb\}^C = G \setminus \{bb\} = \{a, b, c, d, cc, dd, ccc, ddd, dddd\}$,
$(C \cap D)^C = \emptyset^C = G$ und
$(G \cap A)^C = A^C = G \setminus A = \{bb, cc, dd, ccc, ddd, dddd\}$.

h) $(D \cap E)^C \setminus C = D^C \setminus C = \{a, b, c, d, bb, cc, dd, ccc, ddd\} \setminus \{ccc, ddd\} = \{a, b, c, d, bb, cc, dd\}$ und

$(C \cap E)^C \setminus D = \{ccc\}^C \setminus D = \{a, b, c, d, bb, cc, dd, ddd, dddd\} \setminus \{dddd\} = \{a, b, c, d, bb, cc, dd, ddd\}.$

i) $B \setminus (C \cup E) = \{bb, cc, dd\} \setminus \{a, bb, ccc, ddd, dddd\} = \{cc, dd\},$

$(B \setminus C) \cap (B \setminus E) = B \cap \{cc, dd\} = \{cc, dd\},$

$B \setminus (C \cap E) = B \setminus \{ccc\} = B$ und

$(B \setminus C) \cup (B \setminus E) = B \cup \{cc, dd\} = B.$

Aufgabe 1.5.16

In einer Klasse schrieben 25 Schüler Klausuren in den Fächern Deutsch und Geschichte. 8 Schüler hatten das Lernziel in Deutsch und 10 Schüler in Geschichte nicht erreicht. 4 Schüler hatten das Lernziel in Deutsch und in Geschichte nicht erreicht.

Wieviel Schüler fielen in Deutsch oder Geschichte, in Deutsch, aber nicht in Geschichte und in Geschichte aber nicht in Deutsch durch die Prüfung?

Lösung:

S sei die Menge der Schüler in dieser Klasse, D die Menge der Schüler, die in Deutsch das Lernziel nicht erreichten und G sei die Menge der Schüler, die das Lernziel in Geschichte nicht erreichten.

Somit erhält man: $|S| = 25$, $|D| = 8$ und $|G| = 10$.

In Deutsch und Geschichte fielen $|D \cap G| = 4$ Schüler durch. In Deutsch oder Geschichte erreichten $|D \cup G| = |D| + |G| - |D \cap G| = 8 + 10 - 4 = 14$ Schüler nicht das geforderte Lernziel.

Aus $|D| = |D \setminus G| + |D \cap G|$ folgt: $|D \setminus G| = |D| - |D \cap G| = 8 - 4 = 4$, d.h. 4 Schüler bestanden die Klausur in Geschichte, aber nicht in Deutsch.

Aus $|G| = |G \setminus D| + |D \cap G|$ folgt: $|G \setminus D| = |G| - |D \cap G| = 10 - 4 = 6$, d.h. 6 Schüler bestanden die Klausur in Deutsch, aber nicht in Geschichte.

Aufgabe 1.5.17

Von 180 befragten Personen kaufen 120 Personen freitags, 155 Personen samstags und 20 Personen weder freitags noch samstags ein. Wieviel Personen kaufen nur samstags, nur freitags, samstags und freitags, samstags oder freitags ein?

Lösung:

F sei die Menge der Personen, die freitags einkaufen, S die Menge der Personen, die samstags einkaufen und W die Menge der Personen, die weder freitags noch samstags einkaufen.

Wichtig ist hier, daß sowohl die Mengen F und W, als auch die Mengen S und W disjunkt sind.

Man erhält: $|F| = 120$, $|S| = 155$, $|W| = 20$ und $|F \cup S \cup W| = 180$.

Für die Vereinigungsmenge von F und S gilt: $|F \cup S| = |F \cup S \cup W| - |W| = 180 - 20 = 160$. Es kaufen also 160 Personen samstags oder freitags ein.

Aus $160 = |F \cup S| = |F| + |S| - |F \cap S| = 120 + 155 - |F \cap S|$ folgt $|F \cap S| = 115$. Somit kaufen 115 Personen freitags und samstags ein.

Die Anzahl der Personen, die nur freitags einkaufen, erhält man durch die Formel $|F \setminus S| = |F| - |F \cap S| = 120 - 115 = 5$.

Die Anzahl der Personen, die nur samstags einkaufen, erhält man durch die Formel $|S \setminus F| = |S| - |S \cap F| = 155 - 115 = 40$.

Aufgabe 1.5.18

Gegeben seien die Mengen $L = \{$BRD, Italien, Frankreich$\}$ und $S = \{$Berlin, Paris, Rom$\}$.

a) Geben Sie die Menge $L \times S$ in beschreibender Form an. Wieviel Elemente besitzt diese Menge?

b) Geben Sie die Teilmenge von $L \times S$ an, für die gilt:
$T = \{(l, s) \mid s$ ist die Hauptstadt von $l\}$.

Lösung:

a) $L \times S = \{$(BRD, Berlin), (BRD, Paris), (BRD, Rom), (Italien, Berlin), (Italien, Paris), (Italien, Rom), (Frankreich, Berlin), (Frankreich, Paris), (Frankreich, Rom)$\}$.

Die Anzahl der Elemente ist gegeben durch $|L \times S| = |L| \cdot |S| = 3 \cdot 3 = 9$.

b) $T = \{$(BRD, Berlin), (Italien, Rom), (Frankreich, Paris)$\} \subset L \times S$.

Aufgabe 1.5.19

Beschreiben Sie die Gesamtheit folgender Ereignisse durch eine geeignete Menge.

a) Man wirft dreimal hintereinander ein Münze. Wieviel Elemente besitzt diese Menge?

b) Die Menge aller fünfstelligen Telefonnummern sei T. Wieviel fünfstellige Telefonnummern gibt es (die Null sei auch an der ersten Position zugelassen).

Lösung:

a) Bei einem Münzwurf sind zwei Ausgänge möglich (ohne Rand), Kopf K oder Zahl Z. Diese Ereignisse lassen sich zunächst zu der Menge $E = \{K, Z\}$ zusammenfassen. Dreimal wird hintereinander geworfen, d. h. die geeigente Menge ist $E^3 = \{(e_1, e_2, e_3) \mid e_i \in E \text{ für } i = 1, 2, 3\}$. Die Anzahl der Elemente ist $|E^3| = |E|^3 = 2^3 = 8$.

b) $N = \{0, 1, 2, 3, 4, 5, 6, 7, 8, 9\}$ sind die zulässigen Nummer für eine Telefonnummer. Diese soll nun fünfstellig sein. Die gesuchte Menge ist dann: $N^5 = T = \{(t_1, t_2, t_3, t_4, t_5) \mid t_i \in N \text{ für } i = 1, 2, 3, 4, 5\}$. Es gibt also $|N^5| = |N|^5 = 10^5 = 100\,000$ fünfstellige Telefonnummern.

Aufgabe 1.5.20

Mit einem Würfel werde viermal hintereinander geworfen.

a) Fassen Sie diese Ereignisse in einer Menge zusammen. Wieviel Elemente besitzt diese Menge?

b) Geben Sie die Menge D an, die die Ereignisse: "Im dritten Wurf fällt eine 2." beschreibt.

c) Geben Sie alle Elemente der Menge Z an, bei denen die Summe der geworfenen Augenzahlen 22 ist.

Lösung:

a) Mit einem Würfel kann man die Augenzahlen 1 bis 6 werfen, d. h. die Menge $A = \{1, 2, 3, 4, 5, 6\}$ enthält alle möglichen Zahlen, die geworfen werden können. Es wird nun viermal hintereinander geworfen, d. h. $A \times A \times A \times A = A^4 = \{(a_1, a_2, a_3, a_4) \mid a_i \in A \text{ für alle } i = 1, 2, 3, 4\}$ wäre die gesuchte Menge. Diese Menge enthält $|A^4| = |A|^4 = 6^4 = 1296$ Elemente.

b) $D = \{(a_1, a_2, 2, a_4) \mid a_i \in A \text{ für alle } i = 1, 2, 4\}$.

c) $22 = 6 + 6 + 6 + 4 = 6 + 6 + 5 + 5$, eine andere Möglichkeit gibt es hier nicht. Somit erhält man:
$Z = \{(6, 6, 6, 4), (6, 6, 4, 6), (6, 4, 6, 6), (4, 6, 6, 6), (6, 6, 5, 5), (6, 5, 6, 5), (5, 6, 6, 5), (5, 5, 6, 6), (6, 5, 5, 6), (5, 6, 5, 6)\}$.

Kapitel 2

Zahlenbereiche und Rechenregeln

Bei den meisten Sachverhalten und Problemstellungen, samt deren Lösungen in der Mathematik, sind Zahlen notwendige Hilfsmittel. Je nach Aufgabenstellung werden verschiedene Zahlenbereiche zugrunde gelegt: Für das Zählen der Tore bei einem Fußballspiel genügen weit weniger komplizierte Zahlen als bei der Berechnung der Lösungen der Gleichung $x^2 = -3$. Deshalb werden die folgenden Zahlenbereiche eingeführt:

- die Menge der **natürlichen Zahlen** $\mathbb{N}$,

- die Menge der **ganzen Zahlen** $\mathbf{Z}$,

- die Menge der **rationalen Zahlen** $\mathbb{Q}$,

- die Menge der **reellen Zahlen** $\mathbb{R}$,

- die Menge der **komplexen Zahlen** $\mathbb{C}$.

2.1 Die natürlichen Zahlen

Schon in ganz frühen Jahren, oftmals schon vor Eintritt in die Schule überhaupt, stößt man auf den ersten und einfachsten Zahlenbereich, die natürlichen Zahlen. Sie werden beim einfachen Zählen, Abzählen oder Aufzählen von endlich vielen Objekten, bei der Feststellung oder Festlegung von Reihen- und Rangfolgen und bei einfachen Meßproblemen benötigt.

Definition 2.1.1
Die **natürlichen Zahlen** *sind gegeben durch*

$$\mathbb{N} = \{1, 2, 3, \ldots\}.$$

In vielen Fällen wird zusätzlich noch die Zahl 0 benötigt, um beispielsweise anzuzeigen, daß man überhaupt kein Auto besitzt. Wird zu den natürlichen Zahlen die Zahl 0 hinzugefügt, so schreibt man

$$\mathbb{N}_0 = \{0, 1, 2, 3, \ldots\}.$$

Graphisch werden die natürlichen Zahlen auf dem Zahlenstrahl dargestellt:

Abbildung 2.1.1
Die natürlichen Zahlen auf dem Zahlenstrahl

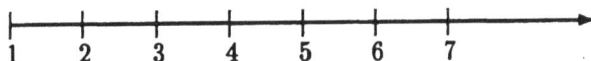

Beispiel 2.1.1

1.) Die Zahl $1 \in \mathbb{N}$ beschreibt die Anzahl der Häuser, die Herr M. besitzt.

2.) Die Zahl $108 \in \mathbb{N}$ legt die Plazierung eines Läufers bei einem Volkslauf fest.

3.) Die Zahl $13\,983\,816 \in \mathbb{N}$ stellt die Anzahl der verschiedenen Tippreihen beim Zahlenlotto 6 aus 49 dar.

Der italienische Mathematiker **Giuseppe Peano** (1858 - 1932) hat für die natürlichen Zahlen ein System von fünf Axiomen vorgeschlagen:

1.) 1 ist eine natürliche Zahl.

2.) Jeder natürlichen Zahl n ist genau eine natürliche Zahl n' zugeordnet, die der Nachfolger von n genannt wird ($n' = n + 1$).

3.) 1 ist kein Nachfolger (1 ist die kleinste natürliche Zahl).

4.) Sind die natürlichen Zahlen n, m verschieden, so sind auch ihre Nachfolger n' und m' verschieden ($n \neq m \Longrightarrow n' \neq m'$).

5.) Enthält eine Menge M natürlicher Zahlen die Zahl 1 und folgt aus $n \in M$ stets $n' \in M$ (n' sei der Nachfolger von n, also $n' = n + 1$), so besteht M aus allen natürlichen Zahlen, d. h. $M = \mathbb{N}$.

Aufgrund der Eigenschaft 2.) enthält $\mathbb{N}$ unendlich viele Elemente, denn zu jeder Zahl $n \in \mathbb{N}$ gibt es eine größere Zahl $n' = n + 1$, die auch wieder in $\mathbb{N}$ enthalten ist. Es gibt also keine größte natürliche Zahl. Allerdings gibt es eine kleinste natürliche Zahl, nämlich die 1. Dies folgt aus den Eigenschaften 1.) und 3.).

Um mit diesen Zahlen auch Berechnungen durchführen zu können, werden die vier **Grundrechenarten**

- Addition,

- Subtraktion,

- Multiplikation und

- Division

eingeführt.

Beispiel 2.1.2

Gegeben seien die natürlichen Zahlen $2, 4$ und 17. Dann gilt:

- Addition:
  $2 + 4 = 4 + 2 = 6$, $2 + 17 = 17 + 2 = 19$ und $4 + 17 = 17 + 4 = 21$.

- Subtraktion:
  $4 - 2 = 2$, $17 - 2 = 15$ und $17 - 4 = 13$.
  Nicht möglich in $\mathbb{N}$ sind aber $2 - 4$, $2 - 17$ und $4 - 17$.

- Multiplikation:
  $2 \cdot 4 = 4 \cdot 2 = 8$, $2 \cdot 17 = 17 \cdot 2 = 34$ und $4 \cdot 17 = 17 \cdot 4 = 68$.

- Division:
  $4 : 2 = 2$.
  Nicht möglich in $\mathbb{N}$ sind aber $2 : 4$, $2 : 17$, $17 : 2$, $4 : 17$ und $17 : 4$.

Dieses Beispiel zeigt, daß Addition und Multiplikation zweier natürlicher Zahlen immer möglich sind, Subtraktion und Division dagegen nur in Spezialfällen. Mit aus diesem Grund müssen die natürlichen Zahlen erweitert werden.

2.2 Die ganzen Zahlen

Im letzten Abschnitt wurde festgestellt, daß die Differenz zweier natürlicher Zahlen nur dann zu berechnen war, wenn die erste Zahl größer ist als die Zahl, die abgezogen wird. Ebenso kann man nicht ausdrücken, ob jemand auf seinem Bankkonto 10 000 DM Guthaben oder 10 000 DM Schulden hat, ohne die Worte Guthaben bzw. Schulden zu erwähnen. Mithilfe der **ganzen Zahlen** werden diese Probleme gelöst.

Definition 2.2.1
Die **ganzen Zahlen** *sind gegeben durch*

$$\mathbb{Z} = \{\ldots, -3, -2, -1, 0, 1, 2, 3, \ldots\}.$$

Graphisch werden die ganzen Zahlen auf der Zahlengeraden dargestellt:

Abbildung 2.2.1
Die ganzen Zahlen auf der Zahlengeraden

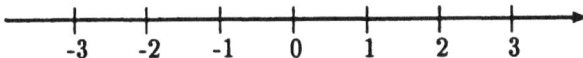

Beispiel 2.2.1

1.) Die Differenz $2 - 4$ ergibt dann -2.

2.) Die 10 000 DM Guthaben werden durch $10\,000 \in \mathbf{Z}$ und die 10 000 DM Schulden werden durch $-10\,000 \in \mathbf{Z}$ beschrieben.

Durch das Einführen der ganzen Zahlen wurde erreicht, daß die Addition, die Subtraktion und auch die Multiplikation zweier ganzer Zahlen wieder eine ganze Zahl ergeben. Die Division bleibt weiter nur in Spezialfällen durchführbar.

Im folgenden Beispiel wird das Rechnen mit ganzen Zahlen gezeigt.

Beispiel 2.2.2

- Addition:
  $2 + (-1) = 2 - 1 = 1$, $2 + (-5) = 2 - 5 = -3$ und $-4 - 17 = -21$.

- Subtraktion:
  $4 - 7 = -3$, $-4 - (-2) = -4 + 2 = -2$ und $-4 - (-7) = -4 + 7 = 3$.

- Multiplikation:
  $2 \cdot (-3) = -3 \cdot 2 = -6$ und $-4 \cdot (-5) = -5 \cdot (-4) = +20$.

- Division:
  $4 : (-2) = -2$ und $(-4) : (-2) = 2$.
  Nicht möglich sind dagegen in $\mathbf{Z}$: $(-2) : 4$, $2 : (-17)$ oder $-8 : (-7)$.

2.3   Die rationalen Zahlen

Beim Ausführen von Divisionen wird klar, daß die ganzen Zahlen noch sehr einfache Aufgabenstellungen nicht beschreiben können. Will man etwa 7 Äpfel an 3 Kinder oder einen ganzen Kuchen an 13 Personen gleichmäßig verteilen, so finden sich keine ganzen Zahlen, die diese Probleme lösen. Deshalb werden die **rationalen Zahlen** oder die **Brüche** definiert.

Definition 2.3.1

Die **rationalen Zahlen** *sind gegeben durch*

$$\mathbb{Q} = \left\{ \frac{p}{q} \,\middle|\, p \in \mathbf{Z}, q \in \mathbb{N} \right\}.$$

Dabei wird die Zahl p der **Zähler** *und die Zahl q der* **Nenner** *genannt.*

Graphisch werden die rationalen Zahlen auf der Zahlengeraden dargestellt:

Abbildung 2.3.1
Die rationalen Zahlen auf der Zahlengeraden

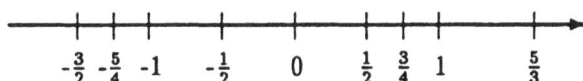

Beispiel 2.3.1

1.) Teilt man 7 Äpfel unter 3 Kindern gleichmäßig auf, so erhält jedes Kind $\frac{7}{3} = 2\frac{1}{3}$ Äpfel.

2.) Teilt man einen ganzen Kuchen an 13 Personen gleichmäßig auf, so erhält jede Person genau $\frac{1}{13}$ dieses Kuchens.

Das Rechnen mit rationalen Zahlen wird auch **Bruchrechnen** genannt. Hierzu sind einige Rechenregeln zu beachten.

Rechenregeln für Brüche:

- Kürzen bzw. Erweitern:
  $$\frac{p}{q} = \frac{kp}{kq} \quad \text{für } q, k \neq 0.$$

- Gleichheit zweier Brüche:
  $$\frac{p}{q} = \frac{r}{s} \quad \text{genau dann, wenn } p \cdot s = q \cdot r, \ q, s \neq 0.$$

- Addition und Subtraktion mittels Hauptnenner:
  $$\frac{p}{q} \pm \frac{r}{q} = \frac{p \pm r}{q} \quad \text{für } q \neq 0.$$

Sind die beiden Nenner nicht gleich, so sind beide Brüche durch Erweitern auf einen gleichen Nenner zu bringen. Der kleinste dieser Nenner, der Hauptnenner, ist das kleinste gemeinsame Vielfache der beiden Nenner. Das kleinste gemeinsame Vielfache wird aus den Primfaktorzerlegungen der einzelnen Nenner berechnet. Dieses Verfahren wird in der folgenden Bemerkung erklärt.

• Multiplikation:

$$\frac{p}{q} \cdot \frac{r}{s} = \frac{p \cdot r}{q \cdot s} \quad \text{für } q, s \neq 0.$$

• Division:

$$\frac{\frac{p}{q}}{\frac{r}{s}} = \frac{p}{q} : \frac{r}{s} = \frac{p \cdot s}{q \cdot r} \quad \text{für } q, r, s \neq 0.$$

Bemerkung:

Die Berechnung des Hauptnenners zweier oder mehrerer Brüche erfolgt mithilfe des kleinsten gemeinsamen Vielfachen:

Dazu werden die beiden Nenner q_1 und q_2 in **Primfaktoren** zerlegt, also in Produkte, deren Faktoren nur aus solchen Zahlen bestehen, welche nur durch die Zahl 1 und durch sich selbst teilbar sind. Falls $a_1, a_2, \ldots, a_n$ alle in beiden Zerlegungen vorkommenden Primfaktoren sind, folgt:

$$q_1 = a_1^{r_1} \cdot a_2^{r_2} \cdots a_n^{r_n},$$
$$q_2 = a_1^{s_1} \cdot a_2^{s_2} \cdots a_n^{s_n},$$

wobei für die Exponenten (siehe dazu Kapitel 3!) $r_i, 1 \leq i \leq n$ und $s_i, 1 \leq i \leq n$ gilt: $r_i, s_i \in \mathbb{N}_0$.

Für das kleinste gemeinsame Vielfache $kgV(q_1, q_2)$ folgt dann:

$$kgV(q_1, q_2) = a_1^{\max(r_1, s_1)} \cdot a_2^{\max(r_2, r_2)} \cdots a_n^{\max(r_n, s_n)},$$

wobei $\max(r_i, s_i), 1 \leq i \leq n$ die größere der beiden Zahlen r_i und s_i darstellt.

Beispiel 2.3.2

1.) Gesucht ist der Hauptnenner von 36 und 50.

$$\text{Aus} \quad 36 = 2^2 \cdot 3^2 = 2^2 \cdot 3^2 \cdot 5^0 \quad \text{und}$$
$$50 = 2^1 \cdot 5^2 = 2^1 \cdot 3^0 \cdot 5^2 \quad \text{folgt:}$$
$$kgV(36, 50) = 2^{\max(1,2)} \cdot 3^{\max(0,2)} \cdot 5^{\max(0,2)} = 2^2 \cdot 3^2 \cdot 5^2 = 900.$$

2.) Gesucht ist der Hauptnenner von 107 016 und 59 150.

$$\text{Aus} \quad 107\,016 = \quad 2^3 \cdot 3^1 \cdot 7^3 \cdot 13^1 = \quad 2^3 \cdot 3^1 \cdot 5^0 \cdot 7^3 \cdot 13^1 \quad \text{und}$$

$$59\,150 = \quad 2^1 \cdot 5^2 \cdot 7^1 \cdot 13^2 = \quad 2^1 \cdot 3^0 \cdot 5^2 \cdot 7^1 \cdot 13^2 \quad \text{folgt:}$$

$$kgV(107\,016, 59\,150)$$
$$= 2^{\max(1,3)} \cdot 3^{\max(0,1)} \cdot 5^{\max(0,2)} \cdot 7^{\max(1,3)} \cdot 13^{\max(0,2)}$$
$$= 2^3 \cdot 3^1 \cdot 5^2 \cdot 7^3 \cdot 13^2 = 34\,780\,200.$$

Beispiel 2.3.3

1.) $\dfrac{2}{10} = \dfrac{1}{5}$.

2.) $\dfrac{420}{2520} = \dfrac{2 \cdot 2 \cdot 3 \cdot 5 \cdot 7}{2 \cdot 2 \cdot 2 \cdot 3 \cdot 3 \cdot 5 \cdot 7} = \dfrac{210}{1260} = \dfrac{140}{840} = \dfrac{35}{210} = \dfrac{7}{42} = \dfrac{5}{30} = \dfrac{2}{12}$
$= \dfrac{1}{6}$.

3.) $\dfrac{1}{4} + \dfrac{5}{4} = \dfrac{1+5}{4} = \dfrac{6}{4} = \dfrac{3}{2}$.

4.) $\dfrac{1}{4} + \dfrac{3}{7} - \dfrac{5}{8} + \dfrac{2}{5} = \dfrac{70}{280} + \dfrac{120}{280} - \dfrac{175}{280} + \dfrac{112}{280} = \dfrac{70 + 120 - 175 + 112}{280} = \dfrac{127}{280}$.

5.) $\dfrac{3}{8} \cdot \dfrac{5}{7} = \dfrac{3 \cdot 5}{8 \cdot 7} = \dfrac{15}{56}$.

6.) $\dfrac{3}{8} \cdot \dfrac{4}{9} \cdot \dfrac{2}{7} = \dfrac{3 \cdot 4 \cdot 2}{8 \cdot 9 \cdot 7} = \dfrac{1}{21}$.

7.) $\dfrac{1}{11} : \dfrac{2}{33} = \dfrac{1 \cdot 33}{11 \cdot 2} = \dfrac{3}{2}$.

8.) $\dfrac{2}{5 + \frac{3}{4}} = \dfrac{2}{\frac{20}{4} + \frac{3}{4}} = \dfrac{2}{\frac{23}{4}} = \dfrac{8}{23}$.

Brüche lassen sich auch als Dezimalzahlen darstellen. Es gilt hier eine spezielle Eigenschaft:
Ein Bruch läßt sich als **abbrechende** oder **unendlich periodische Dezimalzahl** darstellen.

Beispiel 2.3.4

1.) $\dfrac{3}{8} = 0.375$.

2.) $\dfrac{1}{3} = 0.3333\ldots = 0.\overline{3}$.

3.) $\dfrac{5}{7} = 0.714285714285\ldots = 0.\overline{714285}$.

Zum Abschluß sei noch erwähnt, daß die Division durch die Zahl 0 nicht möglich ist.

$8 : 4 = 2$ ist wegen $2 \cdot 4 = 8$ richtig.

Dagegen gilt: $8 : 0 = x$ ist richtig, falls es ein x gibt mit $0 \cdot x = 8$, was nach den Regeln der Multiplikation natürlich nicht möglich ist.

Mit den rationalen Zahlen sind jetzt alle Grundrechenarten in sich abgeschlossen: Jede Addition, Subtraktion, Multiplikation oder Division zweier rationaler Zahlen ergibt wieder eine rationale Zahl.

2.4   Die reellen Zahlen

Obwohl die Grundrechenarten jetzt in sich abgeschlossen sind, reichen die rationalen Zahlen noch nicht aus, um weiterführende Berechnungen vorzunehmen. Dies ist der Fall, wenn z. B. ein x gesucht ist mit $x \cdot x = 2$ oder wenn die Fläche eines Kreises mit dem Radius 5 berechnet werden soll. Bei der Eigenschaft der Brüche bezüglich der Darstellung als Dezimalzahl fällt auf, daß alle Dezimalzahlen, die nicht abbrechen und keine Periode besitzen, sich nicht durch Brüche darstellen lassen. Aber genau diese Zahlen sind notwendig, um die oben beschriebenen Aufgaben zu lösen. Dies führt auf den Begriff der **reellen Zahlen**.

Definition 2.4.1
Die **reellen Zahlen** *sind die Menge aller Dezimalbrüche:*

$$\mathbb{R} = \{a \mid a = a_0.a_1a_2\ldots \text{ mit } a_0 \in \mathbf{Z} \text{ und } a_i \in \{0,1,2,\ldots,9\} \text{ für alle } i \in \mathbb{N}\}.$$

Die neu hinzugekommenen Zahlen gehören zur Menge $\mathbb{R}\backslash\mathbb{Q}$ und werden **irrationale Zahlen** genannt. Diese Zahlen werden häufig durch die im nächsten Kapitel beschriebenen Wurzeln, Logarithmen, Potenzen, aber auch durch Symbole dargestellt.

Beispiel 2.4.1

1.) $\sqrt{2} = 1.4142135\ldots \in \mathbb{R}$.

2.) $\ln 2 = 0.6931471\ldots \in \mathbb{R}$.

3.) $\pi = 3.1415926\ldots$ und $e = 2.718281\ldots$ sind wichtige reelle (irrationale) Zahlen.

Graphisch werden die reellen Zahlen auf der Zahlengeraden dargestellt:

Abbildung 2.4.1
Die reellen Zahlen auf der Zahlengeraden

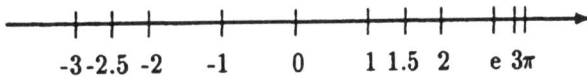

Die reellen Zahlen erfordern keine neuen Regeln für die Grundrechenarten, weiterführende Hilfsmittel zum Rechnen werden im Abschnitt Rechenregeln und Termumformungen weiter unten und im nächsten Kapitel gegeben.

Um zwei reelle (natürliche, ganze oder auch rationale) Zahlen miteinander vergleichen zu können, werden die **Ordnungsrelationen** eingeführt:

- $a = b$ bedeutet: a ist gleich (groß) wie b.

- $a < b$ bedeutet: a ist kleiner wie b.

- $a > b$ bedeutet: a ist größer wie b.

- $a \leq b$ bedeutet: a ist kleiner oder gleich b.

- $a \geq b$ bedeutet: a ist größer oder gleich b.

Elementare Rechenregeln zu den Ordnungsrelationen findet man in Kapitel 8.1.

Mithilfe der reellen Zahlen lassen sich jetzt einige wichtige Zahlenmengen darstellen, die **Intervalle**.

Definition 2.4.2

Seien $a, b, x \in \mathbb{R}$ mit $a \leq b$.

1.) $[a, b] = \{x \in \mathbb{R} \mid a \leq x \leq b\}$ *heißt* **abgeschlossenes Intervall**.

2.) $(a, b) = \{x \in \mathbb{R} \mid a < x < b\}$ *heißt* **offenes Intervall**.

3.) $(a, b] = \{x \in \mathbb{R} \mid a < x \leq b\}$ *und* $[a, b) = \{x \in \mathbb{R} \mid a \leq x < b\}$ *heißen* **halboffene Intervalle**.

Beispiel 2.4.2

Das Intervall $[1, 4]$ umfaßt alle reellen Zahlen, die größer gleich 1 und kleiner gleich 4 sind. Dies sind unendlich viele Zahlen, darunter z.B. 3, 2.1432, π und $\sqrt{5}$. Ganz im Gegensatz dazu wäre $[1, 4]$ gleich der 4-elementigen Menge $\{1, 2, 3, 4\}$, wenn nur die natürlichen Zahlen als Grundmenge vorgegeben würden.

Für die irrationalen Zahlen gibt es keine Regel, die das Auftreten der Ziffern nach dem Dezimalpunkt festlegt. Diese Ziffern können aber durch das Prinzip der **Intervallschachtelung** beliebig weit berechnet werden. Es haben sich zwei unterschiedliche Vorgehensweisen eingebürgert:

1.) **Intervallschachtelung mit Intervallhalbierung:**
Ausgehend von einem Intervall $[a, b]$ wird stets eine Aufteilung in zwei gleich große neue Intervalle vorgenommen: $[a, m]$ und $[m, b]$, wobei $m = \dfrac{a + b}{2}$ die Mitte von a und b ist. Danach wird durch sinnvolle Berechnungen entschieden, in welchem der beiden Intervalle die vorgegebene Zahl liegt. Anschließend wird dieses Verfahren auf das neue, nur noch halb so lange Intervall angewendet, und zwar so lange, bis die gewünschte Genauigkeit erreicht ist.

2.) **Intervallschachtelung mit Dezimalstellenermittlung:**
Hier wird durch sukzessives Berechnen aller 10 möglichen Ziffern an einer festen Dezimalstelle pro Intervallschachtelungsschritt genau eine richtige Dezimale gewonnen.

Das folgende Beispiel zeigt dies für die Zahl $\sqrt{2} \in \mathbb{R} \setminus \mathbb{Q}$, wobei $\sqrt{2}$ eine Lösung der Gleichung $x \cdot x = 2$ ist.

Beispiel 2.4.3

1.) Intervallschachtelung mit Intervallhalbierung:

Wegen $1.00000000^2 < 2 < 1.50000000^2$ gilt:
$$1.00000000 < \sqrt{2} < 1.50000000.$$

Wegen $1.25000000^2 < 2 < 1.50000000^2$ gilt:
$$1.25000000 < \sqrt{2} < 1.50000000.$$

Wegen $1.37500000^2 < 2 < 1.50000000^2$ gilt:
$$1.37500000 < \sqrt{2} < 1.50000000.$$

Wegen $1.37500000^2 < 2 < 1.43750000^2$ gilt:
$$1.37500000 < \sqrt{2} < 1.43750000.$$

Wegen $1.40625000^2 < 2 < 1.43750000^2$ gilt:
$$1.40625000 < \sqrt{2} < 1.43750000.$$

Wegen $1.40625000^2 < 2 < 1.42187500^2$ gilt:
$$1.40625000 < \sqrt{2} < 1.42187500.$$

Wegen $1.41406250^2 < 2 < 1.42187500^2$ gilt:
$$1.41406250 < \sqrt{2} < 1.42187500.$$

Wegen $1.41406250^2 < 2 < 1.41796875^2$ gilt:
$$1.41406250 < \sqrt{2} < 1.41796875.$$

Wegen $1.41406250^2 < 2 < 1.41601563^2$ gilt:
$$1.41406250 < \sqrt{2} < 1.41601563.$$

Wegen $1.41406250^2 < 2 < 1.41503906^2$ gilt:
$$1.41406250 < \sqrt{2} < 1.41503906.$$

Wegen $1.41406250^2 < 2 < 1.41455078^2$ gilt:
$$1.41406250 < \sqrt{2} < 1.41455078.$$

Wegen $1.41406250^2 < 2 < 1.41430664^2$ gilt:
$$1.41406250 < \sqrt{2} < 1.41430664.$$

2.) Intervallschachtelung mit Dezimalstellenermittlung:

Wegen $1.0000000^2 < 2 < 2.0000000^2$ gilt:
$$1.0000000 < \sqrt{2} < 2.0000000.$$

Wegen $1.4000000^2 < 2 < 1.5000000^2$ gilt:
$$1.4000000 < \sqrt{2} < 1.5000000.$$

Wegen $1.4100000^2 < 2 < 1.4200000^2$ gilt:
$$1.4100000 < \sqrt{2} < 1.4200000.$$

Wegen $1.4140000^2 < 2 < 1.4150000^2$ gilt:
$$1.4140000 < \sqrt{2} < 1.4150000.$$

Wegen $1.4142000^2 < 2 < 1.4143000^2$ gilt:
$$1.4142000 < \sqrt{2} < 1.4143000.$$

Wegen $1.4142100^2 < 2 < 1.4142200^2$ gilt:
$$1.4142100 < \sqrt{2} < 1.4142200.$$

Wegen $1.4142130^2 < 2 < 1.4142140^2$ gilt:
$$1.4142130 < \sqrt{2} < 1.4142140.$$

Wegen $1.4142135^2 < 2 < 1.4142136^2$ gilt:
$$1.4142135 < \sqrt{2} < 1.4142136.$$

Bemerkung:
Die reellen Zahlen füllen die Zahlengerade vollständig aus, ganz im Gegensatz zu den natürlichen Zahlen, den ganzen Zahlen und den rationalen Zahlen, die sehr viele Lücken auf der Zahlengeraden hinterlassen.
Bezüglich der Teilmengenschreibweise gilt für die bisher definierten Zahlenbereiche: $\mathbb{N} \subset \mathbb{Z} \subset \mathbb{Q} \subset \mathbb{R}$.

2.5   Die komplexen Zahlen

Die reellen Zahlen reichen zum Beschreiben und Lösen der meisten Probleme in der Mathematik aus. In einigen speziellen Fragestellungen jedoch werden als Erweiterung die **komplexen Zahlen** benötigt. Dieser Zahlenbereich kommt immer dann ins Spiel, wenn gerade Wurzeln aus negativen

Zahlen gezogen werden müssen, was im Zahlenbereich der reellen Zahlen nicht möglich ist. Die genaue Begründung dafür wird im nächsten Kapitel gegeben.

Hierzu wird symbolisch $\sqrt{-1} = i$ gesetzt. Die Zahl i wird die **imaginäre Einheit** genannt.

Durch Bildung des Quadrats erhält man dann die wichtige Identität $i^2 = -1$.

Definition 2.5.1
Die **komplexen Zahlen** *sind durch die folgende Menge definiert:*

$$\mathbb{C} = \{z \mid z = a + ib \text{ mit } a, b \in \mathbb{R}\}.$$

Dabei heißt die Zahl $a = Re(z) \in \mathbb{R}$ der **Realteil** *und die Zahl $b = Im(z) \in \mathbb{R}$ der* **Imaginärteil** *der komplexen Zahl z. Ferner nennt man die Zahl $\bar{z} = a - ib$ die zu $z = a + ib$* **konjugiert komplexe Zahl**. $|z| = \sqrt{a^2 + b^2}$ *heißt der* **Betrag** *von z.*

Die Berechnung des Ausdrucks $\sqrt{a^2 + b^2}$ wird allerdings erst im nächsten Kapitel erklärt und ist nur der Vollständigkeit halber hier mit aufgenommen.

Für $b = 0$ stellt $z = a$ eine reelle Zahl dar, für $a = 0$ gilt $z = ib \in \mathbb{C} \setminus \mathbb{R}$. Die Menge $\mathbb{C} \setminus \mathbb{R}$ wird die Menge der **imaginären Zahlen** genannt.

Da eine komplexe Zahl $z = a + ib$ (**Normalform**) geometrisch mit dem Punkt (a, b) der zweidimensionalen reellen Zahlenebene (siehe Lineare Algebra) identifiziert werden kann, können viele der folgenden Rechenregeln für komplexe Zahlen geometrisch nachvollzogen werden. Diese Zahlenebene wird die **Gaußsche Zahlenebene** genannt.

Abbildung 2.5.1

Die komplexen Zahlen in der Gaußschen Zahlenebene.

$z = a + ib$ in der zweidimensionalen Darstellung $z = (a, b)$.

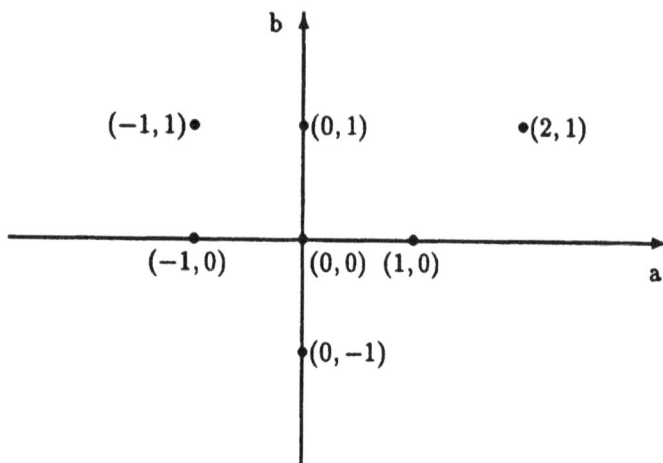

Rechenregeln für komplexe Zahlen:

- Addition und Subtraktion:
  $$z_1 \pm z_2 = (a_1 + ib_1) \pm (a_2 + ib_2) = (a_1 \pm a_2) + i(b_1 \pm b_2).$$

- Multiplikation:
  $$z_1 \cdot z_2 = (a_1 + ib_1) \cdot (a_2 + ib_2) = a_1 a_2 + ia_1 b_2 + ib_1 a_2 + b_1 b_2 i^2$$
  $$= (a_1 a_2 - b_1 b_2) + i(a_1 b_2 - a_2 b_1).$$

- Division:
  $$\frac{z_1}{z_2} = \frac{a_1 + ib_1}{a_2 + ib_2} = \frac{(a_1 + ib_1)(a_2 - ib_2)}{(a_2 + ib_2)(a_2 - ib_2)} = \frac{a_1 a_2 + b_1 b_2}{a_2^2 + b_2^2} + i\frac{a_2 b_1 - a_1 b_2}{a_2^2 + b_2^2}.$$

Beispiel 2.5.1

Gegeben seien die zwei komplexen Zahlen $z_1 = 2 + i$ und $z_2 = -3 + 2i$.
Dann gelten:

1.) $z_1 + z_2 = (2 + i) + (-3 + 2i) = -1 + 3i.$

2.) $z_1 - z_2 = (2 + i) - (-3 + 2i) = 5 - i.$

3.) $z_1 \cdot z_2 = (2+i) \cdot (-3+2i) = -6 + 4i - 3i + 2i^2$
$= -6 + 4i - 3i - 2 = -8 + i$.

4.) $\dfrac{z_1}{z_2} = \dfrac{2+i}{-3+2i} = \dfrac{(2+i)(-3-2i)}{(-3+2i)(-3-2i)} = \dfrac{-4}{13} - i\dfrac{7}{13}$.

5.) $|z_1| = \sqrt{2^2 + 1^2} = \sqrt{5}$ und $|z_2| = \sqrt{(-3)^2 + 2^2} = \sqrt{13}$.

6.) $|z_1 + z_2| = \sqrt{10}$ und $|z_1| + |z_2| = \sqrt{5} + \sqrt{13}$.

7.) $|z_1 - z_2| = \sqrt{26}$ und $|z_1| - |z_2| = \sqrt{5} - \sqrt{13}$.

8.) $|z_1 \cdot z_2| = \sqrt{65}$ und $|z_1| \cdot |z_2| = \sqrt{5} \cdot \sqrt{13} = \sqrt{65}$.

9.) $\left|\dfrac{z_1}{z_2}\right| = \dfrac{1}{13}\sqrt{65}$ und $\dfrac{|z_1|}{|z_2|} = \dfrac{\sqrt{5}}{\sqrt{13}} = \dfrac{1}{13}\sqrt{65}$.

10.) $\overline{z}_1 = 2 - i$ und $\overline{z}_2 = -3 - 2i$.

11.) $|\overline{z}_1| = \sqrt{5}$ und $|\overline{z}_2| = \sqrt{13}$.

12.) $z_1 + \overline{z}_1 = 2 + i + (2 - i) = 2 \cdot 2 = 4$ und $z_1 - \overline{z}_1 = 2 + i - (2 - i) = i \cdot 2 = 2i$.

13.) $z_1 \cdot \overline{z}_1 = (2+i)(2-i) = 2^2 + (-1)^2 = 5$.

14.) $\dfrac{z_1}{\overline{z}_1} = \dfrac{2+i}{2-i} = \dfrac{3}{5} + \dfrac{4}{5}i$.

15.) $\overline{z}_1 + \overline{z}_2 = -1 - 3i$ und $\overline{z_1 + z_2} = -1 - 3i$.

16.) $\overline{z}_1 - \overline{z}_2 = 5 + i$ und $\overline{z_1 - z_2} = 5 + i$.

17.) $\overline{z}_1 \cdot \overline{z}_2 = -8 - i$ und $\overline{z_1 \cdot z_2} = -8 - i$.

18.) $\dfrac{\overline{z}_1}{\overline{z}_2} = \dfrac{1}{13} \cdot (-4 + 7i)$ und $\overline{\left(\dfrac{z_1}{z_2}\right)} = \dfrac{1}{13} \cdot (-4 + 7i)$.

Diesem Beispiel können viele Eigenschaften der komplexen Zahlen entnommen werden, die allgemeingültig sind.

Eigenschaften komplexer Zahlen:
Seien $z = a + ib$, $z_1 = a_1 + ib_1$ und $z_2 = a_2 + ib_2$ komplexe Zahlen.
Dann gelten:

- $z + \overline{z} = 2a$ und $z - \overline{z} = 2ib$.

- $z \cdot \overline{z} = |z|^2 = a^2 + b^2$.

- $Re(z) = \frac{1}{2}(z + \overline{z})$ und $Im(z) = \frac{1}{2i}(z - \overline{z})$.

- $\overline{z_1 \pm z_2} = \overline{z}_1 \pm \overline{z}_2$.

- $\overline{z_1 \cdot z_2} = \overline{z}_1 \cdot \overline{z}_2$.

- $\overline{\left(\dfrac{z_1}{z_2}\right)} = \dfrac{\overline{z}_1}{\overline{z}_2}$.

- $|z_1| = |\overline{z}_1|$.

- $|z_1 + z_2| \le |z_1| + |z_2|$.

- $|z_1 \cdot z_2| = |z_1| \cdot |z_2|$.

- $\left|\dfrac{z_1}{z_2}\right| = \dfrac{|z_1|}{|z_2|}$.

2.6   Rechenregeln und Termumformungen

Zusätzlich zu den schon behandelten Rechenregeln werden nun für die reellen Zahlen weitere Gesetzmäßigkeiten aufgestellt, die für das Rechnen und für Termumformungen, d.h. für das Vereinfachen mathematischer Ausdrücke, die irgendwelche Platzhalter (Variablen) beinhalten, unerläßlich sind. Die meisten dieser Eigenschaften gelten auch für komplexe Zahlen, doch vorläufig reichen die reellen Zahlen zur weiteren Abhandlung aus.

Eigenschaften reeller Zahlen bezüglich Termumformungen:
Für alle a, b und $c \in \mathbb{R}$ gelten:

- $+(+a) = +a$, $+(-a) = -a$, $-(+a) = -a$ und $-(-a) = +a$.

- $-(a + b) = -a - b$, $-(a - b) = -a + b$, $-(-a + b) = a - b$ und $-(-a - b) = a + b$.

- $(+a)(+b) = +ab$, $(+a)(-b) = -ab$, $(-a)(+b) = -ab$ und $(-a)(-b) = +ab$.

- alle Rechenregeln für Brüche.

- **Kommutativgesetze**
  $a + b = b + a$ und $ab = ba$.

- **Assoziativgesetze**
  $(a + b) + c = a + (b + c)$ und $(ab)c = a(bc)$.

- **Distributivgesetz**
  $(a + b)c = ac + bc$.

- **Trichotomie**
  Es gilt genau eine der Relationen $a = b$, $a < b$ oder $a > b$.

- Aus $a = b$ und $b = c$ folgt $a = c$.

- Aus $a < b$ folgt $a + c < b + c$.

- Aus $a < b$ und $c > 0$ folgt $ac < bc$. Aus $a < b$ und $c < 0$ folgt $ac > bc$.

Bemerkung:

Ein weit verbreiteter Fehler beim Rechnen mit Brüchen stellt das Vertauschen von Zähler und Nenner bei der Addition dar. Im allgemeinen gilt jedoch

$$\frac{a}{b+c} \neq \frac{a}{b} + \frac{a}{c},$$

was an dem

Beispiel 2.6.1

$$\frac{2}{3+5} = \frac{1}{4} \neq \frac{2}{3} + \frac{2}{5} = \frac{16}{15}$$

leicht eingesehen wird.

Beispiel 2.6.2

1.) $-a \cdot (b + c) = -ab - ac$.

2.) $(2x + y)(3 - 2z) = 6x - 4xz + 3y - 2yz$.

3.) $(x + y)(a + b)(c - d) = (ax + bx + ay + by)(c - d)$
$= acx + bcx + acy + bcy - adx - bdx - ady - bdy$.

4.) $(x - (2x + 1 - (x + 3)) + (x + 2)) = (x - (2x + 1 - x - 3) + x + 2)$
$= x - 2x - 1 + x + 3 + x + 2 = x + 4$.

5.) $\dfrac{2}{x} + \dfrac{3}{y} - \dfrac{3}{xz} + \dfrac{1}{yz} - \dfrac{2}{xy} = \dfrac{2yz + 3xz - 3y + x - 2z}{xyz}.$

6.) $\dfrac{2x + 4y}{z} \cdot \dfrac{x}{6x + 12y} \cdot \dfrac{7z}{y} = \dfrac{2(x + 2y) \cdot x \cdot 7z}{z \cdot 6(x + 2y) \cdot y} = \dfrac{7x}{3y}.$

7.) $\dfrac{\frac{1}{x} - \frac{1}{y}}{\frac{2}{x} + \frac{2}{y}} = \dfrac{\frac{y-x}{xy}}{\frac{2y+2x}{xy}} = \dfrac{(y - x)xy}{xy(2x + 2y)} = \dfrac{y - x}{2x + 2y}.$

8.) $\dfrac{24x}{36 + 32b - 16a} \cdot \left(-\dfrac{2a}{6x} + \dfrac{2b}{3x} + \dfrac{3}{4x} \right)$

$= \dfrac{24x}{4(9 + 8b - 4a)} \cdot \left(\dfrac{-4a + 8b + 9}{12x} \right) = \dfrac{24x(-4a + 8b + 9)}{4(-4a + 8b + 9)12x} = \dfrac{1}{2}.$

9.) $\dfrac{a + b + \frac{1}{c}}{\frac{d-e}{c} - \frac{1}{2cf} - \frac{a+b}{2f} + ad - eb + bd - ae}$

$= \dfrac{\frac{c(a+b)+1}{c}}{\frac{2f(d-e)-1-c(a+b)}{2cf} + d(a + b) - e(a + b)}$

$= \dfrac{\frac{c(a+b)+1}{c}}{\frac{2f(d-e)-1-c(a+b)+(a+b)(d-e)\cdot 2cf}{2cf}}$

$= \dfrac{2f(c(a + b) + 1)}{(2f(d - e)) \cdot (c(a + b)) + 2f(d - e) - c(a + b) - 1}$

$= \dfrac{2f(c(a + b) + 1)}{2f(d - e) \cdot (c(a + b) + 1) - (c(a + b) + 1)}$

$= \dfrac{2f(c(a + b) + 1)}{(2f(d - e) - 1) \cdot (c(a + b)) + 1} = \dfrac{2f}{2f(d - e) - 1}.$

2.7 Aufgaben zu Kapitel 2

Aufgabe 2.7.1
Berechnen Sie.

a) $(+5) + (+17)$, b) $(-5) - (+23)$,

c) $(-13) - (-100)$, d) $(-24) + (+48)$,

e) $(-x) + (+8x)$, f) $(-2y) - (6y)$,

g) $(8z) + (-3z)$, h) $(14w) - (-17w)$.

Lösung:

a) $(+5) + (+17) = 5 + 17 = 22$.

b) $(-5) - (+23) = -5 - 23 = -28$.

c) $(-13) - (-100) = -13 + 100 = 87$.

d) $(-24) + (+48) = -24 + 48 = 24$.

e) $(-x) + (+8x) = -x + 8x = 7x$.

f) $(-2y) - (+6y) = -2y - 6y = -8y$.

g) $(8z) + (-3z) = 8z - 3z = 5z$.

h) $(14w) - (-17w) = 14w + 17w = 31w$.

Aufgabe 2.7.2
Berechnen Sie.

a) $4a - 16a - (-24a) + 7a$,

b) $25xy - (-13xy) + 8xy + (-34xy)$,

c) $1.54z - 7.32z + 8.14z$.

Lösung:

a) $4a - 16a - (-24a) + 7a = 4a - 16a + 24a + 7a = 19a$.

b) $25xy - (-13xy) + 8xy + (-34xy) = 25xy + 13xy + 8xy - 34xy$
$= 12xy$.

c) $1.54z - 7.32z + 8.14z = 2.36z$.

Aufgabe 2.7.3

In welchem der Zahlenbereiche $\mathbb{N}$, $\mathbf{Z}$, $\mathbf{Q}$ bzw. $\mathbb{R}$ sind für die gegebenen Zahlen x und y die vier Grundrechenarten

$$x + y, \; y + x, \; x - y, \; y - x, \; x \cdot y, \; y \cdot x, \; \frac{x}{y} \text{ und } \frac{y}{x}$$

durchführbar. Geben Sie jeweils die Ergebnisse an.

a) $x = 4$, $y = 7$,

b) $x = -3$, $y = 2$,

c) $x = 5$, $y = 0$,

d) $x = \dfrac{4}{7}$, $y = 1$,

e) $x = \dfrac{1}{3}$, $y = \sqrt{2}$,

f) $x = \sqrt{2}$, $y = 5\sqrt{2}$.

Lösung:

a) $x + y = 4 + 7 = y + x = 7 + 4 = 11$ ist lösbar in $\mathbb{N}$, $\mathbf{Z}$, $\mathbf{Q}$ und $\mathbb{R}$.

$x - y = 4 - 7 = -3$ ist lösbar in $\mathbf{Z}$, $\mathbf{Q}$ und $\mathbb{R}$,

$y - x = 7 - 4 = 3$ ist dagegen lösbar in $\mathbb{N}$, $\mathbf{Z}$, $\mathbf{Q}$ und $\mathbb{R}$.

$x \cdot y = 4 \cdot 7 = y \cdot x = 7 \cdot 4 = 28$ ist lösbar in $\mathbb{N}$, $\mathbf{Z}$, $\mathbf{Q}$ und $\mathbb{R}$.

$\dfrac{x}{y} = \dfrac{4}{7}$ ist lösbar in $\mathbf{Q}$ und $\mathbb{R}$, ebenso wie $\dfrac{y}{x} = \dfrac{7}{4}$.

b) $x + y = -3 + 2 = y + x = 2 + (-3) = -1$ ist lösbar in $\mathbf{Z}$, $\mathbf{Q}$ und $\mathbb{R}$.

$x - y = -3 - 2 = -5$ ist lösbar in $\mathbf{Z}$, $\mathbf{Q}$ und $\mathbb{R}$,

ebenso wie $y - x = 2 - (-3) = 2 + 3 = 5$.

$x \cdot y = -3 \cdot 2 = y \cdot x = 2 \cdot -3 = -6$ ist lösbar in $\mathbf{Z}$, $\mathbf{Q}$ und $\mathbb{R}$.

$\dfrac{x}{y} = \dfrac{-3}{2} = -\dfrac{3}{2}$ ist lösbar in $\mathbf{Q}$ und $\mathbb{R}$, ebenso wie $\dfrac{y}{x} = \dfrac{2}{-3} = -\dfrac{2}{3}$.

c) $x + y = 5 + 0 = y + x = 0 + 5 = 5$ ist lösbar in $\mathbf{Z}$, $\mathbf{Q}$ und $\mathbb{R}$.

$x - y = 5 - 0 = 5$ ist lösbar in $\mathbf{Z}$, $\mathbf{Q}$ und $\mathbb{R}$,

ebenso wie $y - x = 0 - 5 = -5$.

$x \cdot y = 5 \cdot 0 = y \cdot x = 0 \cdot 5 = 0$ ist lösbar in $\mathbf{Z}$, $\mathbf{Q}$ und $\mathbb{R}$.

$\dfrac{x}{y} = \dfrac{5}{0} = -\dfrac{3}{0}$ ist überhaupt nicht definiert,

dagegen ist $\dfrac{y}{x} = \dfrac{0}{5} = 0$ lösbar in $\mathbf{Z}$, $\mathbf{Q}$ und $\mathbb{R}$.

d) $x + y = \dfrac{4}{7} + 1 = y + x = 1 + \dfrac{4}{7} = \dfrac{11}{7}$ ist lösbar in $\mathbb{Q}$ und $\mathbb{R}$.

$x - y = \dfrac{4}{7} - 1 = -\dfrac{3}{7}$ ist lösbar in $\mathbb{Q}$ und $\mathbb{R}$, ebenso wie $y - x = 1 - \dfrac{4}{7} = \dfrac{3}{7}$.

$x \cdot y = \dfrac{4}{7} \cdot 1 = y \cdot x = 1 \cdot \dfrac{4}{7} = \dfrac{4}{7}$ ist lösbar in $\mathbb{Q}$ und $\mathbb{R}$.

$\dfrac{x}{y} = \dfrac{\frac{4}{7}}{1} = \dfrac{4}{7}$ ist lösbar in $\mathbb{Q}$ und $\mathbb{R}$, ebenso wie $\dfrac{y}{x} = \dfrac{1}{\frac{4}{7}} = \dfrac{7}{4}$.

e) $x + y = \dfrac{1}{3} + \sqrt{2} = y + x$ ist lösbar in $\mathbb{R}$.

$x - y = \dfrac{1}{3} - \sqrt{2}$ ist lösbar in $\mathbb{R}$, ebenso wie $y - x = \sqrt{2} - \dfrac{1}{3}$.

$x \cdot y = \dfrac{1}{3} \cdot \sqrt{2} = y \cdot x$ ist lösbar in $\mathbb{R}$.

$\dfrac{x}{y} = \dfrac{\frac{1}{3}}{\sqrt{2}} = \dfrac{1}{3\sqrt{2}}$ ist lösbar in $\mathbb{R}$, ebenso wie $\dfrac{y}{x} = \dfrac{\sqrt{2}}{\frac{1}{3}} = 3\sqrt{2}$.

f) $x + y = \sqrt{2} + 5\sqrt{2} = y + x = 5\sqrt{2} + \sqrt{2} = 6\sqrt{2}$ ist lösbar in $\mathbb{R}$.

$x - y = \sqrt{2} - 5\sqrt{2} = -4\sqrt{2}$ ist lösbar in $\mathbb{R}$,

ebenso wie $y - x = 5\sqrt{2} - \sqrt{2} = 4\sqrt{2}$.

$x \cdot y = \sqrt{2} \cdot 5\sqrt{2} = y \cdot x = 5\sqrt{2} \cdot \sqrt{2} = 10$ ist lösbar in $\mathbb{R}$.

$\dfrac{x}{y} = \dfrac{\sqrt{2}}{5\sqrt{2}} = \dfrac{1}{5}$ ist lösbar in $\mathbb{R}$, ebenso wie $\dfrac{y}{x} = \dfrac{5\sqrt{2}}{\sqrt{2}} = 5$.

Aufgabe 2.7.4

Berechnen Sie zu den gegebenen Zahlen x und y jeweils

$x + y$, $y + x$, $x - y$, $y - x$, $x \cdot y$, $y \cdot x$, $\dfrac{x}{y}$ und $\dfrac{y}{x}$.

Geben Sie jeweils die in der Reihenfolge $\mathbb{N}$, $\mathbb{Z}$, $\mathbb{Q}$ und $\mathbb{R}$ erststehende Menge an, zu der x, y und die Verknüpfung gehören.

a) $x = 1$, $y = -5$,

b) $x = \dfrac{2}{3}$, $y = \dfrac{3}{2}$,

c) $x = \sqrt{3}$, $y = -\sqrt{3}$,

d) $x = \sqrt{5}$, $y = \dfrac{1}{2}$.

Lösung:

a) $x + y = 1 + (-5) = y + x = -5 + 1 = -4$, also $x \in \mathbb{N}$, $y \in \mathbb{Z}$ und
$x + y \in \mathbb{Z}$.

$x - y = 1 - (-5) = 6$, also $x \in \mathbb{N}$, $y \in \mathbb{Z}$ und $x - y \in \mathbb{N}$.

$y - x = -5 - 1 = -6$, also $x \in \mathbb{N}$, $y \in \mathbb{Z}$ und $y - x \in \mathbb{Z}$.

$x \cdot y = 1 \cdot -5 = y \cdot x = -5 \cdot 1 = -5$, also $x \in \mathbb{N}$, $y \in \mathbb{Z}$ und $x \cdot y \in \mathbb{Z}$.

$\dfrac{x}{y} = \dfrac{1}{-5} = -\dfrac{1}{5}$, also $x \in \mathbb{N}$, $y \in \mathbb{Z}$ und $\dfrac{x}{y} \in \mathbb{Q}$.

$\dfrac{y}{x} = \dfrac{-5}{1} = -5$, also $x \in \mathbb{N}$, $y \in \mathbb{Z}$ und $\dfrac{y}{x} \in \mathbb{Z}$.

b) $x + y = \dfrac{2}{3} + \dfrac{3}{2} = y + x = \dfrac{3}{2} + \dfrac{2}{3} = \dfrac{13}{6}$,

also $x \in \mathbb{Q}$, $y \in \mathbb{Q}$ und $x + y \in \mathbb{Q}$.

$x - y = \dfrac{2}{3} - \dfrac{3}{2} = -\dfrac{5}{6}$, also $x \in \mathbb{Q}$, $y \in \mathbb{Q}$ und $x - y \in \mathbb{Q}$.

$y - x = \dfrac{3}{2} - \dfrac{2}{3} = \dfrac{5}{6}$, also $x \in \mathbb{Q}$, $y \in \mathbb{Q}$ und $y - x \in \mathbb{Q}$.

$x \cdot y = \dfrac{2}{3} \cdot \dfrac{3}{2} = y \cdot x = \dfrac{3}{2} \cdot \dfrac{2}{3} = 1$, also $x \in \mathbb{Q}$, $y \in \mathbb{Q}$ und $x \cdot y \in \mathbb{N}$.

$\dfrac{x}{y} = \dfrac{\frac{2}{3}}{\frac{3}{2}} = \dfrac{4}{9}$, also $x \in \mathbb{Q}$, $y \in \mathbb{Q}$ und $\dfrac{x}{y} \in \mathbb{Q}$.

$\dfrac{y}{x} = \dfrac{\frac{3}{2}}{\frac{2}{3}} = \dfrac{9}{4}$, also $x \in \mathbb{Q}$, $y \in \mathbb{Q}$ und $\dfrac{y}{x} \in \mathbb{Q}$.

c) $x + y = \sqrt{3} + (-\sqrt{3}) = y + x = -\sqrt{3} + \sqrt{3} = 0$, also $x \in \mathbb{R}$, $y \in \mathbb{R}$
und $x + y \in \mathbb{Z}$.

$x - y = \sqrt{3} - (-\sqrt{3}) = 2\sqrt{3}$, also $x \in \mathbb{R}$, $y \in \mathbb{R}$ und $x - y \in \mathbb{R}$.

$y - x = -\sqrt{3} - \sqrt{3} = -2\sqrt{3}$, also $x \in \mathbb{R}$, $y \in \mathbb{R}$ und $y - x \in \mathbb{R}$.

$x \cdot y = \sqrt{3} \cdot -\sqrt{3} = y \cdot x = -\sqrt{3} \cdot \sqrt{3} = -3$, also $x \in \mathbb{R}$, $y \in \mathbb{R}$ und
$x \cdot y \in \mathbb{Z}$.

$\dfrac{x}{y} = \dfrac{\sqrt{3}}{-\sqrt{3}} = -1$, also $x \in \mathbb{R}$, $y \in \mathbb{R}$ und $\dfrac{x}{y} \in \mathbb{Z}$.

$\dfrac{y}{x} = \dfrac{-\sqrt{3}}{\sqrt{3}} = -1$, also $x \in \mathbb{R}$, $y \in \mathbb{R}$ und $\dfrac{y}{x} \in \mathbb{Z}$.

d) $x + y = \sqrt{5} + \dfrac{1}{2} = y + x$, also $x \in \mathbb{R}$, $y \in \mathbb{Q}$ und $x + y \in \mathbb{R}$.

$x - y = \sqrt{5} - \dfrac{1}{2}$, also $x \in \mathbb{R}$, $y \in \mathbb{Q}$ und $x - y \in \mathbb{R}$.

$y - x = \dfrac{1}{2} - \sqrt{5}$, also $x \in \mathbb{R}$, $y \in \mathbb{Q}$ und $y - x \in \mathbb{R}$.

$x \cdot y = \sqrt{5} \cdot \dfrac{1}{2} = y \cdot x = \dfrac{1}{2} \cdot \sqrt{5}$, also $x \in \mathbb{R}$, $y \in \mathbb{Q}$ und $x \cdot y \in \mathbb{R}$.

$\dfrac{x}{y} = \dfrac{\sqrt{5}}{\frac{1}{2}} = 2\sqrt{5}$, also $x \in \mathbb{R}$, $y \in \mathbb{Q}$ und $\dfrac{x}{y} \in \mathbb{R}$.

$\dfrac{y}{x} = \dfrac{\frac{1}{2}}{\sqrt{5}} = \dfrac{1}{2\sqrt{5}} = \dfrac{1}{10}\sqrt{5}$, also $x \in \mathbb{R}$, $y \in \mathbb{Q}$ und $\dfrac{y}{x} \in \mathbb{R}$.

Aufgabe 2.7.5

Fassen Sie zusammen.

a) $4a + 3b - 16a + 5b$,

b) $3a - 2x + 15 - x - 3a - 15$,

c) $(13a + 19b) - (12a - 14b)$,

d) $3a + 5b - 6c - (a + b - 14c)$,

e) $(1.5a - 3.3b) + (8.1a + 3.3b)$.

Lösung:

a) $4a + 3b - 16a + 5b = 4a - 16a + 3b + 5b = -12a + 8b$.

b) $3a - 2x + 15 - x - 3a - 15 = 3a - 3a - 2x - x + 15 - 15 = -3x$.

c) $(13a + 19b) - (12a - 14b) = 13a + 19b - 12a + 14b = 13a - 12a + 19b + 14b$
$= a + 33b$.

d) $3a + 5b - 6c - (a + b - 14c) = 3a + 5b - 6c - a - b + 14c$
$= 3a - a + 5b - b - 6c + 14c = 2a + 4b + 8c$.

e) $(1.5a - 3.3b) + (8.1a + 3.3b) = 1.5a - 3.3b + 8.1a + 3.3b$
$= 1.5a + 8.1a - 3.3b + 3.3b = 9.6a$.

Aufgabe 2.7.6

Fassen Sie zusammen.

a) $x - (x + y) - ((x - y) - (x + y))$,

b) $a + ((x + y) - (b - c))$,

c) $-49b + 65a - (33c - (28b - (19c - 15a)) + (35a - 21b))$,

d) $(21ax + 25by) - (14ax - 13by) + (ax - 38by)$,

e) $5a - ((3b + 2c - (a + b)) - (a - (a - (a + b) - c) - b))$.

Lösung:

a) $x - (x + y) - ((x - y) - (x + y)) = x - x - y - (x - y - x - y)$
$= -y - x + y + x + y = y$.

b) $a + ((x + y) - (b - c)) = a + (x + y - b - c) = a + x + y - b - c = a - b - c + x + y$.

c) $-49b + 65a - (33c - (28b - (19c - 15a)) + (35a - 21b))$
$= -49b + 65a - (33c - (28b - 19c + 15a) + 35a - 21b)$
$= -49b + 65a - (33c - 28b + 19c - 15a + 35a - 21b)$
$= -49b + 65a - 33c + 28b - 19c + 15a - 35a + 21b$
$= 65a + 15a - 35a - 49b + 28b + 21b - 33c - 19c = 45a - 52c$.

d) $(21ax + 25by) - (14ax - 13by) + (ax - 38by)$
$= 21ax + 25by - 14ax + 13by + ax - 38by$
$= 21ax - 14ax + ax + 25by + 13by - 38by = 8ax$.

e) $5a - ((3b + 2c - (a + b)) - (a - (a - (a + b) - c) - b))$
$= 5a - ((3b + 2c - a - b) - (a - (a - a - b - c) - b))$
$= 5a - (3b + 2c - a - b - (a - (-b - c) - b))$
$= 5a - (3b + 2c - a - b - (a + b + c - b)) = 5a - (3b + 2c - a - b - a - b - c + b)$
$= 5a - 3b - 2c + a + b + a + b + c - b = 5a + a + a - 3b + b + b - b - 2c + c$
$= 7a - 2b - c$.

Aufgabe 2.7.7
Berechnen Sie.

a) $(-17) \cdot (+4)$,   b) $(+18) \cdot (-3)$,

c) $(+12) \cdot (-5)$,   d) $(-12) \cdot (-14)$,

e) $(3v) \cdot (-4w)$,   f) $(-2w) \cdot (+16v)$,

g) $(+3v) \cdot (+3w)$,   h) $(-4w) \cdot (-4v)$.

Lösung:

a) $(-17) \cdot (+4) = -17 \cdot 4 = -68$.

b) $(+18) \cdot (-3) = -18 \cdot 3 = -54$.

c) $(+12) \cdot (-5) = -12 \cdot 5 = -60$.

d) $(-12) \cdot (-14) = +12 \cdot 14 = 168$.

e) $(3v) \cdot (-4w) = -3v \cdot 4w = -12vw$.

f) $(-2w) \cdot (+16v) = -2w \cdot 16v = -32vw$.

g) $(+3v) \cdot (+3w) = +3v \cdot 3w = 9vw$.

h) $(-4w) \cdot (-4v) = +4w \cdot 4v = 16vw$.

Aufgabe 2.7.8

Fassen Sie zusammen.

a) $(8a + 2b) \cdot (4c + 5d)$,

b) $a(b + c) - b(a + c) - c(a + b)$,

c) $7(a - b) + 2(a + b) - 9(a - b)$,

d) $5(7a + 4(a - 2b)) - 17(2b - 3a) - 2((3a + 6b) \cdot 2 - 3(3b - 4a))$,

e) $((6a - 11b) - 3a + (5a - 7b)) \cdot 8 - 3(4b - (5a + 7b))$,

f) $2(6(x - 3y) + 4(-3x + 4y)) - 4(-6y - 5(2x - y) + 7x)$.

Lösung:

a) $(8a + 2b) \cdot (4c + 5d) = 8a \cdot 4c + 8a \cdot 5d + 2b \cdot 4c + 2b \cdot 5d$
$= 32ac + 40ad + 8bc + 10bd$.

b) $a(b + c) - b(a + c) - c(a + b) = ab + ac - ab - bc - ac - bc = -2bc$.

c) $7(a - b) + 2(a + b) - 9(a - b) = 7a - 7b + 2a + 2b - 9a + 9b$
$= 7a + 2a - 9a - 7b + 2b + 9b = 4b$.

d) $5(7a + 4(a - 2b)) - 17(2b - 3a) - 2((3a + 6b) \cdot 2 - 3(3b - 4a))$
$= 5(7a + 4a - 8b)) - 17(2b - 3a) - 2(6a + 12b - 9b + 12a)$
$= 5(11a - 8b) - 17(2b - 3a) - 2(18a + 3b)$
$= 55a - 40b - 34b + 51a - 36a - 6b$
$= 55a + 51a - 36a - 40b - 34b - 6b = 70a - 80b.$

e) $((6a - 11b) - 3a + (5a - 7b)) \cdot 8 - 3(4b - (5a + 7b))$
$= (6a - 11b - 3a + 5a - 7b) \cdot 8 - 3(4b - 5a - 7b)$
$= (6a - 3a + 5a - 11b - 7b) \cdot 8 - 3(-5a + 4b - 7b)$
$= (8a - 18b) \cdot 8 - 3(-5a - 3b) = 64a - 144b + 15a + 9b$
$= 79a - 135b.$

f) $2(6(x - 3y) + 4(-3x + 4y)) - 4(-6y - 5(2x - y) + 7x)$
$= 2(6x - 18y - 12x + 16y) - 4(-6y - 10x + 5y + 7x)$
$= 2(-6x - 2y) - 4(-3x - y) = -12x - 4y + 12x + 4y = 0.$

Aufgabe 2.7.9

Kürzen Sie die folgenden Brüche.

a) $\dfrac{2}{14}$,   b) $\dfrac{60}{140}$,   c) $\dfrac{2\,016}{9\,408}$,   d) $\dfrac{629\,442}{1\,573\,605}$.

Lösung:

a) $\dfrac{2}{14} = \dfrac{2}{2 \cdot 7} = \dfrac{1}{7}.$

b) $\dfrac{60}{140} = \dfrac{2 \cdot 30}{2 \cdot 70} = \dfrac{30}{70} = \dfrac{2 \cdot 15}{2 \cdot 35} = \dfrac{15}{35} = \dfrac{5 \cdot 3}{5 \cdot 7} = \dfrac{3}{7}.$

c) $\dfrac{2\,016}{9\,408} = \dfrac{2 \cdot 1\,008}{2 \cdot 4\,704} = \dfrac{1\,008}{4\,704} = \dfrac{2 \cdot 504}{2 \cdot 2\,352} = \dfrac{504}{2\,352} = \dfrac{2 \cdot 252}{2 \cdot 1\,176} = \dfrac{252}{1\,176}$
$= \dfrac{2 \cdot 126}{2 \cdot 588} = \dfrac{126}{588} = \dfrac{2 \cdot 63}{2 \cdot 294} = \dfrac{63}{294} = \dfrac{3 \cdot 21}{3 \cdot 98} = \dfrac{21}{98} = \dfrac{7 \cdot 3}{7 \cdot 14} = \dfrac{3}{14}.$

d) $\dfrac{629\,442}{1\,573\,605} = \dfrac{17 \cdot 37\,026}{17 \cdot 92\,565} = \dfrac{37\,026}{92\,565} = \dfrac{17 \cdot 2\,178}{17 \cdot 5\,445} = \dfrac{2\,178}{5\,445} = \dfrac{33 \cdot 66}{33 \cdot 165}$
$= \dfrac{66}{165} = \dfrac{33 \cdot 2}{33 \cdot 5} = \dfrac{2}{5}.$

Aufgabe 2.7.10

Kürzen Sie.

a) $\dfrac{a \cdot (b+c)}{b \cdot (b+c)}$,

b) $\dfrac{ax + ay}{bx + by}$,

c) $\dfrac{13x + 13y + 13z}{17x + 17z + 17y}$,

d) $\dfrac{ax + bx - az - bz}{ax + bx + az + bz}$,

e) $\dfrac{xy + xz - xw}{x}$.

Lösung:

a) $\dfrac{a \cdot (b+c)}{b \cdot (b+c)} = \dfrac{a}{b}$ für $a \neq 0$ und $b + c \neq 0$.

b) $\dfrac{ax + ay}{bx + by} = \dfrac{a(x+y)}{b(x+y)} = \dfrac{a}{b}$ für $bx + by \neq 0$

c) $\dfrac{13x + 13y + 13z}{17x + 17z + 17y} = \dfrac{13(x+y+z)}{17(x+y+z)} = \dfrac{13}{17}$ für $x + y + z \neq 0$.

d) $\dfrac{ax + bx - az - bz}{ax + bx + az + bz} = \dfrac{x(a+b) - z(a+b)}{x(a+b) + z(a+b)} = \dfrac{(x-z)(a+b)}{(x+z)(a+b)} = \dfrac{x-z}{x+z}$

 für $ax + bx + az + bz \neq 0$.

e) $\dfrac{xy + xz - xw}{x} = \dfrac{x(y+z-w)}{x} = y + z - w$ für $x \neq 0$.

Aufgabe 2.7.11

Ordnen Sie folgende Brüche der Größe nach.

a) $\dfrac{1}{2}, \dfrac{11}{21}, \dfrac{17}{35}, \dfrac{24}{50}$,

b) $\dfrac{1}{2}, \dfrac{2}{3}, \dfrac{3}{4}, \dfrac{4}{5}, \dfrac{5}{6}$,

c) $\dfrac{1}{17}, \dfrac{2}{35}, \dfrac{2}{33}, \dfrac{17}{300}$.

Lösung:

a) Wegen $\dfrac{1}{2} = \dfrac{525}{1\,050}, \dfrac{11}{21} = \dfrac{550}{1\,050}, \dfrac{17}{35} = \dfrac{510}{1\,050}$ und $\dfrac{24}{50} = \dfrac{504}{1\,050}$

 folgt $\dfrac{24}{50} < \dfrac{17}{35} < \dfrac{1}{2} < \dfrac{11}{21}$.

b) Wegen $\dfrac{1}{2} = \dfrac{30}{60}, \dfrac{2}{3} = \dfrac{40}{60}, \dfrac{3}{4} = \dfrac{45}{60}, \dfrac{4}{5} = \dfrac{48}{60}$ und $\dfrac{5}{6} = \dfrac{50}{60}$

  folgt $\dfrac{1}{2} < \dfrac{2}{3} < \dfrac{3}{4} < \dfrac{4}{5} < \dfrac{5}{6}$.

c) Wegen $\dfrac{1}{17} = \dfrac{23\,100}{392\,700}, \dfrac{2}{35} = \dfrac{22\,440}{392\,700}, \dfrac{2}{33} = \dfrac{23\,800}{392\,700}$

  und $\dfrac{17}{300} = \dfrac{22\,253}{392\,700}$ folgt $\dfrac{17}{300} < \dfrac{2}{35} < \dfrac{1}{17} < \dfrac{2}{33}$.

Aufgabe 2.7.12

Berechnen Sie.

a) $\dfrac{1}{2} + \dfrac{3}{2} - \dfrac{5}{2}$,

b) $\dfrac{3}{4} - \dfrac{2}{3} + \dfrac{4}{5} - \dfrac{1}{4}$,

c) $\dfrac{1}{a} + \dfrac{3}{a} - \dfrac{5}{a}$,

d) $\dfrac{1}{5a} - \dfrac{2}{3a} + \dfrac{8}{9a}$.

Lösung:

a) $\dfrac{1}{2} + \dfrac{3}{2} - \dfrac{5}{2} = \dfrac{1+3-5}{2} = -\dfrac{1}{2}$.

b) $\dfrac{3}{4} - \dfrac{2}{3} + \dfrac{4}{5} - \dfrac{1}{4} = \dfrac{45}{60} - \dfrac{40}{60} + \dfrac{48}{60} - \dfrac{15}{60} = \dfrac{45-40+48-15}{60} = \dfrac{38}{60} = \dfrac{19}{30}$.

c) $\dfrac{1}{a} + \dfrac{3}{a} - \dfrac{5}{a} = \dfrac{1+3-5}{a} = -\dfrac{1}{a}$ für $a \neq 0$.

d) $\dfrac{1}{5a} - \dfrac{2}{3a} + \dfrac{8}{9a} = \dfrac{9}{45a} - \dfrac{30}{45a} + \dfrac{40}{45a} = \dfrac{9-30+40}{45a} = \dfrac{19}{45a}$ für $a \neq 0$.

Aufgabe 2.7.13

Berechnen Sie.

a) $\dfrac{5x-1}{6x-2} - \dfrac{1}{2}$,

b) $\dfrac{a}{b} + \dfrac{c}{d} + \dfrac{e}{f}$,

c) $\dfrac{a}{xy} - \dfrac{b}{xz}$,

d) $\dfrac{5}{8a} - \dfrac{5}{11a} + \dfrac{5}{16}$,

e) $\dfrac{8z}{10y} - \dfrac{16x}{25y} + \dfrac{z}{5y} - \dfrac{14x}{15y}$,

f) $y - \dfrac{y}{x}$,

g) $\dfrac{x}{y} - \dfrac{y}{x} + \dfrac{1}{2}$,

h) $\dfrac{1}{x+y} + \dfrac{1}{x-y}$,

i) $\dfrac{1}{x+y} - \dfrac{1}{x-y}$,

j) $\dfrac{2x}{x-y} + 1$.

Lösung:

a) $\dfrac{5x-1}{6x-2} - \dfrac{1}{2} = \dfrac{5x-1}{6x-2} - \dfrac{3x-1}{6x-2} = \dfrac{5x-1-(3x-1)}{6x-2} = \dfrac{2x}{6x-2}$

$= \dfrac{x}{3x-1}$ für $x \neq \dfrac{1}{3}$.

b) $\dfrac{a}{b} + \dfrac{c}{d} + \dfrac{e}{f} = \dfrac{adf}{bdf} + \dfrac{bcf}{bdf} + \dfrac{bde}{bdf} = \dfrac{adf + bcf + bde}{bdf}$ für $b, d, f \neq 0$.

c) $\dfrac{a}{xy} - \dfrac{b}{xz} = \dfrac{az}{xyz} - \dfrac{by}{xyz} = \dfrac{az - by}{xyz}$ für $x, y, z \neq 0$.

d) $\dfrac{5}{8a} - \dfrac{5}{11a} + \dfrac{5}{16} = \dfrac{110}{176a} - \dfrac{80}{176a} + \dfrac{55a}{176a} = \dfrac{30 + 55a}{176a}$ für $a \neq 0$.

e) $\dfrac{8z}{10y} - \dfrac{16x}{25y} + \dfrac{z}{5y} - \dfrac{14x}{15y} = \dfrac{120z}{150y} - \dfrac{96x}{150y} + \dfrac{30z}{150y} - \dfrac{140x}{150y}$

$= \dfrac{120z - 96x + 30z - 140x}{150y} = \dfrac{-236x + 150z}{150y} = \dfrac{-118x + 75z}{75y}$

für $y \neq 0$.

f) $y - \dfrac{y}{x} = \dfrac{yx}{x} - \dfrac{y}{x} = \dfrac{yx - y}{x} = \dfrac{y(x-1)}{x}$ für $x \neq 0$.

g) $\dfrac{x}{y} - \dfrac{y}{x} + \dfrac{1}{2} = \dfrac{2x \cdot x}{2xy} - \dfrac{2y \cdot y}{2xy} + \dfrac{xy}{2xy} = \dfrac{2x \cdot x - 2y \cdot y + xy}{2xy}$ für $x, y \neq 0$.

h) $\dfrac{1}{x+y} + \dfrac{1}{x-y} = \dfrac{x-y}{(x+y)(x-y)} + \dfrac{x+y}{(x+y)(x-y)} = \dfrac{2x}{(x+y)(x-y)}$

für $x - y \neq 0, x + y \neq 0$.

i) $\dfrac{1}{x+y} - \dfrac{1}{x-y} = \dfrac{x-y}{(x+y)(x-y)} - \dfrac{x+y}{(x+y)(x-y)} = \dfrac{-2y}{(x+y)(x-y)}$

für $x - y \neq 0, x + y \neq 0$.

j) $\dfrac{2x}{x-y} + 1 = \dfrac{2x}{x-y} + \dfrac{x-y}{x-y} = \dfrac{3x-y}{x-y}$ für $x \neq y$.

Aufgabe 2.7.14

Berechnen Sie.

a) $\dfrac{2}{5} \cdot \dfrac{5}{4}$,

b) $\dfrac{a}{b} \cdot \dfrac{b}{c}$,

c) $\dfrac{ab}{c} \cdot \dfrac{c}{bd}$,

d) $\dfrac{25a}{16b} \cdot \dfrac{8c}{20a} \cdot \dfrac{3b}{9a}$,

e) $c \cdot \dfrac{1}{c}$,

f) $\left(-\dfrac{56bx}{13cy}\right) \cdot \left(-\dfrac{26c}{42bz}\right)$.

Lösung:

a) $\dfrac{2}{5} \cdot \dfrac{5}{4} = \dfrac{1}{2}$.

b) $\dfrac{a}{b} \cdot \dfrac{b}{c} = \dfrac{a}{c}$ für $b, c \neq 0$.

c) $\dfrac{ab}{c} \cdot \dfrac{c}{bd} = \dfrac{a}{d}$ für $b, c, d \neq 0$.

d) $\dfrac{25a}{16b} \cdot \dfrac{8c}{20a} \cdot \dfrac{3b}{9a} = \dfrac{2 \cdot 2 \cdot 2 \cdot 3 \cdot 5 \cdot 5abc}{2 \cdot 2 \cdot 2 \cdot 2 \cdot 2 \cdot 2 \cdot 3 \cdot 3 \cdot 5a \cdot ab} = \dfrac{5c}{24a}$ für $a, b \neq 0$.

e) $c \cdot \dfrac{1}{c} = 1$ für $c \neq 0$.

f) $\left(-\dfrac{56bx}{13cy}\right) \cdot \left(-\dfrac{26c}{42bz}\right) = \dfrac{2 \cdot 13 \cdot 4 \cdot 14bcx}{13 \cdot 3 \cdot 14bcyz} = \dfrac{8x}{3yz}$ für $b, c, y, z \neq 0$.

Aufgabe 2.7.15

Berechnen Sie.

a) $\dfrac{x}{y} \cdot \dfrac{y}{z} \cdot \dfrac{z}{x}$,

b) $\dfrac{a}{b} \cdot \dfrac{a}{c} \cdot \dfrac{b}{a}$,

c) $\left(-\dfrac{6x}{8z}\right) \cdot \dfrac{15y}{25x}$,

d) $\dfrac{8a}{x+y} \cdot \dfrac{x+y}{24a}$,

e) $\dfrac{6x-3y}{32z} \cdot \dfrac{128z}{2x-y}$,

f) $\dfrac{10b-25a}{2x} \cdot \dfrac{3x}{20a-8b}$.

Lösung:

a) $\dfrac{x}{y} \cdot \dfrac{y}{z} \cdot \dfrac{z}{x} = 1$ für $x, y, z \neq 0$.

b) $\dfrac{a}{b} \cdot \dfrac{a}{c} \cdot \dfrac{b}{a} = \dfrac{a}{c}$ für $a, b, c \neq 0$.

c) $\left(-\dfrac{6x}{8z}\right) \cdot \dfrac{15y}{25x} = -\dfrac{9y}{2z0}$ für $x, z \neq 0$.

d) $\dfrac{8a}{x+y} \cdot \dfrac{x+y}{24a} = \dfrac{1}{3}$ für $x + y \neq 0$.

e) $\dfrac{6x-3y}{32z} \cdot \dfrac{128z}{2x-y} = \dfrac{3(2x-y) \cdot 128z}{32z(2x-y)} = 12$ für $z \neq 0$ und $2x - y \neq 0$.

f) $\dfrac{10b-25a}{2x} \cdot \dfrac{3x}{20a-8b} = \dfrac{5(2b-5a) \cdot 3x}{2x \cdot 4(5a-2b)} = \dfrac{5(2b-5a) \cdot 3x}{2x \cdot (-4(-5a+2b))} = -\dfrac{15}{8}$

für $x \neq 0$ und $2b - 5a \neq 0$.

Aufgabe 2.7.16

Berechnen Sie.

a) $\left(\dfrac{a}{b} - \dfrac{c}{b}\right) \cdot \dfrac{3b}{a-c}$,

b) $\left(\dfrac{1}{a} - \dfrac{1}{b}\right) \cdot \dfrac{2}{a+b}$,

c) $(ax + by) \cdot \left(\dfrac{x}{y} - \dfrac{a}{b}\right)$,

d) $\dfrac{a-b}{a} \cdot \left(1 + \dfrac{a}{b}\right)$.

Lösung:

a) $\left(\dfrac{a}{b} - \dfrac{c}{b}\right) \cdot \dfrac{3b}{a-c} = \dfrac{a-c}{b} \cdot \dfrac{3b}{a-c} = 3$ für $a \neq c$.

b) $\left(\dfrac{1}{a} - \dfrac{1}{b}\right) \cdot \dfrac{2}{a+b} = \dfrac{a+b}{ab} \cdot \dfrac{2}{a+b} = \dfrac{2}{a+b}$ für $a, b \neq 0$ und $a \neq -b$.

c) $(ax + by) \cdot \left(\dfrac{x}{y} - \dfrac{a}{b}\right) = (ax + by) \cdot \dfrac{xb - ay}{by} = \dfrac{(ax+by)(bx-ay)}{by}$

   für $b, y \neq 0$.

d) $\dfrac{a-b}{a} \cdot \left(1 + \dfrac{a}{b}\right) = \dfrac{a-b}{a} \cdot \dfrac{a+b}{b} = \dfrac{(a-b)(a+b)}{ab}$ für $a, b \neq 0$.

Aufgabe 2.7.17

Berechnen Sie.

a) $\dfrac{\frac{1}{2}}{\frac{1}{4}}$,

b) $\dfrac{\frac{5}{8}}{\frac{10}{24}}$,

c) $\dfrac{\frac{100}{47}}{\frac{250}{94}}$,

d) $\dfrac{\frac{a}{b}}{\frac{c}{d}}$,

e) $\dfrac{\frac{1}{x+y}}{\frac{1}{x-y}}$,

f) $\dfrac{\frac{x}{y} + \frac{y}{x}}{\frac{x}{y} - \frac{y}{x}}$,

g) $\dfrac{2 + \frac{1}{x}}{2 - \frac{1}{x}}$,

h) $\dfrac{x - \frac{1}{y}}{x + \frac{1}{y}}$,

i) $\dfrac{\frac{1}{1-xy} + x}{1 - \frac{1}{xy-1}}$.

Lösung:

a) $\dfrac{\frac{1}{2}}{\frac{1}{4}} = \dfrac{1}{2} \cdot \dfrac{4}{1} = 2$.

b) $\dfrac{\frac{5}{8}}{\frac{10}{24}} = \dfrac{5}{8} \cdot \dfrac{24}{10} = \dfrac{3}{2}$.

c) $\dfrac{\frac{100}{47}}{\frac{250}{94}} = \dfrac{100}{47} \cdot \dfrac{94}{250} = \dfrac{1}{5}$.

d) $\dfrac{\frac{a}{b}}{\frac{c}{d}} = \dfrac{a}{b} \cdot \dfrac{d}{c} = \dfrac{ad}{bc}$ für $b, c, d \neq 0$.

e) $\dfrac{\frac{1}{x+y}}{\frac{1}{x-y}} = \dfrac{1}{x+y} \cdot (x-y) = \dfrac{x-y}{x+y}$ für $x+y \neq 0$ und $x-y \neq 0$.

f) $\dfrac{\frac{x}{y} + \frac{y}{x}}{\frac{x}{y} - \frac{y}{x}} = \dfrac{\frac{x \cdot x + y \cdot y}{xy}}{\frac{x \cdot x - y \cdot y}{xy}} = \dfrac{x \cdot x + y \cdot y}{xy} \cdot \dfrac{xy}{x \cdot x - y \cdot y} = \dfrac{x \cdot x + y \cdot y}{x \cdot x - y \cdot y}$

   für $x, y \neq 0$ und $x \cdot x - y \cdot y \neq 0$.

g) $\dfrac{2 + \frac{1}{x}}{2 - \frac{1}{x}} = \dfrac{\frac{2x+1}{x}}{\frac{2x-1}{x}} = \dfrac{2x+1}{x} \cdot \dfrac{x}{2x-1} = \dfrac{2x+1}{2x-1}$ für $x \neq 0$ und $x \neq \dfrac{1}{2}$.

h) $\dfrac{x - \frac{1}{y}}{x + \frac{1}{y}} = \dfrac{\frac{xy-1}{y}}{\frac{xy+1}{y}} = \dfrac{xy-1}{y} \cdot \dfrac{y}{xy+1} = \dfrac{xy-1}{xy+1}$ für $y \neq 0$ und $xy+1 \neq 0$.

i) $= \dfrac{\frac{1}{1-xy} + x}{1 - \frac{1}{xy-1}} = \dfrac{\frac{1+x-xxy}{1-xy}}{\frac{xy-1-1}{xy-1}} = \dfrac{1+x-xxy}{1-xy} \cdot \dfrac{xy-1}{xy-2} = \dfrac{1+x-xxy}{-xy+2}$

   für $1 - xy \neq 0$ und $xy - 2 \neq 0$.

Aufgabe 2.7.18

Die positive Lösung der Gleichung $x^2 = 3$ ist die Zahl $\sqrt{3}$. Berechnen Sie $\sqrt{3}$ näherungsweise auf 8 Stellen Genauigkeit mit

   a) Intervallschachtelung mit Intervallhalbierung.

   b) Intervallschachtelung mit Dezimalstellenermittlung.

Lösung:

   a) Intervallschachtelung mit Intervallhalbierung.

$$\text{Wegen } 1.00000000^2 < 3 < 2.00000000^2 \quad \text{gilt:}$$
$$1.00000000 < \sqrt{3} < 2.00000000.$$
$$\text{Wegen } 1.50000000^2 < 3 < 2^2.00000000 \quad \text{gilt:}$$
$$1.50000000 < \sqrt{3} < 2.00000000.$$
$$\text{Wegen } 1.50000000^2 < 3 < 1.75000000^2 \quad \text{gilt:}$$
$$1.50000000 < \sqrt{3} < 1.75000000.$$
$$\text{Wegen } 1.62500000^2 < 3 < 1.75000000^2 \quad \text{gilt:}$$
$$1.62500000 < \sqrt{3} < 1.75000000.$$

Wegen $1.68750000^2 < 3 < 1.75000000^2$ gilt:
$$1.68750000 < \sqrt{3} < 1.75000000.$$
Wegen $1.71875000^2 < 3 < 1.75000000^2$ gilt:
$$1.71875000 < \sqrt{3} < 1.75000000.$$
Wegen $1.71875000^2 < 3 < 1.73437500^2$ gilt:
$$1.71875000 < \sqrt{3} < 1.73437500.$$
Wegen $1.72656250^2 < 3 < 1.73437500^2$ gilt:
$$1.72656250 < \sqrt{3} < 1.73437500.$$
Wegen $1.73046875^2 < 3 < 1.73437500^2$ gilt:
$$1.73046875 < \sqrt{3} < 1.73437500.$$
Wegen $1.73046875^2 < 3 < 1.73242188^2$ gilt:
$$1.73046875 < \sqrt{3} < 1.73242188.$$
Wegen $1.73144531^2 < 3 < 1.73242188^2$ gilt:
$$1.73144531 < \sqrt{3} < 1.73242188.$$
Wegen $1.73193359^2 < 3 < 1.73242188^2$ gilt:
$$1.73193359 < \sqrt{3} < 1.73242188.$$
Wegen $1.73193359^2 < 3 < 1.73217773^2$ gilt:
$$1.73193359 < \sqrt{3} < 1.73217773.$$
Wegen $1.73193359^2 < 3 < 1.73205566^2$ gilt:
$$1.73193359 < \sqrt{3} < 1.73205566.$$
Wegen $1.73199463^2 < 3 < 1.73205566^2$ gilt:
$$1.73199463 < \sqrt{3} < 1.73205566.$$
Wegen $1.73202515^2 < 3 < 1.73205566^2$ gilt:
$$1.73202515 < \sqrt{3} < 1.73205566.$$
Wegen $1.73204041^2 < 3 < 1.73205566^2$ gilt:
$$1.73204041 < \sqrt{3} < 1.73205566.$$
Wegen $1.73204803^2 < 3 < 1.73205566^2$ gilt:
$$1.73204803 < \sqrt{3} < 1.73205566.$$
Wegen $1.73204803^2 < 3 < 1.73205185^2$ gilt:
$$1.73204803 < \sqrt{3} < 1.73205185.$$
Wegen $1.73204994^2 < 3 < 1.73205185^2$ gilt:
$$1.73204994 < \sqrt{3} < 1.73205185.$$
Wegen $1.73204994^2 < 3 < 1.73205090^2$ gilt:
$$1.73204994 < \sqrt{3} < 1.73205090.$$
Wegen $1.73205042^2 < 3 < 1.73205090^2$ gilt:
$$1.73205042 < \sqrt{3} < 1.73205090.$$
Wegen $1.73205066^2 < 3 < 1.73205090^2$ gilt:

$$1.73205066 < \sqrt{3} < 1.73205090.$$
Wegen $1.73205078^2 < 3 < 1.73205090^2$ gilt:
$$1.73205078 < \sqrt{3} < 1.73205090.$$
Wegen $1.73205078^2 < 3 < 1.73205084^2$ gilt:
$$1.73205078 < \sqrt{3} < 1.73205084.$$
Wegen $1.73205081^2 < 3 < 1.73205084^2$ gilt:
$$1.73205081 < \sqrt{3} < 1.73205084.$$
Wegen $1.73205081^2 < 3 < 1.73205082^2$ gilt:
$$1.73205081 < \sqrt{3} < 1.73205082.$$

Da diese Werte gerundet sind, gilt: $\sqrt{3} = 1.73205080...$ Diese 8 Stellen sind exakt.

b) Intervallschachtelung mit Dezimalstellenermittlung

Wegen $1.00000000^2 < 3 < 2.00000000^2$ gilt:
$$1.00000000 < \sqrt{3} < 2.00000000.$$
Wegen $1.70000000^2 < 3 < 1.80000000^2$ gilt:
$$1.70000000 < \sqrt{3} < 1.80000000.$$
Wegen $1.73000000^2 < 3 < 1.74000000^2$ gilt:
$$1.73000000 < \sqrt{3} < 1.74000000.$$
Wegen $1.73200000^2 < 3 < 1.73300000^2$ gilt:
$$1.73200000 < \sqrt{3} < 1.73300000.$$
Wegen $1.73200000^2 < 3 < 1.73210000^2$ gilt:
$$1.73200000 < \sqrt{3} < 1.73210000.$$
Wegen $1.73205000^2 < 3 < 1.73206000^2$ gilt:
$$1.73205000 < \sqrt{3} < 1.73206000.$$
Wegen $1.73205000^2 < 3 < 1.73205100^2$ gilt:
$$1.73205000 < \sqrt{3} < 1.73205100.$$
Wegen $1.73205080^2 < 3 < 1.73205090^2$ gilt:
$$1.73205080 < \sqrt{3} < 1.73205090.$$
Wegen $1.73206080^2 < 3 < 1.73206081^2$ gilt:
$$1.73206080 < \sqrt{3} < 1.73206081.$$

Damit gilt: $\sqrt{3} = 1.73205080...$ Diese 8 Stellen sind exakt.

Aufgabe 2.7.19

Die Lösung der Gleichung $x^3 = 4$ ist die Zahl $\sqrt[3]{4}$. Berechnen Sie $\sqrt[3]{4}$ näherungsweise auf 8 Stellen Genauigkeit mit

a) Intervallschachtelung mit Intervallhalbierung.

b) Intervallschachtelung mit Dezimalstellenermittlung.

Lösung:

a) Intervallschachtelung mit Intervallhalbierung.

Wegen $1.00000000^3 < 4 < 2.00000000^3$ gilt:
$$1.00000000 < \sqrt[3]{4} < 2.00000000.$$
Wegen $1.50000000^3 < 4 < 2.00000000^3$ gilt:
$$1.50000000 < \sqrt[3]{4} < 2.00000000.$$
Wegen $1.50000000^3 < 4 < 1.75000000^3$ gilt:
$$1.50000000 < \sqrt[3]{4} < 1.75000000.$$
Wegen $1.50000000^3 < 4 < 1.62500000^3$ gilt:
$$1.50000000 < \sqrt[3]{4} < 1.62500000.$$
Wegen $1.56250000^3 < 4 < 1.62500000^3$ gilt:
$$1.56250000 < \sqrt[3]{4} < 1.62500000.$$
Wegen $1.56250000^3 < 4 < 1.59375000^3$ gilt:
$$1.56250000 < \sqrt[3]{4} < 1.59375000.$$
Wegen $1.57812500^3 < 4 < 1.59375000^3$ gilt:
$$1.57812500 < \sqrt[3]{4} < 1.59375000.$$
Wegen $1.58593750^3 < 4 < 1.59375000^3$ gilt:
$$1.58593750 < \sqrt[3]{4} < 1.59375000.$$
Wegen $1.58593750^3 < 4 < 1.58984375^3$ gilt:
$$1.58593750 < \sqrt[3]{4} < 1.58984375.$$
Wegen $1.58593750^3 < 4 < 1.58789063^3$ gilt:
$$1.58593750 < \sqrt[3]{4} < 1.58789063.$$
Wegen $1.58691406^3 < 4 < 1.58789063^3$ gilt:
$$1.58691406 < \sqrt[3]{4} < 1.58789063.$$
Wegen $1.58691406^3 < 4 < 1.58740234^3$ gilt:
$$1.58691406 < \sqrt[3]{4} < 1.58740234.$$
Wegen $1.58715820^3 < 4 < 1.58740234^3$ gilt:
$$1.58715820 < \sqrt[3]{4} < 1.58740234.$$
Wegen $1.58728027^3 < 4 < 1.58740234^3$ gilt:
$$1.58728027 < \sqrt[3]{4} < 1.58740234.$$
Wegen $1.58734131^3 < 4 < 1.58740234^3$ gilt:
$$1.58734131 < \sqrt[3]{4} < 1.58740234.$$

Wegen $1.58737183^3 < 4 < 1.58740234^3$ gilt:
$$1.58737183 < \sqrt[3]{4} < 1.58740234.$$
Wegen $1.58738708^3 < 4 < 1.58740234^3$ gilt:
$$1.58738708 < \sqrt[3]{4} < 1.58740234.$$
Wegen $1.58739471^3 < 4 < 1.58740234^3$ gilt:
$$1.58739471 < \sqrt[3]{4} < 1.58740234.$$
Wegen $1.58739853^3 < 4 < 1.58740234^3$ gilt:
$$1.58739853 < \sqrt[3]{4} < 1.58740234.$$
Wegen $1.58740044^3 < 4 < 1.58740234^3$ gilt:
$$1.58740044 < \sqrt[3]{4} < 1.58740234.$$
Wegen $1.58740044^3 < 4 < 1.58740139^3$ gilt:
$$1.58740044 < \sqrt[3]{4} < 1.58740139.$$
Wegen $1.58740091^3 < 4 < 1.58740139^3$ gilt:
$$1.58740091 < \sqrt[3]{4} < 1.58740139.$$
Wegen $1.58740091^3 < 4 < 1.58740115^3$ gilt:
$$1.58740091 < \sqrt[3]{4} < 1.58740115.$$
Wegen $1.58740103^3 < 4 < 1.58740115^3$ gilt:
$$1.58740103 < \sqrt[3]{4} < 1.58740115.$$
Wegen $1.58740103^3 < 4 < 1.58740109^3$ gilt:
$$1.58740103 < \sqrt[3]{4} < 1.58740109.$$
Wegen $1.58740103^3 < 4 < 1.58740106^3$ gilt:
$$1.58740103 < \sqrt[3]{4} < 1.58740106.$$
Wegen $1.58740105^3 < 4 < 1.58740106^3$ gilt:
$$1.58740105 < \sqrt[3]{4} < 1.58740106.$$

Damit gilt: $\sqrt[3]{4} = 1.58740105...$ Diese 8 Stellen sind exakt.

b) Intervallschachtelung mit Dezimalstellenermittlung

Wegen $1.00000000^3 < 4 < 2.00000000^3$ gilt:
$$1.00000000 < \sqrt[3]{4} < 2.00000000.$$
Wegen $1.50000000^3 < 4 < 1.60000000^3$ gilt:
$$1.50000000 < \sqrt[3]{4} < 1.60000000.$$
Wegen $1.58000000^3 < 4 < 1.59000000^3$ gilt:
$$1.58000000 < \sqrt[3]{4} < 1.59000000.$$
Wegen $1.58700000^3 < 4 < 1.58800000^3$ gilt:
$$1.58700000 < \sqrt[3]{4} < 1.58800000.$$
Wegen $1.58740000^3 < 4 < 1.58750000^3$ gilt:
$$1.58740000 < \sqrt[3]{4} < 1.58750000.$$

Wegen $1.58740000^3 < 4 < 1.58741000^3$ gilt:
$$1.58740000 < \sqrt[3]{4} < 1.58741000.$$
Wegen $1.58740100^3 < 4 < 1.58740200^3$ gilt:
$$1.58740100 < \sqrt[3]{4} < 1.58740200.$$
Wegen $1.58740100^3 < 4 < 1.58740110^3$ gilt:
$$1.58740100 < \sqrt[3]{4} < 1.58740110.$$
Wegen $1.58740105^3 < 4 < 1.58740106^3$ gilt:
$$1.58740105 < \sqrt[3]{4} < 1.58740106.$$

Damit gilt: $\sqrt[3]{4} = 1.58740105...$ Diese 8 Stellen sind exakt.

Aufgabe 2.7.20

Die Lösung der Gleichung $x^{17} = 13$ ist die Zahl $\sqrt[17]{13}$. Berechnen Sie $\sqrt[17]{13}$
näherungsweise auf 8 Stellen Genauigkeit mit

a) Intervallschachtelung mit Intervallhalbierung.

b) Intervallschachtelung mit Dezimalstellenermittlung.

Lösung:

a) Intervallschachtelung mit Intervallhalbierung.

Wegen $1.00000000^{17} < 13 < 2.00000000^{17}$ gilt:
$$1.00000000 < \sqrt[17]{13} < 2.00000000.$$
Wegen $1.00000000^{17} < 13 < 1.50000000^{17}$ gilt:
$$1.00000000 < \sqrt[17]{13} < 1.50000000.$$
Wegen $1.00000000^{17} < 13 < 1.25000000^{17}$ gilt:
$$1.00000000 < \sqrt[17]{13} < 1.25000000.$$
Wegen $1.12500000^{17} < 13 < 1.25000000^{17}$ gilt:
$$1.12500000 < \sqrt[17]{13} < 1.25000000.$$
Wegen $1.12500000^{17} < 13 < 1.18750000^{17}$ gilt:
$$1.12500000 < \sqrt[17]{13} < 1.18750000.$$
Wegen $1.15625000^{17} < 13 < 1.18750000^{17}$ gilt:
$$1.15625000 < \sqrt[17]{13} < 1.18750000.$$
Wegen $1.15625000^{17} < 13 < 1.17187500^{17}$ gilt:
$$1.15625000 < \sqrt[17]{13} < 1.17187500.$$
Wegen $1.15625000^{17} < 13 < 1.16406250^{17}$ gilt:
$$1.15625000 < \sqrt[17]{13} < 1.16406250.$$

Wegen $1.16015625^{17} < 13 < 1.16406250^{17}$ gilt:
$$1.16015625 < \sqrt[17]{13} < 1.16406250.$$
Wegen $1.16210938^{17} < 13 < 1.16406250^{17}$ gilt:
$$1.16210938 < \sqrt[17]{13} < 1.16406250.$$
Wegen $1.16210938^{17} < 13 < 1.16308594^{17}$ gilt:
$$1.16210938 < \sqrt[17]{13} < 1.16308594.$$
Wegen $1.16250766^{17} < 13 < 1.16308594^{17}$ gilt:
$$1.16250766 < \sqrt[17]{13} < 1.16308594.$$
Wegen $1.16284180^{17} < 13 < 1.16308594^{17}$ gilt:
$$1.16284180 < \sqrt[17]{13} < 1.16308594.$$
Wegen $1.16284180^{17} < 13 < 1.16296387^{17}$ gilt:
$$1.16284180 < \sqrt[17]{13} < 1.16296387.$$
Wegen $1.16284180^{17} < 13 < 1.16290283^{17}$ gilt:
$$1.16284180 < \sqrt[17]{13} < 1.16290283.$$
Wegen $1.16284180^{17} < 13 < 1.16287231^{17}$ gilt:
$$1.16284180 < \sqrt[17]{13} < 1.16287231.$$
Wegen $1.16284180^{17} < 13 < 1.16285706^{17}$ gilt:
$$1.16284180 < \sqrt[17]{13} < 1.16285706.$$
Wegen $1.16284943^{17} < 13 < 1.16285706^{17}$ gilt:
$$1.16284943 < \sqrt[17]{13} < 1.16285706.$$
Wegen $1.16285324^{17} < 13 < 1.16285706^{17}$ gilt:
$$1.16285324 < \sqrt[17]{13} < 1.16285706.$$
Wegen $1.16285515^{17} < 13 < 1.16285706^{17}$ gilt:
$$1.16285515 < \sqrt[17]{13} < 1.16285706.$$
Wegen $1.16285610^{17} < 13 < 1.16285706^{17}$ gilt:
$$1.16285610 < \sqrt[17]{13} < 1.16285706.$$
Wegen $1.16285610^{17} < 13 < 1.16285658^{17}$ gilt:
$$1.16285610 < \sqrt[17]{13} < 1.16285658.$$
Wegen $1.16285634^{17} < 13 < 1.16285658^{17}$ gilt:
$$1.16285634 < \sqrt[17]{13} < 1.16285658.$$
Wegen $1.16285634^{17} < 13 < 1.16285646^{17}$ gilt:
$$1.16285634 < \sqrt[17]{13} < 1.16285646.$$
Wegen $1.16285634^{17} < 13 < 1.16285640^{17}$ gilt:
$$1.16285634 < \sqrt[17]{13} < 1.16285640.$$
Wegen $1.16285637^{17} < 13 < 1.16285640^{17}$ gilt:
$$1.16285637 < \sqrt[17]{13} < 1.16285640.$$
Wegen $1.16285637^{17} < 13 < 1.16285639^{17}$ gilt:

$$1.16285637 < \sqrt[17]{13} < 1.16285639.$$
Wegen $1.16285638^{17} < 13 < 1.16285639^{17}$ gilt:
$$1.16285638 < \sqrt[17]{13} < 1.16285639.$$

Da diese Werte gerundet sind, gilt: $\sqrt[17]{13} = 1.16285637...$ Diese 8 Stellen sind exakt.

b) Intervallschachtelung mit Dezimalstellenermittlung

Wegen $1.00000000^{17} < 13 < 2.00000000^{17}$ gilt:
$$1.00000000 < \sqrt[17]{13} < 2.00000000.$$
Wegen $1.10000000^{17} < 13 < 1.20000000^{17}$ gilt:
$$1.10000000 < \sqrt[17]{13} < 1.20000000.$$
Wegen $1.16000000^{17} < 13 < 1.17000000^{17}$ gilt:
$$1.16 < \sqrt[17]{13} < 1.17.$$
Wegen $1.16200000^{17} < 13 < 1.16300000^{17}$ gilt:
$$1.16200000 < \sqrt[17]{13} < 1.16300000.$$
Wegen $1.16280000^{17} < 13 < 1.16290000^{17}$ gilt:
$$1.16280000 < \sqrt[17]{13} < 1.16290000.$$
Wegen $1.16285000^{17} < 13 < 1.16286000^{17}$ gilt:
$$1.16285000 < \sqrt[17]{13} < 1.16286000.$$
Wegen $1.16285600^{17} < 13 < 1.16285700^{17}$ gilt:
$$1.16285600 < \sqrt[17]{13} < 1.16285700.$$
Wegen $1.16285630^{17} < 13 < 1.16285640^{17}$ gilt:
$$1.16285630 < \sqrt[17]{13} < 1.16285640.$$
Wegen $1.16285637^{17} < 13 < 1.16285638^{17}$ gilt:
$$1.16285637 < \sqrt[17]{13} < 1.16285638.$$

Damit gilt: $\sqrt[17]{13} = 1.16285638...$ Diese 8 Stellen sind exakt.

Aufgabe 2.7.21

Gegeben seien die Mengen

$G = \{n \in \mathbb{N} \mid n \le 60\}$,

$T_1 = \{n \in \mathbb{N} \mid n \text{ ist Teiler von } 60\}$,

$T_2 = \{n \in \mathbb{N} \mid 2 \le n \le 11\}$,

$T_3 = \{n \in \mathbb{N} \mid 25 \le n \le 59\}$ und

$T_4 = \{n \in \mathbb{N} \mid n = 2^x \cdot 3^y, x \in \mathbb{N}, y \in \mathbb{N}, n \le 70\}$.

Bestimmen Sie die folgenden Mengen.

   a) $T_1 \cap T_4$, $T_2 \cap T_3$, $T_2 \cap T_4$,

   b) $T_1 \cup T_2$, $T_2 \cup T_4$,

   c) $T_1 \setminus T_2$, $T_4 \setminus T_3$,

   d) $T_1^C \cap T_2^C$, $T_2^C \cup T_3^C$,

   e) $T_1 \cup T_4{}^C \setminus T_3$.

Lösung:
Es gilt:
$G = \{1, 2, 3, 4, , \ldots, 59, 60\}$,
$T_1 = \{1, 2, 3, 4, 5, 6, 10, 12, 15, 20, 30, 60\}$,
$T_2 = \{2, 3, 4, \ldots, 10, 11\}$,
$T_3 = \{25, 26, 27, \ldots, 58, 59\}$ und $T_4 = \{6, 12, 18, 24, 36, 48, 54\}$.

   a) $T_1 \cap T_4 = \{6, 12\}$, $T_2 \cap T_3 = \{\}$, $T_2 \cap T_4 = \{6\}$.

   b) $T_1 \cup T_2 = \{1, 2, 3, \ldots, 10, 11, 12, 15, 20, 30, 60\}$,
      $T_2 \cup T_4 = \{2, 3, 4, \ldots, 10, 11, 12, 18, 24, 36, 48, 54\}$.

   c) $T_1 \setminus T_2 = \{1, 12, 15, 20, 30, 60\}$,
      $T_4 \setminus T_3 = \{6, 12, 18, 24\}$

   d) $T_1^C \cap T_2^C$
      $= \{13, 14, 16, 17, 18, 19, 21, 22, \ldots, 28, 29, 31, 32, \ldots, 58, 59\}$,
      $T_2^C \cup T_3^C = G$.

   e) $T_1 \cup T_4{}^C \setminus T_3 = \{7, 8, 9, 11, 13, 14, 16, 17, 19, 21, 22, 23\}$.

Aufgabe 2.7.22
Gegeben seien die Mengen
$G = [-5, 5]$, $A = [0, 4]$, $B = (1, 3)$ und $C = [-1, 2)$.
Bestimmen Sie die folgenden Mengen.

   a) $A \cup B$, $A \cup C$, $B \cup C$,

   b) $A \cap B$, $A \cap C$, $B \cap C$,

   c) $A \setminus B$, $B \setminus A$, $A \setminus C$, $C \setminus A$, $B \setminus C$, $C \setminus B$,

d) $(A \cup B) \setminus C$, $(A \cup C) \setminus B$, $(B \cup C) \setminus A$,

e) $(A \cap B) \setminus C$, $(A \cap C) \setminus B$, $(B \cap C) \setminus A$,

f) A^C, B^C, C^C,

g) $(A \cup B)^C$, $(A \cup C)^C$, $(B \cup C)^C$,

h) $(A \cap B)^C$, $(A \cap C)^C$, $(B \cap C)^C$,

i) $A \cup B \cup C$, $A \cap B \cap C$,

j) $(A \cup B \cup C)^C$, $(A \cap B \cap C)^C$.

Lösung:

a) $A \cup B = [0,4] \cup (1,3) = [0,4]$,
$A \cup C = [0,4] \cup [-1,2) = [-1,4]$,
$B \cup C = (1,3) \cup [-1,2) = [-1,3)$.

b) $A \cap B = [0,4] \cap (1,3) = (1,3)$,
$A \cap C = [0,4] \cap [-1,2) = [0,2)$,
$B \cap C = (1,3) \cap [-1,2) = (1,2)$.

c) $A \setminus B = [0,4] \setminus (1,3) = [0,1] \cup [3,4]$,
$B \setminus A = (1,3) \setminus [0,4] = \{\}$,
$A \setminus C = [0,4] \setminus [-1,2) = [2,4]$,
$C \setminus A = [-1,2) \setminus [0,4] = [-1,0)$,
$B \setminus C = (1,3) \setminus [-1,2) = [2,3)$,
$C \setminus B = [-1,2) \setminus (1,3) = [-1,1]$.

d) $(A \cup B) \setminus C = [0,4] \setminus [-1,2) = [2,4]$,
$(A \cup C) \setminus B = [-1,4] \setminus (1,3) = [-1,1] \cup [3,4]$,
$(B \cup C) \setminus A = [-1,3) \setminus [0,4] = [-1,0)$.

e) $(A \cap B) \setminus C = (1,3) \setminus [-1,2) = [2,3)$,
$(A \cap C) \setminus B = [0,2) \setminus (1,3) = [0,1]$,
$(B \cap C) \setminus A = (1,2) \setminus [0,4] = \{\}$.

f) $A^C = [0,4]^C = [-5,5] \setminus [0,4] = [-5,0) \cup (4,5]$,
$B^C = (1,3)^C = [-5,5] \setminus (1,3) = [-5,1] \cup [3,5]$,
$C^C = [-1,2)^C = [-5,5] \setminus [-1,2) = [-5,-1) \cup [2,5]$.

g) $(A \cup B)^C = [-5,5] \setminus [0,4] = [-5,0) \cup (4,5]$,
   $(A \cup C)^C = [-5,5] \setminus [-1,4] = [-5,-1) \cup (4,5]$,
   $(B \cup C)^C = [-5,5] \setminus [-1,3] = [-5,-1) \cup [3,5]$.

h) $(A \cap B)^C = [-5,5] \setminus (1,3) = [-5,1] \cup [3,5]$,
   $(A \cap C)^C = [-5,5] \setminus [0,2) = [-5,0) \cup [2,5]$,
   $(B \cap C)^C = [-5,5] \setminus (1,2) = [-5,1) \cup [2,5]$.

i) $A \cup B \cup C = [0,4] \cup (1,3) \cup [-1,2) = [-1,4]$,
   $A \cap B \cap C = [0,4] \cap (1,3) \cap [-1,2) = (1,2)$.

j) $(A \cup B \cup C)^C = [-1,4]^C = [-5,5] \setminus [-1,4] = [-5,-1) \cup (4,5]$,
   $(A \cap B \cap C)^C = (1,2)^C = [-5,5] \setminus (1,2) = [-5,1] \cup [2,5]$.

Aufgabe 2.7.23

a) Gegeben seien die Mengen $A = [1,4]$ und $B = [0,5]$.
   Bestimmen und zeichnen Sie die Mengen $A \times B$ und $B \times A$.

b) Gegeben seien die Mengen $A = [1,5]$, $B = [0,5]$, $C = [2,4]$
   und $D = (3,4)$.
   Bestimmen und zeichnen Sie die Menge $(A \setminus B) \times (C \setminus D)$.

Lösung:

a) $A \times B = [1,4] \times [0,5]$ und $B \times A = [0,5] \times [1,4]$.
   Das unterlegte Rechteck bildet die Menge $A \times B$:

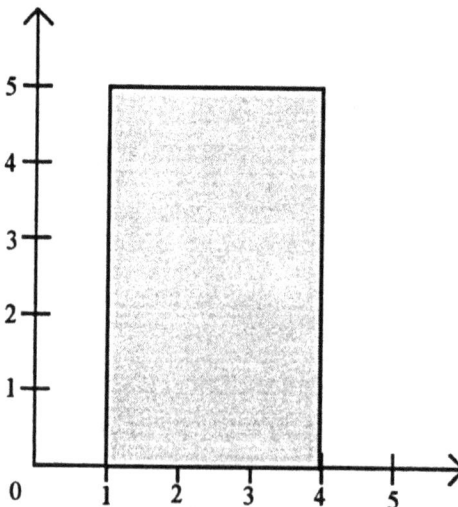

Das unterlegte Rechteck bildet die Menge $B \times A$:

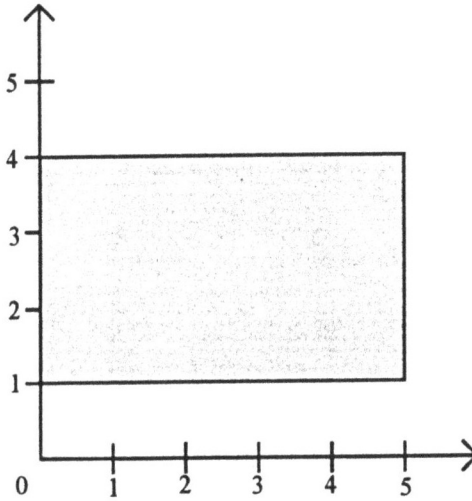

b) $(A \setminus B) \times (C \setminus D) = ([1,5] \setminus [2,3]) \times ([2,4] \setminus (3,4))$
$= ([1,2) \cup (3,5]) \times ([2,3] \setminus \{4\})$.

Die Menge $A \times B$:

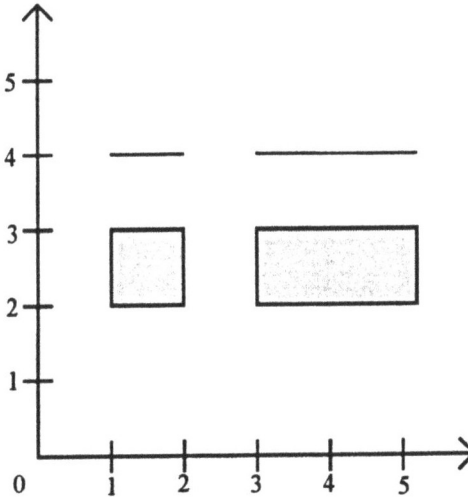

Aufgabe 2.7.24

Berechnen Sie zu den gegebenen komplexen Zahlen z_1 und z_2 jeweils $z_1 + z_2$ und $z_1 - z_2$.

a) $z_1 = i$, $z_2 = 5$,

b) $z_1 = 1 + i$, $z_2 = 1 - i$,

c) $z_1 = 5 + 3i$, $z_2 = 6 + i$,

d) $z_1 = \dfrac{1}{2} - \dfrac{3}{4} \cdot i$, $z_1 = \dfrac{1}{6} + \dfrac{1}{2} \cdot i$.

Lösung:

a) $z_1 + z_2 = i + 5 = 5 + i$ und $z_1 - z_2 = i - 5 = -5 + i$.

b) $z_1 + z_2 = (1 + i) + (1 - i) = 2$ und $z_1 - z_2 = (1 + i) - (1 - i) = 2i$.

c) $z_1 + z_2 = (5 + 3i) + (6 + i) = 11 + 4i$ und
$z_1 - z_2 = (5 + 3i) - (6 + i) = -1 + 2i$.

d) $z_1 + z_2 = \left(\dfrac{1}{2} - \dfrac{3}{4} \cdot i \right) + \left(\dfrac{1}{6} + \dfrac{1}{2} \cdot i \right) = \left(\dfrac{1}{2} + \dfrac{1}{6} \right) + \left(-\dfrac{3}{4} + \dfrac{1}{2} \right) \cdot i$

$= \dfrac{2}{3} - \dfrac{1}{4} \cdot i$.

Aufgabe 2.7.25

Berechnen Sie zu den gegebenen komplexen Zahlen z_1 und z_2 jeweils $z_1 \cdot z_2$ in Normalform.

a) $z_1 = 2i$, $z_2 = 4$,

b) $z_1 = 3i$, $z_2 = 5i$,

c) $z_1 = 1 - i$, $z_2 = 1 + i$,

d) $z_1 = 25 + i$, $z_2 = 13 - 2i$,

e) $z_1 = \dfrac{1}{2} + \dfrac{1}{2} \cdot i$, $z_2 = \dfrac{1}{2} - \dfrac{1}{2} \cdot i$,

f) $z_1 = \dfrac{1}{5} + \dfrac{1}{16} \cdot i$, $z_2 = \dfrac{1}{3} - \dfrac{1}{2} \cdot i$.

Lösung:

a) $z_1 \cdot z_2 = 2i \cdot 2 = 8i$.

b) $z_1 \cdot z_2 = 3i \cdot 5i = 15i^2 = -15$.

c) $z_1 \cdot z_2 = (1 - i) \cdot (1 + i) = 1 + i - i - i^2 = 1 + 1 = 2$.

d) $z_1 \cdot z_2 = (25 + i) \cdot (13 - 2i) = 325 - 50i + 13i - 2i^2 = 327 - 37i$.

e) $z_1 \cdot z_2 = \left(\dfrac{1}{2} + \dfrac{1}{2} \cdot i\right) \cdot \left(\dfrac{1}{2} - \dfrac{1}{2} \cdot i\right) = \left(\dfrac{1}{4} - \dfrac{1}{4} \cdot i + \dfrac{1}{4} \cdot i - \dfrac{1}{4} \cdot i^2\right) = \dfrac{1}{2}$.

f) $z_1 \cdot z_2 = \left(\dfrac{1}{5} + \dfrac{1}{10} \cdot i\right) \cdot \left(\dfrac{1}{3} - \dfrac{1}{2} \cdot i\right)$

$\qquad = \left(\dfrac{1}{15} - \dfrac{1}{10} \cdot i + \dfrac{1}{30} \cdot i - \dfrac{1}{10} \cdot i^2\right) = \dfrac{1}{6} - \dfrac{1}{15} \cdot i$.

Aufgabe 2.7.26
Berechnen Sie zu den gegebenen komplexen Zahlen z_1 und z_2 jeweils $\dfrac{z_1}{z_2}$ in Normalform.

a) $z_1 = 5i$, $z_2 = 2$,

b) $z_1 = 6i$, $z_2 = 3i$,

c) $z_1 = 5$, $z_2 = 8i$,

d) $z_1 = 1 + i$, $z_2 = 1 - i$,

e) $z_1 = 6 + 2i$, $z_2 = 17 - 5i$,

f) $z_1 = \dfrac{1}{2} + \dfrac{1}{2} \cdot i$, $z_2 = \dfrac{1}{2} - \dfrac{1}{4} \cdot i$.

Lösung:

a) $\dfrac{z_1}{z_2} = \dfrac{5i}{2} = \dfrac{5}{2} \cdot i$.

b) $\dfrac{z_1}{z_2} = \dfrac{6i}{3i} = 2$.

c) $\dfrac{z_1}{z_2} = \dfrac{5}{8i} = \dfrac{5i}{8i \cdot i} = \dfrac{5i}{-8} = -\dfrac{5}{8} \cdot i$.

d) $\dfrac{z_1}{z_2} = \dfrac{1 + i}{1 - i} = \dfrac{(1 + i)(1 + i)}{(1 - i)(1 + i)} = \dfrac{1 + i + i - 1}{1 + 1} = i$.

e) $\dfrac{z_1}{z_2} = \dfrac{6+2i}{17-5i} = \dfrac{(6+2i)(17+5i)}{(17-5i)(17+5i)} = \dfrac{102+30i+34i-10}{289+25}$

$= \dfrac{92+64i}{314} = \dfrac{46+32i}{157}.$

f) $\dfrac{z_1}{z_2} = \dfrac{\frac{1}{2}+\frac{1}{2}\cdot i}{\frac{1}{2}-\frac{1}{4}\cdot i} = \dfrac{(\frac{1}{2}+\frac{1}{2}\cdot i)(\frac{1}{2}+\frac{1}{4}\cdot i)}{(\frac{1}{2}-\frac{1}{4}\cdot i)(\frac{1}{2}+\frac{1}{4}\cdot i)} = \dfrac{\frac{1}{4}+\frac{1}{8}\cdot i+\frac{1}{4}\cdot i-\frac{1}{8}}{\frac{1}{4}+\frac{1}{16}}$

$= \dfrac{\frac{1}{8}+\frac{3}{8}\cdot i}{\frac{5}{16}} = \dfrac{2}{5}+\dfrac{6}{5}\cdot i.$

Aufgabe 2.7.27

Berechnen Sie die Beträge von

a) $5i$ b) $1+i$ c) $\dfrac{1}{2}+\dfrac{1}{2}\cdot i$ d) $13-\dfrac{5}{2}\cdot i.$

Lösung:

a) $|5i| = \sqrt{0^2+5^2} = 5.$

b) $|1+i| = \sqrt{1^2+1^2} = \sqrt{2}.$

c) $\left|\dfrac{1}{2}+\dfrac{1}{2}\cdot i\right| = \sqrt{\left(\dfrac{1}{2}\right)^2+\left(\dfrac{1}{2}\right)^2} = \sqrt{\dfrac{1}{2}} = \dfrac{1}{2}\cdot\sqrt{2}.$

d) $\left|13-\dfrac{5}{2}\cdot i\right| = \sqrt{13^2+\left(\dfrac{5}{2}\right)^2} = \sqrt{169+\dfrac{25}{4}} = \sqrt{\dfrac{801}{4}} = \dfrac{1}{2}\cdot\sqrt{801}.$

Aufgabe 2.7.28

Fassen Sie zusammen.

a) $\dfrac{i}{6+i}\cdot(5-3i),$

b) $\dfrac{8i+1}{3i-2}\cdot\dfrac{5i-1}{16-i},$

c) $\dfrac{3+2i}{1-2i}+\dfrac{1-4i}{4i},$

d) $\dfrac{8-2i}{1+i}\cdot\dfrac{1-i}{3+2i}-\dfrac{5i-1}{5i-2}\cdot\dfrac{1-i}{2+2i}.$

Lösung:

a) $\dfrac{i}{6+i} \cdot (5-3i) = \dfrac{3+5i}{6+i} = \dfrac{(3+5i)(6-i)}{(6+i)(6-i)} = \dfrac{18-3i+30i+5}{36+1}$

$= \dfrac{23+27i}{37} = \dfrac{23}{37} + \dfrac{27}{37} \cdot i.$

b) $\dfrac{8i+1}{3i-2} \cdot \dfrac{5i-1}{16-i} = \dfrac{-40-8i+5i-1}{48i+3-32+2i}$

$= \dfrac{-41-3i}{-29+50i} = \dfrac{(-41-3i)(29+50i)}{(-29+50i)(29+50i)} = \dfrac{-1189-2050i-87i+150}{-841-2500}$

$= \dfrac{-1039-2137i}{-3341} = \dfrac{1039}{3341} + \dfrac{2137}{3341} \cdot i.$

c) $\dfrac{3+2i}{1-2i} + \dfrac{1-4i}{4i} = \dfrac{4i(3+2i)+(1-i)(1-2i)}{(1-2i)4i}$

$= \dfrac{12i-8+1-2i-i-2}{4i+8} = \dfrac{-9+9i}{8+4i} = \dfrac{(-9+9i)(8-4i)}{(8+4i)(8-4i)}$

$= \dfrac{-72+32i+72i+36}{64+16} = \dfrac{-36+104i}{80} = -\dfrac{9}{20} + \dfrac{27}{20} \cdot i.$

d) $\dfrac{8-2i}{1+i} \cdot \dfrac{1-i}{3+2i} - \dfrac{5i-1}{5i-2} \cdot \dfrac{1-i}{2+2i} = \dfrac{8-8i-2i-2}{3+2i+3i-2} - \dfrac{5i+5-1+i}{10i-10-4-4i}$

$= \dfrac{6-10i}{1+5i} - \dfrac{4+6i}{-14+6i} = \dfrac{(6-10i)(-14+6i)-(4+6i)(1+5i)}{(1+5i)(-14+6i)}$

$= \dfrac{-84+36i+140i+60-4-20i-6i+30}{-14+6i-70i-30} = \dfrac{2+150i}{-44-64i}$

$= \dfrac{1+75i}{-22-32i} = \dfrac{(1+75i)(-22+32i)}{(-22-32i)(-22+32i)} = \dfrac{-22+32i-1650-2400}{484+1024}$

$= \dfrac{-2422-1618i}{1508} = -\dfrac{1211}{754} - \dfrac{809}{754} \cdot i.$

Aufgabe 2.7.29

Gegeben seien $z_1 = 1+3i$ und $z_2 = 5-2i$. Berechnen Sie.

a) $z_1 + z_2$, $z_1 - z_2$, $z_1 \cdot z_2$, $\dfrac{z_1}{z_2}$, $\dfrac{z_2}{z_1}$,

b) $|z_1|$, $|z_2|$, $|z_1 + z_2|$, $|z_1 - z_2|$, $|z_1 \cdot z_2|$, $\left|\dfrac{z_1}{z_2}\right|$, $\left|\dfrac{z_2}{z_1}\right|$,

c) $\overline{z_1}$, $\overline{z_2}$, $|\overline{z_1}|$, $|\overline{z_1}|$,

d) $Re(z_1)$, $Re(z_2)$, $Re(\overline{z_1})$, $Re(\overline{z_2})$, $Im(z_1)$, $Im(z_2)$, $Im(\overline{z_1})$, $Im(\overline{z_2})$,

e) $z_1 + \overline{z_1}$, $z_2 + \overline{z_2}$, $\overline{z_1} + \overline{z_2}$, $\overline{z_1 + z_2}$,

f) $z_1 \cdot \overline{z_1}$, $z_2 + \cdot \overline{z_2}$.

Lösung:

a) $z_1 + z_2 = (1 + 3i) + (5 - 2i) = 6 + i$,

$z_1 - z_2 = (1 + 3i) - (5 - 2i) = -4 + 5i$,

$z_1 \cdot z_2 = (1 + 3i) \cdot (5 - 2i) = 5 - 2i + 15i + 6$,

$\dfrac{z_1}{z_2} = \dfrac{1 + 3i}{5 - 2i} = \dfrac{(1 + 3i)(5 + 2i)}{(5 - 2i)(5 + 2i)} = \dfrac{5 + 2i + 15i - 6}{29} = -\dfrac{1}{29} + \dfrac{17}{29} \cdot i$,

$\dfrac{z_2}{z_1} = \dfrac{5 - 2i}{1 + 3i} = \dfrac{(5 - 2i)(1 - 3i)}{(1 + 3i)(1 - 3i)} = \dfrac{5 - 15i + 2i + 6}{10} = \dfrac{11}{10} - \dfrac{13}{10} \cdot i$.

b) $|z_1| = |1 + 3i| = \sqrt{1^2 + 3^2} = \sqrt{10}$,

$|z_2| = |5 - 2i| = \sqrt{5^2 + (-2)^2} = \sqrt{29}$,

$|z_1 + z_2| = |6 + i| = \sqrt{6^2 + 1^2} = \sqrt{37}$,

$|z_1 - z_2| = |-4 + 5i| = \sqrt{(-4)^2 + 5^2} = \sqrt{41}$,

$|z_1 \cdot z_2| = |11 + 13i| = \sqrt{11^2 + 13^2} = \sqrt{290}$,

$\left| \dfrac{z_1}{z_2} \right| = \left| -\dfrac{1}{29} + \dfrac{17}{29} \cdot i \right| = \sqrt{\left(-\dfrac{1}{29} \right)^2 + \left(\dfrac{17}{29} \right)^2} = \sqrt{\dfrac{1 + 289}{841}}$

$= \dfrac{1}{29} \cdot \sqrt{290}$,

$\left| \dfrac{z_2}{z_1} \right| = \left| -\dfrac{11}{10} + \dfrac{13}{10} \cdot i \right| = \sqrt{\left(-\dfrac{11}{10} \right)^2 + \left(\dfrac{13}{10} \right)^2} = \sqrt{\dfrac{121 + 169}{100}}$

$= \dfrac{1}{10} \cdot \sqrt{290}$.

c) $\overline{z_1} = 1 - 3i$,

$\overline{z_2} = 5 + 2i$,

$|\overline{z_1}| = |z_1| = \sqrt{37}$,

$|\overline{z_1}| = |z_2| = \sqrt{41}$.

d) $Re(z_1) = Re(1 + 3i) = 1$,

$Re(z_2) = Re(5 - 2i) = 5$,

$Re(\overline{z_1}) = Re(1 - 3i) = 1$,

$Re(\overline{z_2}) = Re(5 + 2i) = 5$,

$Im(z_1) = Im(1 + 3i) = 3$,

$$Im(z_2) = Im(5 - 2i) = -2,$$
$$Im(\overline{z_1}) = Im(1 - 3i) = -3,$$
$$Im(\overline{z_2}) = Im(5 + 2i) = 2.$$

e) $z_1 + \overline{z_1} = (1 + 3i) + (1 - 3i) = 2,$
$z_2 + \overline{z_2} = (5 - 2i) + (5 + 2i) = 10,$
$\overline{z_1} + \overline{z_2} = (1 - 3i) + (5 + 2i) = 6 - i,$
$\overline{z_1 + z_2} = \overline{6 + i} = 6 - i.$

f) $z_1 \cdot \overline{z_1} = (1 + 3i) \cdot (1 - 3i) = 1 + 9 = 10,$
$z_2 + \cdot \overline{z_2} = (5 - 2i) \cdot (5 + 2i) = 25 + 4 = 29.$

Kapitel 3

Potenzen, Wurzeln, binomische Formeln und Logarithmen

3.1 Potenzen und Wurzeln

3.1.1 Potenzen mit positiven ganzzahligen Exponenten

An einem einfachen Beispiel aus dem täglichen Leben wird die Notwendigkeit des Potenzbegriffs erläutert.

Beispiel 3.1.1
Jemand möchte 1 000 DM zu einem Zinssatz von 4% zwölf Jahre mit Zinseszins anlegen. Es soll der Kontostand nach diesen zwölf Jahren berechnet werden.

Kontostand nach null Jahren:
$$1\,000.00 \cdot 1.00 \;=\; 1\,000.00$$

Kontostand nach einem Jahr:
$$1\,000.00 \cdot 1.04 \;=\; 1\,040.00$$

Kontostand nach zwei Jahren:

$$1\,040.00 \cdot 1.04 = 1\,000.00 \cdot 1.04 \cdot 1.04$$
$$= 1\,081.60$$

Kontostand nach drei Jahren:

$$1\,081.60 \cdot 1.04 = 1\,000.00 \cdot 1.04 \cdot 1.04 \cdot 1.04$$
$$= 1\,124.86$$

Kontostand nach vier Jahren:

$$1\,124.86 \cdot 1.04 = 1\,000.00 \cdot 1.04 \cdot 1.04 \cdot 1.04 \cdot 1.04$$
$$= 1\,169.86$$

Kontostand nach zwölf Jahren:

$$1\,539.45 \cdot 1.04 = 1\,000.00 \cdot \underbrace{1.04 \cdot \ldots \cdot 1.04}_{\text{zwölf Faktoren}}$$
$$= 1\,601.03$$

Definition 3.1.1

Für alle $a \in \mathbb{R}$ und $n \in \mathbb{N}$ heißt

$$a^n = \underbrace{a \cdot a \cdot \ldots \cdot a}_{n \text{ Faktoren}}$$

die n-te Potenz einer Zahl a. Diese n-te Potenz ist das n-fache Produkt der Zahl a mit sich selbst. a heißt dabei die Basis und n heißt der Exponent.

Bemerkung:

Im obigen Beispiel gilt dann:

Der Kontostand zu Beginn (nach null Jahren) ist gegeben durch

$$1\,000.00 \cdot 1.04^0 = 1\,000.00.$$

Der Kontostand nach einem Jahr ist

$$1\,000.00 \cdot 1.04^1 = 1\,040.00.$$

Der Kontostand nach sieben Jahren ist dann

$$1\,000.00 \cdot 1.04^7 = 1\,315.93.$$

Den Kontostand nach zwölf Jahren erhält man durch

$$1\,000.00 \cdot 1.04^{12} = 1\,601.03.$$

Beispiel 3.1.2

Ein wichtiger Spezialfall ist: $(-1)^n = \begin{cases} -1 \text{ für } n \text{ ungerade,} \\ +1 \text{ für } n \text{ gerade.} \end{cases}$

Das folgende Beispiel zeigt Anwendungen des Potenzbegriffs:

Beispiel 3.1.3

1.) $2^1 = 2$, $2^5 = 2 \cdot 2 \cdot 2 \cdot 2 \cdot 2 = 32$, $2^{10} = 1\,024$.

2.) $5^1 = 5$, $5^3 = 5 \cdot 5 \cdot 5 = 125$.

3.) $\left(\dfrac{1}{3}\right)^1 = \dfrac{1}{3}$, $\left(\dfrac{1}{3}\right)^6 = \dfrac{1}{729}$.

4.) $(-1)^1 = -1$, $(-1)^3 = -1$, $(-1)^6 = 1$.

Für das Rechnen mit Potenzen gelten die fünf **Potenzgesetze**.
Für alle $m, n \in \mathbb{N}$ und alle $a, b \in \mathbb{R}$ gilt, sofern die auftretenden Brüche definiert sind:

1. Potenzgesetz: $a^n \cdot a^m = a^{n+m}$.

2. Potenzgesetz: $\dfrac{a^n}{a^m} = a^{n-m}$, $n \geq m$.

3. Potenzgesetz: $a^n \cdot b^n = (ab)^n$.

4. Potenzgesetz: $\dfrac{a^n}{b^n} = \left(\dfrac{a}{b}\right)^n$.

5. Potenzgesetz: $(a^n)^m = a^{n \cdot m}$.

Im folgenden Beispiel werden Anwendungen der Potenzgesetze gezeigt.

Beispiel 3.1.4

1.) $2^4 \cdot 2^2 = 2^{4+2} = 2^6 = 64$, $5^2 \cdot 5^3 = 5^{2+3} = 5^5 = 3125$.

2.) $(-1)^4 \cdot (-1)^3 = (-1)^{4+3} = (-1)^7 = -1$.

3.) $\left(2^4\right)^2 = 2^{4 \cdot 2} = 2^8 = 256$, $\left(5^2\right)^3 = 5^{2 \cdot 3} = 5^6 = 15625$.

4.) $\left((-1)^4\right)^3 = (-1)^{4 \cdot 3} = (-1)^{12} = 1$.

5.) $\dfrac{3^2}{3} = 3^{2-1} = 3^1 = 3$, $\dfrac{9^4}{9^2} = 9^{4-2} = 9^2 = 81$,

$\dfrac{(-2)^9}{(-2)^6} = (-2)^{9-6} = (-2)^3 = (-1)^3 \cdot 2^3 = -8$.

6.) $3^2 \cdot 5^2 = (3 \cdot 5)^2 = 15^2 = 225, \ 4^3 \cdot 2^3 = (2 \cdot 4)^3 = 8^3 = 512.$

7.) $(-3)^2 = ((-1) \cdot 3)^2 = (-1)^2 \cdot 3^2 = 1 \cdot 9 = 9,$
$(-5)^3 = ((-1) \cdot 5)^3 = (-1)^3 \cdot 5^3 = (-1) \cdot 125 = -125.$

8.) $\left(\dfrac{3}{4}\right)^2 = \dfrac{3^2}{4^2} = \dfrac{9}{16}, \ \left(\dfrac{(-1)}{5}\right)^3 = \dfrac{(-1)^3}{5^3} = \dfrac{-1}{125},$
$\left(\dfrac{(-2)}{3}\right)^4 = \dfrac{(-2)^4}{3^4} = \dfrac{(-1)^4 \cdot 2^4}{3^4} = \dfrac{16}{81}.$

3.1.2 Potenzen mit ganzzahligen Exponenten

Die Erweiterung des Potenzbegriffs auf ganzzahlige Exponenten beruht auf dem Erhalt der Gültigkeit der Potenzgesetze.

- Setzt man im 2. Potenzgesetz $n = m$, so folgt:

$$\frac{a^n}{a^m} = \frac{a^n}{a^n} = a^{n-n} = a^0 = 1.$$

- Betrachtet man das 2. Potenzgesetz für $n < m$, so folgt:

$$\frac{a^n}{a^m} = \frac{1}{a^{m-n}}.$$

Somit gelten mit den zwei zusätzlichen Potenzen

- $a^0 = 1$ und

- $a^{-n} = \dfrac{1}{a^n}, \ n \in \mathbb{N}$

die 5 Potenzgesetze für alle $m, n \in \mathbb{Z}$ und alle $a, b \in \mathbb{R}$, sofern die auftretenden Brüche definiert sind.

1. Potenzgesetz: $a^n \cdot a^m = a^{n+m}.$

2. Potenzgesetz: $\dfrac{a^n}{a^m} = a^{n-m}.$

3. Potenzgesetz: $a^n \cdot b^n = (ab)^n.$

4. Potenzgesetz: $\dfrac{a^n}{b^n} = \left(\dfrac{a}{b}\right)^n.$

5. Potenzgesetz: $(a^n)^m = a^{n \cdot m}.$

Im folgenden Beispiel werden Anwendungen dieser Potenzgesetze gezeigt.

Beispiel 3.1.5

1.) $3^{-1} = \frac{1}{3^1} = \frac{1}{3}$, $3^{-2} = \frac{1}{3^2} = \frac{1}{9}$.

2.) $(-4)^{-1} = \frac{1}{(-4)^1} = \frac{1}{-4} = -\frac{1}{4}$,

$(-4)^{-2} = \frac{1}{(-4)^2} = \frac{1}{((-1)\cdot 4)^2} = \frac{1}{(-1)^2 \cdot 4^2} = \frac{1}{1\cdot 16} = \frac{1}{16}$.

3.) $2^{-4} \cdot 2^2 = 2^{-4+2} = 2^{-2} = \frac{1}{2^2} = \frac{1}{4}$, $5^{-2} \cdot 5^3 = 5^{-2+3} = 5^1 = 5$.

4.) $(-1)^{-4} \cdot (-1)^3 = (-1)^{-4+3} = (-1)^{-1} = \frac{1}{(-1)^1} = \frac{1}{-1} = -1$.

5.) $\left(2^{-4}\right)^2 = 2^{(-4)\cdot 2} = 2^{-8} = \frac{1}{2^8} = \frac{1}{256}$,

$\left(5^{-2}\right)^3 = 5^{(-2)\cdot 3} = 5^{-6} = \frac{1}{5^6} = \frac{1}{15625}$,

$\left(2^{-2}\right)^{-3} = 5^{(-2)\cdot(-3)} = 2^6 = 64$.

6.) $\left((-1)^4\right)^{-3} = (-1)^{4\cdot(-3)} = (-1)^{-12} = \frac{1}{(-1)^{12}} = \frac{1}{1} = 1$.

7.) $\frac{2^3}{2^4} = 2^{3-4} = 2^{-1} = \frac{1}{2}$, $\frac{2^{-3}}{2^4} = 2^{-3-4} = 2^{-7} = \frac{1}{2^7} = \frac{1}{128}$,

$\frac{2^3}{2^{-4}} = 2^{3-(-4)} = 2^7 = 128$, $\frac{2^{-3}}{2^{-4}} = 2^{-3-(-4)} = 2^1 = 2$.

8.) $3^2 \cdot 4^2 = (3 \cdot 4)^2 = 12^2 = 144$,

$((-1)\cdot 4)^3 = (-1)^3 \cdot 4^3 = (-1)\cdot 64 = -64$,

$((-1)\cdot(-3))^2 = 3^2 = 9$,

$(-5)^2 \cdot (-2)^2 = ((-5)\cdot(-2))^2 = 10^2 = 100$.

9.) $\frac{27^4}{9^4} = \left(\frac{27}{9}\right)^4 = 3^4 = 81$, $\left(\frac{2}{9}\right)^3 = \frac{2^3}{9^3} = \frac{8}{729}$,

$\frac{(-44)^5}{22^5} = \left(\frac{-44}{22}\right)^5 = (-2)^5 = (-1)^5 \cdot 2^5 = (-1)\cdot 32 = -32$.

10.) $6^2 \cdot 3^{-2} = \frac{6^2}{3^2} = \left(\frac{6}{3}\right)^2 = 2^2 = 4$,

$(-3)^3 \cdot 9^{-1} = \frac{(-3)^3}{9^1} = \frac{(-1)^3 \cdot 3^3}{9} = \frac{-27}{9} = -3$.

3.1.3 Potenzen mit rationalen Exponenten und Wurzeln

Satz und Definition 3.1.1

Die eindeutige nichtnegative Lösung der Gleichung

$$x^n = a, \quad mit \ a \geq 0, n \in \mathbb{N}$$

*bezeichnet man als $\sqrt[n]{a}$ oder $a^{\frac{1}{n}}$. Sie wird die n-te **Wurzel** aus a genannt. a heißt der **Radikant** und n der **Wurzelexponent**.*

Bemerkung:

- $\sqrt[1]{a} = a$.

  Für $n = 2$ spricht man von der **Quadratwurzel** und man schreibt verkürzt $\sqrt[2]{a} = \sqrt{a}$.

  Die dritte Wurzel ($n = 3$) wird auch als **Kubikwurzel** bezeichnet.

- Die n-ten Wurzeln einer Zahl $a \geq 0$ sind nach obiger Definition immer nicht negativ, d.h. $\sqrt[n]{a} \geq 0$.

- Man muß unterscheiden, ob man die n-te Wurzel aus einer Zahl a berechnen möchte, oder alle reellen Lösungen der Gleichung $x^n = a$.

  - Für $a > 0$ liefert die $2n$-te Wurzel aus a nur die positive Lösung der Gleichung $x^{2n} = a$, nämlich $x = \sqrt[2n]{a}$.

    Für ein beliebiges $a > 0$ hat die Gleichung $x^{2n} = a$ allerdings zwei Lösungen, nämlich die positive Lösung $x = \sqrt[2n]{a}$ und die negative Lösung $x = -\sqrt[2n]{a}$. Man schreibt hierfür auch verkürzt $x_{1,2} = \pm \sqrt[2n]{a}$.

  - Für $a = 0$ hat die Gleichung $x^n = a$ genau eine Lösung und zwar $x = \sqrt[n]{a} = 0$.

  - Für $a < 0$ ist nach Satz und Definition 3.1.1 $x = \sqrt[2n+1]{a}$ nicht definiert.

    Für $a < 0$ kann $\sqrt[2n+1]{a} := -\sqrt[2n+1]{-a}$ gesetzt werden.

    Die Gleichung $x^{2n+1} = a$ hat für $a < 0$ die reelle Lösung $x = -\sqrt[2n+1]{-a}$.

    Für $a < 0$ ist $x = \sqrt[2n]{a}$ nicht definiert.

    Die Gleichung $x^{2n} = a$ hat keine reelle, sondern nur komplexe Lösungen.

- $\sqrt[n]{a^n} = a$ gilt nur für $a \geq 0$ $\left(\sqrt{(-1)^2} = 1 \neq -1 \right)$.

Beispiel 3.1.6

1.) $\sqrt[2]{4} = \sqrt{4} = 2$, denn die Gleichung $x^2 = 4$ hat die nichtnegative Lösung $x = 2$.

2.) $\sqrt[3]{8} = 2$, denn die Gleichung $x^3 = 8$ hat die eindeutige nichtnegative Lösung $x = 2$.

3.) $\sqrt[3]{27} = 3$, denn die Gleichung $x^3 = 27$ hat die eindeutige nichtnegative Lösung $x = 3$.

4.) $\sqrt[5]{1} = 1$, denn die Gleichung $x^5 = 1$ hat die eindeutige nichtnegative Lösung $x = 1$.

5.) $\sqrt[4]{81} = 3$, denn die Gleichung $x^4 = 81$ hat die nichtnegative Lösung $x = 3$.

6.) $\sqrt[3]{-27}$, ist nicht definiert, da $-27 < 0$.
Die Gleichung $x^3 = -27$ hat dagegen die eindeutige negative Lösung $x = -3$.

7.) $\sqrt[5]{-1}$, ist nicht definiert, da $-1 < 0$.
Die Gleichung $x^5 = 1$ hat dagegen die eindeutige negative Lösung $x = -1$.

Potenzen mit rationalen Exponenten werden durch die folgende Definition erklärt.

Definition 3.1.2
Für $a > 0$ und $q = \dfrac{m}{n}$ mit $n, m \in \mathbb{N}$ gilt:

$$a^q := \sqrt[n]{a^m}, \qquad a^{-q} := \frac{1}{\sqrt[n]{a^m}}.$$

Bemerkung:
$0^q := 0$ für $q \in \mathbb{Q}, q > 0$.

Nun erhält man für $a, b > 0$ und $p, q \in \mathbb{Q}$ die folgenden Potenzgesetze:

1. Potenzgesetz: $a^q \cdot a^q = a^{p+q}$.

2. Potenzgesetz: $\dfrac{a^p}{a^q} = a^{p-q}$.

3. Potenzgesetz: $a^q \cdot b^q = (ab)^q$.

4. Potenzgesetz: $\dfrac{a^q}{b^q} = \left(\dfrac{a}{b}\right)^q$.

5. Potenzgesetz: $(a^p)^q = a^{p \cdot q}$.

Im folgenden Beispiel werden Anwendungen dieser Potenzgesetze gezeigt.

Beispiel 3.1.7

1.) $\left(\dfrac{5}{6}\right)^{\frac{2}{5}} \cdot \left(\dfrac{5}{6}\right)^{\frac{3}{5}} = \left(\dfrac{5}{6}\right)^{\frac{2}{5}+\frac{3}{5}} = \left(\dfrac{5}{6}\right)^{\frac{5}{5}} = \dfrac{5}{6}$.

2.) $\dfrac{8^{\frac{2}{3}}}{8^{\frac{1}{3}}} = 8^{\frac{2}{3}-\frac{1}{3}} = 8^{\frac{1}{3}} = 2$.

3.) $2^{\frac{1}{3}} \cdot \left(\dfrac{343}{2}\right)^{\frac{1}{3}} = \left(2 \cdot \dfrac{343}{2}\right)^{\frac{1}{3}} = 343^{\frac{1}{3}} = 7$.

4.) $\dfrac{3^{\frac{3}{2}}}{\left(\frac{1}{3}\right)^{\frac{3}{2}}} = (3 \cdot 3)^{\frac{3}{2}} = 9^{\frac{3}{2}} = \left(\sqrt{9}\right)^3 = 3^3 = 27$.

5.) $\left(6^{\frac{3}{4}}\right)^{\frac{8}{3}} = 6^{\frac{3}{4} \cdot \frac{8}{3}} = 6^2 = 36$.

Beispiel 3.1.8

Speziell für die Wurzelschreibweise erhält man für $a, b > 0$ und $n, m \in \mathbb{N}$

nach dem **1. Potenzgesetz:** $\sqrt[n]{a} \cdot \sqrt[m]{a} = \sqrt[n \cdot m]{a^{m+n}}$.

nach dem **2. Potenzgesetz:** $\dfrac{\sqrt[n]{a}}{\sqrt[m]{a}} = \sqrt[n \cdot m]{a^{m-n}}$.

nach dem **3. Potenzgesetz:** $\sqrt[n]{a} \cdot \sqrt[n]{b} = \sqrt[n]{ab}$.

nach dem **4. Potenzgesetz:** $\dfrac{\sqrt[n]{a}}{\sqrt[n]{b}} = \sqrt[n]{\dfrac{a}{b}}$.

nach dem **5. Potenzgesetz:** $\sqrt[n]{\sqrt[m]{a}} = \sqrt[n \cdot m]{a}$.

Beispiel 3.1.9

1.) Nach dem 3. Potenzgesetz gilt:
$$\sqrt{2} \cdot \sqrt{2} = \sqrt{2 \cdot 2} = \sqrt{4} = 2, \quad \sqrt{2} \cdot \sqrt{8} = \sqrt{2 \cdot 8} = \sqrt{16} = 4.$$

2.) Nach dem 4. Potenzgesetz gilt:
$$\sqrt[3]{3} \cdot \sqrt[3]{9} = \sqrt[3]{3 \cdot 9} = \sqrt[3]{27} = 3, \quad \frac{\sqrt[3]{81}}{\sqrt[3]{3}} = \sqrt[3]{\frac{81}{3}} = \sqrt[3]{27} = 3,$$
$$\frac{\sqrt{81}}{\sqrt{9}} = \sqrt{\frac{81}{9}} = \sqrt{9} = 3.$$

Bemerkung:
Weiter gilt für $a, b \geq 0$ und $n \in \mathbb{N}$:

- $\left(\sqrt[n]{a}\right)^n = \sqrt[n]{a^n} = a$.

- $\sqrt[n]{a+b} \neq \sqrt[n]{a} + \sqrt[n]{b}$, $n \neq 1$.

Beispiel 3.1.10

1.) $\left(\sqrt[3]{7}\right)^3 = 7, \quad \sqrt[6]{12^6} = 12$.

2.) $5 = \sqrt{25} = \sqrt{16 + 9} \neq \sqrt{16} + \sqrt{9} = 4 + 3 = 7$.

Bemerkung:
Es gilt natürlich auch die folgende Kürzungsregel:

- $a^{\frac{km}{kn}} = a^{\frac{m}{n}}$,   für $a > 0, m \in \mathbb{Z}, k, n \in \mathbb{Z} \setminus \{0\}$.

Beispiel 3.1.11
$3125^{\frac{5}{25}} = 3125^{\frac{1}{5}} = \sqrt[5]{3125} = 5$.

3.1.4   Potenzen mit reellen Exponenten

Gegeben sei die **Potenzgleichung** $x^r = a$ mit $r \in \mathbb{R} \setminus \{0\}$. Über die Lösbarkeit dieser Gleichung können unter anderem folgende Aussagen gemacht werden:

Falls $a > 0$ ist, hat diese Gleichung mindestens eine reelle Lösung; die positive Lösung dieser Potenzgleichung ist gegeben durch $x = a^{\frac{1}{r}}$. Ist r ganzzahlig und gerade, $a > 0$, dann hat die Gleichung die beiden Lösungen $x_{1,2} = \pm\sqrt[r]{a}$. Ist dagegen r ganzzahlig und ungerade, $a > 0$, dann ist die einzige Lösung gegeben durch $x = \sqrt[r]{a}$; ist $a < 0$, dann ist $x = -\sqrt[r]{-a}$ die einzige Lösung.

3.2   Binomische Formeln

Satz 3.2.1

Für $a, b \in \mathbb{R}$ gilt:

    1. binomische Formel: $(a + b)^2 = a^2 + 2ab + b^2$.

    2. binomische Formel: $(a - b)^2 = a^2 - 2ab + b^2$.

    3. binomische Formel: $(a + b) \cdot (a - b) = a^2 - b^2$.

Man kann die binomischen Formeln verwenden, um das Quadrat einer Zahl zu berechnen.

Beispiel 3.2.1

    1.) $15^2 = (5 + 10)^2 = 5^2 + 2 \cdot 5 \cdot 10 + 10^2 = 25 + 100 + 100 = 225,$
            $19^2 = (4 + 15)^2 = 4^2 + 2 \cdot 4 \cdot 15 + 15^2 = 16 + 120 + 225 = 361.$

    2.) $17^2 = (20 - 3)^2 = 20^2 - 2 \cdot 20 \cdot 3 + 3^2 = 400 - 120 + 9 = 289,$
            $44^2 = (50 - 6)^2 = 50^2 - 2 \cdot 50 \cdot 6 + 6^2 = 2500 - 600 + 36 = 1936.$

    3.) $17^2 - 13^2 = (17 - 13) \cdot (17 + 13) = 4 \cdot 30 = 120,$
            $49^2 - 51^2 = (49 - 51) \cdot (49 + 51) = (-2) \cdot 100 = -200.$

Mithilfe der binomischen Formeln kann man quadratische Ausdrücke relativ schnell berechnen.

Beispiel 3.2.2

    1.) $(3x + y)^2 = (3x)^2 + 2 \cdot 3x \cdot y + y^2 = 9x^2 + 6xy + y^2,$

    2.) $(x + 9y)^2 = x^2 + 2 \cdot x \cdot 9y + (9y)^2 = x^2 + 18xy + 81y^2,$

    3.) $(x - 9y)^2 = x^2 - 2 \cdot x \cdot 9y + (9y)^2 = x^2 - 18xy + 81y^2,$

    4.) $(\sqrt{x} - y^3)^2 = (\sqrt{x})^2 - 2 \cdot \sqrt{x} \cdot y^3 + (y^3)^2 = x - 2\sqrt{x}y^3 + y^6,$

    5.) $(-x + y)^2 = (-x)^2 + 2(-x)y + y^2 = x^2 - 2xy + y^2,$

    6.) $(\sqrt{x} - y)(\sqrt{x} + y) = (\sqrt{x})^2 - y^2 = x - y^2,$

    7.) $\left(x^{\frac{3}{4}} - \dfrac{1}{y}\right) \left(x^{\frac{3}{4}} + \dfrac{1}{y}\right) = \left(x^{\frac{3}{4}}\right)^2 - \left(\dfrac{1}{y}\right)^2 = x^{\frac{3}{4} \cdot 2} - \dfrac{1}{y^2} = \sqrt{x^3} - \dfrac{1}{y^2}.$

3.3   Logarithmen

Satz und Definition 3.3.1
Die **Exponentialgleichung**

$$b^x = a \quad \textit{mit } a, b > 0, b \neq 1$$

hat in $\mathbb{R}$ *genau eine Lösung. Diese Lösung* x *heißt* **Logarithmus von** a **zur Basis** b. *Sie wird mit* $x = \log_b a$ *bezeichnet.*

Beispiel 3.3.1

1.) Die Lösung der Gleichung $10^x = 1$ ist $x = 0$, also ist $\log_{10} 1 = 0$.

2.) Die Lösung der Gleichung $10^x = 10$ ist $x = 1$, also ist $\log_{10} 10 = 1$.

3.) Die Lösung der Gleichung $10^x = 100$ ist $x = 2$, also ist $\log_{10} 100 = 2$.

4.) Die Lösung der Gleichung $10^x = \dfrac{1}{1000}$ ist $x = -3$,

   also ist $\log_{10} \dfrac{1}{1000} = -3$.

5.) Die Lösung der Gleichung $2^x = 512$ ist $x = 9$, also ist $\log_2 512 = 9$.

6.) Die Lösung der Gleichung $5^x = \dfrac{1}{3125}$ ist $x = -5$,

   also ist $\log_5 \dfrac{1}{3125} = -5$.

Logarithmen verwendet man also zum Lösen von Gleichungen, bei denen die Unbekannte im Exponenten steht. Häufig auftretende Logarithmen sind:

- **dekadischer Logarithmus** oder auch **10-er Logarithmus** genannt.
  Hierbei handelt es sich um den Logarithmus zur Basis 10.
  $10^x = a \iff x = \log_{10} a = \log a$.
  Man läßt beim dekadischen Logarithmus einfach die Basis weg.

- **natürlicher Logarithmus**. Dies ist der Logarithmus zur Basis e = 2.7182818 ....   e ist die **Eulersche Zahl**; sie ist irrational und kommt häufig in Verbindung mit Wachstums- und Zerfallsprozessen vor.
  $e^x = a \iff x = \log_e a = \ln a$.
  ln steht für logarithmus naturalis.

Es gelten folgende **Logarithmengesetze** für b, u, $v > 0$:

  1. Logarithmusgesetz: $\log_b (u \cdot v) = \log_b u + \log_b v$.

  2. Logarithmusgesetz: $\log_b \left(\dfrac{u}{v} \right) = \log_b u - \log_b v$.

  3. Logarithmusgesetz: $\log_b (u^v) = v \cdot \log_b u$.

Im folgenden Beispiel werden Anwendungen dieser Logarithmengesetze gezeigt.

Beispiel 3.3.2

  1.) $\log_3 9 = \log_3 (3 \cdot 3) = \log_3 3 + \log_3 3 = 1 + 1 = 2$.

  2.) $\log_5 125 - \log_5 25 = \log_5 \left(\dfrac{125}{25} \right) = \log_5 5 = 1$.

  3.) $\log_5 125 = \log_5 5^3 = 3 \log_5 5 = 3 \cdot 1 = 3$.

Weitere Eigenschaften der Logarithmen mit a, b, u, $v > 0$ sind:

- $\log_b 1 = 0$,

- $\log_b b = 1$,

- $b^{\log_b a} = a$, speziell gilt: $10^{\log a} = a$, $e^{\ln a} = a$,

- $\log_b \left(\dfrac{1}{v} \right) = -\log_b v$,

- $\log_b \left(\sqrt[n]{u} \right) = \dfrac{1}{n} \log_b u$.

Beispiel 3.3.3

  1.) $\log_5 1 = 0$, $\log_{123} 1 = 0$, $\log_{27} 1 = 0$.

  2.) $\log_{12} 12 = 1$, $\log_{23} 23 = 1$.

  3.) $2^{\log_2 6} = 6$, $10^{\log 12} = 12$, $e^{\ln 9} = 9$.

  4.) $\log_4 \left(\dfrac{1}{16} \right) = -\log_4 16 = -2$.

  5.) $\dfrac{1}{2} \log_2 4 = \log_2 (\sqrt{4}) = \log_2 2 = 1$.

Logarithmiert man die Exponentialgleichung $b^x = a$ mit a, $b > 0$, $b \neq 1$ auf beiden Seiten, so erhält man zur Basis $c > 0$, $c \neq 1$ folgendes Ergebnis:

$$\log_c (b^x) = x \cdot \log_c b = \log_c a.$$

Somit gilt:

$$x = \frac{\log_c a}{\log_c b}.$$

Die Basis des Logarithmus spielt bei dieser Auflösung keine Rolle. Empfehlenswert ist der natürliche oder der dekadische Logarithmus, da diese selbst auf den einfachsten Taschenrechnern vorhanden sind.

Satz 3.3.1

Die Umwandlung des Logarithmus zur Basis b in den Logarithmus zur Basis c erfolgt durch die Formel:

$$\log_c x = \frac{\log_b x}{\log_b c}.$$

Es genügt die Logarithmen zu einer Basis b zu kennen, da mit dieser Formel eine Umrechnung in jede beliebige andere Basis c möglich ist.

Beispiel 3.3.4

1.) $\log x = \dfrac{\ln x}{\ln 10}$, $\ln x = \dfrac{\log x}{\log e}$.

2.) $\log_4 x = \dfrac{\log_2 x}{\log_2 4} = \dfrac{\log_2 x}{2}$, $\log_{1000} x = \dfrac{\log x}{\log 1000} = \dfrac{\log x}{3}$.

3.4 Aufgaben zu Kapitel 3

Aufgabe 3.4.1

Fassen Sie zusammen und berechnen Sie.

a) $3^2 \cdot 3^3$, $\quad 5^2 \cdot 5^2$, $\quad 10 \cdot 10^2$, $\quad (-2)^2 \cdot (-2)^3$, $\quad (-4)^3 \cdot (-4)$, $\quad (-5)^3 \cdot (-5)^2$,

b) $(12^1)^2$, $\quad (3^3)^2$, $\quad (7^5)^2$, $\quad ((-2)^3)^2$, $\quad ((-3)^3)^3$, $\quad ((-1)^5)^2$,

c) $7^3 \cdot 3^3$, $\quad 3^0 \cdot 4^0$, $\quad 3^2 \cdot 4^2$, $\quad (-7)^3 \cdot 3^3$, $\quad (-3)^0 \cdot 4^0$, $\quad (-2)^2 \cdot (-3)^2$.

Lösung:

a) $3^2 \cdot 3^3 = 3^{2+3} = 3^5 = 3 \cdot 3 \cdot 3 \cdot 3 \cdot 3 = 243$,

$5^2 \cdot 5^2 = 5^{2+2} = 5^4 = 5 \cdot 5 \cdot 5 \cdot 5 = 625$,

$10 \cdot 10^2 = 10^{1+2} = 10^3 = 1000$,

$(-2)^2 \cdot (-2)^3 = (-2)^{2+3} = (-2)^5 = (-1)^5 \cdot 2^5 = (-1) \cdot 2^5$

$= (-1) \cdot 32 = -32$,

$(-4)^3 \cdot (-4) = (-4)^{3+1} = (-4)^4 = (-1)^4 \cdot 4^4 = 1 \cdot 256 = 256$,

$(-5)^3 \cdot (-5)^2 = (-5)^{3+2} = (-5)^5 = (-1)^5 \cdot 5^5 = (-1) \cdot 5^5 = (-1) \cdot 3125$

$= -3125$.

b) $(12^1)^2 = 12^{1 \cdot 2} = 12^2 = 144$,

$(3^3)^2 = 3^{3 \cdot 2} = 3^6 = 729$,

$(7^5)^2 = 7^{5 \cdot 2} = 7^{10}$,

$((-2)^3)^2 = (-2)^{3 \cdot 2} = (-2)^6 = (-1)^6 \cdot 2^6 = 1 \cdot 2^6 = 64$,

$((-3)^3)^3 = (-3)^{3 \cdot 3} = (-3)^9 = (-1)^9 \cdot 3^9 = (-1) \cdot 19683 = -19683$,

$((-1)^5)^2 = (-1)^{5 \cdot 2} = (-1)^{10} = 1$.

c) $7^3 \cdot 3^3 = (7 \cdot 3)^3 = 21^3 = 9261$,

$3^0 \cdot 4^0 = (3 \cdot 4)^0 = 12^0 = 1$,

$3^2 \cdot 4^2 = (3 \cdot 4)^2 = 12^2 = 144$,

$(-7)^3 \cdot 3^3 = ((-7) \cdot 3)^3 = (-21)^3 = -9261$,

$(-3)^0 \cdot 4^0 = ((-3) \cdot 4)^0 = (-12)^0 = 1$,

$(-2)^2 \cdot (-3)^2 = ((-2) \cdot (-3))^2 = 6^2 = 36$.

Aufgabe 3.4.2

Fassen Sie zusammen und berechnen Sie.

a) $3^{-2} \cdot 3^2$, $7^{-4} 7^5$, $6^{-5} 6^{-5}$, $(-1)^{-2} \cdot (-1)^{-3}$,
    $(-4)^{-3} \cdot (-4)^{-2}$, $(-3)^{-2} \cdot (-3)^3$,

b) $\left(2^2\right)^{-3}$, $\left(3^{-2}\right)^2$, $\left(5^{-2}\right)^{-2}$, $\left((-4)^2\right)^{-3} \left((-2)^{-2}\right)^2$,
    $\left((-1)^{-2}\right)^{-2}$,

c) $\dfrac{3^2}{3^5}$, $\dfrac{(-2)^9}{(-2)^7}$, $\dfrac{3^{-4}}{3^2}$, $\dfrac{(-4)^2}{(-4)^{-1}}$, $\dfrac{6^{-1}}{6^{-2}}$, $\dfrac{12^{-1}}{24^{-1}}$.

Lösung:

a) $3^{-2} \cdot 3^2 = 3^{-2+2} = 3^0 = 1$, $7^{-4} 7^5 = 7^{-4+5} = 7^1 = 7$,

$6^{-5} 6^{-5} = 6^{-5-5} = 6^{-10} = \dfrac{1}{6^{10}} = \dfrac{1}{60466176}$,

$(-1)^{-2} \cdot (-1)^{-3} = (-1)^{-2-3} = (-1)^{-5} = \dfrac{1}{(-1)^5} = \dfrac{1}{-1} = -1$,

$(-4)^{-3} \cdot (-4)^{-2} = (-4)^{-3-4} = (-4)^{-7} = \dfrac{1}{(-4)^7}$

$= \dfrac{1}{(-1)^7 \cdot 4^7} = \dfrac{1}{(-1) \cdot 16384} = -\dfrac{1}{16384}$,

$(-3)^{-2} \cdot (-3)^3 = (-3)^{-2+3} = (-3)^1 = -3$.

b) $\left(2^2\right)^{-3} = 2^{2 \cdot (-3)} = 2^{-6} = \dfrac{1}{2^6} = \dfrac{1}{64}$,

$\left(3^{-2}\right)^2 = 3^{(-2) \cdot 2} = 3^{-4} = \dfrac{1}{3^4} = \dfrac{1}{81}$,

$\left(5^{-2}\right)^{-2} = 5^{(-2) \cdot (-2)} = 5^4 = 625$,

$\left((-4)^2\right)^{-3} = (-2)^{2 \cdot (-3)} = (-2)^{-6} = \dfrac{1}{(-2)^6} = \dfrac{1}{(-1)^6 \cdot 2^6}$

$= \dfrac{1}{1 \cdot 64} = \dfrac{1}{64}$,

$\left((-2)^{-2}\right)^2 = (-2)^{(-2) \cdot 2} = (-2)^{-4} = \dfrac{1}{(-2)^4} = \dfrac{1}{(-1)^4 \cdot 2^4}$

$= \dfrac{1}{1 \cdot 16} = \dfrac{1}{16}$,

$\left((-1)^{-2}\right)^{-2} = (-1)^{(-2) \cdot (-2)} = (-1)^4 = 1$.

c) $\dfrac{3^2}{3^5} = 3^{2-5} = 3^{-3} = \dfrac{1}{3^3} = \dfrac{1}{27}$,

$\dfrac{(-2)^9}{(-2)^7} = (-2)^{9-7} = (-2)^2 = (-1)^2 \cdot 2^2 = 4$,

$$\frac{3^{-4}}{3^2} = 3^{-4+2} = 3^{-2} = \frac{1}{3^2} = \frac{1}{9},$$

$$\frac{(-4)^2}{(-4)^{-1}} = (-4)^{2-(-1)} = (-4)^3 = (-1)^3 \cdot 4^3 = -64,$$

$$\frac{6^{-1}}{6^{-2}} = 6^{-1-(-2)} = 6^1 = 6,$$

$$\frac{12^{-1}}{12^{-1}} = 12^{-1-(-1)} = 12^0 = 1.$$

Aufgabe 3.4.3

Berechnen Sie.

a) $\sqrt[3]{8}$, $\sqrt[4]{16}$, $\sqrt[3]{343}$, $\sqrt[5]{3125}$,

b) $3125^{\frac{1}{5}}$, $3125^{\frac{2}{5}}$, $3125^{-\frac{2}{5}}$.

Lösung:

a) $\sqrt[3]{8} = 2$, denn die Gleichung $x^3 = 8$ hat die Lösung $x = 2$.

$\sqrt[4]{16} = 2$, denn die Gleichung $x^4 = 16$ hat die nichtnegative Lösung $x = 2$.

$\sqrt[3]{343} = 7$, denn die Gleichung $x^3 = 343$ hat die Lösung $x = 7$.

$\sqrt[5]{3125} = 5$, denn die Gleichung $x^5 = 3125$ hat die Lösung $x = 5$.

b) $3125^{\frac{1}{5}} = \sqrt[5]{3125} = 5$,

$3125^{\frac{2}{5}} = \left(\sqrt[5]{3125}\right)^2 = 5^2 = 25$,

$3125^{-\frac{2}{5}} = \frac{1}{3125^{\frac{2}{5}}} = \frac{1}{25}$.

Aufgabe 3.4.4

Fassen Sie zusammen und berechnen Sie.

a) $7^{\frac{1}{2}} \cdot 7^{\frac{1}{2}}$, $2^{\frac{1}{2}} \cdot 8^{\frac{1}{2}}$, $8^{\frac{1}{3}} \cdot 27^{\frac{1}{3}}$, $(-8)^{\frac{1}{3}} \cdot 27^{\frac{1}{3}}$, $(-231)^{\frac{1}{6}} \cdot 22^{\frac{1}{6}}$,

b) $2^{\frac{1}{3}} \cdot 2^{\frac{1}{3}}$, $(-2)^{\frac{1}{3}} \cdot (-2)^{\frac{2}{3}}$, $(-4)^{\frac{1}{3}} \cdot (-4)^{\frac{1}{3}}$, $5^{\frac{1}{3}} \cdot 5^{-\frac{1}{3}}$,

$(-1)^{-\frac{1}{3}} \cdot (-1)^{1\frac{1}{3}}$, $(-1)^{-\frac{7}{4}} \cdot (-1)^{\frac{1}{4}}$.

Lösung:

a) $7^{\frac{1}{2}} \cdot 7^{\frac{1}{2}} = (7 \cdot 7)^{\frac{1}{2}} = 49^{\frac{1}{2}} = \sqrt{49} = 7$,

$2^{\frac{1}{2}} \cdot 8^{\frac{1}{2}} = (2 \cdot 8)^{\frac{1}{2}} = 16^{\frac{1}{2}} = \sqrt{16} = 4$,

$8^{\frac{1}{3}} \cdot 27^{\frac{1}{3}} = (8 \cdot 27)^{\frac{1}{3}} = \sqrt[3]{216} = 6$,

$(-8)^{\frac{1}{3}} \cdot 27^{\frac{1}{3}} = ((-8) \cdot 27)^{\frac{1}{3}} = \sqrt[3]{-216} = -\sqrt[3]{216} = -6$,

$(-231)^{\frac{1}{6}} \cdot 22^{\frac{1}{6}} = ((-231) \cdot 22)^{\frac{1}{6}} = \sqrt[6]{-5082} \notin \mathbb{R}$.

b) $2^{\frac{1}{2}} \cdot 2^{\frac{1}{2}} = 2^{\frac{1}{2}+\frac{1}{2}} = 2^1 = 2$,

$(-2)^{\frac{1}{2}} \cdot (-2)^{\frac{3}{2}} = (-2)^{\frac{1}{2}+\frac{3}{2}} = (-2)^2 = 4$,

$(-4)^{\frac{4}{3}} \cdot (-4)^{\frac{2}{3}} = (-4)^{\frac{4}{3}+\frac{2}{3}} = (-4)^{\frac{6}{3}} = (-4)^2 = 16$,

$5^{\frac{1}{3}} \cdot 5^{-\frac{4}{3}} = 5^{\frac{1}{3}-\frac{4}{3}} = 5^{-\frac{3}{3}} = 5^{-1} = \frac{1}{5}$,

$(-1)^{-\frac{1}{3}} \cdot (-1)^{-\frac{7}{3}} = (-1)^{-\frac{1}{3}-(-\frac{7}{3})} = (-1)^{\frac{6}{3}} = (-1)^2 = 1$,

$(-1)^{-\frac{7}{4}} \cdot (-1)^{\frac{2}{4}} = (-1)^{-\frac{7}{4}+\frac{2}{4}} = (-1)^{-\frac{5}{4}} = \frac{1}{(-1)^{\frac{5}{4}}}$

$= \frac{1}{\sqrt[4]{(-1)^5}} = \frac{1}{\sqrt[4]{-1}} \notin \mathbb{R}$.

Aufgabe 3.4.5

Fassen Sie zusammen.

a) $3^2 x^3 y^{-4} x^2 3^5 y^2 x^{-1}$,

b) $\dfrac{16x^3 y^6 w^5}{4w^3 y^7 x^1}$,

c) $\dfrac{4x^2 y^7 w^6 + 50x^5 y^4 w + 23x^7 y^8 w^2}{2x^2 y^3 w}$,

d) $\dfrac{(x^{-2} z^2 y^3)^{-2}}{(x^{-3} z^{-1} y^4)^5}$.

Lösung:

a) $3^2 x^3 y^{-4} x^2 3^5 y^2 x^{-1} = 3^{3+5} x^{3+2-1} y^{-4+2} = 3^7 x^4 y^{-2}$.

b) $\dfrac{16x^3 y^6 w^5}{4w^3 y^7 x^1} = \dfrac{16}{4} x^{3-1} y^{6-7} w^{5-3} = 4x^2 y^{-1} w^2$.

c) $\dfrac{4x^2y^7w^6 + 50x^5y^4w + 23x^7y^8w^2}{2x^2y^3w}$

$= \dfrac{4x^2y^7w^6}{2x^2y^3w} + \dfrac{50x^5y^4w}{2x^2y^3w} + \dfrac{23x^7y^8w^2}{2x^2y^3w}$

$= \dfrac{4}{2}x^{2-2}y^{7-3}w^{6-1} + \dfrac{50}{2}x^{5-2}y^{4-3}w^{1-1} + \dfrac{23}{2}x^{7-2}y^{8-3}w^{2-1}$

$= 2y^4w^5 + 25x^3y + \dfrac{23}{2}x^5y^5w.$

d) $\dfrac{(x^{-2}z^2y^3)^{-2}}{(x^{-3}z^{-1}y^4)^5} = \dfrac{x^{(-2)\cdot(-2)}z^{2\cdot(-2)}y^{3\cdot(-2)}}{x^{(-3)\cdot5}z^{(-1)\cdot5}y^{4\cdot5}} = \dfrac{x^4z^{-4}y^{-6}}{x^{-15}z^{-5}y^{20}}$

$= x^{4-(-15)}z^{-4-(-5)}y^{-6-20} = x^{19}zy^{-26}.$

Aufgabe 3.4.6

Vereinfachen Sie.

a) $\sqrt[5]{\sqrt[3]{x}}$,   b) $\sqrt[6]{x^3\sqrt[3]{x^6}}$,   c) $\sqrt[3]{\sqrt[2]{\sqrt[5]{y}}}$,

d) $\sqrt{3}\sqrt[3]{3}$,   e) $\sqrt{\sqrt[3]{x^3\sqrt{x}\sqrt[3]{x}}}$.

Lösung:

a) $\sqrt[5]{\sqrt[3]{x}} = \left(x^{\frac{1}{3}}\right)^{\frac{1}{5}} = x^{\frac{1}{3}\cdot\frac{1}{5}} = x^{\frac{1}{15}} = \sqrt[15]{x}.$

b) $\sqrt[6]{x^3\sqrt[3]{x^6}} = \sqrt[6]{x^3 x^{\frac{6}{3}}} = \sqrt[6]{x^3 x^2} = \sqrt[6]{x^5} = x^{\frac{5}{6}}.$

c) $\sqrt[3]{\sqrt[2]{\sqrt[5]{y}}} = \left(\left(y^{\frac{1}{5}}\right)^{\frac{1}{2}}\right)^{\frac{1}{3}} = y^{\frac{1}{5}\cdot\frac{1}{2}\cdot\frac{1}{3}} = y^{\frac{1}{30}} = \sqrt[30]{y}.$

d) $\sqrt{3}\sqrt[3]{3} = 3^{\frac{1}{2}}\cdot 3^{\frac{1}{3}} = 3^{\frac{1}{2}+\frac{1}{3}} = 3^{\frac{5}{6}} = \sqrt[6]{3^5} = \sqrt[6]{243}.$

e) $\sqrt{\sqrt[3]{x^3\sqrt{x}\sqrt[3]{x}}} = \sqrt{\sqrt[3]{x^3 x^{\frac{1}{2}}x^{\frac{1}{3}}}} = \sqrt{\sqrt[3]{x^{\frac{23}{6}}}} = \left(\left(x^{\frac{23}{6}}\right)^{\frac{1}{3}}\right)^{\frac{1}{2}}$

$= \left(x^{\frac{23}{6}}\right)^{\frac{1}{6}} = x^{\frac{23}{6}\cdot\frac{1}{6}} = x^{\frac{23}{36}} = \sqrt[36]{x^{23}}.$

Aufgabe 3.4.7

Berechnen Sie folgende Quadrate mithilfe der binomischen Formeln.

a) 33^2,   b) 102^2,   c) 96^2,

d) 39^2,   e) $51^2 - 49^2$,   f) $39^2 - 38^2$,

g) $140^2 - 101^2$,   h) $-(123^2) + 23^2$.

Lösung:

a) $33^2 = (30 + 3)^2 = 30^2 + 2 \cdot 30 \cdot 3 + 3^2 = 900 + 180 + 9 = 1089.$

b) $102^2 = (100 + 2)^2 = 100^2 + 2 \cdot 100 \cdot 2 + 2^2 = 10000 + 400 + 4 = 10404.$

c) $96^2 = (100 - 4)^2 = 100^2 - 2 \cdot 100 \cdot 4 + 4^2 = 10000 - 800 + 16 = 9216.$

d) $39^2 = (40 - 1)^2 = 40^2 - 2 \cdot 40 \cdot 1 + 1^2 = 1600 - 80 + 1 = 1521.$

e) $51^2 - 49^2 = (51 - 49)(51 + 49) = 2 \cdot 100 = 200.$

f) $39^2 - 38^2 = (39 - 38)(39 + 38) = 1 \cdot 77 = 77.$

g) $140^2 - 101^2 = (140 - 101)(140 + 101) = 39 \cdot 241 = 9399.$

h) $-(123)^2 + 23^2 = (23 - 123)(23 + 123) = (-100) \cdot 146 = -14600.$

Aufgabe 3.4.8

Berechnen Sie folgende Terme mithilfe der binomischen Formeln.

a) $(a^n + b^n) \cdot (a^n - b^n),$ b) $\left(\dfrac{3x}{y} + y^{\frac{2}{3}}\right)^2,$ c) $(\sqrt{x} - \sqrt{y})^2,$

d) $(x + y + z)^2,$ e) $((-1)^n x + (-1)^n y)^2.$

Lösung:

a) Nach der dritten binomischen Formel gilt:
$(a^n + b^n) \cdot (a^n - b^n) = (a^n)^2 - (b^n)^2 = a^{2n} - b^{2n}.$

b) Nach der ersten binomischen Formel gilt:
$$\left(\frac{3x}{y} + y^{\frac{2}{3}}\right)^2 = \left(\frac{3x}{y}\right)^2 + 2 \cdot \frac{3x}{y} y^{\frac{2}{3}} + \left(y^{\frac{2}{3}}\right)^2 = 9x^2 y^{-2} + 6xy^{-\frac{7}{3}} + y^{\frac{4}{3}}.$$

c) Nach der zweiten binomischen Formel gilt:
$\left(\sqrt{x} - \sqrt{y}\right)^2 = \left(\sqrt{x}\right)^2 - 2\sqrt{x}\sqrt{y} + \left(\sqrt{y}\right)^2 = x - 2\sqrt{xy} + y.$

d) $(x + y + z)^2 = ((x + y) + z)^2 = (x + y)^2 + 2(x + y)z + z^2$
$= (x^2 + 2xy + y^2) + (2xz + 2yz) + z^2$
$= x^2 + y^2 + z^2 + 2(xy + xz + yz).$

e) $((-1)^n x + (-1)^n y)^2 = ((-1)^n x)^2 + 2 \cdot (-1)^n x (-1)^n y + ((-1)^n y)^2$
$= (-1)^{2n} x^2 + 2 \cdot (-1)^{2n} xy + (-1)^{2n} y^2 = (-1)^{2n} \left(x^2 + 2xy + y^2\right)$
$= x^2 + 2xy + y^2.$

Eine andere Lösungsmöglichkeit ist:
$$((-1)^n x + (-1)^n y)^2 = ((-1)^n (x+y))^2 = (-1)^{2n} (x+y)^2 = (x+y)^2$$
$$= x^2 + 2xy + y^2.$$

Aufgabe 3.4.9
Berechnen Sie folgende Logarithmen.

a) $\log_5 25$, b) $\log_4 16$, c) $\log_2 4096$,

d) $\log 0.01$, e) $\log 100$, f) $\log 1000$,

g) $\log_{13} 1$, h) $\log_2 1$, i) $\log_{0.5} 0.5$,

j) $\ln e$, k) $\ln e^2$, l) $\ln 1$,

m) $\log_5 \frac{1}{25}$, n) $\log_3 2 + \log_3 13.5$, o) $\log_2 \left(\sqrt[3]{2} \sqrt[5]{2^3} \right)$.

Lösung:

a) $\log_5 25 = 2$, da $x = 2$ die Lösung der Gleichung $5^x = 25$ ist.

b) $\log_4 16 = 2$, da $x = 2$ die Lösung der Gleichung $4^x = 16$ ist.

c) $\log_2 4096 = \log_2 2^{12} = 12 \log_2 2 = 12 \cdot 1 = 12$.

d) $\log 0.01 = \log 10^{-2} = (-2) \log 10 = -2$.

e) $\log 100 = \log 10^2 = 2 \log 10 = 2$.

f) $\log 1000 = \log 10^3 = 3 \log 10 = 3$.

g) $\log_{13} 1 = 0$.

h) $\log_2 1 = 0$.

i) $\log_{0.5} 0.5 = 1$.

j) $\ln e = 1$.

k) $\ln e^2 = 2 \ln e = 2$.

l) $\ln 1 = 0$.

m) $\log_5 \frac{1}{25} = \log_5 \frac{1}{5^2} = \log_5 5^{-2} = -2 \log_5 5 = -2$.

n) $\log_3 2 + \log_3 13.5 = \log_3 (2 \cdot 13.5) = \log_3 27 = \log_3 3^3 = 3 \log_3 3 = 3$.

o) $\log_2\left(\sqrt[3]{2}\sqrt[5]{2^3}\right) = \log_2\left(2^{\frac{1}{3}}2^{\frac{3}{5}}\right) = \log_2\left(2^{\frac{1}{3}+\frac{3}{5}}\right) = \log_2\left(2^{\frac{14}{15}}\right)$

$$= \frac{14}{15}\log_2 2 = \frac{14}{15}.$$

Aufgabe 3.4.10

Lösen Sie die folgenden Ausdrücke auf.

a) $\ln\left(\dfrac{a^2\sqrt{b}}{c^6}\right),$ b) $\ln\left(\left(\dfrac{\sqrt[3]{27}+\sqrt{16}}{\sqrt{25}}\right)^e\right),$

c) $\ln\left(\ln(e)\right),$ d) $\ln\left(\ln\left(e^e\right)\right).$

Lösung:

a) $\ln\left(\dfrac{a^2\sqrt{b}}{c^6}\right) = \ln\left(\dfrac{a^2 b^{\frac{1}{2}}}{c^6}\right) = \ln(a^2)+\ln\left(b^{\frac{1}{2}}\right)-\ln(c^6)$

$= 2\ln(a)+\dfrac{1}{2}\ln(b)-6\ln(c).$

b) $\ln\left(\left(\dfrac{\sqrt[3]{27}+\sqrt{16}}{\sqrt{25}}\right)^e\right) = e\cdot\ln\left(\dfrac{\sqrt[3]{27}+\sqrt{16}}{\sqrt{25}}\right) = e\cdot\ln\left(\dfrac{3+4}{5}\right)$

$= e\cdot(\ln 7-\ln 5).$

c) $\ln\left(\ln(e)\right) = \ln(1) = 0.$

d) $\ln\left(\ln\left(e^e\right)\right) = \ln\left(e\cdot\ln(e)\right) = \ln(e\cdot 1) = \ln(e) = 1.$

Aufgabe 3.4.11

Fassen Sie zusammen.

a) $3\ln(x)+\ln(y)-\ln\left(x^2\right),$

b) $\ln\left(\dfrac{x}{y}\right)+\ln(y)+\ln\left(x^2\right)-3\ln(x),$

c) $2\ln(a)+2\ln(b)-\ln\left(a^2+b^2\right),$

d) $\ln(a-b)+\ln(a+b)-\ln\left(a^2-b^2\right).$

Lösung:

Zum Zusammenfassen werden die Logarithmengesetze benötigt.

a) $3\ln(x) + \ln(y) - \ln\left(x^2\right) = \ln\left(x^3\right) + \ln(y) - \ln\left(x^2\right) = \ln\left(x^3 y\right) - \ln\left(x^2\right)$

$= \ln\left(\dfrac{x^3 y}{x^2}\right) = \ln(xy).$

b) $\ln\left(\dfrac{x}{y}\right) + \ln(y) + \ln\left(x^2\right) - 3\ln(x) = \ln\left(\dfrac{x}{y}\right) + \ln(y) + \ln\left(x^2\right) + \ln\left(\dfrac{1}{x^3}\right)$

$= \ln\left(\dfrac{x}{y} \cdot y \cdot x^2 \cdot \dfrac{1}{x^3}\right) = \ln\left(\dfrac{x^3 y}{x^3 y}\right) = \ln(1) = 0.$

c) $2\ln(a) + 2\ln(b) - \ln\left(a^2 + b^2\right) = \ln\left(a^2\right) + \ln\left(b^2\right) - \ln\left(a^2 + b^2\right)$

$= \ln\left(a^2 b^2\right) - \ln\left(a^2 + b^2\right) = \ln\left(\dfrac{(ab)^2}{a^2 + b^2}\right).$

d) $\ln(a - b) + \ln(a + b) - \ln\left(a^2 - b^2\right) = \ln\left((a - b)(a + b)\right) - \ln\left(a^2 - b^2\right)$

$= \ln\left(a^2 - b^2\right) - \ln\left(a^2 - b^2\right) = 0.$

Aufgabe 3.4.12

Wandeln Sie um in den Logarithmus zur Basis 2.

a) $\log_3 x$,   b) $\log_{10} x$,   c) $\ln x$,   d) $\log_4 y$,

e) $\log_3 7$,   f) $\log_{10} 7$,   g) $\ln 7$,   h) $\log_4 7$.

Lösung:

a) $\log_2 x = \log_3 x / \log_3 2$.   b) $\log_2 x = \log_{10} x / \log_{10} 2$.

c) $\log_2 x = \ln x / \ln 2$.   d) $\log_2 y = \log_4 y / \log_4 2 = 2\log_4 y$.

e) $\log_2 7 = \log_3 7 / \log_3 2$.   f) $\log_2 7 = \log_{10} 7 / \log_{10} 2$.

g) $\log_2 7 = \ln 7 / \ln 2$.   h) $\log_2 7 = \log_4 7 / \log_4 2 = 2\log_4 7$.

Aufgabe 3.4.13

Wandeln Sie um in den Logarithmus zur Basis e.

a) $\log_{10} x$,   b) $\log_2 x$,   c) $\log_3 x$.

Lösung:

  a) $\ln x = \log x / \log e$,

  b) $\ln x = \log_2 x / \log_2 e$,

  c) $\ln x = \log_3 x / \log_3 e$.

Aufgabe 3.4.14

Wandeln Sie um in den Logarithmus zur Basis 10.

  a) $\ln x$,   b) $\log_2 x$,   c) $\log_3 x$.

Lösung:

  a) $\log x = \ln x / \ln 10$.

  b) $\log x = \log_2 x / \log_2 10$.

  c) $\log x = \log_3 x / \log_3 10$.

Kapitel 4

Beträge

Beträge reeller Zahlen treten besonders bei Abstandsproblemen auf. So ist der Abstand der Zahl 5 zum **Ursprung**, also zur Zahl 0 auf der Zahlengeraden, genauso groß wie derjenige der Zahl -5 zum Ursprung. Dadurch motiviert gelangt man zur Definition des Betrags.

4.1 Beträge

Definition 4.1.1
Für den **Betrag** $|x|$ *einer Zahl* $x \in \mathbb{R}$ *gilt:*

$$|x| = \begin{cases} x & \text{für } x \geq 0 \\ -x & \text{für } x < 0. \end{cases}$$

Damit ist die nichtnegative Zahl $|x|$ *geometrisch stets der Abstand der reellen Zahl* x *zum Ursprung.*

Beispiel 4.1.1

1.) $|5| = 5, \quad |-5| = -(-5) = 5, \quad |0| = 0.$

2.) $\left|\frac{1}{2}\right| = \frac{1}{2}, \quad \left|-\frac{3}{4}\right| = -\left(-\frac{3}{4}\right) = \frac{3}{4}.$

3.) $|\sqrt{2}| = \sqrt{2}, \quad |-\pi| = -(-\pi) = \pi.$

Bei der Arbeit mit Beträgen, sei es bei Termumformungen, bei Gleichungen oder Ungleichungen, wird es immer das Ziel sein, alle auftretenden Beträge in einer betragsfreien Form darzustellen.

Sei $T(x_1, x_2, \ldots, x_n)$ ein Term in $x_1, x_2, \ldots, x_n$.
Der Betrag $|T(x_1, x_2, \ldots, x_n)|$ ist dann gegeben durch

$$|T(x_1, x_2, \ldots, x_n)| = \begin{cases} T(x_1, x_2, \ldots, x_n) & \text{für } T(x_1, x_2, \ldots, x_n) \geq 0 \\ -T(x_1, x_2, \ldots, x_n) & \text{für } T(x_1, x_2, \ldots, x_n) < 0. \end{cases}$$

Beispiel 4.1.2

1.) Gesucht ist eine betragsfreie Darstellung von $|x + 3|$.
Dabei gilt:
$|x + 3| = x + 3$ für $x + 3 \geq 0$, also für $x \geq -3$ und
$|x + 3| = -(x + 3) = -x - 3$ für $x + 3 < 0$, also für $x < -3$.

Insgesamt gilt also: $|x + 3| = \begin{cases} x + 3 & \text{für } x \geq -3 \\ -x - 3 & \text{für } x < -3. \end{cases}$

2.) Gesucht ist eine betragsfreie Darstellung von $|2x - 5|$.
Dabei gilt:
$|2x - 5| = 2x - 5$ für $2x - 5 \geq 0$, also für $x \geq \dfrac{5}{2}$ und

$|2x - 5| = -(2x - 5) = -2x + 5$ für $2x - 5 < 0$, also für $x < \dfrac{5}{2}$.

Insgesamt gilt also: $|2x - 5| = \begin{cases} 2x - 5 & \text{für } x \geq \dfrac{5}{2} \\ -2x + 5 & \text{für } x < \dfrac{5}{2}. \end{cases}$

3.) Gesucht ist eine betragsfreie Darstellung von $|a - b|$.
Dabei gilt:
$|a - b| = a - b$ für $a - b \geq 0$, also für $a \geq b$ und
$|a - b| = -(a - b) = -a + b$ für $a - b < 0$, also für $a < b$.

Insgesamt gilt also: $|a - b| = \begin{cases} a - b & \text{für } a \geq b \\ -a + b & \text{für } a < b. \end{cases}$

4.) Gesucht ist eine betragsfreie Darstellung von $|3a + 7b|$.
Dabei gilt:

$|3a + 7b| = 3a + 7b$ für $3a + 7b \geq 0$, also für $a \geq -\dfrac{7}{3} \cdot b$ und

$|3a + 7b| = -(3a + 7b) = -3a - 7b$ für $3a + 7b < 0$, also für $a < -\dfrac{7}{3} \cdot b$.

Insgesamt gilt also: $|3a + 7b| = \begin{cases} 3a + 7b & \text{für } a \geq -\dfrac{7}{3} \cdot b \\ -3a - 7b & \text{für } a < -\dfrac{7}{3} \cdot b. \end{cases}$

5.) Gesucht ist eine betragsfreie Darstellung von $|x + 3| + |x - 2|$.

Wegen $\quad |x + 3| = \begin{cases} x + 3 & \text{für } x \geq -3 \\ -x - 3 & \text{für } x < -3 \end{cases}$ und

$\qquad |x - 2| = \begin{cases} x - 2 & \text{für } x \geq 2 \\ -x + 2 & \text{für } x < 2 \end{cases}$ gilt:

$|x + 3| + |x - 2| = \begin{cases} -x - 3 + (-x + 2) & \text{für } x < -3 \\ x + 3 + (-x + 2) & \text{für } -3 \leq x < 2 \\ x + 3 + (x - 2) & \text{für } x \geq 2 \end{cases}$

$\qquad\qquad\qquad\quad = \begin{cases} -2x - 1 & \text{für } x < -3 \\ 5 & \text{für } -3 \leq x < 2 \\ 2x + 1 & \text{für } x \geq 2. \end{cases}$

6.) Gesucht ist eine betragsfreie Darstellung von $|x - 5| + |2x - 4| - |x + 1|$.

Wegen $\quad |x - 5| = \begin{cases} x - 5 & \text{für } x \geq 5 \\ -x + 5 & \text{für } x < 5 \end{cases}$ und

$\qquad |2x - 4| = \begin{cases} 2x - 4 & \text{für } x \geq 2 \\ -2x + 4 & \text{für } x < 2 \end{cases}$ und

$\qquad |x + 1| = \begin{cases} x + 1 & \text{für } x \geq -1 \\ -x - 1 & \text{für } x < -1 \end{cases}$ gilt:

$|x - 5| + |2x - 4| - |x + 1| =$

$= \begin{cases} -x + 5 + (-2x + 4) - (-x - 1) & \text{für } x < -1 \\ -x + 5 + (-2x + 4) - (x + 1) & \text{für } -1 \leq x < 2 \\ -x + 5 + (2x - 4) - (x + 1) & \text{für } 2 \leq x < 5 \\ x - 5 + (2x - 4) - (x + 1) & \text{für } x \geq 5 \end{cases}$

$$= \begin{cases} -2x + 10 & \text{für } x < -1 \\ -4x + 8 & \text{für } -1 \leq x < 2 \\ 0 & \text{für } 2 \leq x < 5 \\ 2x - 10 & \text{für } x \geq 5. \end{cases}$$

Für das Rechnen mit Beträgen, besonders bei Termumformungen, sind einige Rechenregeln nützlich.

Rechenregeln für Beträge

- $|x| \geq 0$ für alle $x \in \mathbb{R}$,

- $|-x| = |x|$ für alle $x \in \mathbb{R}$,

- $|xy| = |x| \cdot |y|$ für alle $x, y \in \mathbb{R}$,

- $\left| \dfrac{x}{y} \right| = \dfrac{|x|}{|y|}$ für alle $x \in \mathbb{R}, y \in \mathbb{R} \setminus \{0\}$,

- $-|x| \leq x \leq |x|$ für alle $x \in \mathbb{R}$,

- $|x + y| \leq |x| + |y|$ für alle $x, y \in \mathbb{R}$.

Beispiel 4.1.3

1.) $|4| = 4 \geq 0, \quad |-4| = 4 \geq 0.$

2.) $|-4| = -(-4) = 4 = |4|.$

3.) $|4 \cdot (-5)| = |-20| = 20 = 4 \cdot 5 = |4| \cdot |-5|.$

4.) $-|4| \leq 4 \leq |4|$ oder $-4 \leq 4 \leq 4$
    $-|-4| \leq -4 \leq |-4|$ oder $-4 \leq -4 \leq 4.$

5.) $9 = |4 + 5| \leq |4| + |5| = 9$, aber
    $1 = |4 + (-3)| \leq |4| + |-3| = 7$, also $1 \leq 7.$

4.2   Elementare Ungleichungen mit Beträgen

Abschließend werden noch einige elementare Ungleichungen, die für das Rechnen mit Beträgen unentbehrlich sind, angegeben.

Elementare Ungleichungen für Beträge

- $|x - a| \leq r$ mit $r \geq 0 \Longrightarrow a - r \leq x \leq a + r$

  $\Longrightarrow x \in [a - r, a + r]$

  $\Longrightarrow \mathbb{L} = [a - r, a + r]$ ist die Lösungsmenge.

  Geometrisch sind alle reellen Zahlen gesucht, die von der reellen Zahl a einen Abstand kleiner oder gleich r haben. Diese befinden sich im Intervall $[a - r, a + r]$.

- $|x - a| \leq r$ mit $r < 0$.

  $\Longrightarrow \mathbb{L} = \{\}$.

  Da Beträge stets nichtnegativ sind, hat diese Ungleichung überhaupt keine Lösung.

- $|x - a| \geq r$ mit $r \geq 0 \Longrightarrow x \leq a - r$ oder $x \geq a + r$

  $\Longrightarrow x \in (-\infty, a - r] \cup [a + r, \infty)$

  $\Longrightarrow \mathbb{L} = (-\infty, a - r] \cup [a + r, \infty)$.

  Geometrisch sind alle reellen Zahlen gesucht, die von der reellen Zahl a einen Abstand größer oder gleich r haben. Diese befinden sich im Intervall $(-\infty, a - r]$ oder im Intervall $[a + r, \infty)$.

- $|x - a| \geq r$ mit $r < 0$.

  $\Longrightarrow \mathbb{L} = \mathbb{R}$.

  Da Beträge stets nichtnegativ sind, erfüllen alle Zahlen $x \in \mathbb{R}$ diese Ungleichung.

Bemerkung:

Da der Spezialfall $a = 0$ häufig in der Praxis auftritt, werden hier die Lösungen explizit angegeben.

- $|x| \leq r$ mit $r \geq 0 \Longrightarrow -r \leq x \leq r$

  $\Longrightarrow x \in [-r, r]$

  $\Longrightarrow \mathbb{L} = [-r, r]$.

Geometrisch sind alle reellen Zahlen gesucht, die von der Zahl 0 einen Abstand kleiner oder gleich r haben. Diese befinden sich im Intervall $[-r, r]$.

- $|x| \leq r$ mit $r < 0$.

  $\Longrightarrow \mathbb{L} = \{\}$.

Da Beträge stets nichtnegativ sind, hat diese Ungleichung überhaupt keine Lösung.

- $|x| \geq r$ mit $r \geq 0 \Longrightarrow x \leq -r$ oder $x \geq r$

  $\Longrightarrow x \in (-\infty, -r] \cup [r, \infty)$

  $\Longrightarrow \mathbb{L} = (-\infty, -r] \cup [r, \infty)$.

Geometrisch sind alle reellen Zahlen gesucht, die von der Zahl 0 einen Abstand größer oder gleich r haben. Diese befinden sich im Intervall $(-\infty, -r]$ oder im Intervall $[r, \infty)$.

- $|x| \geq r$ mit $r < 0$.

  $\Longrightarrow \mathbb{L} = \mathbb{R}$.

Da Beträge stets nichtnegativ sind, erfüllen alle Zahlen $x \in \mathbb{R}$ diese Ungleichung.

Bemerkung:

Für die Ungleichungen, die sich von den beiden obigen nur durch das Fehlen des Gleichheitszeichens unterscheiden, gilt:

- $|x - a| < r$ mit $r \geq 0 \Longrightarrow \mathbb{L} = (a - r, a + r)$.

- $|x - a| < r$ mit $r < 0 \Longrightarrow \mathbb{L} = \{\}$.

- $|x - a| > r$ mit $r \geq 0 \Longrightarrow \mathbb{L} = (-\infty, a - r) \cup (a + r, \infty)$.

- $|x - a| \geq r$ mit $r < 0 \Longrightarrow \mathbb{L} = \mathbb{R}$.

Beispiel 4.2.1

1.) $|x - 5| \leq 3 \Longrightarrow 5 - 3 \leq x \leq 5 + 3 \Longrightarrow 2 \leq x \leq 8 \Longrightarrow \mathbb{L} = [2, 8]$.
Geometrisch sind alle Zahlen $x \in \mathbb{R}$ gesucht, die von der Zahl 5 einen Abstand kleiner oder gleich 3 haben. Diese befinden sich im Intervall $[2, 8]$.

2.) $|x + 3| \geq 2 \Longrightarrow |x - (-3)| \geq 2 \Longrightarrow x \leq -3 - 2$ oder $x \geq -3 + 2 \Longrightarrow$
$x \leq -5$ oder $x \geq -1 \Longrightarrow \mathbb{L} = (-\infty, -5] \cup [-1, \infty)$.
Geometrisch sind alle Zahlen $x \in \mathbb{R}$ gesucht, die von der Zahl -3 einen Abstand größer oder gleich 2 haben. Diese befinden sich im Intervall $(-\infty, -5]$ oder im Intervall $[-1, \infty)$.

3.) $|x + 2| \leq -1$.
Diese Ungleichung hat keine Lösung. $\Longrightarrow \mathbb{L} = \{\}$.

4.) $|x - 1| \geq -2$.
Alle Zahlen $x \in \mathbb{R}$ erfüllen diese Ungleichung. $\Longrightarrow \mathbb{L} = \mathbb{R}$.

4.3 Aufgaben zu Kapitel 4

Aufgabe 4.3.1
Berechnen Sie.

a) $|5|$, $|2.56|$, $|-9|$, $\left|-\dfrac{3}{2}\right|$, $\left|-\sqrt{3}\right|$.

b) $|5| + |3|$, $|5 - |3||$, $||-5| - |3||$.

c) $||5 - 3| + ||2| - |3|||$.

Lösung:

a) $|5| = 5$, $|2.56| = 2.56$, $|-9| = -(-9) = 9$,
   $\left|-\dfrac{3}{2}\right| = -\left(-\dfrac{3}{2}\right) = \dfrac{3}{2}$, $\left|-\sqrt{3}\right| = -\left(-\sqrt{3}\right) = \sqrt{3}$.

b) $|5| + |3| = 5 + 3 = 8$, $|5 - |3|| = |5 - 3| = |2| = 2$,
   $||-5| - |3|| = |5 - 3| = |2| = 2$.

c) $||5 - 3| + ||2| - |3||| = ||2| + |2 - 3|| = |2 + |-1|| = |2 + 1| = 3$.

Aufgabe 4.3.2
Stellen Sie die folgenden Ausdrücke betragsfrei dar.

a) $|c - d|$,   b) $|2a - b|$,
c) $|6a - 17b|$,   d) $|x| + |x + 3|$,
e) $|x + 2| - |x - 3|$,   f) $x + |x|$,
g) $|x + 2| + x - |x + 1|$,   h) $|2x + 2| - |x - 1| + |3x - 12|$.

Lösung:

a) Es gilt:

$$|c - d| = \begin{cases} c - d & \text{für } c - d \geq 0 \\ -c + d & \text{für } c - d < 0 \end{cases} = \begin{cases} c - d & \text{für } c \geq d \\ -c + d & \text{für } c < d. \end{cases}$$

b) Es gilt:

$$|2a - b| = \begin{cases} 2a - b & \text{für } 2a - b \geq 0 \\ -2a + b & \text{für } 2a - b < 0 \end{cases} = \begin{cases} 2a - b & \text{für } a \geq \dfrac{b}{2} \\ -2a + b & \text{für } a < \dfrac{b}{2}. \end{cases}$$

c) Es gilt:

$$|6a - 17b| = \begin{cases} 6a - 17b & \text{für } 6a - 17b \geq 0 \\ -6a + 17b & \text{für } 6a - 17b < 0 \end{cases}$$

$$= \begin{cases} 6a - 17b & \text{für } a \geq \dfrac{17}{6} \cdot b \\ -6a + 17b & \text{für } a < \dfrac{17}{6} \cdot b. \end{cases}$$

d) Es gilt:

$$\text{Wegen} \quad |x| = \begin{cases} x & \text{für } x \geq 0 \\ -x & \text{für } x < 0 \end{cases} \quad \text{und}$$

$$|x + 3| = \begin{cases} x + 3 & \text{für } x \geq -3 \\ -x - 3 & \text{für } x < -3 \end{cases} \quad \text{folgt:}$$

$$|x| + |x + 3| = \begin{cases} -x + (-x - 3) & \text{für } x < -3 \\ -x + (x + 3) & \text{für } -3 \leq x < 0 \\ x + (x + 3) & \text{für } x \geq 0 \end{cases}$$

$$= \begin{cases} -2x - 3 & \text{für } x < -3 \\ 3 & \text{für } -3 \leq x < 0 \\ 2x + 3 & \text{für } x \geq 0. \end{cases}$$

e) Es gilt:

$$\text{Wegen} \quad |x + 2| = \begin{cases} x + 2 & \text{für } x \geq -2 \\ -x - 2 & \text{für } x < -2 \end{cases} \quad \text{und}$$

$$|x - 3| = \begin{cases} x - 3 & \text{für } x \geq 3 \\ -x + 3 & \text{für } x < 3 \end{cases} \quad \text{folgt:}$$

$$|x + 2| - |x - 3| = \begin{cases} -x - 2 - (-x + 3) & \text{für } x < -2 \\ x + 2 - (-x + 3) & \text{für } -2 \leq x < 3 \\ x + 2 - (x - 3) & \text{für } x \geq 3 \end{cases}$$

$$= \begin{cases} -5 & \text{für } x < -2 \\ 2x - 1 & \text{für } -2 \leq x < 3 \\ 5 & \text{für } x \geq 3. \end{cases}$$

f) Es gilt:

$$\text{Wegen} \quad |x| = \begin{cases} x & \text{für } x \geq 0 \\ -x & \text{für } x < 0 \end{cases} \quad \text{folgt:}$$

$$x + |x| = \begin{cases} x + (-x) & \text{für } x < 0 \\ x + x & \text{für } x \geq 0 \end{cases}$$

$$= \begin{cases} 0 & \text{für } x < 0 \\ 2x & \text{für } x \geq 0. \end{cases}$$

g) Es gilt:

Wegen $|x + 2| = \begin{cases} x + 2 & \text{für } x \geq -2 \\ -x - 2 & \text{für } x < -2 \end{cases}$ und

$|x + 1| = \begin{cases} x + 1 & \text{für } x \geq -1 \\ -x - 1 & \text{für } x < -1 \end{cases}$ folgt:

$|x + 2| + x - |x + 1| =$

$$= \begin{cases} -x - 2 + x - (-x - 1) & \text{für } x < -2 \\ x + 2 + x - (-x - 1) & \text{für } -2 \leq x < -1 \\ x + 2 + x - (x + 1) & \text{für } x \geq -1 \end{cases}$$

$$= \begin{cases} x - 1 & \text{für } x < -2 \\ 3x + 3 & \text{für } -2 \leq x < -1 \\ x + 1 & \text{für } x \geq -1. \end{cases}$$

h) Es gilt:

Wegen $|2x + 2| = \begin{cases} 2x + 2 & \text{für } x \geq -1 \\ -2x - 2 & \text{für } x < -1 \end{cases}$ und

$|x - 1| = \begin{cases} x - 1 & \text{für } x \geq 1 \\ -x + 1 & \text{für } x < 1 \end{cases}$ und

$|3x - 12| = \begin{cases} 3x - 12 & \text{für } x \geq 4 \\ -3x + 12 & \text{für } x < 4 \end{cases}$ folgt:

$|2x + 2| - |x - 1| + |3x - 12| =$

$$= \begin{cases} -2x - 2 - (-x + 1) + (-3x + 12) & \text{für } x < -1 \\ 2x + 2 - (-x + 1) + (-3x + 12) & \text{für } -1 \leq x < 1 \\ 2x + 2 - (x - 1) + (-3x + 12) & \text{für } 1 \leq x < 4 \\ 2x + 2 - (x - 1) + (3x - 12) & \text{für } x \geq 4 \end{cases}$$

$$= \begin{cases} -4x + 9 & \text{für } x < -1 \\ 13 & \text{für } -1 \leq x < 1 \\ -2x + 15 & \text{für } 1 \leq x < 4 \\ 4x - 9 & \text{für } x \geq 4. \end{cases}$$

Aufgabe 4.3.3

Stellen Sie die folgenden Ausdrücke betragsfrei dar.

a) $x|x|$, b) $|x+2| \cdot |x-1|$,

c) $|(x+2)(x-4)| - (x-4)$, d) $\dfrac{x+|x|}{x}$,

e) $\dfrac{2x - |-4|}{|x|}$, f) $\dfrac{|x+1| + x + 2}{|x+1|}$.

Lösung:

a) Es gilt:

$$\text{Wegen} \quad |x| = \begin{cases} x & \text{für } x \geq 0 \\ -x & \text{für } x < 0 \end{cases} \quad \text{ist}$$

$$x|x| = \begin{cases} x \cdot x & \text{für } x \geq 0 \\ x \cdot (-x) & \text{für } x < 0 \end{cases} = \begin{cases} x^2 & \text{für } x \geq 0 \\ -x^2 & \text{für } x < 0. \end{cases}$$

b) Es gilt:

$$\text{Wegen} \quad |x+2| = \begin{cases} x+2 & \text{für } x \geq -2 \\ -x-2 & \text{für } x < -2 \end{cases} \quad \text{und}$$

$$|x-1| = \begin{cases} x-1 & \text{für } x \geq 1 \\ -x+1 & \text{für } x < 1 \end{cases} \quad \text{erhält man:}$$

$$|x+2| \cdot |x-1| = \begin{cases} (-x-2)(-x+1) & \text{für } x < -2 \\ (x+2)(-x+1) & \text{für } -2 \leq x < 1 \\ (x+2)(x-1) & \text{für } x \geq 1 \end{cases}$$

$$= \begin{cases} x^2+x-2 & \text{für } x < -2 \\ -x^2-x+2 & \text{für } -2 \leq x < 1 \\ x^2+x-2 & \text{für } x \geq 1. \end{cases}$$

c) Es gilt:

$$\text{Wegen} \quad |x+2| = \begin{cases} x+2 & \text{für } x \geq -2 \\ -x-2 & \text{für } x < -2 \end{cases} \quad \text{und}$$

$$|x-4| = \begin{cases} x-4 & \text{für } x \geq 4 \\ -x+4 & \text{für } x < 4 \end{cases} \quad \text{folgt:}$$

$$|(x+2)(x-4)| - (x-4) =$$

$$= \begin{cases} (-x-2)(-x+4)-(x-4) & \text{für } x < -2 \\ (x+2)(-x+4)-(x-4) & \text{für } -2 \le x < 4 \\ (x+2)(x-4)-(x-4) & \text{für } x \ge 4 \end{cases}$$

$$= \begin{cases} x^2 - 3x - 4 & \text{für } x < -2 \\ -x^2 + x + 12 & \text{für } -2 \le x < 4 \\ x^2 - 3x - 4 & \text{für } x \ge 4. \end{cases}$$

d) Der Ausdruck ist definiert für alle $x \in \mathbb{R} \setminus \{0\}$, da für $x = 0$ der Nenner gleich Null ist. Die Zahl Null muß also für die weiteren Betrachtungen ausgeschlossen werden.

Es gilt:

Wegen $\quad |x| = \begin{cases} x & \text{für } x \ge 0 \\ -x & \text{für } x < 0 \end{cases}$ ist

$$\frac{x + |x|}{x} = \begin{cases} \dfrac{x + x}{x} & \text{für } x > 0 \\ \dfrac{x + (-x)}{x} & \text{für } x < 0 \end{cases} = \begin{cases} 2 & \text{für } x > 0 \\ 0 & \text{für } x < 0. \end{cases}$$

e) Der Ausdruck ist definiert für alle $x \in \mathbb{R} \setminus \{0\}$, da für $x = 0$ der Nenner gleich Null ist. Die Zahl Null muß also für die weiteren Betrachtungen ausgeschlossen werden.

Es gilt:

Wegen $\quad |x| = \begin{cases} x & \text{für } x \ge 0 \\ -x & \text{für } x < 0 \end{cases}$ ist

$$\frac{2x - |-4|}{|x|} = \begin{cases} \dfrac{2x - 4}{x} & \text{für } x > 0 \\ \dfrac{2x - 4}{-x} & \text{für } x < 0 \end{cases} = \begin{cases} 2 - \dfrac{4}{x} & \text{für } x > 0 \\ -2 + \dfrac{4}{x} & \text{für } x < 0. \end{cases}$$

f) Der Nenner in diesem Term wird gleich Null für $x = -1$, somit ist dieser Bruch für alle $x \in \mathbb{R} \setminus \{-1\}$ definiert.

Es gilt somit:

Wegen $\quad |x+1| = \begin{cases} x+1 & \text{für } x \ge -1 \\ -x-1 & \text{für } x < -1 \end{cases}$ erhält man

$$\frac{|x+1| + x + 2}{|x+1|} = \begin{cases} 1 + \dfrac{x+2}{x+1} & \text{für } x > -1 \\ 1 - \dfrac{x+2}{x+1} & \text{für } x < -1. \end{cases}$$

Aufgabe 4.3.4

Berechnen Sie den Term

$(r + s + t + u) + |r - s| + |t - u| - |(r + s) - (t + u) + |r - s| - |t - u||.$

Lösung:

Wegen $|x - y| = \begin{cases} x - y & \text{für } x \geq y \\ y - x & \text{für } x < y \end{cases}$

für $x, y \in \{r, s, t, u\}$ gilt:

$(r + s + t + u) + |r - s| + |t - u| - |(r + s) - (t + u) + |r - s| - |t - u||$

$$= \begin{cases} r + s + t + u + r - s + t - u + |r + s - t - u + r - s - t + u| \\ \qquad\qquad\qquad\qquad\qquad\qquad \text{für } r \geq s, t \geq u \\ r + s + t + u - r + s + t - u + |r + s - t - u - r + s - t + u| \\ \qquad\qquad\qquad\qquad\qquad\qquad \text{für } r < s, t \geq u \\ r + s + t + u + r - s - t + u + |r + s - t - u + r - s + t - u| \\ \qquad\qquad\qquad\qquad\qquad\qquad \text{für } r \geq s, t < u \\ r + s + t + u - r + s - t + u + |r + s - t - u - r + s + t - u| \\ \qquad\qquad\qquad\qquad\qquad\qquad \text{für } r < s, t < u \end{cases}$$

$$= \begin{cases} 2r + 2t + |2r - 2t| & \text{für } r \geq s, t \geq u \\ 2s + 2t + |2s - 2t| & \text{für } r < s, t \geq u \\ 2r + 2u + |2r - 2u| & \text{für } r \geq s, t < u \\ 2s + 2u + |2s - 2u| & \text{für } r < s, t < u \end{cases}$$

$$= \begin{cases} 4r & \text{für } r \geq s, t \geq u, r \geq t \\ 4t & \text{für } r \geq s, t \geq u, r < t \\ 4s & \text{für } r < s, t \geq u, s \geq t \\ 4t & \text{für } r < s, t \geq u, s < t \\ 4r & \text{für } r \geq s, t < u, r \geq u \\ 4u & \text{für } r \geq s, t < u, r < u \\ 4s & \text{für } r < s, t < u, s \geq u \\ 4u & \text{für } r < s, t < u, s < u. \end{cases}$$

Aufgabe 4.3.5

Lösen Sie die folgenden Ungleichungen.

a) $|x - 5| \leq 4$,

b) $|2x + 3| \leq 17$,

c) $|x - 2| \geq 3$,

d) $|2x + 3| \geq 4$.

Lösung:

a) $|x - 5| \leq 4 \Longrightarrow -4 \leq x - 5 \leq 4 \Longrightarrow -4 + 5 \leq x - 5 + 5 \leq 4 + 5$
$\Longrightarrow 1 \leq x \leq 9 \Longrightarrow \mathbb{L} = [1, 9]$.

b) $|2x + 3| \leq 17 \Longrightarrow -17 \leq 2x + 3 \leq 17 \Longrightarrow -17 - 3 \leq 2x \leq 17 - 3$
$\Longrightarrow -20 \leq 2x \leq 14 \Longrightarrow -10 \leq x \leq 7 \Longrightarrow \mathbb{L} = [-10, 7]$.

c) $|x - 2| \geq 3 \Longrightarrow x - 2 \leq -3$ oder $x - 2 \geq 3 \Longrightarrow x - 2 + 2 \leq -3 + 2$ oder
$x - 2 + 2 \geq 3 + 2 \Longrightarrow x \leq -1$ oder $x \geq 5 \Longrightarrow \mathbb{L} = (-\infty, -1] \cup [5, \infty)$.

d) $|2x + 3| \geq 4 \Longrightarrow 2x + 3 \leq -4$ oder $2x + 3 \geq 4 \Longrightarrow 2x + 3 - 3 \leq -4 - 3$
oder $2x + 3 - 3 \geq 4 - 3 \Longrightarrow 2x \leq -7$ oder $2x \geq 1 \Longrightarrow x \leq -3.5$ oder
$x \geq 0.5 \Longrightarrow \mathbb{L} = (-\infty, -3.5] \cup [0.5, \infty)$.

Aufgabe 4.3.6

Lösen Sie die folgenden Ungleichungen.

a) $|x - 2| \leq -2$,

b) $|-x - \sqrt{3}| \geq 0$,

c) $|-x - \sqrt{3}| \geq -1$.

Lösung:

a) $|x - 2| \leq -2$.
   Da Beträge stets nichtnegativ sind, hat diese Ungleichung keine
   Lösung. $\Longrightarrow \mathbb{L} = \{\}$.

b) $|-x - \sqrt{3}| \leq 0$.
   Da Beträge stets nichtnegativ sind, erfüllen alle $x \in \mathbb{R}$ diese Ungleichung. $\Longrightarrow \mathbb{L} = \mathbb{R}$.

c) $|-x - \sqrt{3}| \geq -1$.
   Da Beträge stets nichtnegativ sind und deshalb erst recht größer oder
   gleich -1 sind, erfüllen hier alle $x \in \mathbb{R}$ diese Ungleichung. $\Longrightarrow \mathbb{L} = \mathbb{R}$.

Aufgabe 4.3.7

Die Genauigkeit einer mechanischen Personenwaage wird durch die Qualität der eingebauten Feder weitestgehend beeinflußt. Ein Hersteller gibt in seiner Werbung folgenden Hinweis. Das tatsächliche Gewicht der auf der Waage stehenden Person weicht vom angezeigten Gewicht um maximal 1% des tatsächlichen Gewichtes vermehrt um 0.5 kg ab.

In welchem Intervall befindet sich das tatsächliche Gewicht, wenn die Waage

a) 30 kg,   b) 70 kg,   c) 80 kg,   d) 125 kg

anzeigt?

Lösung:

a) Das tatsächliche Gewicht x weicht von 30 um maximal $\dfrac{x}{100} + 0.5$ ab.

Also ist der Abstand von x zu 30 kleiner oder gleich $\dfrac{x}{100} + 0.5$. Dies wird als Ungleichung mit Beträgen formuliert:

$$|x - 30| \leq \frac{x}{100} + 0.5.$$

Also muß diese Ungleichung gelöst werden.

$$|x - 30| \leq \frac{x}{100} + 0.5 \Longrightarrow -\frac{x}{100} - 0.5 \leq x - 30 \leq \frac{x}{100} + 0.5.$$

Diese Doppelungleichung zerfällt in 2 Ungleichungen:

1.) $-\dfrac{x}{100} - 0.5 \leq x - 30$ und

2.) $x - 30 \leq \dfrac{x}{100} + 0.5.$

Aus Ungleichung 1.) folgt:

$$-\frac{x}{100} - 0.5 \leq x - 30 \Longrightarrow -\frac{x}{100} + \frac{x}{100} - 0.5 \leq x + \frac{x}{100} - 30$$

$$\Longrightarrow -0.5 + 30 \leq x + \frac{x}{100} - 30 + 30 \Longrightarrow 29.5 \leq \frac{101}{100} \cdot x$$

$$\Longrightarrow \frac{100}{101} \cdot 29.5 \leq x$$

$$\Longrightarrow 29.2079 \leq x.$$

Aus Ungleichung 2.) folgt:

$$x - 30 \leq \frac{x}{100} + 0.5 \Longrightarrow x - \frac{x}{100} - 30 \leq \frac{x}{100} - \frac{x}{100} + 0.5$$

$$\Longrightarrow x - \frac{x}{100} - 30 + 30 \leq 0.5 + 30 \Longrightarrow \frac{99}{100} \cdot x \leq 30.5$$

$$\Longrightarrow x \leq \frac{100}{99} \cdot 30.5$$

$$\Longrightarrow x \leq 30.8081.$$

Insgesamt folgt also: $\mathbb{L} = [29.2079, 30.8081]$ ist das gesuchte Intervall.

b) Das tatsächliche Gewicht x weicht von 70 um maximal $\frac{x}{100} + 0.5$ ab.

Also ist der Abstand von x zu 70 kleiner oder gleich $\frac{x}{100} + 0.5$. Dies wird als Ungleichung mit Beträgen formuliert:

$$|x - 70| \leq \frac{x}{100} + 0.5.$$

Also muß diese Ungleichung gelöst werden.

$$|x - 70| \leq \frac{x}{100} + 0.5 \Longrightarrow -\frac{x}{100} - 0.5 \leq x - 70 \leq \frac{x}{100} + 0.5.$$

Diese Doppelungleichung zerfällt in 2 Ungleichungen:

1.) $-\dfrac{x}{100} - 0.5 \leq x - 70$ und

2.) $x - 70 \leq \dfrac{x}{100} + 0.5.$

Aus Ungleichung 1.) folgt:

$$-\frac{x}{100} - 0.5 \leq x - 70 \Longrightarrow -\frac{x}{100} + \frac{x}{100} - 0.5 \leq x + \frac{x}{100} - 70$$

$$\Longrightarrow -0.5 + 70 \leq x + \frac{x}{100} - 70 + 70 \Longrightarrow 69.5 \leq \frac{101}{100} \cdot x$$

$$\Longrightarrow \frac{100}{101} \cdot 69.5 \leq x$$

$$\Longrightarrow 68.8119 \leq x.$$

Aus Ungleichung 2.) folgt:

$$x - 70 \leq \frac{x}{100} + 0.5 \Longrightarrow x - \frac{x}{100} - 70 \leq \frac{x}{100} - \frac{x}{100} + 0.5$$

$$\Longrightarrow x - \frac{x}{100} - 70 + 70 \leq 0.5 + 70 \Longrightarrow \frac{99}{100} \cdot x \leq 70.5$$

$$\Longrightarrow x \leq \frac{100}{99} \cdot 70.5$$

$$\Longrightarrow x \leq 71.2121.$$

Insgesamt folgt also: $\mathbb{L} = [68.8119, 71.2121]$ ist das gesuchte Intervall.

c) Das tatsächliche Gewicht x weicht von 80 um maximal $\frac{x}{100} + 0.5$ ab.

Also ist der Abstand von x zu 80 kleiner oder gleich $\frac{x}{100} + 0.5$. Dies wird als Ungleichung mit Beträgen formuliert:

$$|x - 80| \leq \frac{x}{100} + 0.5.$$

Also muß diese Ungleichung gelöst werden.

$$|x - 80| \leq \frac{x}{100} + 0.5 \Longrightarrow -\frac{x}{100} - 0.5 \leq x - 80 \leq \frac{x}{100} + 0.5.$$

Diese Doppelungleichung zerfällt in 2 Ungleichungen:

1.) $-\dfrac{x}{100} - 0.5 \leq x - 80$ und

2.) $x - 80 \leq \dfrac{x}{100} + 0.5.$

Aus Ungleichung 1.) folgt:

$$-\frac{x}{100} - 0.5 \leq x - 80 \Longrightarrow -\frac{x}{100} + \frac{x}{100} - 0.5 \leq x + \frac{x}{100} - 80$$

$$\Longrightarrow -0.5 + 80 \leq x + \frac{x}{100} - 80 + 80 \Longrightarrow 79.5 \leq \frac{101}{100} \cdot x$$

$$\Longrightarrow \frac{100}{101} \cdot 79.5 \leq x$$

$$\Longrightarrow 78.7129 \leq x.$$

Aus Ungleichung 2.) folgt:

$$x - 80 \leq \frac{x}{100} + 0.5 \Longrightarrow x - \frac{x}{100} - 80 \leq \frac{x}{100} - \frac{x}{100} + 0.5$$

$$\Longrightarrow x - \frac{x}{100} - 80 + 80 \leq 0.5 + 80 \Longrightarrow \frac{99}{100} \cdot x \leq 80.5$$

$$\Longrightarrow x \leq \frac{100}{99} \cdot 80.5$$

$$\Longrightarrow x \leq 81.3131.$$

Insgesamt folgt also: $\mathbb{L} = [78.7129, 81.3131]$ ist das gesuchte Intervall.

d) Das tatsächliche Gewicht x weicht von 125 um maximal $\dfrac{x}{100} + 0.5$ ab.

Also ist der Abstand von x zu 125 kleiner oder gleich $\dfrac{x}{100} + 0.5$. Dies wird als Ungleichung mit Beträgen formuliert:+

$$|x - 125| \leq \frac{x}{100} + 0.5.$$

Also muß diese Ungleichung gelöst werden.

$$|x - 125| \leq \frac{x}{100} + 0.5 \Longrightarrow -\frac{x}{100} - 0.5 \leq x - 125 \leq \frac{x}{100} + 0.5.$$

Diese Doppelungleichung zerfällt in 2 Ungleichungen:

1.) $-\dfrac{x}{100} - 0.5 \leq x - 125$ und

2.) $x - 125 \leq \dfrac{x}{100} + 0.5.$

Aus Ungleichung 1.) folgt:

$$-\frac{x}{100} - 0.5 \leq x - 125 \Longrightarrow -\frac{x}{100} + \frac{x}{100} - 0.5 \leq x + \frac{x}{100} - 125$$

$$\Longrightarrow -0.5 + 125 \leq x + \frac{x}{100} - 125 + 125 \Longrightarrow 124.5 \leq \frac{101}{100} \cdot x$$

$$\Longrightarrow \frac{100}{101} \cdot 124.5 \leq x$$

$$\Longrightarrow 123.2673 \leq x.$$

Aus Ungleichung 2.) folgt:

$$x - 125 \leq \frac{x}{100} + 0.5 \Longrightarrow x - \frac{x}{100} - 125 \leq \frac{x}{100} - \frac{x}{100} + 0.5$$

$$\Longrightarrow x - \frac{x}{100} - 125 + 125 \leq 0.5 + 125 \Longrightarrow \frac{99}{100} \cdot x \leq 125.5$$

$$\Longrightarrow x \leq \frac{100}{99} \cdot 125.5$$

$$\Longrightarrow x \leq 126.7677.$$

Insgesamt folgt also: $\mathbb{L} = [123.2673, 126.7677]$ ist das gesuchte Intervall.

Kapitel 5

Termumformungen

In diesem Kapitel werden die Inhalte der letzten drei Kapitel zusammengefaßt. Es werden **Termumformungen** betrachtet, die alle Rechenregeln für reelle Zahlen, das Rechnen mit Brüchen, das Rechnen mit Potenzen und Logarithmen und auch die binomischen Formeln beinhalten. Eine einleitende theoretische Abhandlung ist deshalb nicht notwendig. Die wichtigsten Sachverhalte werden gleich an grundlegenden Beispielen gezeigt.

5.1 Termumformungen

Das erste Beispiel behandelt die Addition und Subtraktion von Potenzen.

Beispiel 5.1.1

1.) $(x^2 - x) + (x^5 - 3x^2) - (x + x^2 + 1)$
$= x^5 + (x^2 - 3x^2 - x^2) + (-x - x) - 1 = x^5 - 3x^2 - 2x - 1.$

2.) $\sqrt{x} + 2\sqrt{y} + y^2 - 3\sqrt{x} - 3\sqrt{y} + x^5 - 2y^2$
$= x^5 + (\sqrt{x} - 3\sqrt{x}) + (y^2 - 2y^2) + (2\sqrt{y} - 3\sqrt{y}) = x^5 - 2\sqrt{x} - y^2 - \sqrt{y}.$

Im nächsten Beispiel wird die Multiplikation von Summen, bestehend aus Potenzen, behandelt.

Beispiel 5.1.2

1.) $(x^2 - y^2) \cdot (x^3 - x^2y + y + x + 1) = x^2 \cdot x^3 - x^2 \cdot x^2y + x^2 \cdot y + x^2 \cdot x$
$+ x^2 \cdot 1 - y^2 \cdot x^3 + y^2 \cdot x^2y - y^2 \cdot y - y^2 \cdot x - y^2 \cdot 1$
$= x^5 - x^4y + x^2y + x^3 + x^2 - x^3y^2 + x^2y^3 - y^3 - xy^2 - y^2$
$= x^5 - x^4y - x^3y^2 + x^3 + x^2y^3 + x^2y + x^2 - xy^2 - y^2 - y^3.$

2.) $\left(\dfrac{1}{x} - \sqrt{x} + y^2 - x\right) \cdot (\sqrt{x} - x^2 - y) = \dfrac{1}{x} \cdot \sqrt{x} - \dfrac{1}{x} \cdot x^2 - \dfrac{1}{x} \cdot y - \sqrt{x} \cdot$
$\sqrt{x} + \sqrt{x} \cdot x^2 + \sqrt{x} \cdot y + y^2 \cdot \sqrt{x} - y^2 \cdot x^2 - y^2 \cdot y - x \cdot \sqrt{x} + x \cdot x^2 + x \cdot y$
$= \dfrac{1}{\sqrt{x}} - x - \dfrac{y}{x} - x + x^{\frac{5}{2}} + \sqrt{x}y - \sqrt{x}y^2 - x^2y^2 - y^3 - x^{\frac{3}{2}} - x^3 + xy$
$= -x^3 - x^{\frac{5}{2}} - x^2y^2 - x^{\frac{3}{2}} + xy - 2x + \sqrt{x}y - \sqrt{x}y^2 + \dfrac{1}{\sqrt{x}} - \dfrac{y}{x} - y^3.$

Das Rechnen mit binomischen Formeln wird im nächsten Beispiel gezeigt.

Beispiel 5.1.3

1.) $(x + y)^2 - (x + y + 1)^2 = x^2 + 2xy + y^2 - (x^2 + y^2 + 1 + 2xy + 2x + 2y)$
$= x^2 + 2xy + y^2 - x^2 - y^2 - 1 - 2xy - 2x - 2y = -1 - 2x - 2y.$

2.) $\left(x^2 + \sqrt{y}\right)^3 - \left(x^2 - \sqrt{y}\right)^3$
$= x^6 + 3x^4\sqrt{y} + 3x^2y + y\sqrt{y} - \left(x^6 - 3x^4\sqrt{y} + 3x^2y - y\sqrt{y}\right)$
$= x^6 + 3x^4\sqrt{y} + 3x^2y + y\sqrt{y} - x^6 + 3x^4\sqrt{y} - 3x^2y + y\sqrt{y} = 6x^4\sqrt{y} + 2y\sqrt{y}.$

Die Zerlegung von Summen in Produkte ist bei Vereinfachungen und beim Kürzen von Brüchen eine vorteilhafte Sache. Im folgenden Beispiel werden Summen in Produkte zerlegt.

Beispiel 5.1.4

1.) $x^3 - 2xy^2 - 3\sqrt{x} = \sqrt{x}\left(x^{\frac{5}{2}} - 2\sqrt{x}y^2 - 3\right).$

2.) $25x(y - z) - 3y(y - z) + 17z(z - y) = 25x(y - z) - 3y(y - z) - 17z(y - z)$
$= (y - z)(25x - 3y - 17z).$

3.) $by + ax^2 - bx^2 - ay = ax^2 - bx^2 - ay + by$
$= x^2(a - b) - y(a - b) = (a - b)(x^2 - y).$

4.) $x^2y^5\sqrt{z} - xy^3z^2 + 2\sqrt{x}y^3z = \sqrt{x}y^3\sqrt{z}\left(x^{\frac{3}{2}}y^2 - \sqrt{x}z^{\frac{3}{2}} + 2\sqrt{z}\right).$

Im nächsten Beispiel werden solche Zerlegungen beim Kürzen von Brüchen angewendet.

Beispiel 5.1.5

1.) $\dfrac{ax + by + ay + bx}{bx - ay - by + ax} = \dfrac{ax + ay + bx + by}{ax - ay + bx - by}$

$= \dfrac{a(x + y) + b(x + y)}{a(x - y) + b(x - y)} = \dfrac{(a + b)(x + y)}{(a + b)(x - y)} = \dfrac{x + y}{x - y}$ für $a \neq -b$, $x \neq y$.

2.) $\dfrac{5x^5y^2 + 10x^3y^4 + 5xy^6}{x^5 + 2x^3y^2 + xy^4 + x^4y + 2x^2y^3 + y^5}$

$= \dfrac{5xy^2\left(x^4 + 2x^2y + y^2\right)}{x\left(x^4 + 2x^2y + y^2\right) + y\left(x^4 + 2x^2y + y^2\right)}$

$= \dfrac{5xy^2\left(x^4 + 2x^2y + y^2\right)}{(x + y)\left(x^4 + 2x^2y + y^2\right)} = \dfrac{5xy^2}{x + y}$ für $x \neq -y$ und $x^2 \neq -y$.

Die Addition von Brüchen mit verschiedenen Nennern wird im nächsten Beispiel behandelt.

Beispiel 5.1.6

1.) $\dfrac{5a}{xyz^2} - \dfrac{3b}{x^2yz^3} + \dfrac{c}{x^2y^2z^3} = \dfrac{5axyz}{x^2y^2z^3} - \dfrac{3by^2}{x^2y^2z^3} + \dfrac{c}{x^2y^2z^3}$

$= \dfrac{5axyz - 3by^2 + c}{x^2y^2z^3}$ für $xyz \neq 0$.

2.) $\dfrac{1}{x^2 + 1} - \dfrac{1}{x - 1} + \dfrac{1}{x + 2} - \dfrac{1}{x + 5}$

$= \dfrac{(x - 1)(x + 2)(x + 5)}{(x^2 + 1)(x - 1)(x + 2)(x + 5)} - \dfrac{(x^2 + 1)(x + 2)(x + 5)}{(x^2 + 1)(x - 1)(x + 2)(x + 5)}$

$+ \dfrac{(x^2 + 1)(x - 1)(x + 5)}{(x^2 + 1)(x - 1)(x + 2)(x + 5)} - \dfrac{(x^2 + 1)(x - 1)(x + 2)}{(x^2 + 1)(x - 1)(x + 2)(x + 5)}$

$= \dfrac{x^3 + 6x^2 + 3x - 10 - \left(x^4 + 7x^3 + 11x^2 + 7x + 10\right)}{(x^2 + 1)(x - 1)(x + 2)(x + 5)}$

$+ \dfrac{\left(x^4 + 4x^3 - 4x^2 + 4x - 5\right) - \left(x^4 + x^3 - x^2 + x - 2\right)}{(x^2 + 1)(x - 1)(x + 2)(x + 5)}$

$= \dfrac{-x^4 - 3x^3 - 8x^2 - x - 23}{(x^2 + 1)(x - 1)(x + 2)(x + 5)}$ für $x \neq 1, -2, -5$.

Im letzten Beispiel wird das Vereinfachen von Doppelbrüchen abgehandelt.

Beispiel 5.1.7

1.) $\dfrac{\frac{x+y}{x-y} - \frac{x-y}{x+y}}{\frac{x+y}{x-y} - \frac{x^2+y^2}{x^2-y^2}} = \dfrac{\frac{(x+y)^2}{(x-y)(x+y)} - \frac{(x-y)^2}{(x+y)(x-y)}}{\frac{(x+y)^2}{(x-y)(x+y)} - \frac{x^2+y^2}{x^2-y^2}} = \dfrac{\frac{(x+y)^2-(x-y)^2}{(x-y)(x+y)}}{\frac{(x+y)^2-(x^2+y^2)}{x^2-y^2}}$

$= \dfrac{\frac{x^2+2xy+y^2-x^2+2xy-y^2}{(x+y)(x-y)}}{\frac{x^2+2xy+y^2-x^2-y^2}{x^2-y^2}} = \dfrac{\frac{4xy}{(x+y)(x-y)}}{\frac{2xy}{x^2-y^2}} = \dfrac{4xy}{x^2-y^2} \cdot \dfrac{x^2-y^2}{2xy} = 2$

für $x, y \neq 0$ und $|x| \neq |y|$.

2.) $\dfrac{\frac{1}{x^4} - \frac{1}{y^4}}{\frac{1}{x^3} + \frac{1}{xy} - \frac{1}{y^3}} = \dfrac{\frac{y^4}{x^4y^4} - \frac{x^4}{x^4y^4}}{\frac{y^3}{x^3y^3} + \frac{x^2y^2}{x^3y^3} - \frac{x^3}{x^3y^3}} = \dfrac{\frac{y^4-x^4}{x^4y^4}}{\frac{y^3+x^2y^2-x^3}{x^3y^3}}$

$= \dfrac{y^4 - x^4}{x^4y^4} \cdot \dfrac{x^3y^3}{y^3 + x^2y^2 - x^3} = \dfrac{y^4 - x^4}{y^3 + x^2y^2 - x^3}$

für $x, y \neq 0$ und $y^3 + x^2y^2 - x^3 \neq 0$.

5.2   Intervallschachtelungen

Da die irrationalen Zahlen keine Regel besitzen, in welcher Weise die Ziffern nach dem Dezimalpunkt auftreten, müssen Potenzen mit irrationalen Exponenten, ähnlich wie die irrationalen Zahlen selbst, durch das Prinzip der Intervallschachtelung beliebig weit berechnet werden. Das folgende Beispiel zeigt dies für die Potenz $2^{\sqrt{2}}$. Die dabei als Intervallgrenzen auftretenden Potenzen der Form 2^q, $q \in \mathbb{Q}$ sollen, um den Schreibaufwand zu reduzieren, durch Intervallschachtelungen, wie in Kapitel 2 beschrieben, schon auf 8 Stellen Genauigkeit vorliegen.

Beispiel 5.2.1

1.) Intervallschachtelung mit Intervallhalbierung:

Wegen $1.00000000^2 < 2 < 2.00000000^2$ gilt:

$1.00000000 < \sqrt{2} < 2.00000000$

und damit $2^{1.00000000} < 2^{\sqrt{2}} < 2^{2.00000000}$, also

$1.00000000 < 2^{\sqrt{2}} < 4.00000000$.

Wegen $1.00000000^2 < 2 < 1.50000000^2$ gilt:
$$1.00000000 < \sqrt{2} < 1.50000000$$
und damit $2^{1.00000000} < 2^{\sqrt{2}} < 2^{1.50000000}$, also
$$2.00000000 < 2^{\sqrt{2}} < 2.82842712.$$

Wegen $1.25000000^2 < 2 < 1.50000000^2$ gilt:
$$1.25000000 < \sqrt{2} < 1.50000000$$
und damit $2^{1.25000000} < 2^{\sqrt{2}} < 2^{1.50000000}$, also
$$2.37841423 < 2^{\sqrt{2}} < 2.82842712.$$

Wegen $1.37500000^2 < 2 < 1.50000000^2$ gilt:
$$1.37500000 < \sqrt{2} < 1.50000000$$
und damit $2^{1.37500000} < 2^{\sqrt{2}} < 2^{1.50000000}$, also
$$2.59367911 < 2^{\sqrt{2}} < 2.82842712.$$

Wegen $1.37500000^2 < 2 < 1.43750000^2$ gilt:
$$1.37500000 < \sqrt{2} < 1.43750000$$
und damit $2^{1.37500000} < 2^{\sqrt{2}} < 2^{1.43750000}$, also
$$2.59367911 < 2^{\sqrt{2}} < 2.70851109.$$

Wegen $1.40625000^2 < 2 < 1.43750000^2$ gilt:
$$1.40625000 < \sqrt{2} < 1.43750000$$
und damit $2^{1.40625000} < 2^{\sqrt{2}} < 2^{1.43750000}$, also
$$2.65047329 < 2^{\sqrt{2}} < 2.70851109.$$

Wegen $1.40625000^2 < 2 < 1.42187500^2$ gilt:
$$1.40625000 < \sqrt{2} < 1.42187500$$
und damit $2^{1.40625000} < 2^{\sqrt{2}} < 2^{1.42187500}$, also
$$2.65047329 < 2^{\sqrt{2}} < 2.67933505.$$

Wegen $1.41406250^2 < 2 < 1.42187500^2$ gilt:
$$1.41406250 < \sqrt{2} < 1.42187500$$
und damit $2^{1.41406250} < 2^{\sqrt{2}} < 2^{1.42187500}$, also
$$2.66486509 < 2^{\sqrt{2}} < 2.67933505.$$

Wegen $1.41406250^2 < 2 < 1.41796875^2$ gilt:
$$1.41406250 < \sqrt{2} < 1.41796875$$
und damit $2^{1.41406250} < 2^{\sqrt{2}} < 2^{1.41796875}$, also
$$2.66486509 < 2^{\sqrt{2}} < 2.67209028.$$

Wegen $1.41406250^2 < 2 < 1.41601563^2$ gilt:
$$1.41406250 < \sqrt{2} < 1.41601563$$

und damit $2^{1.41406250} < 2^{\sqrt{2}} < 2^{1.41601563}$, also
$2.66486509 < 2^{\sqrt{2}} < 2.66847524$.

Wegen $1.41406250^2 < 2 < 1.41503906^2$ gilt:
$1.41406250 < \sqrt{2} < 1.41503906$
und damit $2^{1.41406250} < 2^{\sqrt{2}} < 2^{1.41503906}$, also
$2.66486509 < 2^{\sqrt{2}} < 2.66666956$.

Wegen $1.41406250^2 < 2 < 1.41455078^2$ gilt:
$1.41406250 < \sqrt{2} < 1.41455078$
und damit $2^{1.41406250} < 2^{\sqrt{2}} < 2^{1.41455078}$, also
$2.66486509 < 2^{\sqrt{2}} < 2.66576717$.

Wegen $1.41406250^2 < 2 < 1.41430664^2$ gilt:
$1.41406250 < \sqrt{2} < 1.41430664$
und damit $2^{1.41406250} < 2^{\sqrt{2}} < 2^{1.41430664}$, also
$2.66486509 < 2^{\sqrt{2}} < 2.66531610$.

Wegen $1.41418457^2 < 2 < 1.41430664^2$ gilt:
$1.41418457 < \sqrt{2} < 1.41430664$
und damit $2^{1.41418457} < 2^{\sqrt{2}} < 2^{1.41430664}$, also
$2.66509059 < 2^{\sqrt{2}} < 2.66531610$.

Wegen $1.41418457^2 < 2 < 1.41424561^2$ gilt:
$1.41418457 < \sqrt{2} < 1.41424561$
und damit $2^{1.41418457} < 2^{\sqrt{2}} < 2^{1.41424561}$, also
$2.66509059 < 2^{\sqrt{2}} < 2.66520334$.

Wegen $1.41418457^2 < 2 < 1.41421509^2$ gilt:
$1.41418457 < \sqrt{2} < 1.41421509$
und damit $2^{1.41418457} < 2^{\sqrt{2}} < 2^{1.41421509}$, also
$2.66509059 < 2^{\sqrt{2}} < 2.66514696$.

Wegen $1.41419983^2 < 2 < 1.41421509^2$ gilt:
$1.41419983 < \sqrt{2} < 1.41421509$
und damit $2^{1.41419983} < 2^{\sqrt{2}} < 2^{1.41421509}$, also
$2.66511877 < 2^{\sqrt{2}} < 2.66514696$.

Wegen $1.41420746^2 < 2 < 1.41421509^2$ gilt:
$1.41420746 < \sqrt{2} < 1.41421509$
und damit $2^{1.41420746} < 2^{\sqrt{2}} < 2^{1.41421509}$, also
$2.66513287 < 2^{\sqrt{2}} < 2.66514696$.

Wegen $1.41421127^2 < 2 < 1.41421509^2$ gilt:
$$1.41421127 < \sqrt{2} < 1.41421509$$
und damit $2^{1.41421127} < 2^{\sqrt{2}} < 2^{1.41421509}$, also
$$2.66513991 < 2^{\sqrt{2}} < 2.66514696.$$

Wegen $1.41421318^2 < 2 < 1.41421509^2$ gilt:
$$1.41421318 < \sqrt{2} < 1.41421509$$
und damit $2^{1.41421318} < 2^{\sqrt{2}} < 2^{1.41421509}$, also
$$2.66514344 < 2^{\sqrt{2}} < 2.66514696.$$

Wegen $1.41421318^2 < 2 < 1.41421413^2$ gilt:
$$1.41421318 < \sqrt{2} < 1.41421413$$
und damit $2^{1.41421318} < 2^{\sqrt{2}} < 2^{1.41421413}$, also
$$2.66514344 < 2^{\sqrt{2}} < 2.66514520.$$

Wegen $1.41421318^2 < 2 < 1.41421366^2$ gilt:
$$1.41421318 < \sqrt{2} < 1.41421366$$
und damit $2^{1.41421318} < 2^{\sqrt{2}} < 2^{1.41421366}$, also
$$2.66514344 < 2^{\sqrt{2}} < 2.66514432.$$

Wegen $1.41421342^2 < 2 < 1.41421366^2$ gilt:
$$1.41421342 < \sqrt{2} < 1.41421366$$
und damit $2^{1.41421342} < 2^{\sqrt{2}} < 2^{1.41421366}$, also
$$2.66514388 < 2^{\sqrt{2}} < 2.66514432.$$

Wegen $1.41421354^2 < 2 < 1.41421366^2$ gilt:
$$1.41421354 < \sqrt{2} < 1.41421366$$
und damit $2^{1.41421354} < 2^{\sqrt{2}} < 2^{1.41421366}$, also
$$2.66514410 < 2^{\sqrt{2}} < 2.66514432.$$

Wegen $1.41421354^2 < 2 < 1.41421360^2$ gilt:
$$1.41421354 < \sqrt{2} < 1.41421360$$
und damit $2^{1.41421354} < 2^{\sqrt{2}} < 2^{1.41421360}$, also
$$2.66514410 < 2^{\sqrt{2}} < 2.66514421.$$

Wegen $1.41421354^2 < 2 < 1.41421357^2$ gilt:
$$1.41421354 < \sqrt{2} < 1.41421357$$
und damit $2^{1.41421354} < 2^{\sqrt{2}} < 2^{1.41421357}$, also
$$2.66514410 < 2^{\sqrt{2}} < 2.66514415.$$

Wegen $1.41421355^2 < 2 < 1.41421357^2$ gilt:
$$1.41421355 < \sqrt{2} < 1.41421357$$

und damit $2^{1.41421355} < 2^{\sqrt{2}} < 2^{1.41421357}$, also
$2.66514413 < 2^{\sqrt{2}} < 2.66514415$.

Wegen $1.41421356^2 < 2 < 1.41421357^2$ gilt:
$1.41421356 < \sqrt{2} < 1.41421357$
und damit $2^{1.41421356} < 2^{\sqrt{2}} < 2^{1.41421357}$, also
$2.66514414 < 2^{\sqrt{2}} < 2.66514415$.
Damit gilt: $2^{\sqrt{2}} = 2.66514414...$ Diese 8 Stellen sind exakt.

2.) Intervallschachtelung mit Dezimalstellenermittlung:

Wegen $1.00000000^2 < 2 < 2.00000000^2$ gilt:
$1.00000000 < \sqrt{2} < 2.00000000$
und damit $1.00000000^2 < 2^{\sqrt{2}} < 2.00000000^2$, also
$1.00000000 < 2^{\sqrt{2}} < 4.00000000$.

Wegen $1.40000000^2 < 2 < 1.50000000^2$ gilt:
$1.40000000 < \sqrt{2} < 1.50000000$
und damit $2^{1.40000000} < 2^{\sqrt{2}} < 2^{1.50000000}$, also
$2.63901582 < 2^{\sqrt{2}} < 2.82842712$.

Wegen $1.41000000^2 < 2 < 1.42000000^2$ gilt:
$1.41000000 < \sqrt{2} < 1.42000000$
und damit $2^{1.41000000} < 2^{\sqrt{2}} < 2^{1.42000000}$, also
$2.65737163 < 2^{\sqrt{2}} < 2.67585511$.

Wegen $1.41400000^2 < 2 < 1.41500000^2$ gilt:
$1.41400000 < \sqrt{2} < 1.41500000$
und damit $2^{1.41400000} < 2^{\sqrt{2}} < 2^{1.41500000}$, also
$2.66474965 < 2^{\sqrt{2}} < 2.66659735$.

Wegen $1.41420000^2 < 2 < 1.41430000^2$ gilt:
$1.41420000 < \sqrt{2} < 1.41430000$
und damit $2^{1.41420000} < 2^{\sqrt{2}} < 2^{1.41430000}$, also
$2.66511909 < 2^{\sqrt{2}} < 2.66530383$.

Wegen $1.41421000^2 < 2 < 1.41422000^2$ gilt:
$1.41421000 < \sqrt{2} < 1.41422000$
und damit $2^{1.41421000} < 2^{\sqrt{2}} < 2^{1.41422000}$, also
$2.66513756 < 2^{\sqrt{2}} < 2.66515604$.

Wegen $1.41421300^2 < 2 < 1.41421400^2$ gilt:

$$1.41421300 < \sqrt{2} < 1.41421400$$

und damit $2^{1.41421300} < 2^{\sqrt{2}} < 2^{1.41421400}$, also

$$2.66514310 < 2^{\sqrt{2}} < 2.66514495.$$

Wegen $1.41421350^2 < 2 < 1.41421360^2$ gilt:

$$1.41421350 < \sqrt{2} < 1.41421360$$

und damit $2^{1.41421350} < 2^{\sqrt{2}} < 2^{1.41421360}$, also

$$2.66514403 < 2^{\sqrt{2}} < 2.66514421.$$

Wegen $1.41421356^2 < 2 < 1.41421357^2$ gilt:

$$1.41421356 < \sqrt{2} < 1.41421357$$

und damit $2^{1.41421356} < 2^{\sqrt{2}} < 2^{1.41421357}$, also

$$2.66514414 < 2^{\sqrt{2}} < 2.66514416.$$

Wegen $1.414213562^2 < 2 < 1.414213563^2$ gilt:

$$1.414213562 < \sqrt{2} < 1.414213563$$

und damit $2^{1.414213562} < 2^{\sqrt{2}} < 2^{1.414213563}$, also

$$2.665144142 < 2^{\sqrt{2}} < 2.665144144.$$

Damit gilt: $2^{\sqrt{2}} = 2.66514414...$ Diese 8 Stellen sind exakt.

5.3   Aufgaben zu Kapitel 5

Aufgabe 5.3.1
Vereinfachen Sie.

a) $\left(x^5 + 3x^2\right) - \left(2x^5 + x^2 - x\right)$,

b) $\left(y + y^2\right) - \left(3y - 2y^2\right) + \left(y^2 + y\right)$,

c) $\sqrt{x} + 3\sqrt{x} - x^2 - 2\sqrt{x} + 2x^2$,

d) $x - x\left(x^2 - 1\right) + x^2(x - 1)$,

e) $x + x^{-1} - x^{-2} + 2x^{-1} + x^{-2}$,

f) $y^2 + x^2 - 2y^2 - x^2 - y^2 + 3x^2$.

Lösung:

a) $\left(x^5 + 3x^2\right) - \left(2x^5 + x^2 - x\right) = x^5 + 3x^2 - 2x^5 - x^2 + x$
$= x^5 - 2x^5 - 3x^2 - x^2 + x = -x^5 - 4x^2 + x.$

b) $\left(y + y^2\right) - \left(3y - 2y^2\right) + \left(y^2 + y\right) = y + y^2 - 3y + 2y^2 + y^2 + y$
$= y^2 + 2y^2 + y^2 + y - 3y + y = 4y^2 - y.$

c) $\sqrt{x} + 3\sqrt{x} - x^2 - 2\sqrt{x} + 2x^2 = -x^2 + 2x^2 + \sqrt{x} + 3\sqrt{x} - 2\sqrt{x} = x^2 + 2\sqrt{x}.$

d) $x - x\left(x^2 - 1\right) + x^2(x - 1) = x - x^3 + x + x^3 - x^2$
$= -x^3 + x^2 - x^2 + x + x = -x^3 + 2x.$

e) $x + x^{-1} - x^{-2} + 2x^{-1} + x^{-2} = x + x^{-1} + 2x^{-1} - x^{-2} + x^{-2}$
$= x + 3x^{-1} = x + \dfrac{3}{x}.$

f) $y^2 + x^2 - 2y^2 - x^2 - y^2 + 3x^2 = x^2 - x^2 + 3x^2 + y^2 - 2y^2 - y^2 = 3x^2 - 2y^2.$

Aufgabe 5.3.2
Vereinfachen Sie.

a) $(a + b)\left(a^2 + ab + b^2\right)$,

b) $(a - b)\left(a^2 - ab + b^2\right)$,

c) $\left(a^3 - a^2b + ab^2 - b^3\right)(a + b)$,

d) $(a^3 + a^2 + a + 1)(a - 1)$,

e) $(x^3 - 2x^2 - 3x + 4)(x^2 + x - 1)$.

Lösung:

a) $(a + b)(a^2 + ab + b^2) = a \cdot a^2 + a \cdot ab + ab^2 + b \cdot a^2 + b \cdot ab + b \cdot b^2$
$= a^3 + a^2b + ab^2 + a^2b + ab^2 + b^3 = a^3 + 2a^2b + 2ab^2 + b^3$.

b) $(a - b)(a^2 - ab + b^2) = a \cdot a^2 - a \cdot ab + a \cdot b^2 - b \cdot a^2 + b \cdot ab - b \cdot b^2$
$= a^3 - 2a^2b + 2ab^2 - b^3$.

c) $(a^3 - a^2b + ab^2 - b^3)(a + b)$
$= a^3 \cdot a - a^2b \cdot a + ab^2 \cdot a - b^3 \cdot a + a^3 \cdot b - a^2b \cdot b + ab^2 \cdot b - b^3 \cdot b$
$= a^4 - a^3b + a^2b^2 - ab^3 + a^3b - a^2b^2 + ab^3 - b^4 = a^4 - b^4$.

d) $(a^3 + a^2 + a + 1)(a - 1) = a^3 \cdot a + a^2 \cdot a + a \cdot a + a - a^3 - a^2 - a - 1$
$= a^4 + a^3 + a^2 + a - a^3 - a^2 - a - 1 = a^4 - 1$.

e) $(x^3 - 2x^2 - 3x + 4)(x^2 + x - 1) = x^3 \cdot x^2 + x^3 \cdot x - x^3 - 2x^2 \cdot x^2 - 2x^2 \cdot$
$x + 2x^2 - 3x \cdot x^2 - 3x \cdot x + 3x + 4x^2 + 4x - 4 = x^5 + x^4 - x^3 - 2x^4 -$
$2x^3 + 2x^2 - 3x^3 - 3x^2 + 3x + 4x^2 + 4x - 4 = x^5 + x^4 - 2x^4 - x^3 - 3x^3 -$
$2x^3 - 3x^2 + 4x^2 + 2x^2 + 3x + 4x - 4 = x^5 - x^4 - 6x^3 + 3x^2 + 7x - 4$.

Aufgabe 5.3.3

Fassen Sie zusammen.

a) $(a + b)^2 - (a - b)^2$,   b) $(a + b)^2 + (a - b)^2$,

c) $(a + b)^3 + (a - b)^3$,   d) $(a + b)^3 - (a - b)^3$,

e) $(a + b)^4 + (a - b)^4$,   f) $(a + b)^4 - (a - b)^4$,

g) $(a - b)^2 - (b - a)^2$,   b) $(a - b)^3 - (b - a)^3$,

i) $(a - b)^3 + (b - a)^3$.

Lösung:

a) $(a + b)^2 - (a - b)^2 = a^2 + 2ab + b^2 - (a^2 - 2ab + b^2)$
$= a^2 + 2ab + b^2 - a^2 + 2ab - b^2 = 4ab$.

b) $(a + b)^2 + (a - b)^2 = a^2 + 2ab + b^2 + (a^2 - 2ab + b^2)$
$= a^2 + 2ab + b^2 + a^2 - 2ab + b^2 = 2a^2 + 2b^2$.

c) $(a+b)^3 + (a-b)^3 = a^3 + 3a^2b + 3ab^2 + b^3 + (a^3 - 3a^2b + 3ab^2 - b^3)$
   $= 2a^3 + 6ab^3.$

d) $(a+b)^3 - (a-b)^3 = a^3 + 3a^2b + 3ab^2 + b^3 - (a^3 - 3a^2b + 3ab^2 - b^3)$
   $= a^3 + 3a^2b + 3ab^2 + b^3 - a^3 + 3a^2b - 3ab^2 + b^3 = 6a^2b + 2b^3.$

e) $(a+b)^4 + (a-b)^4$
   $= a^4 + 4a^3b + 6a^2b^2 + 4ab^3 + b^4 + (a^4 - 4a^3b + 6a^2b^2 - 4ab^3 + b^4)$
   $= 2a^4 + 12a^2b^2 + 2b^4.$

f) $(a+b)^4 - (a-b)^4$
   $= a^4 + 4a^3b + 6a^2b^2 + 4ab^3 + b^4 - (a^4 - 4a^3b + 6a^2b^2 - 4ab^3 + b^4)$
   $= 8a^3b + 8ab^3.$

g) $(a-b)^2 - (b-a)^2 = a^2 - 2ab + b^2 - (b^2 - 2ba + a^2) = 0.$

h) $(a-b)^3 - (b-a)^3 = a^3 - 3a^2b + 3ab^2 - b^3 - (b^3 - 3b^2a + 3ba^2 - a^3)$
   $= a^3 - 3a^2b + 3ab^2 - b^3 - b^3 + 3ab^2 - 3a^2b + a^3$
   $= 2a^3 - 6a^2b + 6ab^2 - 2b^3.$

i) $(a-b)^3 + (b-a)^3 = a^3 - 3a^2b + 3ab^2 - b^3 + (b^3 - 3b^2a + 3ba^2 - a^3)$
   $= a^3 - 3a^2b + 3ab^2 - b^3 + b^3 - 3ab^3 + 3a^2b - a^3 = 0.$

Aufgabe 5.3.4

Fassen Sie zusammen.

a) $\left(a^2 - \sqrt{a}\right)^2,$ b) $\left(a^2 - \sqrt{a}\right)^3,$

c) $\left(a - \sqrt{b} - \sqrt{c}\right)^2,$ d) $\left(a - \sqrt{b} - \sqrt{c}\right)^3.$

Lösung:

a) $\left(a^2 - \sqrt{a}\right)^2 = a^4 - 2a^2\sqrt{a} + \left(\sqrt{a}\right)^2 = a^4 - 2a^{\frac{5}{2}} + a.$

b) $\left(a^2 - \sqrt{a}\right)^3 = a^6 - 3a^4\sqrt{a} + 3a^2\left(\sqrt{a}\right)^2 - \left(\sqrt{a}\right)^3 = a^6 - 3a^{\frac{9}{2}} + 3a^3 - a^{\frac{3}{2}}.$

c) $\left(a - \sqrt{b} - \sqrt{c}\right)^2 = a^2 + \left(\sqrt{b}\right)^2 + (\sqrt{c})^2 - 2a\sqrt{b} - 2a\sqrt{c} + 2\sqrt{b}\sqrt{c}$
   $= a^2 + b + c - 2a\sqrt{b} - 2a\sqrt{c} + 2\sqrt{bc}.$

d) $\left(a - \sqrt{b} - \sqrt{c}\right)^3 = \left(a - \left(\sqrt{b} + \sqrt{c}\right)\right)^3$
   $= a^3 - 3a^2\left(\sqrt{b} + \sqrt{c}\right) + 3a\left(\sqrt{b} + \sqrt{c}\right)^2 - \left(\sqrt{b} + \sqrt{c}\right)^3$

$$= a^3 - 3a^2\sqrt{b} - 3a^2\sqrt{c} + 3a\left(b + 2\sqrt{bc} + c\right) - \left(b^{\frac{3}{2}} + 3b\sqrt{c} + 3\sqrt{bc} + c^{\frac{3}{2}}\right)$$

$$= a^3 - 3a^2\sqrt{b} - 3a^2\sqrt{c} + 3ab + 6a\sqrt{bc} + 3ac + b^{\frac{3}{2}} + 3b\sqrt{c} + 3\sqrt{bc} + c^{\frac{3}{2}}.$$

Aufgabe 5.3.5

Zerlegen Sie in Faktoren.

a) $5x + 5y$, b) $27a + 81b$,

c) $\dfrac{1}{4}x - \dfrac{1}{8}x^2$, d) $ab - a^2 - a$,

e) $a^3 + 2a^2b + ab^2$, f) $2ax + 3ay$.

Lösung:

a) $5x + 5y = 5(x + y)$.

b) $27a + 81b = 27(a + 3b)$.

c) $\dfrac{1}{4}x - \dfrac{1}{8}x^2 = \dfrac{1}{8}x(2 - x)$.

d) $ab - a^2 - a = a(b - a - 1)$.

e) $a^3 + 2a^2b + ab^2 = a\left(a^2 + 2ab + b^2\right) = a\left(a + b\right)^2$.

f) $2ax + 3ay = a(2x + 3y)$.

Aufgabe 5.3.6

Zerlegen Sie in Faktoren.

a) $a(x + y) + b(x + y)$,

b) $a(x - y) + b(y - x)$,

c) $25a^2b(5x - y) - 35ab^2(5x - y)$,

d) $90xy(u - v) - 60yz(v - u) - x^2y(u - v)$,

e) $(a - b)(x + y) - (a + b)(x + y)$.

Lösung:

a) $a(x + y) + b(x + y) = (x + y)(a + b)$.

b) $a(x - y) + b(y - x) = a(x - y) - b(x - y) = (x - y)(a - b)$.

c) $25a^2b(5x - y) - 35ab^2(5x - y) = 5ab(5x - y)(5a - 7b)$.

d) $90xy(u - v) - 60yz(v - u) - x^2y(u - v)$
$= 90xy(u - v) + 60yz(u - v) - x^2y(u - v) = y(u - v)(90x + 60z - x^2)$.

e) $(a - b)(x + y) - (a + b)(x + y) = (x + y)((a - b) - (a + b))$
$= (x + y)(a - b - a - b) = -2b(x + y)$.

Aufgabe 5.3.7

Zerlegen Sie in Faktoren.

a) $ax + ay + bx + by - cx - cy$,

b) $ax + ay - bx - by + x + y$,

c) $10ax + 18ay + 15bx + 27by - 100cx - 180cy$,

d) $4a^3x - 8ab^2x + 2a^3y - 4ab^2y$,

e) $a^3x^2 - a^3y^2 - b^3x^2 + b^3y^2$,

f) $ax - bz - by - ay + bx - az$.

Lösung:

a) $ax + ay + bx + by - cx - cy = a(x+y) + b(x+y) - c(x+y) = (x+y)(a+b-c)$.

b) $ax + ay - bx - by + x + y = a(x+y) - b(x+y) + (x+y) = (x+y)(a-b+1)$.

c) $10ax + 18ay + 15bx + 27by - 100cx - 180cy$
$= 2a(5x + 9y) + 3b(5x + 9y) - 20c(5x + 9y) = (5x + 9y)(2a + 3b - 20c)$.

d) $4a^3x - 8ab^2x + 2a^3y - 4ab^2y = 4ax\left(a^2 - 2b^2\right) + 2ay\left(a^2 - 2b^2\right)$
$= \left(a^2 - 2b^2\right)(4ax + 2ay) = 2a\left(a^2 - 2b^2\right)(2x + y)$
$= 2a\left(a - \sqrt{2}b\right)\left(a + \sqrt{2}b\right)(2x + y)$.

e) $a^3x^2 - a^3y^2 - b^3x^2 + b^3y^2 = a^3\left(x^2 - y^2\right) - b^3\left(x^2 - y^2\right)$
$= \left(x^2 - y^2\right)\left(a^3 - b^3\right) = (x - y)(x + y)\left(a^3 - b^3\right)$.

f) $ax - bz - by - ay + bx - az = ax + bx - ay - by - az - bz$
$= x(a + b) - y(a + b) - z(a + b) = (a + b)(x - y - z)$.

Aufgabe 5.3.8

Kürzen Sie.

a) $\dfrac{27x^7y^3z^2}{36x^6y^4z}$,

b) $\dfrac{\sqrt{3}\sqrt{x}yz^2}{3x\sqrt{yz}}$,

c) $\dfrac{2\pi e^2(x+y)}{\pi^2 e^2(x+y)}$.

Lösung:

a) $\dfrac{27x^7y^3z^2}{36x^6y^4z} = \dfrac{3xz}{4y}$ für $x,y,z \neq 0$.

b) $\dfrac{\sqrt{3}\sqrt{x}yz^2}{3x\sqrt{yz}} = \dfrac{\sqrt{yz}}{\sqrt{3}\sqrt{x}}$ für $x,y,z \neq 0$ und $x,y \neq 0$.

c) $\dfrac{2\pi e^2(x+y)}{\pi^2 e^2(x+y)} = \dfrac{2}{\pi}$ für $x \neq -y$.

Aufgabe 5.3.9

Kürzen Sie.

a) $\dfrac{ab+b^2}{a^2-b^2}$,

b) $\dfrac{a^2-a}{a^2-1}$,

c) $\dfrac{75x^3 + 90x^2y + 27xy^2}{25x^3 + 55x^2y + 39x^2 + 9y^3}$,

d) $\dfrac{ab^2 - cb^2 - ad^2 + cd^2}{ab^3 + ad^3 - cb^3 - cd^3}$,

e) $\dfrac{27x + 9x^2 + 81}{-9x^2 + 81}$.

Lösung:

a) $\dfrac{ab+b^2}{a^2-b^2} = \dfrac{b(a+b)}{(a-b)(a+b)} = \dfrac{b}{a-b}$ für $|a| \neq |b|$.

b) $\dfrac{a^2-a}{a^2-1} = \dfrac{a(a-1)}{(a+1)(a-1)} = \dfrac{a}{a+1}$ für $a \neq \pm 1$.

c) $\dfrac{75x^3 + 90x^2y + 27xy^2}{25x^3 + 55x^2y + 39x^2 + 9y^3}$

$= \dfrac{3x\,(5x + 3y)^2}{(25x^3 + 30x^2y + 9xy^2) + (25x^2y + 30xy^2 + 9y^3)}$

$= \dfrac{3x\,(5x + 3y)^2}{x\,(25x^2 + 30xy + 9y^2) + y\,(25x^2 + 30xy + 9y^2)}$

$= \dfrac{3x\,(5x + 3y)^2}{x\,(5x + 3y)^2 + y\,(5x + 3y)^2} = \dfrac{3x\,(5x + 3y)^2}{(x + y)\,(5x + 3y)^2}$

$= \dfrac{3x}{x + y}$ für $x \neq -y$ und $x \neq -\dfrac{3}{5}$.

d) $\dfrac{ab^2 - cb^2 - ad^2 + cd^2}{ab^3 + ad^3 - cb^3 - cd^3} = \dfrac{b^2(a - c) - d^2(a - c)}{ab^3 - cb^3 + ad^3 - cd^3}$

$= \dfrac{b^2(a - c) - d^2(a - c)}{b^3(a - c) - d^3(a - c)} = \dfrac{(a - c)(b^2 - d^2)}{(a - c)(b^3 - d^3)}$

$= \dfrac{b^2 - d^2}{b^3 - d^3}$ für $a \neq c$ und $|b| \neq |d|$.

e) $\dfrac{27x + 9x^2 + 81}{-9x^2 + 81} = \dfrac{(9 + 3x)^2}{(9 + 3x)(9 - 3x)} = \dfrac{9 + 3x}{9 - 3x} = \dfrac{3(3 + x)}{3(3 - x)} = \dfrac{3 + x}{3 - x}$

für $x \neq \pm 3$.

Aufgabe 5.3.10

Vereinfachen Sie.

a) $\dfrac{4}{6x} - \dfrac{y - x}{5xy} + \dfrac{4z - 3x}{12xz} - \dfrac{5x - 4y^2}{20xy^2} + \dfrac{25y - 10x}{50yz} - \dfrac{y^2 - z}{4y^2z}$,

b) $\dfrac{x - 1}{x - 2} - \dfrac{x - 2}{x - 3}$,

c) $\dfrac{1}{x + 1} + \dfrac{1}{x + 2} - \dfrac{1}{x + 3} - \dfrac{1}{x + 4}$,

d) $\dfrac{x + 4y}{3x^2 - 6xy} - \dfrac{1}{4y} + \dfrac{x - 6y}{4xy - 8y^2}$,

e) $\dfrac{3y}{2x} + \dfrac{2x}{3y} - \dfrac{4y^2}{9x^2 + 6xy} - \dfrac{9x^2}{6xy + 4y^2}$.

Lösung:

a) $\dfrac{4}{6x} - \dfrac{y-x}{5xy} + \dfrac{4z-3x}{12xz} - \dfrac{5x-4y^2}{20xy^2} + \dfrac{25y-10x}{50yz} - \dfrac{y^2-z}{4y^2z}$

$= \dfrac{200y^2z}{300xy^2z} - \dfrac{60yz(y-x)}{300xy^2z} + \dfrac{25y^2(4z-3x)}{300xy^2z}$

$\quad - \dfrac{15z\left(5x-4y^2\right)}{300xy^2z} + \dfrac{6xy(25y-10x)}{300xy^2z} - \dfrac{75x(y^2-z)}{300xy^2z}$

$= \dfrac{200y^2z - 60y^2z + 60xyz + 100y^2z - 75xy^2 - 75xz + 60y^2z}{300xy^2z}$

$\quad + \dfrac{150xy^2 - 60x^2y - 75xy^2 + 75xz}{300xy^2z}$

$= \dfrac{200y^2z - 60y^2z + 100y^2z + 60y^2z + 60xyz}{300xy^2z}$

$\quad + \dfrac{-75xy^2 + 150xy^2 - 75xy^2 - 75xz + 75xz - 60x^2y}{300xy^2z}$

$= \dfrac{300y^2z + 60xyz - 60x^2y}{300xy^2z} = \dfrac{-x^2y + xyz + 5y^2z}{5xy^2z}$

für $x, y, z \neq 0$.

b) $\dfrac{x-1}{x-2} - \dfrac{x-2}{x-3} = \dfrac{(x-1)(x-3)}{(x-2)(x-3)} - \dfrac{(x-2)(x-2)}{(x-2)(x-3)}$

$= \dfrac{x^2 - 3x - x + 3 - \left(x^2 - 4x + 4\right)}{(x-2)(x-3)} = \dfrac{x^2 - 3x - x + 3 - x^2 + 4x - 4}{(x-2)(x-3)}$

$= \dfrac{-1}{(x-2)(x-3)}$ für $x \neq 2$, $x \neq 3$.

c) $\dfrac{1}{x+1} + \dfrac{1}{x+2} - \dfrac{1}{x+3} - \dfrac{1}{x+4}$

$= \dfrac{(x+2)(x+3)(x+4)}{(x+1)(x+2)(x+3)(x+4)} + \dfrac{(x+1)(x+3)(x+4)}{(x+1)(x+2)(x+3)(x+4)}$

$\quad - \dfrac{(x+1)(x+2)(x+4)}{(x+1)(x+2)(x+3)(x+4)} - \dfrac{(x+1)(x+2)(x+3)}{(x+1)(x+2)(x+3)(x+4)}$

$= \dfrac{x^3 + 9x^2 + 26x + 24}{(x+1)(x+2)(x+3)(x+4)} + \dfrac{x^3 + 8x^2 + 19x + 12}{(x+1)(x+2)(x+3)(x+4)}$

$\quad - \dfrac{x^3 + 7x^2 + 14x + 8}{(x+1)(x+2)(x+3)(x+4)} - \dfrac{x^3 + 6x^2 + 11x + 6}{(x+1)(x+2)(x+3)(x+4)}$

$= \dfrac{4x^2 + 20x + 22}{(x+1)(x+2)(x+3)(x+4)}$ für $x \neq -1$, $x \neq -2$, $x \neq -3$, $x \neq -4$.

d) $\dfrac{x+4y}{3x^2-6xy} - \dfrac{1}{4y} + \dfrac{x-6y}{4xy-8y^2}$

$= \dfrac{4y(x+4y)}{12xy(x-2y)} - \dfrac{3x(x-2y)}{12xy(x-2y)} + \dfrac{3x(x-6y)}{12xy(x-2y)}$

$= \dfrac{4xy+4y^2}{12xy(x-2y)} - \dfrac{3x^2-6xy}{12xy(x-2y)} + \dfrac{3x^3-18xy}{12xy(x-2y)}$

$= \dfrac{4xy+16y^2-3x^2+6xy+3x^2-18xy}{12xy(x-2y)} = \dfrac{-8xy+16y^2}{12xy(x-2y)}$

$= \dfrac{4y(-2x+4y)}{12xy(x-2y)} = \dfrac{4y-2x}{3x(x-2y)}$ für $x,y \neq 0$ und $x \neq 2y$.

e) $\dfrac{3y}{2x} + \dfrac{2x}{3y} - \dfrac{4y^2}{9x^2+6xy} - \dfrac{9x^2}{6xy+4y^2}$

$= \dfrac{3y}{2x} + \dfrac{2x}{3y} - \dfrac{4y^2}{3x(3x+2y)} - \dfrac{9x^2}{2y(3x+2y)}$

$= \dfrac{3y \cdot 3y(3x+2y)}{6xy(3x+2y)} + \dfrac{2x \cdot 2x(3x+2y)}{6xy(3x+2y)} - \dfrac{4y^2 \cdot 2y}{6xy(3x+2y)} - \dfrac{9x^2 \cdot 3x}{6xy(3x+2y)}$

$= \dfrac{27xy^2+18y^3+12x^3+8x^2y-8y^3-27x^3}{6xy(3x+2y)}$

$= \dfrac{-15x^3+8x^2y+27xy^2+10y^3}{6xy(3x+2y)}$ für $x,y \neq 0$ und $x \neq -\dfrac{2}{3}y$.

Aufgabe 5.3.11
Vereinfachen Sie.

a) $\dfrac{2x}{15a^2bc} + \dfrac{2y}{20ab^2c} - \dfrac{z}{25abc^2}$,

b) $\dfrac{3x}{5y^2} - \dfrac{10y-x}{10x^2} + \dfrac{5xy-3x^2+2y^2}{5xy^2} + \dfrac{5y-6x}{6xy}$,

c) $\dfrac{x}{x+y} + \dfrac{y}{y-x} - \dfrac{2x}{y}$,

d) $\dfrac{a}{2a+b} - \dfrac{b}{2a-b}$,

e) $\dfrac{1}{a+6} + \dfrac{3}{a+2} + \dfrac{7}{3a+3} - \dfrac{5}{a-2}$,

f) $-\dfrac{a^2+ab}{a+b} - \dfrac{3a^3+3a^2b+3ab^2+3b^3}{3(a+b)^2} + \dfrac{a^3-b^3}{(a-b)(a+b)}$.

Lösung:

a) $\dfrac{2x}{15a^2bc} + \dfrac{2y}{20ab^2c} - \dfrac{z}{25abc^2} = \dfrac{2x \cdot 20bc}{300a^2b^2c^2} + \dfrac{2y \cdot 15ac}{300a^2b^2c^2} - \dfrac{z \cdot 12ab}{300a^2b^2c^2}$

$\quad = \dfrac{40bcx + 30acy - 12abz}{300a^2b^2c^2} = \dfrac{20bcx + 15acy - 6abz}{150a^2b^2c^2}$ für $a, b, c \neq 0$.

b) $\dfrac{3x}{5y^2} - \dfrac{10y - x}{10x^2} + \dfrac{5xy - 3x^2 + 2y^2}{5xy^2} + \dfrac{5y - 6x}{6xy}$

$\quad = \dfrac{3x \cdot 6x^2}{30x^2y^2} - \dfrac{(10y - x) \cdot 3y^2}{30x^2y^2} + \dfrac{(5xy - 3x^2 + 2y^2) \cdot 6x}{30x^2y^2} + \dfrac{(5y - 6x) \cdot 5xy}{30x^2y^2}$

$\quad = \dfrac{18x^3 - (30y^3 - 3xy^2) + (30x^2y - 18x^3 + 12xy^2) + 25xy^2 - 30x^2y}{30x^2y^2}$

$\quad = \dfrac{18x^3 - 30y^3 + 3xy^2 + 30x^2y - 18x^3 + 12xy^2 + 25xy^2 - 30x^2y}{30x^2y^2}$

$\quad = \dfrac{18x^3 - 18x^3 + 30x^2y - 30x^2y + 3xy^2 + 12xy^2 + 25xy^2 - 30y^3}{30x^2y^2}$

$\quad = \dfrac{40xy^2 - 30y^3}{30x^2y^2} = \dfrac{10y(4xy - 3y^2)}{30x^2y^2} = \dfrac{4xy - 3y}{3x^2}$ für $x, y \neq 0$.

c) $\dfrac{x}{x + y} + \dfrac{y}{y - x} - \dfrac{2x}{y}$

$\quad = \dfrac{xy(y - x)}{(x + y)(y - x)y} + \dfrac{y^2(x + y)}{(x + y)(y - x)y} - \dfrac{2x(x + y)(y - x)}{(x + y)(y - x)y}$

$\quad = \dfrac{xy^2 - x^2y + xy^2 + y^3 - (2xy^2 - 2x^3)}{(x + y)(y - x)y}$

$\quad = \dfrac{2x^3 - x^2y - 2xy^2 + y^3}{(x + y)(y - x)y}$ für $y \neq 0$ und $|x| \neq |y|$.

d) $\dfrac{a}{2a + b} - \dfrac{b}{2a - b} = \dfrac{a(2a - b)}{(2a + b)(2a - b)} - \dfrac{b(2a + b)}{(2a + b)(2a - b)}$

$\quad = \dfrac{2a^2 - ab - (2ab + b^2)}{(2a + b)(2a - b)} = \dfrac{2a^2 - 3ab - b^2}{(2a + b)(2a - b)}$ für $|b| \neq |2a|$.

e) $\dfrac{1}{a + 6} + \dfrac{3}{a + 2} + \dfrac{7}{3a + 3} - \dfrac{5}{a - 2}$

$\quad = \dfrac{(a + 2)(a - 2)(3a + 3)}{3(a + 2)(a - 2)(a + 1)(a + 6)} + \dfrac{3(a - 2)(3a + 3)(a + 6)}{3(a + 2)(a - 2)(a + 1)(a + 6)}$

$\quad + \dfrac{7(a + 2)(a - 2)(a + 6)}{3(a + 2)(a - 2)(a + 1)(a + 6)} - \dfrac{5(a + 2)(3a + 3)(a + 6)}{3(a + 2)(a - 2)(a + 1)(a + 6)}$

$$= \frac{3a^3 + 3a^2 - 12a - 12}{3(a+2)(a-2)(a+1)(a+6)} + \frac{9a^3 + 45a^2 - 72a - 108}{3(a+2)(a-2)(a+1)(a+6)}$$

$$+ \frac{7a^3 + 42a^2 - 28a - 168}{3(a+2)(a-2)(a+1)(a+6)} - \frac{15a^3 + 135a^2 + 300a + 180}{3(a+2)(a-2)(a+1)(a+6)}$$

$$= \frac{4a^3 - 45a^2 - 412a - 468}{3(a+2)(a-2)(a+1)(a+6)} \quad \text{für } a \neq -6, a \neq -2, a \neq -1, a \neq 2.$$

f) $\quad -\dfrac{a^2 + ab}{a+b} - \dfrac{3a^3 + 3a^2 b + 3ab^2 + 3b^3}{3(a+b)^2} + \dfrac{a^3 - b^3}{(a-b)(a+b)}$

$$= -\frac{(a^2 + ab) \cdot 3(a+b)(a-b)}{3(a+b)^2(a-b)} - \frac{\left(3a^3 + 3a^2 b + 3ab^2 + 3b^3\right)(a-b)}{3(a+b)^2(a-b)}$$

$$+ \frac{(a^3 - b^3) \cdot 3(a+b)}{3(a+b)^2(a-b)}$$

$$= -\frac{3a^4 + 3a^3 b - 3a^2 b^2 - 3ab^3}{3(a+b)^2(a-b)} - \frac{3a^4 - 3b^4}{3(a+b)^2(a-b)}$$

$$+ \frac{3a^4 + 3a^3 b - 3ab^3 - 3b^4}{3(a+b)^2(a-b)}$$

$$= \frac{3a^2(b+a)(b-a)}{3(a+b)^2(a-b)} = \frac{3a^2(b-a)}{3(a+b)(a-b)} = \frac{a^2}{a+b} \quad \text{für } |a| \neq |b|.$$

Aufgabe 5.3.12

Multiplizieren Sie aus.

a) $\left(a + a^2\right)\left(x + x^2\right)$,

b) $\left(x^2 + 2x + 1\right)\left(x^5 + 2x - 5\right)$,

c) $\left(\sqrt{x} + x^2\right)\left(\sqrt{x^3} - 2x\right)$,

d) $(ax + ay)(ab + x^2)$.

Lösung:

a) $\left(a + a^2\right)\left(x + x^2\right) = a \cdot x + a \cdot x^2 + a^2 \cdot x + a^2 \cdot x^2 = ax + ax^2 + a^2 x + a^2 x^2$.

b) $\left(x^2 + 2x + 1\right)\left(x^5 + 2x - 5\right)$
$\quad = x^2 \cdot x^5 + x^2 \cdot 2x - x^2 \cdot 5 + 2x \cdot x^5 + 2x \cdot 2x - 2x \cdot 5 + x^5 + 2x - 5$
$\quad = x^7 + 2x^3 - 5x^2 + 2x^6 + 4x^2 - 10x + x^5 + 2x - 5$
$\quad = x^7 + 2x^6 + x^5 + 2x^3 - x^2 - 8x - 5$.

c) $\left(\sqrt{x}+x^2\right)\left(\sqrt{x^3}-2x\right)=\sqrt{x}\cdot\sqrt{x^3}-\sqrt{x}\cdot 2x+x^2\cdot\sqrt{x^3}-x^2\cdot 2x$

$=x^2-2x^{\frac{3}{2}}+x^{\frac{7}{2}}-2x^3=x^{\frac{7}{2}}-2x^3+x^2-2x^{\frac{3}{2}}.$

d) $(ax+ay)\left(ab+x^2\right)=ax\cdot ab+ax\cdot x^2+ay\cdot ab+ay\cdot x^2$

$=a^2bx+ax^3+a^2bx+ax^2y.$

Aufgabe 5.3.13

Multiplizieren Sie aus.

a) $\left(\dfrac{x}{y}-\dfrac{y}{x}\right)\cdot\dfrac{x^2y^2}{x+y},$

b) $\left(\dfrac{x^2}{y}-\dfrac{2x}{y^2}-\dfrac{x^5}{3y^3}\right)\cdot\left(\dfrac{x}{y}+\dfrac{2x}{y^2}-\dfrac{x^3}{2y}\right).$

Lösung:

a) $\left(\dfrac{x}{y}-\dfrac{y}{x}\right)\cdot\dfrac{x^2y^2}{x+y}=\dfrac{x^2-y^2}{xy}\cdot\dfrac{x^2y^2}{x+y}=\dfrac{(x-y)(x+y)x^2y^2}{xy(x+y)}=xy(x-y)$

für $y, x\neq 0$ und $x\neq -y.$

b) $\left(\dfrac{x^2}{y}-\dfrac{2x}{y^2}-\dfrac{x^5}{3y^3}\right)\cdot\left(\dfrac{x}{y}+\dfrac{2x}{y^2}-\dfrac{x^3}{2y}\right)$

$=\left(\dfrac{x^2\cdot 3y^2}{3y^3}-\dfrac{2x\cdot 3y}{3y^3}-\dfrac{x^5}{3y^3}\right)\cdot\left(\dfrac{x\cdot 2y}{2y^2}+\dfrac{2x\cdot 2}{2y^2}-\dfrac{x^3\cdot y}{2y^2}\right)$

$=\dfrac{3x^2y^2-2xy-x^5}{3y^3}\cdot\dfrac{2xy+4x-x^3y}{2y^2}$

$=\dfrac{\left(3x^2y^2-6xy-x^5\right)\cdot\left(2xy+4x-x^3y\right)}{6y^5}$

$=\dfrac{6x^3y^3+12x^3y^2-3x^5y^3-12x^2y^2-24x^2y+6x^4y^2}{6y^5}$

$+\dfrac{-2x^6y-4x^6+x^8y}{6y^5}$

$=\dfrac{x^8y-3x^5y^3-2x^6y-4x^6+6x^4y^2+6x^3y^3+12x^3y^2}{6y^5}$

$+\dfrac{-12x^2y^2-24x^2y}{6y^5}$ für $y\neq 0.$

Aufgabe 5.3.14

Kürzen Sie.

a) $\dfrac{x - \frac{1}{x}}{\frac{1}{x} - \frac{1}{x^2}}$,

b) $\dfrac{3x + 12\sqrt{x}\sqrt{y} + 12y}{\left(\sqrt{x} + 2\sqrt{y}\right)^2}$,

c) $\dfrac{\frac{x}{x-y} - \frac{y}{x+y}}{\frac{y}{x-y} - \frac{x}{x+y}}$,

d) $\dfrac{\left(\sqrt{x} - 1\right)^2 - \left(\sqrt{y} - 1\right)^2}{\left(\sqrt{x} + \sqrt{y}\right)^2 - 4\sqrt{x} - 4\sqrt{y} + 4}$.

Lösung:

a) $\dfrac{x - \frac{1}{x}}{\frac{1}{x} - \frac{1}{x^2}} = \dfrac{\frac{x^2-1}{x}}{\frac{x-1}{x^2}} = \dfrac{x^2-1}{x} \cdot \dfrac{x^2}{x-1} = \dfrac{(x-1)(x+1)x^2}{x(x-1)} = x(x+1)$

   für $x \neq 0$ und $x \neq 1$.

b) $\dfrac{3x + 12\sqrt{x}\sqrt{y} + 12y}{\left(\sqrt{x} + 2\sqrt{y}\right)^2} = \dfrac{3\left(x + 4\sqrt{x}\sqrt{y} + 4y\right)}{\left(\sqrt{x} + 2\sqrt{y}\right)^2} = \dfrac{3\left(\sqrt{x} + 2\sqrt{y}\right)^2}{\left(\sqrt{x} + 2\sqrt{y}\right)^2}$

   $= 3$ für $\sqrt{x} + 2\sqrt{y} \neq 0$ und $x, y \geq 0$.

c) $\dfrac{\frac{x}{x-y} - \frac{y}{x+y}}{\frac{y}{x-y} - \frac{x}{x+y}} = \dfrac{\frac{x(x+y)-y(x-y)}{(x-y)(x+y)}}{\frac{y(x+y)-x(x-y)}{(x-y)(x+y)}} = \dfrac{\frac{x^2+xy-xy+y^2}{(x-y)(x+y)}}{\frac{xy+y^2-x^2+xy}{(x-y)(x+y)}} = \dfrac{\frac{x^2+y^2}{(x-y)(x+y)}}{\frac{-x^2+2xy+y^2}{(x-y)(x+y)}}$

   $= \dfrac{x^2 + y^2}{(x-y)(x+y)} \cdot \dfrac{(x-y)(x+y)}{-x^2+2xy+y^2} = \dfrac{x^2 + y^2}{-x^2 + 2xy + y^2}$

   für $|x| \neq |y|$ und $-x^2 + 2xy + y^2 \neq 0$.

d) $\dfrac{\left(\sqrt{x} - 1\right)^2 - \left(\sqrt{y} - 1\right)^2}{\left(\sqrt{x} + \sqrt{y}\right)^2 - 4\sqrt{x} - 4\sqrt{y} + 4} = \dfrac{x - 2\sqrt{x} + 1 - y + 2\sqrt{y} - 1}{x + 2\sqrt{xy} + y - 4\sqrt{x} - 4\sqrt{y} + 4}$

   $= \dfrac{x + \sqrt{xy} - 2\sqrt{x} - \sqrt{xy} - y + 2\sqrt{y}}{x + y + 4 + 2\sqrt{xy} - 4\sqrt{x} - 4\sqrt{y}} = \dfrac{\left(\sqrt{x} - \sqrt{y}\right)\left(\sqrt{x} + \sqrt{y} - 2\right)}{\left(\sqrt{x} + \sqrt{y} - 2\right)^2}$

   $= \dfrac{\sqrt{x} - \sqrt{y}}{\sqrt{x} + \sqrt{y} - 2}$ für $\sqrt{x} + \sqrt{y} - 2 \neq 0$.

Aufgabe 5.3.15

Vereinfachen Sie.

a) $\dfrac{ax^2 - ay^2}{bx^2 - 2bxy + by^2} : \dfrac{a^2}{b^2x^2 - b^2y^2}$,

b) $\left(\dfrac{y}{x-y} + \dfrac{x}{x+y} \right) - \left(\dfrac{x^2}{x^2 + 2xy + y^2} + \dfrac{y^2}{x^2 - 2xy + y^2} \right) : \dfrac{5xy}{x^2 - y^2}$,

c) $\dfrac{\frac{(x+y)^2}{2xy} + 4}{\frac{x-y}{y}}$,

d) $\dfrac{\frac{u^4 v - u^2 v^3}{v^3}}{\frac{u^4 - u^3 v}{u v^2}}$.

Lösung:

a) $\dfrac{ax^2 - ay^2}{bx^2 - 2bxy + by^2} : \dfrac{a^2}{b^2x^2 - b^2y^2} = \dfrac{a(x-y)(x+y) \cdot b^2(x-y)(x+y)}{b(x-y)^2 \cdot a^2}$

$= \dfrac{b(x+y)^2}{a}$ für $a, b \neq 0$ und $|x| \neq |y|$.

b) $\left(\dfrac{y}{x-y} + \dfrac{x}{x+y} \right) - \left(\dfrac{x^2}{x^2 + 2xy + y^2} + \dfrac{y^2}{x^2 - 2xy + y^2} \right) : \dfrac{5xy}{x^2 - y^2}$

$= \left(\dfrac{y(x+y)}{(x-y)(x+y)} + \dfrac{x(x-y)}{(x-y)(x+y)} \right)$

$- \left(\dfrac{x^2(x-y)^2}{(x+y)^2(x-y)^2} + \dfrac{y^2(x+y)^2}{(x+y)^2(x-y)^2} \right) \cdot \dfrac{(x-y)(x+y)}{5xy}$

$= \dfrac{xy + y^2 + x^2 - xy}{(x-y)(x+y)} - \dfrac{x^2(x-y)^2 + y^2(x+y)^2}{(x+y)^2(x-y)^2} \cdot \dfrac{(x-y)(x+y)}{5xy}$

$= \dfrac{x^2 + y^2}{(x-y)(x+y)} - \dfrac{x^2(x-y)^2 + y^2(x+y)^2}{5xy(x+y)(x-y)}$

$= \dfrac{5xy\left(x^2 + y^2\right)}{5xy(x-y)(x+y)} - \dfrac{x^2(x-y)^2 + y^2(x+y)^2}{5xy(x+y)(x-y)}$

$= \dfrac{5x^3y + 5xy^3 - \left(x^2\left(x^2 - 2xy + y^2\right) + y^2\left(x^2 + 2xy + y^2\right)\right)}{5xy(x-y)(x+y)}$

$= \dfrac{5x^3y + 5xy^3 - x^4 + 2x^3y - x^2y^2 - x^2y^2 - 2xy^3 - y^4}{5xy(x-y)(x+y)}$

$= \dfrac{-x^4 + 7x^3y - 2x^2y^2 + 3xy^3 - y^4}{5xy(x-y)(x+y)}$ für $x, y \neq 0$ und $|x| \neq |y|$.

c) $\dfrac{\frac{(x+y)^2}{2xy}+4}{\frac{x-y}{y}} = \dfrac{\frac{(x+y)^2}{2xy}+\frac{8xy}{2xy}}{\frac{x-y}{y}} = \dfrac{x^2+10xy+y^2}{2xy} \cdot \dfrac{y}{x-y}$

$\qquad = \dfrac{x^2+10xy+y^2}{2x(x-y)}$ für $x \neq 0$ und $x \neq y$.

d) $\dfrac{\frac{u^4v-u^2v^3}{v^3}}{\frac{u^4-u^3v}{uv^2}} = \dfrac{u^4v-u^2v^3}{v^3} \cdot \dfrac{uv^2}{u^4-u^3v} = \dfrac{u^2v\left(u^2-v^2\right)\cdot uv^2}{v^3u^3(u-v)} = u+v$

$\qquad$ für $u, v \neq 0$ und $u \neq v$.

Aufgabe 5.3.16

Vereinfachen Sie.

a) $\dfrac{\left(a^{1-m}\right)^{1+m}}{\left(a^m\right)^2}$,

b) $\left(\dfrac{6z^{-3}}{10x^{-2}y^2}\right)^{-2} \cdot \left(\dfrac{20x^{-5}z}{9y^{-3}}\right)^{-3}$,

c) $\dfrac{a^{\frac{2}{3}}-b^{\frac{2}{3}}}{\sqrt[3]{a}-\sqrt[3]{b}}$,

d) $\dfrac{a\sqrt{x}-a\sqrt{y}+b\sqrt{y}-b\sqrt{x}}{\sqrt{a}\sqrt[4]{x}-\sqrt{a}\sqrt[4]{y}-\sqrt{b}\sqrt[4]{y}+\sqrt{b}\sqrt[4]{x}}$.

Lösung:

a) $\dfrac{\left(a^{1-m}\right)^{1+m}}{\left(a^m\right)^2} = \dfrac{a^{1-m^2}}{a^{2m}} = a^{1-2m-m^2}$ für $a \neq 0$.

b) $\left(\dfrac{6z^{-3}}{10x^{-2}y^2}\right)^{-2} \cdot \left(\dfrac{20x^{-5}z}{9y^{-3}}\right)^{-3} = \dfrac{6^{-2}z^6}{10^{-2}x^4y^{-4}} \cdot \dfrac{20^{-3}x^{15}z^{-3}}{9^{-3}y^9}$

$\qquad = \dfrac{100z^6y^4 \cdot 729x^{15}}{36x^4 \cdot 8\,000z^3y^9} = \dfrac{81x^{11}z^3}{320y^5}$ für $x, y, z \neq 0$.

c) $\dfrac{a^{\frac{2}{3}}-b^{\frac{2}{3}}}{\sqrt[3]{a}-\sqrt[3]{b}} = \dfrac{\left(\sqrt[3]{a}-\sqrt[3]{b}\right)\left(\sqrt[3]{a}+\sqrt[3]{b}\right)}{\sqrt[3]{a}-\sqrt[3]{b}} = \sqrt[3]{a}-\sqrt[3]{b}$ für $a \neq b$.

d) $\dfrac{a\sqrt{x}-a\sqrt{y}+b\sqrt{y}-b\sqrt{x}}{\sqrt{a}\sqrt[4]{x}-\sqrt{a}\sqrt[4]{y}-\sqrt{b}\sqrt[4]{y}+\sqrt{b}\sqrt[4]{x}}$

$\qquad = \dfrac{a\left(\sqrt{x}-\sqrt{y}\right)-b\left(\sqrt{x}-\sqrt{y}\right)}{\sqrt{a}\left(\sqrt[4]{x}-\sqrt[4]{y}\right)-\sqrt{b}\left(\sqrt[4]{x}-\sqrt[4]{y}\right)} = \dfrac{\left(\sqrt{x}-\sqrt{y}\right)(a-b)}{\left(\sqrt[4]{x}-\sqrt[4]{y}\right)\left(\sqrt{a}-\sqrt{b}\right)}$

$$= \frac{\left(\sqrt[4]{x} + \sqrt[4]{y}\right)\left(\sqrt[4]{x} - \sqrt[4]{y}\right)\left(\sqrt{a} + \sqrt{b}\right)\left(\sqrt{a} - \sqrt{b}\right)}{\left(\sqrt{a} - \sqrt{b}\right)\left(\sqrt[4]{x} - \sqrt[4]{y}\right)}$$

$$= \left(\sqrt[4]{x} + \sqrt[4]{y}\right)\left(\sqrt{a} + \sqrt{b}\right) \text{ für } a, b, x, y > 0 \text{ und } a \neq b,\ x \neq y.$$

Aufgabe 5.3.17

Berechnen Sie die Potenz $7^{\sqrt{3}}$ näherungsweise auf 8 Stellen Genauigkeit durch

a) Intervallschachtelung mit Intervallhalbierung.

b) Intervallschachtelung mit Dezimalstellenermittlung.

Lösung:

a) Intervallschachtelung mit Intervallhalbierung.

Wegen $1.00000000^2 < 3 < 2.00000000^2$ gilt:
$$1.00000000 < \sqrt{3} < 2.00000000$$
und damit $7^{1.00000000} < 7^{\sqrt{3}} < 7^{2.00000000}$, also
$$7.00000000 < 7^{\sqrt{3}} < 49.00000000.$$

Wegen $1.50000000^2 < 3 < 2.00000000^2$ gilt:
$$1.50000000 < \sqrt{3} < 2.00000000$$
und damit $7^{1.50000000} < 7^{\sqrt{3}} < 7^{2.00000000}$, also
$$18.52025918 < 7^{\sqrt{3}} < 49.00000000.$$

Wegen $1.50000000^2 < 3 < 1.75000000^2$ gilt:
$$1.50000000 < \sqrt{3} < 1.75000000$$
und damit $7^{1.50000000} < 7^{\sqrt{3}} < 7^{1.75000000}$, also
$$18.52025918 < 7^{\sqrt{3}} < 30.12461949.$$

Wegen $1.62500000^2 < 3 < 1.75000000^2$ gilt:
$$1.62500000 < \sqrt{3} < 1.75000000$$
und damit $7^{1.62500000} < 7^{\sqrt{3}} < 7^{1.75000000}$, also
$$23.62024049 < 7^{\sqrt{3}} < 30.12461949.$$

Wegen $1.68750000^2 < 3 < 1.75000000^2$ gilt:
$$1.68750000 < \sqrt{3} < 1.75000000$$
und damit $7^{1.68750000} < 7^{\sqrt{3}} < 7^{1.75000000}$, also
$$26.67490875 < 7^{\sqrt{3}} < 30.12461949.$$

Wegen $1.71875000^2 < 3 < 1.75000000^2$ gilt:
$$1.71875000 < \sqrt{3} < 1.75000000$$
und damit $7^{1.71875000} < 7^{\sqrt{3}} < 7^{1.75000000}$, also
$$28.34733632 < 7^{\sqrt{3}} < 30.12461949.$$

Wegen $1.71875000^2 < 3 < 1.73437500^2$ gilt:
$$1.71875000 < \sqrt{3} < 1.73437500$$
und damit $7^{1.71875000} < 7^{\sqrt{3}} < 7^{1.73437500}$, also
$$28.34733632 < 7^{\sqrt{3}} < 29.22246944.$$

Wegen $1.72656250^2 < 3 < 1.73437500^2$ gilt:
$$1.72656250 < \sqrt{3} < 1.73437500$$
und damit $7^{1.72656250} < 7^{\sqrt{3}} < 7^{1.73437500}$, also
$$28.78157691 < 7^{\sqrt{3}} < 29.22246944.$$

Wegen $1.73046875^2 < 3 < 1.73437500^2$ gilt:
$$1.73046875 < \sqrt{3} < 1.73437500$$
und damit $7^{1.73046875} < 7^{\sqrt{3}} < 7^{1.73437500}$, also
$$29.00118535 < 7^{\sqrt{3}} < 29.22246944.$$

Wegen $1.73046875^2 < 3 < 1.73242188^2$ gilt:
$$1.73046875 < \sqrt{3} < 1.73242188$$
und damit $7^{1.73046875} < 7^{\sqrt{3}} < 7^{1.73242188}$, also
$$29.00118535 < 7^{\sqrt{3}} < 29.11161714.$$

Wegen $1.73144531^2 < 3 < 1.73242188^2$ gilt:
$$1.73144531 < \sqrt{3} < 1.73242188$$
und damit $7^{1.73144531} < 7^{\sqrt{3}} < 7^{1.73242188}$, also
$$29.05634878 < 7^{\sqrt{3}} < 29.11161714.$$

Wegen $1.73193359^2 < 3 < 1.73242188^2$ gilt:
$$1.73193359 < \sqrt{3} < 1.73242188$$
und damit $7^{1.73193359} < 7^{\sqrt{3}} < 7^{1.73242188}$, also
$$29.08396983 < 7^{\sqrt{3}} < 29.11161714.$$

Wegen $1.73193359^2 < 3 < 1.73217773^2$ gilt:
$$1.73193359 < \sqrt{3} < 1.73217773$$
und damit $7^{1.73193359} < 7^{\sqrt{3}} < 7^{1.73217773}$, also
$$29.08396983 < 7^{\sqrt{3}} < 29.09779020.$$

Wegen $1.73193359^2 < 3 < 1.73205566^2$ gilt:
$$1.73193359 < \sqrt{3} < 1.73205566$$
und damit $7^{1.73193359} < 7^{\sqrt{3}} < 7^{1.73205566}$, also
$$29.08396983 < 7^{\sqrt{3}} < 29.09087920.$$

Wegen $1.73199463^2 < 3 < 1.73205566^2$ gilt:
$$1.73199463 < \sqrt{3} < 1.73205566$$
und damit $7^{1.73199463} < 7^{\sqrt{3}} < 7^{1.73205566}$, also
$$29.08742431 < 7^{\sqrt{3}} < 29.09087920.$$

Wegen $1.73202515^2 < 3 < 1.73205566^2$ gilt:
$$1.73202515 < \sqrt{3} < 1.73205566$$
und damit $7^{1.73202515} < 7^{\sqrt{3}} < 7^{1.73205566}$, also
$$29.08915170 < 7^{\sqrt{3}} < 29.09087920.$$

Wegen $1.73204041^2 < 3 < 1.73205566^2$ gilt:
$$1.73204041 < \sqrt{3} < 1.73205566$$
und damit $7^{1.73204041} < 7^{\sqrt{3}} < 7^{1.73205566}$, also
$$29.09001544 < 7^{\sqrt{3}} < 29.09087920.$$

Wegen $1.73204803^2 < 3 < 1.73205566^2$ gilt:
$$1.73204803 < \sqrt{3} < 1.73205566$$
und damit $7^{1.73204803} < 7^{\sqrt{3}} < 7^{1.73205566}$, also
$$29.09044731 < 7^{\sqrt{3}} < 29.09087920.$$

Wegen $1.73204803^2 < 3 < 1.73205185^2$ gilt:
$$1.73204803 < \sqrt{3} < 1.73205185$$
und damit $7^{1.73204803} < 7^{\sqrt{3}} < 7^{1.73205185}$, also
$$29.09044731 < 7^{\sqrt{3}} < 29.09066326.$$

Wegen $1.73204994^2 < 3 < 1.73205185^2$ gilt:
$$1.73204994 < \sqrt{3} < 1.73205185$$
und damit $7^{1.73204994} < 7^{\sqrt{3}} < 7^{1.73205185}$, also
$$29.09055528 < 7^{\sqrt{3}} < 29.09066326.$$

Wegen $1.73204994^2 < 3 < 1.73205090^2$ gilt:
$$1.73204994 < \sqrt{3} < 1.73205090$$
und damit $7^{1.73204994} < 7^{\sqrt{3}} < 7^{1.73205090}$, also
$$29.09055528 < 7^{\sqrt{3}} < 29.09060927.$$

Wegen $1.73205042^2 < 3 < 1.73205090^2$ gilt:
$$1.73205042 < \sqrt{3} < 1.73205090$$
und damit $7^{1.73205042} < 7^{\sqrt{3}} < 7^{1.73205090}$, also
$$29.09058228 < 7^{\sqrt{3}} < 29.09060927.$$

Wegen $1.73205066^2 < 3 < 1.73205090^2$ gilt:
$$1.73205066 < \sqrt{3} < 1.73205090$$
und damit $7^{1.73205066} < 7^{\sqrt{3}} < 7^{1.73205090}$, also
$$29.09059577 < 7^{\sqrt{3}} < 29.09060927.$$

Wegen $1.73205078^2 < 3 < 1.73205090^2$ gilt:
$$1.73205078 < \sqrt{3} < 1.73205090$$
und damit $7^{1.73205078} < 7^{\sqrt{3}} < 7^{1.73205090}$, also
$$29.09060252 < 7^{\sqrt{3}} < 29.09060927.$$

Wegen $1.73205078^2 < 3 < 1.73205084^2$ gilt:
$$1.73205078 < \sqrt{3} < 1.73205084$$
und damit $7^{1.73205078} < 7^{\sqrt{3}} < 7^{1.73205084}$, also
$$29.09060252 < 7^{\sqrt{3}} < 29.09060590.$$

Wegen $1.73205081^2 < 3 < 1.73205084^2$ gilt:
$$1.73205081 < \sqrt{3} < 1.73205084$$
und damit $7^{1.73205081} < 7^{\sqrt{3}} < 7^{1.73205084}$, also
$$29.09060421 < 7^{\sqrt{3}} < 29.09060590.$$

Wegen $1.73205081^2 < 3 < 1.73205082^2$ gilt:
$$1.73205081 < \sqrt{3} < 1.73205082$$
und damit $7^{1.73205081} < 7^{\sqrt{3}} < 7^{1.73205082}$, also
$$29.09060421 < 7^{\sqrt{3}} < 29.09060505.$$

Wegen $1.73205081^2 < 3 < 1.73205081^2$ gilt:
$$1.73205081 < \sqrt{3} < 1.73205081$$
und damit $7^{1.73205081} < 7^{\sqrt{3}} < 7^{1.73205081}$, also
$$29.09060421 < 7^{\sqrt{3}} < 29.09060463.$$

Wegen $1.73205081^2 < 3 < 1.73205081^2$ gilt:
$$1.73205081 < \sqrt{3} < 1.73205081$$
und damit $7^{1.73205081} < 7^{\sqrt{3}} < 7^{1.73205081}$, also
$$29.09060421 < 7^{\sqrt{3}} < 29.09060442.$$

Wegen $1.73205081^2 < 3 < 1.73205081^2$ gilt:

$$1.73205081 < \sqrt{3} < 1.73205081$$

und damit $7^{1.73205081} < 7^{\sqrt{3}} < 7^{1.73205081}$, also

$$29.09060421 < 7^{\sqrt{3}} < 29.09060431.$$

Wegen $1.73205081^2 < 3 < 1.73205081^2$ gilt:

$$1.73205081 < \sqrt{3} < 1.73205081$$

und damit $7^{1.73205081} < 7^{\sqrt{3}} < 7^{1.73205081}$, also

$$29.09060426 < 7^{\sqrt{3}} < 29.09060431.$$

Wegen $1.73205081^2 < 3 < 1.73205081^2$ gilt:

$$1.73205081 < \sqrt{3} < 1.73205081$$

und damit $7^{1.73205081} < 7^{\sqrt{3}} < 7^{1.73205081}$, also

$$29.09060426 < 7^{\sqrt{3}} < 29.09060429.$$

Wegen $1.73205081^2 < 3 < 1.73205081^2$ gilt:

$$1.73205081 < \sqrt{3} < 1.73205081$$

und damit $7^{1.73205081} < 7^{\sqrt{3}} < 7^{1.73205081}$, also

$$29.09060427 < 7^{\sqrt{3}} < 29.09060429.$$

Wegen $1.73205081^2 < 3 < 1.73205081^2$ gilt:

$$1.73205081 < \sqrt{3} < 1.73205081$$

und damit $7^{1.73205081} < 7^{\sqrt{3}} < 7^{1.73205081}$, also

$$29.09060428 < 7^{\sqrt{3}} < 29.09060429.$$

Damit gilt: $7^{\sqrt{3}} = 29.09060428...$ Diese 8 Stellen sind exakt.

b) Intervallschachtelung mit Dezimalstellenermittlung

Wegen $1.70000000^2 < 3 < 1.80000000^2$ gilt:

$$1.70000000 < \sqrt{3} < 1.80000000$$

und damit $7^{1.70000000} < 7^{\sqrt{3}} < 7^{1.80000000}$, also

$$27.33170144 < 7^{\sqrt{3}} < 33.20293476.$$

Wegen $1.73000000^2 < 3 < 1.74000000^2$ gilt:

$$1.73000000 < \sqrt{3} < 1.74000000$$

und damit $7^{1.73000000} < 7^{\sqrt{3}} < 7^{1.74000000}$, also

$$28.97474411 < 7^{\sqrt{3}} < 29.54408809.$$

Wegen $1.73200000^2 < 3 < 1.73300000^2$ gilt:

$$1.73200000 < \sqrt{3} < 1.73300000$$

und damit $7^{1.73200000} < 7^{\sqrt{3}} < 7^{1.73300000}$, also

$$29.08772832 < 7^{\sqrt{3}} < 29.14438554.$$

Wegen $1.73200000^2 < 3 < 1.73210000^2$ gilt:

$$1.73200000 < \sqrt{3} < 1.73210000$$

und damit $7^{1.73200000} < 7^{\sqrt{3}} < 7^{1.73210000}$, also

$$29.08772832 < 7^{\sqrt{3}} < 29.09338909.$$

Wegen $1.73205000^2 < 3 < 1.73206000^2$ gilt:

$$1.73205000 < \sqrt{3} < 1.73206000$$

und damit $7^{1.73205000} < 7^{\sqrt{3}} < 7^{1.73206000}$, also

$$29.09055857 < 7^{\sqrt{3}} < 29.09112465.$$

Wegen $1.73205000^2 < 3 < 1.73205100^2$ gilt:

$$1.73205000 < \sqrt{3} < 1.73205100$$

und damit $7^{1.73205000} < 7^{\sqrt{3}} < 7^{1.73205100}$, also

$$29.09055857 < 7^{\sqrt{3}} < 29.09061517.$$

Wegen $1.73205080^2 < 3 < 1.73205090^2$ gilt:

$$1.73205080 < \sqrt{3} < 1.73205090$$

und damit $7^{1.73205080} < 7^{\sqrt{3}} < 7^{1.73205090}$, also

$$29.09060385 < 7^{\sqrt{3}} < 29.09060951.$$

Wegen $1.73205080^2 < 3 < 1.73205081^2$ gilt:

$$1.73205080 < \sqrt{3} < 1.73205081$$

und damit $7^{1.73205080} < 7^{\sqrt{3}} < 7^{1.73205081}$, also

$$29.09060385 < 7^{\sqrt{3}} < 29.09060442.$$

Obwohl $\sqrt{3}$ auf 8 Stellen Genauigkeit vorliegt, sind für $7^{\sqrt{3}}$ noch keine 8 Stellen erreicht! Deshalb muß $\sqrt{3}$ noch genauer berechnet werden.

Wegen $1.732050807^2 < 3 < 1.732050808^2$ gilt:

$$1.732050807 < \sqrt{3} < 1.732050808$$

und damit $7^{1.732050807} < 7^{\sqrt{3}} < 7^{1.732050808}$, also

$$29.09060425 < 7^{\sqrt{3}} < 29.09060431.$$

Wegen $1.7320508075^2 < 3 < 1.7320508076^2$ gilt:

$$1.7320508075 < \sqrt{3} < 1.7320508076$$

und damit $7^{1.7320508075} < 7^{\sqrt{3}} < 7^{1.7320508076}$, also

$$29.09060427 < 7^{\sqrt{3}} < 29.09060428.$$

Damit gilt: $7^{\sqrt{3}} = 29.09060428...$

Aufgabe 5.3.18

Berechnen Sie die Potenz $\sqrt{2}^{\sqrt{2}}$ näherungsweise auf 8 Stellen Genauigkeit durch

a) Intervallschachtelung mit Intervallhalbierung.

b) Intervallschachtelung mit Dezimalstellenermittlung.

Lösung:

a) Intervallschachtelung mit Intervallhalbierung.

Wegen $1.00000000^2 < 2 < 2.00000000^2$ gilt:
$$1.00000000 < \sqrt{2} < 2.00000000 \text{ und damit}$$
$$1.00000000^{1.00000000} < \sqrt{2}^{\sqrt{2}} < 2.0000000^{2.00000000}, \text{ also}$$
$$1.00000000 < \sqrt{2}^{\sqrt{2}} < 4.00000000.$$

Wegen $1.00000000^2 < 2 < 1.50000000^2$ gilt:
$$1.00000000 < \sqrt{2} < 1.50000000 \text{ und damit}$$
$$1.00000000^{1.00000000} < \sqrt{2}^{\sqrt{2}} < 1.50000000^{1.50000000}, \text{ also}$$
$$1.00000000 < \sqrt{2}^{\sqrt{2}} < 1.83711731.$$

Wegen $1.25000000^2 < 2 < 1.50000000^2$ gilt:
$$1.25000000 < \sqrt{2} < 1.50000000 \text{ und damit}$$
$$1.25000000^{1.25000000} < \sqrt{2}^{\sqrt{2}} < 1.50000000^{1.50000000}, \text{ also}$$
$$1.32171408 < \sqrt{2}^{\sqrt{2}} < 1.83711731.$$

Wegen $1.37500000^2 < 2 < 1.50000000^2$ gilt:
$$1.37500000 < \sqrt{2} < 1.50000000 \text{ und damit}$$
$$1.37500000^{1.37500000} < \sqrt{2}^{\sqrt{2}} < 1.50000000^{1.50000000}, \text{ also}$$
$$1.54940948 < \sqrt{2}^{\sqrt{2}} < 1.83711731.$$

Wegen $1.37500000^2 < 2 < 1.43750000^2$ gilt:
$$1.37500000 < \sqrt{2} < 1.43750000 \text{ und damit}$$
$$1.37500000^{1.37500000} < \sqrt{2}^{\sqrt{2}} < 1.43750000^{1.43750000}, \text{ also}$$
$$1.54940948 < \sqrt{2}^{\sqrt{2}} < 1.68485018.$$

Wegen $1.40625000^2 < 2 < 1.43750000^2$ gilt:

$1.40625000 < \sqrt{2} < 1.43750000$ und damit

$1.40625000^{1.40625000} < \sqrt{2}^{\sqrt{2}} < 1.43750000^{1.43750000}$, also

$1.61515029 < \sqrt{2}^{\sqrt{2}} < 1.68485018$.

Wegen $1.40625000^2 < 2 < 1.42187500^2$ gilt:

$1.40625000 < \sqrt{2} < 1.42187500$ und damit

$1.40625000^{1.40625000} < \sqrt{2}^{\sqrt{2}} < 1.42187500^{1.42187500}$, also

$1.61515029 < \sqrt{2}^{\sqrt{2}} < 1.64949054$.

Wegen $1.41406250^2 < 2 < 1.42187500^2$ gilt:

$1.41406250 < \sqrt{2} < 1.42187500$ und damit

$1.41406250^{1.41406250} < \sqrt{2}^{\sqrt{2}} < 1.42187500^{1.42187500}$, also

$1.63219488 < \sqrt{2}^{\sqrt{2}} < 1.64949054$.

Wegen $1.41406250^2 < 2 < 1.41796875^2$ gilt:

$1.41406250 < \sqrt{2} < 1.41796875$ und damit

$1.41406250^{1.41406250} < \sqrt{2}^{\sqrt{2}} < 1.41796875^{1.41796875}$, also

$1.63219488 < \sqrt{2}^{\sqrt{2}} < 1.64081109$.

Wegen $1.41406250^2 < 2 < 1.41601563^2$ gilt:

$1.41406250 < \sqrt{2} < 1.41601563$ und damit

$1.41406250^{1.41406250} < \sqrt{2}^{\sqrt{2}} < 1.41601563^{1.41601563}$, also

$1.63219488 < \sqrt{2}^{\sqrt{2}} < 1.63649511$.

Wegen $1.41406250^2 < 2 < 1.41503906^2$ gilt:

$1.41406250 < \sqrt{2} < 1.41503906$ und damit

$1.41406250^{1.41406250} < \sqrt{2}^{\sqrt{2}} < 1.41503906^{1.41503906}$, also

$1.63219488 < \sqrt{2}^{\sqrt{2}} < 1.63434303$.

Wegen $1.41406250^2 < 2 < 1.41455078^2$ gilt:

$1.41406250 < \sqrt{2} < 1.41455078$ und damit

$1.41406250^{1.41406250} < \sqrt{2}^{\sqrt{2}} < 1.41455078^{1.41455078}$, also

$1.63219488 < \sqrt{2}^{\sqrt{2}} < 1.63326847$.

Wegen $1.41406250^2 < 2 < 1.41430664^2$ gilt:

$1.41406250 < \sqrt{2} < 1.41430664$ und damit

$1.41406250^{1.41406250} < \sqrt{2}^{\sqrt{2}} < 1.41430664^{1.41430664}$, also

$1.63219488 < \sqrt{2}^{\sqrt{2}} < 1.63273155$.

Wegen $1.41418457^2 < 2 < 1.41430664^2$ gilt:

$1.41418457 < \sqrt{2} < 1.41430664$ und damit

$1.41418457^{1.41418457} < \sqrt{2}^{\sqrt{2}} < 1.41430664^{1.41430664}$, also

$1.63246319 < \sqrt{2}^{\sqrt{2}} < 1.63273155$.

Wegen $1.41418457^2 < 2 < 1.41424561^2$ gilt:

$1.41418457 < \sqrt{2} < 1.41424561$ und damit

$1.41418457^{1.41418457} < \sqrt{2}^{\sqrt{2}} < 1.41424561^{1.41424561}$, also

$1.63246319 < \sqrt{2}^{\sqrt{2}} < 1.63259736$.

Wegen $1.41418457^2 < 2 < 1.41421509^2$ gilt:

$1.41418457 < \sqrt{2} < 1.41421509$ und damit

$1.41418457^{1.41418457} < \sqrt{2}^{\sqrt{2}} < 1.41421509^{1.41421509}$, also

$1.63246319 < \sqrt{2}^{\sqrt{2}} < 1.63253027$.

Wegen $1.41419983^2 < 2 < 1.41421509^2$ gilt:

$1.41419983 < \sqrt{2} < 1.41421509$ und damit

$1.41419983^{1.41419983} < \sqrt{2}^{\sqrt{2}} < 1.41421509^{1.41421509}$, also

$1.63249673 < \sqrt{2}^{\sqrt{2}} < 1.63253027$.

Wegen $1.41420746^2 < 2 < 1.41421509^2$ gilt:

$1.41420746 < \sqrt{2} < 1.41421509$ und damit

$1.41420746^{1.41420746} < \sqrt{2}^{\sqrt{2}} < 1.41421509^{1.41421509}$, also

$1.63251350 < \sqrt{2}^{\sqrt{2}} < 1.63253027$.

Wegen $1.41421127^2 < 2 < 1.41421509^2$ gilt:

$1.41421127 < \sqrt{2} < 1.41421509$ und damit

$1.41421127^{1.41421127} < \sqrt{2}^{\sqrt{2}} < 1.41421509^{1.41421509}$, also

$1.63252189 < \sqrt{2}^{\sqrt{2}} < 1.63253027$.

Wegen $1.41421318^2 < 2 < 1.41421509^2$ gilt:
$$1.41421318 < \sqrt{2} < 1.41421509 \text{ und damit}$$
$$1.41421318^{1.41421318} < \sqrt{2}^{\sqrt{2}} < 1.41421509^{1.41421509}, \text{ also}$$
$$1.63252608 < \sqrt{2}^{\sqrt{2}} < 1.63253027.$$

Wegen $1.41421318^2 < 2 < 1.41421413^2$ gilt:
$$1.41421318 < \sqrt{2} < 1.41421413 \text{ und damit}$$
$$1.41421318^{1.41421318} < \sqrt{2}^{\sqrt{2}} < 1.41421413^{1.41421413}, \text{ also}$$
$$1.63252608 < \sqrt{2}^{\sqrt{2}} < 1.63252818.$$

Wegen $1.41421318^2 < 2 < 1.41421366^2$ gilt:
$$1.41421318 < \sqrt{2} < 1.41421366 \text{ und damit}$$
$$1.41421318^{1.41421318} < \sqrt{2}^{\sqrt{2}} < 1.41421366^{1.41421366}, \text{ also}$$
$$1.63252608 < \sqrt{2}^{\sqrt{2}} < 1.63252713.$$

Wegen $1.41421342^2 < 2 < 1.41421366^2$ gilt:
$$1.41421342 < \sqrt{2} < 1.41421366 \text{ und damit}$$
$$1.41421342^{1.41421342} < \sqrt{2}^{\sqrt{2}} < 1.41421366^{1.41421366}, \text{ also}$$
$$1.63252660 < \sqrt{2}^{\sqrt{2}} < 1.63252713.$$

Wegen $1.41421354^2 < 2 < 1.41421366^2$ gilt:
$$1.41421354 < \sqrt{2} < 1.41421366 \text{ und damit}$$
$$1.41421354^{1.41421354} < \sqrt{2}^{\sqrt{2}} < 1.41421366^{1.41421366}, \text{ also}$$
$$1.63252687 < \sqrt{2}^{\sqrt{2}} < 1.63252713.$$

Wegen $1.41421354^2 < 2 < 1.41421360^2$ gilt:
$$1.41421354 < \sqrt{2} < 1.41421360 \text{ und damit}$$
$$1.41421354^{1.41421354} < \sqrt{2}^{\sqrt{2}} < 1.41421360^{1.41421360}, \text{ also}$$
$$1.63252687 < \sqrt{2}^{\sqrt{2}} < 1.63252700.$$

Wegen $1.41421354^2 < 2 < 1.41421357^2$ gilt:
$$1.41421354 < \sqrt{2} < 1.41421357 \text{ und damit}$$
$$1.41421354^{1.41421354} < \sqrt{2}^{\sqrt{2}} < 1.41421357^{1.41421357}, \text{ also}$$
$$1.63252687 < \sqrt{2}^{\sqrt{2}} < 1.63252693.$$

Wegen $1.41421355^2 < 2 < 1.41421357^2$ gilt:

$1.41421355 < \sqrt{2} < 1.41421357$ und damit

$1.41421355^{1.41421355} < \sqrt{2}^{\sqrt{2}} < 1.41421357^{1.41421357}$, also

$1.63252690 < \sqrt{2}^{\sqrt{2}} < 1.63252693$.

Wegen $1.41421356^2 < 2 < 1.41421357^2$ gilt:

$1.41421356 < \sqrt{2} < 1.41421357$ und damit

$1.41421356^{1.41421356} < \sqrt{2}^{\sqrt{2}} < 1.41421357^{1.41421357}$, also

$1.63252692 < \sqrt{2}^{\sqrt{2}} < 1.63252693$.

Damit gilt: $\sqrt{2}^{\sqrt{2}} = 1.63252692...$ Diese 8 Stellen sind exakt.

b) Intervallschachtelung mit Dezimalstellenermittlung

Wegen $1.40000000^2 < 2 < 1.50000000^2$ gilt:

$1.40000000 < \sqrt{2} < 1.50000000$ und damit

$1.40000000^{1.40000000} < \sqrt{2}^{\sqrt{2}} < 1.50000000^{1.50000000}$, also

$1.60169290 < \sqrt{2}^{\sqrt{2}} < 1.83711731$.

Wegen $1.41000000^2 < 2 < 1.42000000^2$ gilt:

$1.41000000 < \sqrt{2} < 1.42000000$ und damit

$1.41000000^{1.41000000} < \sqrt{2}^{\sqrt{2}} < 1.42000000^{1.42000000}$, also

$1.62330060 < \sqrt{2}^{\sqrt{2}} < 1.64531648$.

Wegen $1.41400000^2 < 2 < 1.41500000^2$ gilt:

$1.41400000 < \sqrt{2} < 1.41500000$ und damit

$1.41400000^{1.41400000} < \sqrt{2}^{\sqrt{2}} < 1.41500000^{1.41500000}$, also

$1.63205754 < \sqrt{2}^{\sqrt{2}} < 1.63425703$.

Wegen $1.41420000^2 < 2 < 1.41430000^2$ gilt:

$1.41420000 < \sqrt{2} < 1.41430000$ und damit

$1.41420000^{1.41420000} < \sqrt{2}^{\sqrt{2}} < 1.41430000^{1.41430000}$, also

$1.63249711 < \sqrt{2}^{\sqrt{2}} < 1.63271695$.

Wegen $1.41421000^2 < 2 < 1.41422000^2$ gilt:

$1.41421000 < \sqrt{2} < 1.41422000$ und damit

$$1.41421000^{1.41421000} < \sqrt{2}^{\sqrt{2}} < 1.41422000^{1.41422000}, \text{ also}$$

$$1.63251909 < \sqrt{2}^{\sqrt{2}} < 1.63254107.$$

Wegen $1.41421300^2 < 2 < 1.41421400^2$ gilt:

$$1.41421300 < \sqrt{2} < 1.41421400 \text{ und damit}$$

$$1.41421300^{1.41421300} < \sqrt{2}^{\sqrt{2}} < 1.41421400^{1.41421400}, \text{ also}$$

$$1.63252568 < \sqrt{2}^{\sqrt{2}} < 1.63252788.$$

Wegen $1.41421350^2 < 2 < 1.41421360^2$ gilt:

$$1.41421350 < \sqrt{2} < 1.41421360 \text{ und damit}$$

$$1.41421350^{1.41421350} < \sqrt{2}^{\sqrt{2}} < 1.41421360^{1.41421360}, \text{ also}$$

$$1.63252678 < \sqrt{2}^{\sqrt{2}} < 1.63252700.$$

Wegen $1.41421356^2 < 2 < 1.41421357^2$ gilt:

$$1.41421356 < \sqrt{2} < 1.41421357 \text{ und damit}$$

$$1.41421356^{1.41421356} < \sqrt{2}^{\sqrt{2}} < 1.41421357^{1.41421357}, \text{ also}$$

$$1.63252691 < \sqrt{2}^{\sqrt{2}} < 1.63252694.$$

Wegen $1.41421356^2 < 2 < 1.41421356^2$ gilt:

$$1.41421356 < \sqrt{2} < 1.41421356 \text{ und damit}$$

$$1.41421356^{1.41421356} < \sqrt{2}^{\sqrt{2}} < 1.41421356^{1.41421356}, \text{ also}$$

$$1.63252692 < \sqrt{2}^{\sqrt{2}} < 1.63252692.$$

Damit gilt: $\sqrt{2}^{\sqrt{2}} = 1.63252692...$ Diese 8 Stellen sind exakt.

Aufgabe 5.3.19

Berechnen Sie die Lösung der Gleichung $2^x = 7$, also die Zahl $\log_2 7$ näherungsweise auf 8 Stellen Genauigkeit durch

a) Intervallschachtelung mit Intervallhalbierung.

b) Intervallschachtelung mit Dezimalstellenermittlung.

Lösung:

a) Intervallschachtelung mit Intervallhalbierung.

$$\text{Wegen } 2^{2.00000000} < 7 < 2^{3.00000000} \quad \text{gilt:}$$
$$2.00000000 < \log_2 7 < 3.00000000.$$

$$\text{Wegen } 2^{2.50000000} < 7 < 2^{3.00000000} \quad \text{gilt:}$$
$$2.50000000 < \log_2 7 < 3.00000000.$$

$$\text{Wegen } 2^{2.75000000} < 7 < 2^{3.00000000} \quad \text{gilt:}$$
$$2.75000000 < \log_2 7 < 3.00000000.$$

$$\text{Wegen } 2^{2.75000000} < 7 < 2^{2.87500000} \quad \text{gilt:}$$
$$2.75000000 < \log_2 7 < 2.87500000.$$

$$\text{Wegen } 2^{2.75000000} < 7 < 2^{2.81250000} \quad \text{gilt:}$$
$$2.75000000 < \log_2 7 < 2.81250000.$$

$$\text{Wegen } 2^{2.78125000} < 7 < 2^{2.81250000} \quad \text{gilt:}$$
$$2.78125000 < \log_2 7 < 2.81250000.$$

$$\text{Wegen } 2^{2.79687500} < 7 < 2^{2.81250000} \quad \text{gilt:}$$
$$2.79687500 < \log_2 7 < 2.81250000.$$

$$\text{Wegen } 2^{2.80468750} < 7 < 2^{2.81250000} \quad \text{gilt:}$$
$$2.80468750 < \log_2 7 < 2.81250000.$$

$$\text{Wegen } 2^{2.80468750} < 7 < 2^{2.80859375} \quad \text{gilt:}$$
$$2.80468750 < \log_2 7 < 2.80859375.$$

$$\text{Wegen } 2^{2.80664063} < 7 < 2^{2.80859375} \quad \text{gilt:}$$
$$2.80664063 < \log_2 7 < 2.80859375.$$

$$\text{Wegen } 2^{2.80664063} < 7 < 2^{2.80761719} \quad \text{gilt:}$$
$$2.80664063 < \log_2 7 < 2.80761719.$$

$$\text{Wegen } 2^{2.80712891} < 7 < 2^{2.80761719} \quad \text{gilt:}$$
$$2.80712891 < \log_2 7 < 2.80761719.$$

$$\text{Wegen } 2^{2.80712891} < 7 < 2^{2.80737305} \quad \text{gilt:}$$
$$2.80712891 < \log_2 7 < 2.80737305.$$

$$\text{Wegen } 2^{2.80725098} < 7 < 2^{2.80737305} \quad \text{gilt:}$$
$$2.80725098 < \log_2 7 < 2.80737305.$$

$$\text{Wegen } 2^{2.80731201} < 7 < 2^{2.80737305} \quad \text{gilt:}$$

$$2.80731201 < \log_2 7 < 2.80737305.$$

Wegen $2^{2.80734253} < 7 < 2^{2.80737305}$ gilt:
$$2.80734253 < \log_2 7 < 2.80737305.$$

Wegen $2^{2.80734253} < 7 < 2^{2.80735779}$ gilt:
$$2.80734253 < \log_2 7 < 2.80735779.$$

Wegen $2^{2.80735016} < 7 < 2^{2.80735779}$ gilt:
$$2.80735016 < \log_2 7 < 2.80735779.$$

Wegen $2^{2.80735397} < 7 < 2^{2.80735779}$ gilt:
$$2.80735397 < \log_2 7 < 2.80735779.$$

Wegen $2^{2.80735397} < 7 < 2^{2.80735588}$ gilt:
$$2.80735397 < \log_2 7 < 2.80735588.$$

Wegen $2^{2.80735397} < 7 < 2^{2.80735493}$ gilt:
$$2.80735397 < \log_2 7 < 2.80735493.$$

Wegen $2^{2.80735445} < 7 < 2^{2.80735493}$ gilt:
$$2.80735445 < \log_2 7 < 2.80735493.$$

Wegen $2^{2.80735469} < 7 < 2^{2.80735493}$ gilt:
$$2.80735469 < \log_2 7 < 2.80735493.$$

Wegen $2^{2.80735481} < 7 < 2^{2.80735493}$ gilt:
$$2.80735481 < \log_2 7 < 2.80735493.$$

Wegen $2^{2.80735487} < 7 < 2^{2.80735493}$ gilt:
$$2.80735487 < \log_2 7 < 2.80735493.$$

Wegen $2^{2.80735490} < 7 < 2^{2.80735493}$ gilt:
$$2.80735490 < \log_2 7 < 2.80735493.$$

Wegen $2^{2.80735491} < 7 < 2^{2.80735493}$ gilt:
$$2.80735491 < \log_2 7 < 2.80735493.$$

Wegen $2^{2.80735492} < 7 < 2^{2.80735493}$ gilt:
$$2.80735492 < \log_2 7 < 2.80735493$$

Damit gilt: $\log_2 7 = 2.80735492...$ Diese 8 Stellen sind exakt.

b) Intervallschachtelung mit Dezimalstellenermittlung

Wegen $2^{2.00000000} < 7 < 2^{3.00000000}$ gilt:
$$2.00000000 < \log_2 7 < 3.00000000.$$

Wegen $2^{2.80000000} < 7 < 2^{2.90000000}$ gilt:
$$2.80000000 < \log_2 7 < 2.90000000.$$

Wegen $2^{2.80000000} < 7 < 2^{2.81000000}$ gilt:
$$2.80000000 < \log_2 7 < 2.81000000.$$

Wegen $2^{2.80700000} < 7 < 2^{2.80800000}$ gilt:
$$2.80700000 < \log_2 7 < 2.80800000.$$

Wegen $2^{2.80730000} < 7 < 2^{2.80740000}$ gilt:
$$2.80730000 < \log_2 7 < 2.80740000.$$

Wegen $2^{2.80735000} < 7 < 2^{2.80736000}$ gilt:
$$2.80735000 < \log_2 7 < 2.80736000.$$

Wegen $2^{2.80735400} < 7 < 2^{2.80735500}$ gilt:
$$2.80735400 < \log_2 7 < 2.80735500.$$

Wegen $2^{2.80735490} < 7 < 2^{2.80735500}$ gilt:
$$2.80735490 < \log_2 7 < 2.80735500.$$

Wegen $2^{2.80735492} < 7 < 2^{2}.80735493$ gilt:
$$2.80735492 < \log_2 7 < 2.80735493$$

Damit gilt: $\log_2 7 = 2.80735492...$ Diese 8 Stellen sind exakt.

Kapitel 6

Prozent-, Zins- und Mischungsrechnung

6.1 Prozentrechnung

Das Prozentrechnen ist ein Hilfsmittel, um Werte miteinander zu vergleichen. Die Vergleichszahl ist hierbei 100. Statt von Hundert (v. H.) sagt man
Prozent (%).

Beispiel 6.1.1
Man sagt:

1.) Ein Teil von Hundert oder $\frac{1}{100}$ oder 1%.

2.) Drei Teile von Hundert oder $\frac{3}{100}$ oder 3%.

3.) 60 Teile von Hundert oder $\frac{60}{100}$ oder 60%.

4.) 203 Teile von Hundert oder $\frac{203}{100}$ oder 203%.

Beispiel 6.1.2

1.) 1% von 100 ist $\frac{1}{100} \cdot 100 = 1$.

2.) 1% von 1 000 ist $\dfrac{1}{100} \cdot 1000 = 10$.

3.) 1% von 500 ist $\dfrac{1}{100} \cdot 500 = 5$.

4.) 1% von 23.56 ist $\dfrac{1}{100} \cdot 23.56 = 0.2356$.

5.) 1% von G ist $\dfrac{1}{100} \cdot G = \dfrac{G}{100}$.

6.) 0% von G sind $\dfrac{0}{100} \cdot G = 0$.

7.) p% von G sind $\dfrac{p}{100} \cdot G = \dfrac{p \cdot G}{100} = P$.

Man bezeichnet p% als den **Prozentsatz**, G als den **Bezugs-** bzw. **Grundwert** und $P = \frac{p \cdot G}{100}$ als den **Prozentwert**. Der Grundwert entspricht ($\hat{=}$) immer dem Ganzen, also 100%, während der Prozentwert ein Teil des Grundwertes ist. Somit gilt:

- $P = \dfrac{p\% \cdot G}{100\%} = \dfrac{p \cdot G}{100}$.

Man kann also folgendes Schema aufstellen:

$$
\begin{array}{rcl}
100\% &\hat{=}& G \\
p\% &\hat{=}& P = \dfrac{p\% \cdot G}{100\%} = \dfrac{p \cdot G}{100}.
\end{array}
$$

Beispiel 6.1.3
Vollmilchschokolade hat einen Kakaoanteil von 31%. Wieviel Gramm Kakao enthält eine 250 g-Tafel Schokolade?

$$
\begin{array}{rcl}
100\% &\hat{=}& 250\,g \\
31\% &\hat{=}& \dfrac{31\% \cdot 250\,g}{100\%} = 77.5\,g
\end{array}
$$

Manchmal ist der Grundwert nicht direkt gegeben.

Beispiel 6.1.4
Der Verkaufspreis eines Fertiggerichtes beträgt 2.30 DM (inkl. 15% MwSt.). Der Nettopreis beträgt somit 2 DM, denn

$$
\begin{array}{rcl}
115\% &\hat{=}& 2.30\,DM \\
100\% &\hat{=}& \dfrac{100\% \cdot 2.30\,DM}{115\%} = 2\,DM.
\end{array}
$$

Allgemeiner gilt:

$$b\% \;\hat{=}\; B$$
$$p\% \;\hat{=}\; P = \frac{p\% \cdot B}{b\%} = \frac{p \cdot B}{b}.$$

Beispiel 6.1.5

Hannelore L. hat beim Kauf eines neuen Sportwagens 7.5% Rabatt ausgehandelt. Der offizielle Verkaufspreis des Fahrzeugs beträgt 22 120 DM (inkl. 15% MwSt.). Wieviel muß Hannelore L. für das Fahrzeug bezahlen?

1. Lösungsmöglichkeit:

Der Nettopreis des Fahrzeugs beträgt 19 234.78 DM, denn

$$115\% \;\hat{=}\; 22\,120\,\text{DM}$$
$$100\% \;\hat{=}\; \frac{100\% \cdot 22\,120\,\text{DM}}{115\%} = 19\,234.78\,\text{DM}.$$

Von diesem Nettopreis muß man 7.5% Rabatt, das wären 1 442.61 DM,

$$100\% \;\hat{=}\; 19\,234.78\,\text{DM}$$
$$7.5\% \;\hat{=}\; \frac{7.5\% \cdot 19\,234.78\,\text{DM}}{100\%} = 1\,442.61\,\text{DM}$$

abziehen, d. h. 19 234.78 DM − 1 442.61 DM = 17 792.17 DM ist der neue Nettoverkaufspreis. Ausgehend von diesem Wert wird nun der neue Verkaufspreis ermittelt:

$$100\% \;\hat{=}\; 17\,792.17\,\text{DM}$$
$$115\% \;\hat{=}\; \frac{115\% \cdot 17\,792.17\,\text{DM}}{100\%} = 20\,461\,\text{DM}.$$

Hannelore L. muß also 20 461 DM für ihren neuen Sportwagen bezahlen.

2. Lösungsmöglichkeit:

Der neue Nettoverkaufspreis ist 17 792.17 DM, denn

$$115\% \;\hat{=}\; 22\,120\,\text{DM}$$
$$92.5\% \;\hat{=}\; \frac{92.5\% \cdot 22\,120\,\text{DM}}{115\%} = 17\,792.17\,\text{DM}.$$

Der neue Verkaufspreis ist dann 20 461 DM, denn

$$100\% \;\hat{=}\; 17\,792.17\,\text{DM}$$
$$115\% \;\hat{=}\; \frac{115\% \cdot 17\,792.17\,\text{DM}}{100\%} = 20\,461\,\text{DM}.$$

In einer Gleichung zusammengefaßt gilt für den neuen Verkaufspreis P:

$$P = \frac{92.5\% \cdot 22\,120\,\text{DM}}{115\%} \cdot \frac{115\%}{100\%} = \frac{92.5\% \cdot 22\,120\,\text{DM}}{100\%}$$
$$= 20\,461\,\text{DM}$$

und das sind 92.5% von 22 120 DM.

Oft möchte man auch wissen, wieviel Prozent p der Wert P vom Betrag B ausmacht.

Beispiel 6.1.6
In 2.5 kg Erdnüsse sind 1.1 kg Öl enthalten. Wie hoch ist des Ölgehalt von Erdnüssen in Prozent?
Lösung:
Hier entspricht also das Gewicht der Erdnüsse dem Grundwert und das Gewicht des Öls dem Prozentwert. Es gilt also:

$$2.5\,\text{kg} \ \hat{=} \ 100\%$$
$$1.1\,\text{kg} \ \hat{=} \ p\% = \frac{1.1\,\text{kg} \cdot 100\%}{2.5\,\text{kg}} = 44\%.$$

Erdnüsse enthalten nach dieser Rechnung 44% Öl.

Somit erhält man:

$$G \ \hat{=} \ 100\%$$
$$P \ \hat{=} \ p\% = \frac{P \cdot 100\%}{G}.$$

Allgemeiner gilt:

$$B \ \hat{=} \ b\%$$
$$P \ \hat{=} \ p\% = \frac{P \cdot b\%}{B}.$$

Beispiel 6.1.7
Ein Unternehmen erzielte 1995 einen Gewinn von 800 000 DM, das entsprach 60% des Vorjahresgewinns. 1996 hofft das Unternehmen einen Gewinn von 1 200 000 DM zu erzielen. Wieviel Prozent ist dies gemessen am Gewinn von 1994?
Lösung:
800 000 DM sind 60% des Gewinns von 1994. Man erhält:

$$800\,000\,\text{DM} \ \hat{=} \ 60\%$$
$$1\,200\,000\,\text{DM} \ \hat{=} \ \frac{1\,200\,000\,\text{DM} \cdot 60\%}{800\,000\,\text{DM}} = 90\%.$$

1 200 000 DM sind also 90% des Gewinns von 1994.

6.2   Zinsrechnung

Die einfache Zinsrechnung (ohne Zinseszins) läßt sich auf die Prozentrechnung zurückführen. Bei der Zinsrechnung entspricht der **Zinssatz** p% dem **Prozentsatz**. p selbst nennt man den **Zinsfuß**. Die **Zinsen pro Jahr** Z sind der **Prozentwert** P und das eingesetzte **Kapital** K entspricht dem **Grundwert** G. Somit gilt:

- $Z = \dfrac{K \cdot p}{100}.$

Beispiel 6.2.1

Ein Kapital K soll jährlich mit p% verzinst werden. Die anfallenden Zinsen sollen nicht verzinst, sondern nur gutgeschrieben werden. Wie groß ist der Kontostand nach n Jahren?

Lösung:

Am Ende eines jeden Jahres wird das Kapital mit p% verzinst, d.h. die Zinsen belaufen sich jährlich auf

$$Z = K \cdot p\% = K \cdot \frac{p}{100}.$$

Nach n Jahren hat man

- $Z_n = n \cdot K \cdot \dfrac{p}{100}$

Zinsen erhalten.

Der Kontostand nach $n \in \mathbb{N}$ Jahren K_n besteht aus dem eingesetzten Kapital K und den angefallenen Zinsen Z_n, also gilt:

- $K_n = K + Z_n = K + n \cdot K \cdot \dfrac{p}{100} = K \cdot \left(1 + n \cdot \dfrac{p}{100}\right).$

Beispiel 6.2.2

Es sollen 5 600 DM sieben Jahre lang angelegt werden, bei einem jährlichen Zinssatz von 4%. Die Zinsen selbst sollen nicht verzinst, aber gutgeschrieben werden.

Wieviel Zinsen sind nach sieben Jahren angefallen und wie hoch ist der Kontostand nach diesen sieben Jahren?

Lösung:

Die angefallenen Zinsen belaufen sich auf

$$Z_7 = 7 \cdot 5\,600\,\text{DM} \cdot \frac{4}{100} = 1\,568\,\text{DM}.$$

Der Kontostand nach sieben Jahren ist

$$\begin{aligned} K_7 &= 5\,600\,\text{DM} + 7 \cdot 5\,600\,\text{DM} \cdot \frac{4}{100} \\ &= 5\,600\,\text{DM} + 1\,568\,\text{DM} = 7\,168\,\text{DM}. \end{aligned}$$

Die Formel für K_n kann man nach K, p und n auflösen und erhält dann

$$\bullet \quad K = \frac{K_n}{1 + n \cdot \frac{p}{100}},$$

$$\bullet \quad p = \left(\frac{K_n}{K} - 1 \right) \frac{100}{n},$$

$$\bullet \quad n = \left(\frac{K_n}{K} - 1 \right) \frac{100}{p}.$$

Beispiel 6.2.3

Herr Raff hat vor zwölf Jahren einen Lottogewinn zu 7% Zinsen jährlich ohne Zinseszins angelegt. Heute beläuft sich sein Vermögen auf 187 300 DM. Wie hoch war sein Lottogewinn?

Lösung:

Bekannt sind $n = 12$, $K_{12} = 187\,300\,\text{DM}$ und $p = 7$.

Somit ist der Lottogewinn K gegeben durch:

$$K = \frac{K_n}{1 + n \cdot \frac{p}{100}} = \frac{187\,300\,\text{DM}}{1 + 12 \cdot \frac{7}{100}} = 101\,793.48\,\text{DM}.$$

Beispiel 6.2.4

Wie hoch muß der Zinsfuß p sein, damit sich ein Kapital K nach n Jahren ohne Zinseszins verdoppelt?

Lösung:

Das Kapital soll sich nach n Jahren verdoppeln. Es muß also gelten: $K_n = 2K$. Somit muß für den Zinsfuß p gelten:

$$p = \left(\frac{K_n}{K} - 1 \right) \frac{100}{n} = \left(\frac{2K}{K} - 1 \right) \frac{100}{n} = \frac{100}{n}.$$

Der Zinsfuß p muß also $\frac{100}{n}$ sein.

Beispiel 6.2.5

Wieviel Jahre muß man 4 500 DM zu 5% ohne Zinseszins anlegen, bis man
6 750 DM abheben kann?

Lösung:

Bekannt sind K = 4 500 DM, K_n = 6 750 DM und p = 5. Gesucht ist n.

$$n = \left(\frac{K_n}{K} - 1\right) \frac{100}{p} = \left(\frac{6\,750\,\text{DM}}{4\,500\,\text{DM}} - 1\right) \frac{100}{5} = 10.$$

Bemerkung:

Bei der Berechnung der Zinsdauer n muß beachtet werden, daß diese in der
Formel

$$K_n = K + n \cdot K \cdot \frac{p}{100} = K \cdot \left(1 + n \cdot \frac{p}{100}\right)$$

eine natürliche Zahl ist.

Beispiel 6.2.6

Wieviel Jahre muß man 3 000 DM zu 6% ohne Zinseszins anlegen, bis man
4 000 DM abheben kann?

Lösung:

Bekannt sind K = 3 000 DM, K_n = 4 000 DM und p = 6. Gesucht ist n.

$$n = \left(\frac{K_n}{K} - 1\right) \frac{100}{p} = \left(\frac{4\,000\,\text{DM}}{3\,000\,\text{DM}} - 1\right) \frac{100}{6} = 5.\overline{5}.$$

$n = 5.\overline{5} \notin \mathbb{N}$ ist rechnerisch richtig, allerdings muß diese Zahl aufgerundet
werden. Man benötigt also eine sechsjährige Anlagedauer, denn nach fünf
Jahren hat man einen Kontostand von

$$K_5 = 3\,000\,\text{DM} \cdot \left(1 + 5 \cdot \frac{6}{100}\right) = 3\,900\,\text{DM} < 4\,000\,\text{DM}$$

und nach sechs Jahren

$$K_6 = 3\,000\,\text{DM} \cdot \left(1 + 6 \cdot \frac{6}{100}\right) = 4\,080\,\text{DM} > 4\,000\,\text{DM}.$$

Es ist erst nach sechs Jahren möglich 4 000 DM abzuheben.

Möchte man ein Kapital K mit **Zinseszins** (die Zinsen werden mitverzinst) n Jahre lang zu p% anlegen, so erhält man den Kontostand nach diesen n Jahren durch

- $K_n = K \cdot \left(1 + \dfrac{p}{100}\right)^n$ mit $n \in \mathbb{N}$ und $K_0 = K$,

denn es gilt:
Der Kontostand nach einem Jahr ist

$$K_1 = K \cdot \left(1 + \frac{p}{100}\right).$$

Der Kontostand nach zwei Jahren ist

$$\begin{aligned}
K_2 &= K_1 \cdot \left(1 + \frac{p}{100}\right) \\
&= \left(K \cdot \left(1 + \frac{p}{100}\right)\right) \cdot \left(1 + \frac{p}{100}\right) \\
&= K \cdot \left(1 + \frac{p}{100}\right)^2.
\end{aligned}$$

Der Kontostand nach drei Jahren ist

$$\begin{aligned}
K_3 &= K_2 \cdot \left(1 + \frac{p}{100}\right) \\
&= \left(K \cdot \left(1 + \frac{p}{100}\right)^2\right) \cdot \left(1 + \frac{p}{100}\right) \\
&= K \cdot \left(1 + \frac{p}{100}\right)^3.
\end{aligned}$$

Der Kontostand nach n Jahren ist dann

$$\begin{aligned}
K_n &= K_{n-1} \cdot \left(1 + \frac{p}{100}\right) \\
&= \left(K \cdot \left(1 + \frac{p}{100}\right)^{n-1}\right) \cdot \left(1 + \frac{p}{100}\right) \\
&= K \cdot \left(1 + \frac{p}{100}\right)^n,
\end{aligned}$$

also genau die oben angegebene Formel.
Die Zahl $1 + \dfrac{p}{100}$ nennt man **Zinsfaktor**.

Beispiel 6.2.7
Wie hoch ist der Kontostand nach vier, zehn, bzw. fünfzehn Jahren, wenn man 6 000 DM zu 5% mit Zinseszins anlegt?
Lösung:
Der Kontostand nach vier Jahren ist

$$K_4 = 6\,000\,\text{DM} \cdot \left(1 + \frac{5}{100}\right)^4 = 7\,293.04\,\text{DM}.$$

Der Kontostand nach zehn Jahren ist

$$K_{10} = 6\,000\,\text{DM} \cdot \left(1 + \frac{5}{100}\right)^{10} = 9\,773.37\,\text{DM}.$$

Der Kontostand nach fünfzehn Jahren ist

$$K_{15} = 6\,000\,\text{DM} \cdot \left(1 + \frac{5}{100}\right)^{15} = 12\,473.57\,\text{DM}.$$

Löst man nun die Formel

$$K_n = K \cdot \left(1 + \frac{p}{100}\right)^n$$

nach K, p bzw. n auf, so erhält man

- $K = \dfrac{K_n}{\left(1 + \frac{p}{100}\right)^n}$,

- $p = 100 \cdot \left(\sqrt[n]{\dfrac{K_n}{K}} - 1\right)$,

- $n = \dfrac{\log\left(\frac{K_n}{K}\right)}{\log\left(1 + \frac{p}{100}\right)}$.

Bemerkung:
Bei der Berechnung von n ist zu beachten, falls man $n \notin \mathbb{N}$ erhält, daß man n aufrundet, da $n \in \mathbb{N}$ gelten muß!

Beispiel 6.2.8
Herr Kies legt ein Kapital K acht Jahre zu 5% mit Zinseszins an. Nach diesen acht Jahren hat er 147 745.54 DM auf seinem Konto gutgeschrieben. Wie hoch war sein eingesetztes Kapital K?
Lösung:

$$K = \frac{K_8}{\left(1 + \frac{5}{100}\right)^8} = \frac{147\,745.54\,\text{DM}}{\left(1 + \frac{5}{100}\right)^8} = 100\,000\,\text{DM}.$$

Beispiel 6.2.9
Welchen Zinssatz muß Frau Wörz bei ihrer Bank aushandeln, damit sie

nach zehn Jahren 10 000 DM bei einem eingesetzten Kapital in Höhe von 6 500 DM, inklusive Zinseszins, erhält?

Lösung:
Bekannt sind n = 10, K = 6 500 DM und K_{10} = 10 000 DM. Gesucht ist p%.
Somit gilt bei Zinseszinsrechnung

$$p = 100 \cdot \left(\sqrt[10]{\frac{10\,000\,\text{DM}}{6\,500\,\text{DM}}} - 1 \right) = 4.40196.$$

Frau Wörz muß einen Zinssatz von 4.40196% aushandeln.

Beispiel 6.2.10
Roland E. möchte 12 000 DM anlegen, so daß er nach n Jahren bei einem Zinssatz von 9.75% mit Zinseszins 20 000 DM herausbekommt.
Wieviel Jahre muß er sein Geld anlegen?

Lösung:

$$n = \frac{\log\left(\frac{20\,000\,\text{DM}}{12\,000\,\text{DM}}\right)}{\log\left(1 + \frac{9.75}{100}\right)} = 5.491 \notin \mathbb{N}.$$

Diese Zahl muß nun aufgerundet werden, da n eine natürliche Zahl sein muß!
Also ist n = 6.

Manchmal möchte man sein Geld nicht ein ganzes Jahr, sondern nur ein halbes Jahr, ein viertel Jahr, einen Monat oder nur wenige Tage anlegen. Die nachfolgende Formel gibt die Zinsen Z an, die man erhält, wenn man ein Kapital K zu p% t Tage lang anlegt. Man geht davon aus, daß das Jahr 360 Tage und ein Monat 30 Tage hat. $t \in \mathbb{N}$ sollte zwischen 1 und 360 liegen. Nimmt man t > 360 an, so vernachlässigt man bei Verwendung dieser Formel den Zinseszins!

$$\bullet \quad Z = \frac{K \cdot p \cdot t}{100 \cdot 360}$$

Beispiel 6.2.11
Jochen S. hat in seinem Sparstrumpf völlig unerwartet 5 000 DM gefunden. Dieses Geld möchte er zu 4% ein viertel Jahr lang anlegen, um danach seinen Führerschein finanzieren zu können. Wieviel DM stehen Jochen S. nach diesem Vierteljahr zur Verfügung?

Lösung:

Ein Vierteljahr sind $3 \cdot 30 = 90$ Tage.

Jochen S. erhält somit nach diesem Vierteljahr

$$Z = \frac{5\,000\,\text{DM} \cdot 4 \cdot 90}{100 \cdot 360} = 50\,\text{DM}$$

Zinsen. Somit stehen ihm 5 050 DM für seinen Führerschein zur Verfügung.

6.3   Mischungsrechnung

Gegeben sei eine Mischung, die aus den zwei Bestandteilen A und B besteht und die ein Gesamtvolumen von V besitzt. Es sollen die Bestandteile A und B entsprechend dem Mischverhältnis $A : B = a : b$ bestimmt werden.

Beispiel 6.3.1

Ein Radlermaß ($1.0\,\ell$) besteht aus den zwei Bestandteilen Bier A und Zitronenlimonade B. Das Mischverhältnis soll $A : B = 6 : 4$ sein. Wieviel Liter Bier und wieviel Liter Zitronenlimonade enthält ein Radlermaß?

Lösung:

1.) Die Gesamtanzahl der Teile, die miteinander vermischt werden sollen ist $6 + 4 = 10$.

2.) Jedes Teil hat somit einen Volumenanteil von $\dfrac{1.0\,\ell}{10} = 0.1\,\ell$.

3.) Man benötigt $6 \cdot 0.1\,\ell = 0.6\,\ell$ Bier und $4 \cdot 0.1\,\ell = 0.4\,\ell$ Zitronenlimonade, um ein Radlermaß herzustellen.

Zur Berechnung der Bestandteile einer Mischung geht man am besten folgendermaßen vor:

1.) Bestimmung der Gesamtanzahl der Teile, die miteinander vermischt werden sollen; $a + b$.

2.) Bestimmung eines Volumenanteils v; $v = \dfrac{V}{a + b}$.

3.) Bestimmung des Volumens der einzelnen Bestandteile.
    Volumen des Bestandteils A: $v_a = v \cdot a$.
    Volumen des Bestandteils B: $v_b = v \cdot b$.

Sind in einer Mischung $n \in \mathbb{N}$ Bestandteile, so ist die Vorgehensweise dieselbe, wie bei zwei Bestandteilen.

Gegeben seien die n Bestandteile $M_1, \ldots M_n$ einer Mischung, die ein Gesamtvolumen von V besitzen. Nun sollen die Bestandteile M_i $1 \leq i \leq n$ entsprechend dem Mischverhältnis $M_1 : M_2 : \ldots : M_n = m_1 : m_2 : \ldots : m_n$ bestimmt werden.

Vorgehensweise:

1.) Bestimmung der Gesamtanzahl der Teile, die miteinander vermischt werden sollen; $m_1 + m_2 + \ldots + m_n$.

2.) Bestimmung eines Volumenanteils v; $v = \dfrac{V}{m_1 + m_2 + \ldots + m_n}$.

3.) Bestimmung des Volumens der einzelnen Bestandteile.
   Das Volumen des Bestandteils M_i $1 \leq i \leq n$ ist gegeben durch:
   $v_i = v \cdot m_i$.

Bei Mischungen muß es nicht immer um Volumenanteile gehen. Die oben beschriebene Vorgehensweise gilt auch bei ähnlichen Fragestellungen.

Beispiel 6.3.2

Die Klasse 13c eines schweizer Pensionats besteht aus insgesamt 35 Schülern und zwar aus Italienern I, Schweizern S und Deutschen D im Verhältnis $I : S : D = 2 : 4 : 1$. Wieviel Italiener, Schweizer und Deutsche sind in der Klasse?

Lösung:

1.) Die Gesamtanzahl der Schüleranteile ist: $2 + 4 + 1 = 7$.

2.) Ein Anteil ist dann $\dfrac{35}{7} = 5$.

3.) Bestimmung der Anzahl der Schüler der jeweiligen Nation:
   In der Klasse sind $2 \cdot 5 = 10$ Italiener, $4 \cdot 5 = 20$ Schweizer und $1 \cdot 5 = 5$ Deutsche.

6.4   Aufgaben zu Kapitel 6

Aufgabe 6.4.1
Berechnen Sie:

a) 1% von 10 000,   b) 1% von 300,   c) 1% von $\frac{6}{7}$,

d) 3% von 10 000,   e) 4.5% von 9 520,   f) 133% von 45.

Lösung:

a) 1% von 10 000 ist $P = \dfrac{1\% \cdot 10\,000}{100\%} = 100$.

b) 1% von 300 ist $P = \dfrac{1\% \cdot 300}{100\%} = 3$.

c) 1% von $\dfrac{6}{7}$ ist $P = \dfrac{1\% \cdot \frac{6}{7}}{100\%} = \dfrac{6}{700}$.

d) 3% von 10 000 sind $P = \dfrac{3\% \cdot 10\,000}{100\%} = 300$.

e) 4.5% von 9 520 sind $P = \dfrac{4.5\% \cdot 9\,520}{100\%} = 428.4$.

f) 133% von 45 sind $P = \dfrac{133\% \cdot 45}{100\%} = 59.85$.

Aufgabe 6.4.2
Hannelore L. hat beim Kauf eines neuen Kleides 60% Rabatt ausgehandelt.
Der offizielle Verkaufspreis des Kleides beträgt 520 DM (inkl. 15% MwSt.).
Wieviel muß Hannelore L. für das Kleid bezahlen?

Lösung:
Der Nettopreis des Kleides beträgt 452.17 DM, denn

$$115\% \;\cong\; 520\,\text{DM}$$
$$100\% \;\cong\; \frac{100\% \cdot 520\,\text{DM}}{115\%} \;=\; 452.17\,\text{DM}.$$

Von diesem Nettopreis muß man 60% Rabatt, das wären 271.30 DM,

$$100\% \;\cong\; 452.17\,\text{DM}$$
$$60\% \;\cong\; \frac{60\% \cdot 452.17\,\text{DM}}{100\%} \;=\; 271.30\,\text{DM}$$

abziehen, d. h. $452.17\,\mathrm{DM} - 271.30\,\mathrm{DM} = 180.87\,\mathrm{DM}$ ist der neue Nettoverkaufspreis. Ausgehend von diesem Wert wird nun der neue Verkaufspreis
ermittelt:

$$100\% \;\;\widehat{=}\;\; 180.87\,\mathrm{DM}$$
$$115\% \;\;\widehat{=}\;\; \frac{115\% \cdot 180.87\,\mathrm{DM}}{100\%} = 208\,\mathrm{DM}$$

Hannelore L. muß also 208 DM für ihr neues Kleid bezahlen.

Aufgabe 6.4.3

Die Population eines Dorfes in der Karibik verdoppelte sich auf 300 Personen
im Zeitraum von 1989 bis 1994. Ende 1995 wohnten 340 Personen in dem
Dorf.

a) Wieviel Prozent sind dies bezogen auf die Einwohnerzahl von 1989?

b) Wie groß war der Zuwachs gemessen in Prozent der Population von
   1994?

Lösung:

a) Eine Verdoppelung entspricht 200% Zuwachs, d. h.

$$300\,\text{Personen} \;\;\widehat{=}\;\; 200\%$$
$$340\,\text{Personen} \;\;\widehat{=}\;\; \frac{340\,\text{Personen} \cdot 200\%}{300\,\text{Personen}} = 226.\overline{6}\%$$

Die Einwohnerzahl 1995 entspricht $226.\overline{6}\%$ der Einwohnerzahl von
1989.

b) Der Zuwachs betrug $340 - 300 = 40$ Personen, das sind $13.\overline{3}\%$ der
   Population von 1994, denn

$$300\,\text{Personen} \;\;\widehat{=}\;\; 100\%$$
$$40\,\text{Personen} \;\;\widehat{=}\;\; \frac{40\,\text{Personen} \cdot 100\%}{300\,\text{Personen}} = 13.\overline{3}\%.$$

Aufgabe 6.4.4

Die 3 000 Einwohner eines Dorfes lassen sich in drei Gruppen einteilen:

1. Gruppe: Personen unter 18 Jahren.

2. Gruppe: Personen im Alter zwischen 18 und 60 Jahren.

3. Gruppe: Personen über 60 Jahren.

Die erste Gruppe besteht aus 500 Personen, die zweite Gruppe aus 2 000
Personen. 70% der dritten Gruppe und 45% der ersten und zweiten Gruppe
sind weiblich.

a) Wieviel Prozent der Einwohner gehören zur ersten, zweiten bzw. zur dritten Gruppe?

b) Wieviele weibliche Personen leben in diesem Dorf? Wieviel Prozent ist dies gemessen an der Dorfbevölkerung?

c) Wieviele Männer sind über 60 Jahre? Wieviel Prozent sind dies gemessen an der Anzahl der Männer, die im Dorf leben und wieviel Prozent sind dies gemessen an der Dorfbevölkerung?

d) Wieviel Prozent der Einwohner sind unter 18 oder über 60 Jahre alt?

Lösung:

a) Der Bezugswert ist hier 3 000. In der dritten Gruppe befinden sich $(3\,000 - (2\,000 + 500)) = 500$ Personen, also genausoviele Personen, wie in der ersten Gruppe.

Für die erste und dritte Gruppe gilt:

$$3\,000 \text{ Personen} \; \hat{=} \; 100\%$$
$$500 \text{ Personen} \; \hat{=} \; \frac{500 \text{ Personen} \cdot 100\%}{3\,000 \text{ Personen}} = 16.\overline{6}\%,$$

d. h. jeweils $16.\overline{6}\%$ der Einwohner gehören zur ersten bzw. zur dritten Gruppe. Zur zweiten Gruppe gehören $100\% - 2 \cdot 16.\overline{6}\% = 66.\overline{6}\%$ der Einwohner.

b) 70% der dritten Gruppe sind Frauen, d. h. es sind $500 \cdot 70\% = 500 \cdot 0.7 = 350$ Frauen in der dritten Gruppe. 45% der ersten und zweiten Gruppe sind weiblich, das sind $(500 + 2\,000) \cdot 45\% = (500 + 2\,000) \cdot 0.45 = 1\,125$ Personen. Somit hat das Dorf insgesamt $350 + 1\,125 = 1\,475$ weibliche Einwohner und das sind gemessen an der Gesamtbevölkerung des Dorfes $49.1\overline{6}\%$, denn

$$3\,000 \text{ Personen} \; \hat{=} \; 100\%$$
$$1\,475 \text{ Personen} \; \hat{=} \; \frac{1\,475 \text{ Personen} \cdot 100\%}{3\,000 \text{ Personen}} = 49.1\overline{6}\%.$$

c) Im gesamten Dorf leben insgesamt 1 475 Frauen und somit $3\,000 - 1\,475 = 1\,525$ Männer.

In der dritten Gruppe befinden sich nach Teil 2.) 350 Frauen, also erhält man die Anzahl der Männer durch $500 - 350 = 150$.

$$1\,525\,\text{Personen} \;\;\widehat{=}\;\; 100\%$$
$$150\,\text{Personen} \;\;\widehat{=}\;\; \frac{150\,\text{Personen} \cdot 100\%}{1\,525\,\text{Personen}} \;=\; \frac{600}{61}\% \;=\; 9.8361\%.$$

9.8361% der Männer sind über 60 Jahre.

$$3\,000\,\text{Personen} \;\;\widehat{=}\;\; 100\%$$
$$150\,\text{Personen} \;\;\widehat{=}\;\; \frac{150\,\text{Personen} \cdot 100\%}{3\,000\,\text{Personen}} \;=\; 5\%.$$

5% der Dorfbevölkerung sind Männer über 60 Jahre.

d) Unter 18 oder über 60 Jahre sind genau $3\,000 - 2\,000 = 1\,000$ Personen. Das sind $33.\overline{3}\%$ der Dorfbevölkerung, denn

$$3\,000\,\text{Personen} \;\;\widehat{=}\;\; 100\%$$
$$1\,000\,\text{Personen} \;\;\widehat{=}\;\; \frac{1\,000\,\text{Personen} \cdot 100\%}{3\,000\,\text{Personen}} \;=\; 33.\overline{3}\%.$$

Aufgabe 6.4.5

Es sollen $7\,500\,\text{DM}$ zwölf Jahre lang angelegt werden, bei einem jährlichen Zinssatz von 2.5%. Die Zinsen selbst sollen nicht verzinst, aber gutgeschrieben werden.

a) Wieviel Zinsen sind nach zwölf Jahren angefallen und wie hoch ist der Kontostand nach diesen zwölf Jahren?

b) Wieviel Jahre dauert es, bis mindestens $10\,000\,\text{DM}$ auf dem Konto sind?

Lösung:

a) Die angefallenen Zinsen belaufen sich auf

$$Z_{12} = 12 \cdot 7\,500\,\text{DM} \cdot \frac{2.5}{100} = 2\,250\,\text{DM}.$$

Der Kontostand nach zwölf Jahren ist demnach

$$K_{12} = 7\,500\,\text{DM} + 2\,250\,\text{DM} = 9\,750\,\text{DM}.$$

b) Gesucht ist n. Bekannt sind $K_n = 10\,000\,\text{DM}$, $K = 7\,500\,\text{DM}$ und $p = 2.5$.

$$n = \left(\frac{K_n}{K} - 1\right)\frac{100}{p} = \left(\frac{10\,000\,\text{DM}}{7\,500\,\text{DM}} - 1\right)\frac{100}{2.5} = 13.\overline{3} \notin \mathbb{N}.$$

Da n eine natürliche Zahl sein muß, ist es notwendig hier aufzurunden. Es gilt also n = 14, denn nach 13 Jahren ist erst ein Kapital von

$$\begin{aligned} K_{13} &= 7\,500\,\text{DM} + 13 \cdot 7\,500\,\text{DM} \cdot \frac{2.5}{100} \\ &= 9\,937.50\,\text{DM} < 10\,000\,\text{DM} \end{aligned}$$

vorhanden. Nach 14 Jahren befinden sich

$$\begin{aligned} K_{14} &= 7\,500\,\text{DM} + 14 \cdot 7\,500\,\text{DM} \cdot \frac{2.5}{100} \\ &= 10\,125\,\text{DM} > 10\,000\,\text{DM} \end{aligned}$$

auf dem Konto.

Aufgabe 6.4.6

Waltraud S. möchte heute einen gewissen Betrag K anlegen, damit sie am Ende eines jeden Jahres Zinsen in Höhe von 12 000 DM abheben kann. Es wird ein Zinssatz von 6% vorausgesetzt.

a) Wie hoch muß der Betrag K sein?

b) Wie hoch muß der Zinssatz sein, damit bei einem Kapital von 240 000 DM am Ende eines Jahres 12 000 DM Zinsen anfallen?

Lösung:

a) Bekannt sind hier die Anlagedauer n = 1 und die Zinsen Z = 12 000 DM. Gesucht ist das Kapital K. Man muß also die Formel

$$Z_n = n \cdot K \cdot \frac{p}{100}$$

für n = 1, also

$$Z_1 = 1 \cdot K \cdot \frac{p}{100} = Z,$$

nach K auflösen. Man erhält

$$K = Z \cdot \frac{100}{p} = 12\,000\,\text{DM} \cdot \frac{100}{6} = 200\,000\,\text{DM}.$$

b) Bekannt sind hier K = 240 000 DM, Z = 12 000 DM und n = 1. Gesucht ist p%. Die Formel in Teil 1.) muß man nach p auflösen. Es gilt dann:

$$p = Z \cdot \frac{100}{K} = 12\,000\,\text{DM} \cdot \frac{100}{240\,000\,\text{DM}} = 5.$$

Der gesuchte Zinssatz ist 5%.

Aufgabe 6.4.7

Ein Kapital von 13 000 DM soll drei Jahre lang zu 3% verzinst werden. Dabei sollen die Zinsen auf dem Konto gutgeschrieben und mitverzinst werden (Zinseszins).

a) Wie hoch ist der Kontostand nach diesen drei Jahren?

b) Welchen Zinsfuß p müßte man zugrundelegen, damit man nach drei Jahren denselben Kontostand wie in Teil 1.) hat, falls die Zinsen nicht mitverzinst, sondern nur gutgeschrieben werden?

Lösung:

a) Der Kontostand am Ende des ersten Jahres ist

$$K_1 \;=\; 13\,000\,\text{DM} \cdot \left(1 + 1 \cdot \frac{3}{100}\right) \;=\; 13\,390\,\text{DM}.$$

Das eingesetzte Kapital für das zweite Jahr ist nun K_1, somit gilt:

$$K_2 \;=\; K_1 \cdot \left(1 + 1 \cdot \frac{3}{100}\right) \;=\; 13\,390\,\text{DM} \cdot \left(1 + 1 \cdot \frac{3}{100}\right)$$
$$=\; 13\,791.70\,\text{DM}.$$

Das eingesetzte Kapital am Anfang des dritten Jahres ist K_2, somit ist

$$K_3 \;=\; K_2 \cdot \left(1 + 1 \cdot \frac{3}{100}\right) \;=\; 13\,791.70\,\text{DM} \cdot \left(1 + 1 \cdot \frac{3}{100}\right)$$
$$=\; 14\,205.45\,\text{DM}$$

der Kontostand am Ende des dritten Jahres.

Bemerkung:

K_3 erhält man sofort durch die Formel

$$K_n \;=\; K \cdot \left(1 + \frac{p}{100}\right)^n$$

für n = 3. Also gilt:

$$K_3 \;=\; 13\,000\,\mathrm{DM}\cdot\left(1+\frac{3}{100}\right)^3 \;=\; 14\,205.45\,\mathrm{DM}.$$

Legt man ein Kapital K zu einem Zinsfuß p mit Zinseszins an, so erhält man mit dieser Formel den Kontostand nach n Jahren K_n.

b) Bekannt sind hier K = 13 000 DM, n = 3 und K_3 = 14 205.45 DM. Gesucht ist p. Es gilt:

$$p \;=\; \left(\frac{K_n}{K}-1\right)\frac{100}{n} \;=\; \left(\frac{14\,205.45\,\mathrm{DM}}{13\,000\,\mathrm{DM}}-1\right)\frac{100}{3} \;=\; 3.091.$$

Aufgabe 6.4.8

Wie hoch ist der Kontostand von Herrn Kies nach zwei, fünf, bzw. zehn Jahren, wenn er 3 000 DM zu 6% mit Zinseszins anlegt?
Lösung:
Der Kontostand nach zwei Jahren ist

$$K_2 \;=\; 3\,000\,\mathrm{DM}\cdot\left(1+\frac{6}{100}\right)^2 \;=\; 3\,370.80\,\mathrm{DM}.$$

Der Kontostand nach fünf Jahren ist

$$K_5 \;=\; 3\,000\,\mathrm{DM}\cdot\left(1+\frac{6}{100}\right)^5 \;=\; 4\,014.68\,\mathrm{DM}.$$

Der Kontostand nach zehn Jahren ist

$$K_{10} \;=\; 6\,000\,\mathrm{DM}\cdot\left(1+\frac{6}{100}\right)^{10} \;=\; 5\,372.54\,\mathrm{DM}.$$

Aufgabe 6.4.9

Harald Bond legt ein Kapital K zwei Jahre lang zu 7% mit Zinseszins an, um sich danach einen BMW Z3 zu kaufen. Nach diesen zwei Jahren hat er 48 000 DM auf seinem Konto gutgeschrieben.
Wie hoch war sein eingesetztes Kapital K?
Lösung:

$$K \;=\; \frac{K_2}{\left(1+\frac{7}{100}\right)^2} \;=\; \frac{48\,000.00\,\mathrm{DM}}{\left(1+\frac{7}{100}\right)^2} \;=\; 41\,925.06\,\mathrm{DM}.$$

Aufgabe 6.4.10

Welchen Zinssatz muß Herr Ehni als Bankangestellter seinen Kunden anbieten, damit diese nach zehn Jahren das Doppelte ihres eingesetzten Kapitals, inklusive Zinseszins, erhalten?

Lösung:

Das Kapital nach zehn Jahren soll doppelt so hoch sein, wie das Anfangskapital K. Es muß also $K_{10} = 2K$ sein. Somit folgt:

$$p = 100 \cdot \left(\sqrt[10]{\frac{2K}{K}} - 1 \right) = 100 \cdot \left(\sqrt[10]{2} - 1 \right) = 7.17735.$$

Herr Ehni muß seinen Kunden einen Zinssatz von 7.17735% anbieten.

Aufgabe 6.4.11

Don Rolando möchte 390 000 DM anlegen, so daß er nach n Jahren bei einem Zinssatz von 7.5% mit Zinseszins 500 000 DM herausbekommt.

Wieviel Jahre muß er sein Geld anlegen?

Lösung:

$$n = \frac{\log \left(\frac{500\,000\,\text{DM}}{390\,000\,\text{DM}} \right)}{\log \left(1 + \frac{7.5}{100} \right)} = 3.436 \notin \mathbb{N}.$$

Diese Zahl muß nun aufgerundet werden, da n eine natürliche Zahl sein muß! Also muß Don Rolando sein Geld vier Jahre lang auf der Bank lassen.

Aufgabe 6.4.12

Es sollen 6 000 DM zu 6% angelegt werden.
Berechnen Sie die Zinsen, die nach

a) einem Tag,

b) nach einem Monat,

c) nach 100 Tagen,

d) nach einem halben Jahr,

e) nach 250 Tagen,

angefallen sind.

Lösung:

a)
$$Z = \frac{6\,000\,\text{DM} \cdot 6 \cdot 1}{100 \cdot 360} = 1\,\text{DM}.$$

b)
$$Z = \frac{6\,000\,\text{DM} \cdot 6 \cdot 30}{100 \cdot 360} = 30\,\text{DM}.$$

c)
$$Z = \frac{6\,000\,\text{DM} \cdot 6 \cdot 100}{100 \cdot 360} = 100\,\text{DM}.$$

d)
$$Z = \frac{6\,000\,\text{DM} \cdot 6 \cdot 180}{100 \cdot 360} = 180\,\text{DM}.$$

e)
$$Z = \frac{6\,000\,\text{DM} \cdot 6 \cdot 250}{100 \cdot 360} = 250\,\text{DM}.$$

Aufgabe 6.4.13

An einer Himalaya-Expedition nehmen insgesamt 45 Personen teil. Sie lassen
sich unterteilen in Sherpas S, Wissenschaftler W und Bergführer B und zwar
im Verhältnis $S : W : B = 6 : 2 : 1$. Wieviele Sherpas, Wissenschaftler und
Bergführer nehmen an dieser Expedition teil?

Lösung:

- Die Gesamtanzahl der Personenanteile ist: $6 + 2 + 1 = 9$.

- Ein Anteil ist dann $\dfrac{45}{9} = 5$.

- Bestimmung der Anzahl von S, W und B.
  Es nehmen $6 \cdot 5 = 30$ Sherpas, $2 \cdot 5 = 10$ Wissenschaftler und $1 \cdot 5 = 5$
  Bergführer an der Expedition teil.

Aufgabe 6.4.14

Einem Liter einer 40%-igen Alkohollösung werden fünf Liter Wasser hinzu-
gegeben. Wieviel Prozent Alkohol besitzt die neue Lösung?
Lösung:

Das neue Gesamtvolumen beläuft sich auf $1.0\,\ell + 5.0\,\ell = 6.0\,\ell$.

In der 40%-igen Lösung sind $1.0\,\ell \cdot 40\% = 0.4\,\ell$ reiner Alkohol enthalten, somit
enthält die neue Lösung

$$6.0\,\ell \; \hat{=} \; 100\%$$
$$0.4\,\ell \; \hat{=} \; \frac{0.4\,\ell \cdot 100\%}{6.0\,\ell} = 6.\bar{6}\%$$

reinen Alkohol.

Aufgabe 6.4.15
Ein Liter einer 40%-igen Alkohollösung soll mit einem Liter einer 60%-igen Alkohollösung vermischt werden. Wieviel Prozent Alkohol besitzt dann die neue Lösung?

Lösung:
Ein Liter einer 40%-igen Alkohollösung enthält $0.4\,\ell$ reinen Alkohol.
Ein Liter einer 60%-igen Alkohollösung enthält $0.6\,\ell$ reinen Alkohol.
Die neue Lösung hat dann ein Volumen von $1.0\,\ell + 1.0\,\ell = 2.0\,\ell$, wovon $0.4\,\ell + 0.6\,\ell = 1.0\,\ell$ reiner Alkohol ist. Es gilt:

$$2.0\,\ell \,\,\widehat{=}\,\, 100\%$$
$$1.0\,\ell \,\,\widehat{=}\,\, \frac{1.0\,\ell \cdot 100\%}{2.0\,\ell} = 50\%.$$

Die neue Lösung besitzt also einen Alkoholgehalt von 50%.

Aufgabe 6.4.16
Peter W. möchte zu seinem Geburtstag seinen Gästen eine Erdbeerbowle $(3.0\,\ell)$ anbieten. Er verwendet dazu $2.1\,\ell$ Sekt-Weißwein-Gemisch mit einem Alkoholgehalt von 11% und einen halben Liter Erdbeersaft. Die Bowle möchte er nun mit einem weiteren alkoholischen Getränk auffüllen, so daß sie insgesamt einen Alkoholgehalt von höchstens 10% besitzt.

a) Wieviel Prozent Alkohol darf dieses weitere Getränk maximal haben?

b) Wieviel Prozent Alkohol hat die Bowle mindestens?

Lösung:

a) Zunächst wird der reine Alkoholanteil in dem Sekt-Weißwein-Gemisch ermittelt. Dieser beläuft sich auf $2.1\,\ell \cdot 11\% = 0.231\,\ell$.
Drei Liter Bowle dürfen maximal 10% reinen Alkohol enthalten, das wären also $3.0\,\ell \cdot 10\% = 0.3\,\ell$.
Maximal darf man noch $0.3\,\ell - 0.231\,\ell = 0.069\,\ell$ reinen Alkohol hinzufügen. Diese Menge muß allerdings in $(3.0\,\ell - (2.1\,\ell + 0.5\,\ell)) = 0.4\,\ell$ eines weiteren Getränks enthalten sein, d.h.

$$0.4\,\ell \,\,\widehat{=}\,\, 100\%$$
$$0.069\,\ell \,\,\widehat{=}\,\, \frac{0.069\,\ell \cdot 100\%}{0.4\,\ell} = 17.25\%.$$

Das Getränk darf maximal 17.25% Alkohol enthalten.

b) Das Sekt-Weißwein-Gemisch ist das einzige Getränk mit einem Alkoholanteil, das unbedingt in die Bowle soll. Es enthält nach Teil 1.) 0.231 ℓ reinen Alkohol. Diese Menge muß man nun auf drei Liter beziehen, d. h.

$$3.0\,\ell \,\hat{=}\, 100\%$$
$$0.231\,\ell \,\hat{=}\, \frac{0.231\,\ell \cdot 100\%}{3.0\,\ell} = 7.7\%.$$

Die Bowle hat also einen Alkoholanteil von mindestens 7.7%.

Kapitel 7

Gleichungen

In diesem Kapitel werden Gleichungen auf ihre reellen Lösungen hin untersucht.

7.1 Lineare Gleichungen

Beispiel 7.1.1
Gesucht sind die Lösungen folgender Gleichungen:

1.) $x = 2$,

2.) $3x = 6$,

3.) $12x + 3 = 15$,

4.) $9x - 4 = -22$,

5.) $7(3x - 2) = 14$,

6.) $\dfrac{-12x + 3}{3} = 45$.

Lösung:

1.) Hier ist die Lösung $x = 2$ bereits explizit angegeben.

2.) $3x = 6 \quad | : 3, \quad x = 2$ ist die Lösung.

3.) $\quad 12x + 3 = 15 \quad | - 3$

$\qquad 12x = 12 \quad | : 12$

$\qquad x = 1.$

4.) $\quad 9x - 4 = -22 \quad | + 4$

$\qquad 9x = -18 \quad | : 9$

$\qquad x = -2.$

5.) $\quad 7(3x - 2) = 14 \quad | : 7$

$\qquad 3x - 2 = 2 \quad | + 2$

$\qquad 3x = 4 \quad | : 3$

$\qquad x = \dfrac{4}{3}.$

6.) $\quad \dfrac{-12x + 3}{3} = 45 \qquad | \cdot 3$

$\qquad -12x + 3 = 135 \quad | - 3$

$\qquad -12x = 132 \quad | : (-12)$

$\qquad x = -11.$

Gesucht ist die Lösung einer Gleichung in einer Unbekannten der Form

$$a \cdot x + b = 0, \qquad \text{mit } a, b \in \mathbb{R}.$$

Hierbei kommt die Unbekannte x nur in der ersten Potenz vor.
Drei Lösungsmengen sind möglich:

1.) $\mathbb{L} = \left\{ -\dfrac{b}{a} \right\}$, falls $a \neq 0$ ist; es gibt genau eine Lösung $x = -\dfrac{b}{a}$.

2.) $\mathbb{L} = \emptyset$, falls $a = 0$, $b \neq 0$; es gibt also keine Lösung.

3.) $\mathbb{L} = \mathbb{R}$, falls $a = 0$, $b = 0$; es gibt unendlich viele Lösungen $x \in \mathbb{R}$.

Für $a \neq 0$ spricht man von einer **linearen Gleichung** in einer Unbekannten. Die lineare Gleichung hat immer die eindeutige Lösung $x = -\dfrac{b}{a}$. Die Lösungsmenge ist also gegeben durch $\mathbb{L} = \left\{ -\dfrac{b}{a} \right\}$.

Beispiel 7.1.2

Gesucht sind die Lösungen folgender Gleichungen:

1.) $12x + 3 = 6x - 3$,

2.) $12x + 3 = 12x + 1$,

3.) $12x + 3 = 12x + 3$.

Lösung:

1.)
$$12x + 3 = 6x - 3 \quad | - 3$$
$$12x = 6x - 6 \quad | - 6x$$
$$6x = -6 \quad \quad | : 6$$
$$x = -1$$

$\implies$ Es gibt genau eine Lösung und zwar $x = -1$.

$\implies \mathbb{L} = \{-1\}$.

2.)
$$12x + 3 = 12x + 1 \quad | - 3$$
$$12x = 12x - 2 \quad | - 12x$$
$$0 = -2$$

$\implies$ Diese Gleichung hat keine Lösung.

$\implies \mathbb{L} = \emptyset$.

3.)
$$12x + 3 = 12x + 3 \quad | - 3$$
$$12x = 12x \quad \quad | - 12x$$
$$0 = 0$$

$\implies$ Es gibt unendlich viele Lösungen $x \in \mathbb{R}$.

$\implies \mathbb{L} = \mathbb{R}$.

Lineare Gleichungen können auch durch Umformungen anderer Gleichungen entstehen. Es muß allerdings die **Definitionsmenge** $\mathbb{D}$ der Gleichung berücksichtigt werden. Die **Definitionsmenge** $\mathbb{D}$ ist die Menge aller $x \in \mathbb{R}$, für die die Gleichung definiert ist. Für x sind dann nur solche Werte als Lösung zulässig, die auch in der **Definitionsmenge** $\mathbb{D}$ sind.

Beispiel 7.1.3

Gesucht sind die Lösungen folgender Gleichungen:

1.) $\dfrac{9x + 5}{2x - 3} = 17$,

2.) $(3x - 2)(4x + 1) = (-2x)(1 - 6x)$,

3.) $\dfrac{2x + 1}{x - 1} = \dfrac{4x + 7}{2x - 1}$.

Lösung:

1.) $\mathbb{D} = \mathbb{R} \setminus \left\{ \dfrac{3}{2} \right\}$, denn für $x = \dfrac{3}{2}$ ist der Nenner Null.

$$\frac{9x+5}{2x-3} = 17 \qquad | \cdot (2x-3)$$
$$9x+5 = 34x - 51 \quad | -5$$
$$9x = 34x - 56 \quad | -34x$$
$$-25x = -56 \qquad | : (-25)$$
$$x = \frac{56}{25}$$

$$\Longrightarrow \ \mathbb{L} = \left\{ \frac{56}{25} \right\}.$$

2.) Diese Gleichung ist für alle $x \in \mathbb{R}$ definiert, also ist die Definitions-menge $\mathbb{D} = \mathbb{R}$.

$$12x^2 - 5x - 2 = 12x^2 - 2x \quad | -12x^2$$
$$-5x - 2 = -2x \qquad | +2$$
$$-5x = -2x + 2 \qquad | +2x$$
$$-3x = 2 \qquad\qquad | : (-3)$$
$$x = -\frac{2}{3}$$

$$\Longrightarrow \ \mathbb{L} = \left\{ -\frac{2}{3} \right\}.$$

3.) $\mathbb{D} = \mathbb{R} \setminus \left\{ \dfrac{1}{2}, 1 \right\}$, denn für $x \in \left\{ \dfrac{1}{2}, 1 \right\}$ sind die Nenner Null.

$$\frac{2x+1}{x-1} = \frac{4x+7}{2x-1} \qquad | \cdot (x-1)(2x-1)$$
$$(2x+1)(2x-1) = (4x+7)(x-1)$$
$$4x^2 - 1 = 4x^2 + 3x - 7 \quad | -4x^2$$
$$-1 = 3x - 7 \qquad\qquad | +7$$
$$6 = 3x \qquad\qquad\quad | : 3$$
$$x = 2$$

$$\Longrightarrow \ \mathbb{L} = \{2\}.$$

7.2   Quadratische Gleichungen

7.2.1   Die allgemeine quadratische Gleichung

Beispiel 7.2.1
Gesucht sind die Lösungen folgender Gleichungen:

1.) $x^2 - 81 = 0$,

2.) $4x^2 - 64 = 0$,

3.) $x^2 + x = 0$,

4.) $4x^2 - x = 0$,

5.) $x^2 - 2x + 1 = 0$.

Lösung:

1.) $\begin{aligned} x^2 - 81 &= 0 \quad | + 81 \\ x^2 &= 81 \quad | \sqrt{} \\ x &= \pm 9 \end{aligned}$

Die Gleichung hat die zwei Lösungen $x = -9$ und $x = 9$.
$\implies \mathbb{L} = \{-9, 9\}$.

2.) $\begin{aligned} 4x^2 - 64 &= 0 \quad | + 64 \\ 4x^2 &= 64 \quad | : 4 \\ x^2 &= 16 \quad | \sqrt{} \\ x &= \pm 4 \end{aligned}$

Die Gleichung hat die zwei Lösungen $x = -4$ und $x = 4$.
$\implies \mathbb{L} = \{-4, 4\}$.

3.) $\begin{aligned} x^2 + x &= 0 \\ x(x + 1) &= 0 \end{aligned}$

Ein Produkt ist genau dann Null, wenn mindestens ein Faktor Null ist.
Die Lösungen sind $x = 0$ und $x = -1$.
$\implies \mathbb{L} = \{-1, 0\}$.

4.) $4x^2 - x = 0$

                 $x(4x - 1) = 0$

Somit sind die Lösungen gegeben durch: $x = 0$ und $(4x - 1) = 0$, also

$x = \dfrac{1}{4}$.

$\implies \mathbb{L} = \left\{ 0, \dfrac{1}{4} \right\}$.

5.) $x^2 - 2x + 1 = 0$ | 2. binomische Formel

             $(x - 1)^2 = 0$

Die Lösung ist $x = 1$.

$\implies \mathbb{L} = \{1\}$.

Gesucht sind die Lösungen einer Gleichung, die folgende Gestalt hat:

$$ax^2 + bx + c = 0, \qquad \text{mit } a, b, c \in \mathbb{R}, a \neq 0.$$

Eine Gleichung dieser Form bezeichnet man als **quadratische Gleichung** in einer Unbekannten.

Satz 7.2.1

Die Lösungen der **quadratische Gleichung** *sind gegeben durch:*

$$x_{1,2} = \frac{-b \pm \sqrt{b^2 - 4ac}}{2a}.$$

Den Ausdruck $(b^2 - 4ac)$ unter der Wurzel bezeichnet man als **Diskriminante D**.

1.) Ist $D > 0$, so gibt es genau zwei reelle Lösungen $x_{1,2}$.

$\implies \mathbb{L} = \{x_1, x_2\}$.

2.) Ist $D = 0$, so gibt es genau eine reelle Lösung $x = -\dfrac{b}{2a}$.

$\implies \mathbb{L} = \left\{ -\dfrac{b}{2a} \right\}$.

3.) Ist $D < 0$, so gibt es keine reelle Lösung.

$\implies \mathbb{L} = \emptyset$. (Die Lösungen $x_{1,2}$ sind dann komplex.)

Bemerkung:

Sind die Koeffizienten $a, b, c \in \mathbb{C}$ mit $a \neq 0$, so gilt natürlich auch die Formel $x_{1,2} = \dfrac{-b \pm \sqrt{b^2 - 4ac}}{2a}$ zur Berechnung der Lösungen.

Beispiel 7.2.2

Gesucht sind die Lösungen folgender quadratischer Gleichungen:

1.) $2x^2 + 6x + \dfrac{5}{2} = 0$,

2.) $2x^2 + 4x + 2 = 0$,

3.) $2x^2 + 4x + \dfrac{5}{2} = 0$.

Lösung:

1.) Für die Diskriminante D gilt:

$$D = b^2 - 4ac = 6^2 - 4 \cdot 2 \cdot \frac{5}{2} = 4 > 0.$$

Diese quadratische Gleichung hat also genau zwei (verschiedene) reelle Lösungen und zwar

$$x_{1,2} = \frac{-6 \pm \sqrt{6^2 - 4 \cdot 2 \cdot \frac{5}{2}}}{2 \cdot 2} = \frac{-6 \pm \sqrt{16}}{4} = -\frac{3}{2} \pm 1,$$

also $x_1 = -2.5$ und $x_1 = -0.5$.

$$\implies \mathbb{L} = \left\{ -\frac{5}{2}, -\frac{1}{2} \right\}.$$

2.) Für die Diskriminante D gilt:

$$D = b^2 - 4ac = 4^2 - 4 \cdot 2 \cdot 2 = 0.$$

Somit hat die quadratische Gleichung genau eine (doppelte) Lösung, die gegeben ist durch:

$$x_{1,2} = \frac{-4 \pm \sqrt{4^2 - 4 \cdot 2 \cdot 2}}{2 \cdot 2} = \frac{-4 \pm \sqrt{0}}{4} = -1,$$

also $x = -1$.

$$\implies \mathbb{L} = \{-1\}.$$

3.) Analog zu 1.) und 2.) gilt:

$$D = b^2 - 4ac = 4^2 - 4 \cdot 2 \cdot \frac{5}{2} < 0.$$

Diese quadratische Gleichung hat keine reelle Lösung.
$$\implies \mathbb{L} = \emptyset.$$
Bemerkung:
Die zwei komplexen Lösungen sind:

$$x_{1,2} = \frac{-4 \pm \sqrt{4^2 - 4 \cdot 2 \cdot \frac{5}{2}}}{2 \cdot 2} = \frac{-4 \pm \sqrt{-4}}{4} = -1 \pm \frac{i}{2},$$

also $x_1 = -1 - \dfrac{i}{2}$ und $x_2 = -1 + \dfrac{i}{2}$.

7.2.2 Die Normalform einer quadratischen Gleichung

Nach Division der Gleichung $ax^2 + bx + c = 0$ durch $a \neq 0$ erhält man die sogenannte **Normalform** der quadratischen Gleichung:

$$x^2 + px + q = 0, \qquad \text{mit } p, q \in \mathbb{R},$$

wobei gilt $p = \dfrac{b}{a}, q = \dfrac{c}{a}$.
Die Lösungen der **Normalform** sind somit gegeben durch:

$$x_{1,2} = \frac{-p \pm \sqrt{p^2 - 4q}}{2}.$$

Die **Diskriminante** D ist hierbei $p^2 - 4q$.

Beispiel 7.2.3
Gesucht sind die Lösungen folgender quadratischer Gleichungen:

1.) $x^2 + 2x - 3 = 0$,

2.) $x^2 + 8x + 16 = 0$,

3.) $x^2 - 2x + 2 = 0$.

Lösung:

1.) Für die Diskriminante D gilt:

$$D = p^2 - 4q = 2^2 - 4 \cdot (-3) = 16 > 0.$$

Diese quadratische Gleichung hat also genau zwei (verschiedene) reelle Lösungen und zwar

$$x_{1,2} = \frac{-2 \pm \sqrt{16}}{2} = -1 \pm 2,$$

also $x_1 = -3$ und $x_2 = 1$.

$\Longrightarrow \mathbb{L} = \{-3, 1\}.$

2.) Für die Diskriminante D gilt:

$$D = p^2 - 4q = 8^2 - 4 \cdot 16 = 0.$$

Somit hat die quadratische Gleichung genau eine (doppelte) Lösung, die gegeben ist durch:

$$x_{1,2} = \frac{-8 \pm \sqrt{0}}{2} = -4,$$

also ist $x = -4$ die einzige Lösung.

$\Longrightarrow \mathbb{L} = \{-4\}.$

3.) Analog zu 1.) und 2.) gilt:

$$D = p^2 - 4q = (-2)^2 - 4 \cdot 2 = -4 < 0.$$

Diese quadratische Gleichung hat keine reelle Lösung.

$\Longrightarrow \mathbb{L} = \emptyset.$

Bemerkung:

Die zwei komplexen Lösungen sind

$$x_{1,2} = \frac{-(-2) \pm \sqrt{-4}}{2} = \frac{2 \pm 2i}{2} = 1 \pm i,$$

also $x_1 = 1 - i$ und $x_2 = 1 + i$.

7.2.3   Spezialfälle quadratischer Gleichungen

Weitere Spezialfälle der quadratischen Gleichung $ax^2 + bx + c = 0$ mit $a, b, c \in \mathbb{R}$, $a \neq 0$ sind:

1.) $b = c = 0$: $ax^2 = 0$.
    Hier ist $x = 0$ die einzige Lösung.
    $\Longrightarrow$ $\mathbb{L} = \{0\}$.

2.) $b = 0$, $c \neq 0$: $ax^2 + c = 0$.
    Diese Gleichung kann man umformen zu $x^2 = -\dfrac{c}{a}$.

    Somit sind die Lösungen gegeben durch

    $$x_{1,2} = \pm\sqrt{-\frac{c}{a}}.$$

    Diese Lösungen sind reell, falls $\dfrac{c}{a} < 0$.
    $\Longrightarrow$ $\mathbb{L} = \{x_1, x_2\}$.
    Bemerkung:
    Für $\dfrac{c}{a} > 0$ sind die beiden Lösungen komplex.

3.) $c = 0$, $b \neq 0$: $ax^2 + bx = 0$.
    Hier kann man x ausklammern.
    Man erhält dann die Gleichung $x(ax + b) = 0$. Die Lösungen sind in diesem Fall $x_1 = 0$ und $x_2 = -\dfrac{b}{a}$, also reellwertig.

    $$\Longrightarrow \mathbb{L} = \left\{-\frac{b}{a}, 0\right\}.$$

Wie man sieht, kann man in diesen Fällen die Lösungen leicht ohne eine gegebene Lösungsformel berechnen.

Beispiel 7.2.4
Gesucht sind die Lösungen folgender spezieller quadratischer Gleichungen:

1.) $6x^2 = 0$,

2.) $3x^2 - 27 = 0$,

3.) $3x^2 + 27 = 0$,

4.) $12x^2 - 2x = 0$.

Lösung:

1.) Die Lösung ist hier $x = 0$.

$\implies \mathbb{L} = \{0\}$.

2.) $\qquad 3x^2 - 27 = 0 \qquad | + 27, : 3$

$\qquad\qquad x^2 = 9$

$\qquad\qquad x_{1,2} = \pm 3$

$\implies \mathbb{L} = \{-3, 3\}$.

3.) $\qquad 3x^2 + 27 = 0 \qquad | - 27, : 3$

$\qquad\qquad x^2 = -9$.

Diese Gleichung hat keine reelle Lösung.

$\implies \mathbb{L} = \emptyset$.

Bemerkung:

Die komplexen Lösungen sind $x_{1,2} = \pm 3i$.

4.) $\qquad 12x^2 - 2x = 0$

$\qquad\quad x(12x - 2) = 0$,

also sind $x_1 = 0$ und $x_2 = \dfrac{1}{6}$ die zwei Lösungen.

$\implies \mathbb{L} = \left\{ 0, \dfrac{1}{6} \right\}$.

7.2.4   Die quadratische Ergänzung

Jede allgemeine quadratische Gleichung kann, wie bereits gezeigt, durch Division mit $a \neq 0$ auf die **Normalform** gebracht werden.

Zur Lösung der Normalform soll nun die sogenannte **quadratische**

Ergänzung herangezogen werden. Es werden folgende Umformungen durchgeführt:

$$x^2 + px + q = 0 \qquad\qquad | -q$$

$$x^2 + px = -q \qquad\qquad \left| + \left(\frac{p}{2}\right)^2 \right.$$

$$x^2 + px + \left(\frac{p}{2}\right)^2 = -q + \left(\frac{p}{2}\right)^2 \qquad |\text{1. binomische Formel}$$

$$\left(x + \frac{p}{2}\right)^2 = \frac{p^2 - 4q}{4} \qquad | \sqrt{}$$

$$x + \frac{p}{2} = \pm\sqrt{\frac{p^2 - 4q}{4}}$$

Die Lösungen sind somit gegeben durch:

$$x_{1,2} = \left(\pm\sqrt{\frac{p^2 - 4q}{4}}\right) - \frac{p}{2} = \frac{-p \pm \sqrt{p^2 - 4q}}{2}.$$

Die Diskriminante $D = p^2 - 4q$ entscheidet wieder über die Anzahl und Art der Lösungen dieser Gleichung.

1.) Ist $D > 0$, so gibt es genau zwei reelle Lösungen $x_{1,2}$.
    $\implies \mathbb{L} = \{x_1, x_2\}$.

2.) Ist $D = 0$, so gibt es genau eine reelle Lösung $x = -\frac{p}{2}$.
    $\implies \mathbb{L} = \left\{-\frac{p}{2}\right\}$.

3.) Ist $D < 0$, so gibt es keine reelle Lösung.
    $\implies \mathbb{L} = \emptyset$.
    Bemerkung:
    Die Lösungen $x_{1,2}$ sind in diesem Fall komplex.

Beispiel 7.2.5

Berechnen Sie die Lösungen mithilfe der quadratischen Ergänzung.

1.) $x^2 + 2x - 3 = 0$,

2.) $x^2 + 8x + 16 = 0$,

3.) $x^2 - 2x + 2 = 0$.

Lösung:

1.)
$$x^2 + 2x - 3 = 0 \qquad | + 3$$
$$x^2 + 2x = 3 \qquad | + \left(\frac{2}{2}\right)^2$$
$$x^2 + 2x + 1 = 3 + 1 \qquad |\text{1. binomische Formel}$$
$$(x+1)^2 = 4 \qquad |\sqrt{}$$
$$x + 1 = \pm\sqrt{4}$$

Die Lösungen sind gegeben durch: $x_{1,2} = (\pm\sqrt{4}) - 1 = -1 \pm 2$, also $x_1 = -3$ und $x_2 = 1$.
$\implies \mathbb{L} = \{-3, 1\}$.

2.)
$$x^2 + 8x + 16 = 0 \qquad | - 16$$
$$x^2 + 8x = -16 \qquad | + \left(\frac{8}{2}\right)^2$$
$$x^2 + 8x + 16 = -16 + 16 \qquad |\text{1. binomische Formel}$$
$$(x+4)^2 = 0 \qquad |\sqrt{}$$
$$x + 4 = \pm\sqrt{0}$$

Die Lösungen sind gegeben durch: $x_{1,2} = (\pm\sqrt{0}) - 4 = -4$.
$\implies \mathbb{L} = \{-4\}$.

3.)
$$x^2 - 2x + 2 = 0 \qquad | - 2$$
$$x^2 - 2x = -2 \qquad | + \left(-\frac{2}{2}\right)^2$$
$$x^2 - 2x + 1 = -2 + 1 \qquad |\text{1. binomische Formel}$$
$$(x-1)^2 = -1 \qquad |\sqrt{}$$
$$x - 1 = \pm\sqrt{-1}$$

Die Lösungen sind gegeben durch: $x_{1,2} = (\pm\sqrt{-1}) + 1 \notin \mathbb{R}$.
$\implies \mathbb{L} = \emptyset$.
Bemerkung:
Die komplexen Lösungen sind $x_1 = 1 - i$, $x_2 = 1 + i$.

7.2.5   Der Satz von Vieta

Der **Satz von Vieta (1540-1603)** ist nur auf die **Normalform** einer quadratischen Gleichung anwendbar. Er sagt folgendes aus:

Satz 7.2.2

Besitzt die Normalform

$$x^2 + px + q = 0, \qquad mit\ p, q \in \mathbb{R}$$

die beiden Lösungen x_1 und x_2, dann gilt:

$$(-1) \cdot (x_1 + x_2) = p, \qquad und \qquad x_1 \cdot x_2 = q.$$

Beispiel 7.2.6

Berechnen Sie die Lösungen der quadratischen Gleichungen mithilfe des Satzes von Vieta.

1.) $x^2 = 0$,

2.) $x^2 - 1 = 0$,

3.) $x^2 - 2x + 1 = 0$,

4.) $x^2 + 2x + 1 = 0$,

5.) $x^2 - 7x + 12 = 0$,

6.) $x^2 - 2x - 15 = 0$,

Lösung:

1.) $\mathbb{L} = \{0\}$, also $x_1 = 0$ und $x_2 = 0$, denn $(-1) \cdot (0 + 0) = 0 = p$ und $0 \cdot 0 = 0 = q$.

2.) $\mathbb{L} = \{-1, 1\}$, also $x_1 = -1$ und $x_2 = 1$, denn $(-1) \cdot (-1 + 1) = 0 = p$ und $(-1) \cdot 1 = -1 = q$.

3.) $\mathbb{L} = \{1\}$, also $x_1 = 1$ und $x_2 = 1$, denn $(-1) \cdot (1 + 1) = -2 = p$ und $1 \cdot 1 = 1 = q$.

4.) $\mathbb{L} = \{-1\}$, also $x_1 = -1$ und $x_2 = -1$, denn $(-1) \cdot (-1 - 1) = 2 = p$ und $(-1) \cdot (-1) = 1 = q$.

5.) $\mathbb{L} = \{3, 4\}$, also $x_1 = 3$ und $x_2 = 4$, denn $(-1) \cdot (3 + 4) = 7 = p$ und $3 \cdot 4 = 12 = q$.

6.) $\mathbb{L} = \{-3, 5\}$, also $x_1 = -3$ und $x_2 = 5$, denn $(-1) \cdot (-3 + 5) = -2 = p$ und $(-3) \cdot 5 = -15 = q$.

7.2.6 Gleichungen, die auf quadratische Gleichungen führen

Quadratische Gleichungen können durch Umformungen anderer Gleichungen entstehen. Dabei muß allerdings die **Definitionsmenge** $\mathbb{D}$ der ursprünglichen Gleichung berücksichtigt werden. Für x sind dann nur solche Werte als Lösung zulässig, die auch in dieser **Definitionsmenge** $\mathbb{D}$ enthalten sind.

Beispiel 7.2.7

Gesucht sind die Lösungen folgender Gleichungen:

1.) $\dfrac{x-1}{2x+4} = \dfrac{x+1}{x-4}$,

2.) $3 + \sqrt{11 - 5x} = x$,

3.) $\dfrac{2 - 2x}{x - 1} = x + 4$.

Lösung:

1.) Die Definitionsmenge ist gegeben durch $\mathbb{D} = \mathbb{R} \setminus \{-2, 4\}$.

$$\frac{x-1}{2x+4} = \frac{x+1}{x-4} \qquad |(2x+4)(x-4)$$
$$(x-1)(x-4) = (x+1)(2x+4)$$
$$x^2 - 5x + 4 = 2x^2 + 6x + 4$$
$$x^2 + 11x = 0$$
$$x(x+11) = 0$$

$\Longrightarrow x_1 = -11 \in \mathbb{D}$ und $x_2 = 0 \in \mathbb{D}$ sind die beiden Lösungen.

$\Longrightarrow \mathbb{L}\{-11, 0\}$.

2.) Die Definitionsmenge ist gegeben durch $\mathbb{D} = \left\{ x \mid x \leq \dfrac{11}{5} \right\}$.

$$3 + \sqrt{11 - 5x} = x \qquad |-3$$
$$\sqrt{11 - 5x} = x - 3 \qquad |(\ )^2$$
$$11 - 5x = (x - 3)^2$$
$$11 - 5x = x^2 - 6x + 9$$
$$x^2 - x - 2 = 0$$

$$\Longrightarrow x_{1,2} = \frac{-(-1) \pm \sqrt{(-1)^2 - 4 \cdot (-2)}}{2} = \frac{1 \pm 3}{2},$$

also $x_1 = 2 \notin \mathbb{D}$, $x_2 = -1 \in \mathbb{D}$, aber erfüllt die Ausgangsgleichung nicht. $\Longrightarrow \mathbb{L} = \{\}$.

3.) Die Definitionsmenge ist gegeben durch $\mathbb{D} = \mathbb{R} \setminus \{1\}$.

$$\frac{2-2x}{x-1} = x+4 \qquad | \cdot (x-1)$$
$$2 - 2x = (x+4)(x-1)$$
$$2 - 2x = x^2 + 3x - 4$$
$$x^2 + 5x - 6 = 0$$

$$\Longrightarrow x_{1,2} = \frac{-5 \pm \sqrt{5^2 - 4 \cdot (-6)}}{2} = \frac{-5 \pm 7}{2}$$

$$\Longrightarrow x_1 = -6 \in \mathbb{D}, \ x_2 = 1 \notin \mathbb{D}.$$
$$\Longrightarrow \mathbb{L} = \{-6\}.$$

Hat man eine Gleichung der Form

$$a \cdot (f(x))^2 + b \cdot f(x) + c = 0,$$

mit $a, b, c \in \mathbb{R}$, $a \neq 0$, wobei $f(x)$ eine **reelle Funktion** in x darstellt, so kann diese auf eine quadratische Gleichung zurückgeführt werden, indem man formal $f(x)$ durch u ersetzt (**substituiert**) und die Gleichung

$$au^2 + bu + c = 0$$

löst. Besitzt diese Gleichung die Lösungen u_1 und u_2, so erhält man die Lösungen der ursprünglichen Gleichung durch Lösen der Gleichungen

$$f(x) = u_1 \qquad \text{und} \qquad f(x) = u_2.$$

Diese Methode nennt man **Substitutionsmethode**.

Bemerkung:
Durch eine **reelle Funktion** f wird jedem Element einer Teilmenge $\mathbb{D}_f$ von $\mathbb{R}$ genau eine reelle Zahl zugeordnet.

Beispiel 7.2.8

Gesucht sind die Lösungen der Gleichungen:

1.) $\left(\dfrac{1}{x-1}\right)^2 - \dfrac{1}{x-1} - 6 = 0,$

2.) $(1-x) - \sqrt{1-x} - 2 = 0,$

3.) $x^4 + 2x^2 + 1 = 0.$

Lösung:

1.) Als Definitionsmenge ist $\mathbb{D} = \mathbb{R} \setminus \{1\}$ gegeben. Setzt man nun

$$u = \frac{1}{x-1},$$

so erhält man die quadratische Gleichung

$$u^2 - u - 6 = 0.$$

Die Lösungen dieser Gleichung sind gegeben durch:

$$u_{1,2} = \frac{1 \pm \sqrt{1+24}}{2} = \frac{1 \pm 5}{2},$$

also $u_1 = -2$, $u_2 = 3$. Es müssen noch die Gleichungen

$$\frac{1}{x-1} = -2 \quad \text{und} \quad \frac{1}{x-1} = 3$$

gelöst werden.

Die Lösungen sind: $x_1 = \dfrac{1}{2} \in \mathbb{D}$ und $x_2 = \dfrac{4}{3} \in \mathbb{D}$.

$\Longrightarrow \mathbb{L} = \left\{ \dfrac{1}{2}, \dfrac{4}{3} \right\}.$

2.) Die Definitionsmenge ist $\mathbb{D} = \{x \mid x \in \mathbb{R},\ x \leq 1\}$, denn für diese Werte von x ist $1 - x \geq 0$ und somit die Wurzel dieses Ausdrucks reell.

Setzt man in der Gleichung

$$u = \sqrt{1-x},$$

dann erhält man

$$u^2 - u - 2 = 0.$$

Die Lösungen dieser Gleichung sind

$$u_{1,2} = \frac{1 \pm \sqrt{1+8}}{2} = \frac{1 \pm 3}{2},$$

also $u_1 = -1$ und $u_2 = 2$. Es müssen noch die Gleichungen

$$\sqrt{1-x} = -1 \quad \text{und} \quad \sqrt{1-x} = 2$$

gelöst werden. Die rechte Gleichung hat für $x \in \mathbb{R}$ keine Lösung, da die Wurzel aus einer Zahl in $\mathbb{R}$ nichtnegativ ist. Die Lösung der linken Gleichung ist $x = -3 \in \mathbb{D}$. $x = -3$ löst auch die Ausgangsgleichung. $\implies \mathbb{L} = \{-3\}$.

3.) Eine Gleichung der Form

$$ax^4 + bx^2 + c = 0$$

mit a, b, $c \in \mathbb{R}$, $a \neq 0$ nennt man eine **biquadratische Gleichung**. Die Definitionsmenge ist hier $\mathbb{D} = \mathbb{R}$, da keine Einschränkung an die x-Werte gemacht werden muß.
Bei der biquadratischen Gleichung setzt man

$$u = x^2.$$

In diesem Beispiel erhält man die quadratische Gleichung

$$u^2 + 2u + 1 = 0.$$

Die Lösungen dieser Gleichung sind

$$u_{1,2} = \frac{-2 \pm \sqrt{4-4}}{2} = -1.$$

Es gibt also nur die doppelte Lösung $u = -1$.
Die Gleichung $x^2 = -1$ ist in $\mathbb{R}$ nicht lösbar. Somit hat die biquadratische Gleichung keine reelle Lösung und die Lösungsmenge ist gegeben durch $\mathbb{L} = \emptyset$.

7.3 Gleichungen höherer Ordnung und Polynomdivision

Gesucht sind die reellen Lösungen der **Gleichung n-ten Grades** in einer Unbekannten

$$a_n x^n + a_{n-1} x^{n-1} + a_{n-2} x^{n-2} + \ldots + a_1 x + a_0 = 0$$

mit $n \in \mathbb{N}$, $a_i \in \mathbb{R}$ für $1 \le i \le n$ und $a_n \ne 0$.

Für $n = 1$ erhält man eine **lineare Gleichung**. Lineare Gleichungen besitzen immer eine eindeutige reelle Lösung.

Für $n = 2$ erhält man eine **quadratische Gleichung**. Diese besitzen nicht immer reelle Lösungen. Allerdings gibt es hier eine feste Formel zur Berechnung der Lösungen.

Definition 7.3.1

Den Term

$$P_n(x) = a_n x^n + a_{n-1} x^{n-1} + a_{n-2} x^{n-2} + \ldots + a_1 x + a_0$$

mit $n \in \mathbb{N}$, $a_i \in \mathbb{R}$ für $1 \le i \le n$ und $a_n \ne 0$ nennt man ein **Polynom n-ten Grades**.

Definition 7.3.2

Die Lösungen der Gleichung

$$P_n(x) = a_n x^n + a_{n-1} x^{n-1} + a_{n-2} x^{n-2} + \ldots + a_1 x + a_0 = 0$$

heißen die **Nullstellen des Polynoms** *$P_n(x)$.*

Mit den bisherigen Methoden können folgende Gleichungen behandelt werden:

1.) $\quad ax^n + bx^{n-1} = 0 \qquad$ mit $n \in \mathbb{N}$, $n \geq 2$, $a \neq 0$

$$x^{n-1}(ax+b) = 0$$

$$x_1 = 0$$

$$x_2 = -\frac{b}{a}$$

Man klammert hier einfach den Faktor x^{n-1} aus und löst dann die lineare Gleichung $ax + b = 0$.

Die Lösungsmenge ist demnach gegeben durch $\mathbb{L} = \left\{ 0, -\dfrac{b}{a} \right\}$.

2.) $\quad ax^n + bx^{n-1} + cx^{n-2} = 0 \qquad$ mit $n \in \mathbb{N}$, $n \geq 3$, $a \neq 0$

$$x^{n-2}\left(ax^2 + bx + c\right) = 0$$

$$x_1 = 0$$

$$x_{2,3} = \frac{-b \pm \sqrt{b^2 - 4ac}}{2a}.$$

Man klammert den Faktor x^{n-2} aus und löst dann die quadratische Gleichung $ax^2 + bx + c = 0$. Die Lösungen der quadratischen Gleichung sind dann auch Lösungen der Ausgangsgleichung, d. h. die Lösungsmenge ist gegeben durch:

  1.) $\mathbb{L} = \{0, x_1, x_2\}$, falls $b^2 - 4ac > 0$.

  2.) $\mathbb{L} = \{0, x_1\}$, falls $b^2 - 4ac = 0$, denn dann ist $x_1 = x_2$.

  3.) $\mathbb{L} = \{0\}$, falls $b^2 - 4ac < 0$, denn dann sind x_1, x_2 komplexe Zahlen.

3.) $\quad ax^n + b = 0 \qquad$ mit $n \in \mathbb{N}$, $a \neq 0$

Die Lösungsmengen in $\mathbb{R}$ sind

  1.) $\mathbb{L} = \left\{ \sqrt[n]{-\dfrac{b}{a}} \right\}$, falls n ungerade.

  2.) $\mathbb{L} = \left\{ -\sqrt[n]{-\dfrac{b}{a}}, +\sqrt[n]{-\dfrac{b}{a}} \right\}$, falls n gerade und $\dfrac{b}{a} < 0$.

  3.) $\mathbb{L} = \emptyset$, falls n gerade und $\dfrac{b}{a} > 0$.

Beispiel 7.3.1
Bestimmen Sie die Lösungen der nachfolgenden Gleichungen.

1.) $6x^{12} - 13x^{11} = 0$,

2.) $x^7 - 3x^6 + 2x^5 = 0$,

3.) $x^3 + 1 = 0$,

4.) $x^6 - 64 = 0$,

5.) $x^8 + 1 = 0$.

Lösung:

1.) $6x^{12} - 13x^{11} = x^{11}(6x - 13) = 0$.
Die erste Lösung ist gegeben durch $x_1 = 0$ und die zweite durch
$6x - 13 = 0$, also $\mathbb{L} = \left\{ 0, \dfrac{13}{6} \right\}$.

2.) $x^7 - 3x^6 + 2x^5 = x^5(x^2 - 3x + 2) = 0$.
Somit ist $x_1 = 0$ und

$$x_{2,3} = \frac{3 \pm \sqrt{9 - 8}}{2} = \frac{3 \pm 1}{2},$$

also $\mathbb{L} = \{0, 1, 2\}$.

3.) $x^3 = -1$, also $x = \sqrt[3]{-1} = -1$.
$\Longrightarrow \mathbb{L} = \{-1\}$.

4.) $x^6 = 64$, also $x_{1,2} = \pm \sqrt[6]{64} = \pm 2$. $\Longrightarrow \mathbb{L} = \{-2, 2\}$.

5.) $x^8 + 1 = 0$, also $\mathbb{L} = \emptyset$, da n gerade und $\dfrac{b}{a} = \dfrac{1}{1} = 1 > 0$.
Anderer Lösungsansatz:
$x^8 = -1$, also $x = \sqrt[8]{-1} \notin \mathbb{R}$.
$\Longrightarrow \mathbb{L} = \emptyset$.

Falls eine Lösung einer Gleichung n-ten Grades bekannt ist, kann man diese mithilfe der Polynomdivision ausklammern. Danach bleibt noch eine Gleichung (n-1)-ten Grades zu untersuchen.

Beispiel 7.3.2

Gegeben sei die Gleichung dritten Grades $x^3 + 4x^2 + x - 6 = 0$.

Eine Lösung dieser Gleichung ist $x_1 = 1$.

Die lineare Gleichung $x - 1 = 0$ besitzt ebenfalls die Lösung $x = 1$.

Man dividiert nun das Polynom dritten Grades $x^3 + 4x^2 + x - 6$ durch das
Polynom ersten Grades $x - 1$, d.h. man klammert $x - 1$ einfach aus.

Die **Polynomdivision** führt man folgendermaßen durch:

$$
\begin{array}{l}
\begin{array}{rrrrrrr}
(x^3 & + & 4x^2 & + & x & - & 6) \end{array} : (x-1) = x^2 + 5x + 6 \\
\underline{-\ \ \begin{array}{rrr}(x^3 & - & x^2)\end{array}} \\
\qquad\quad \begin{array}{rrrrr} 5x^2 & + & x & - & 6 \end{array} \\
\qquad\ \ \underline{-\ \ \begin{array}{rrr}(5x^2 & - & 5x)\end{array}} \\
\qquad\qquad\qquad \begin{array}{rrr} 6x & - & 6 \end{array} \\
\qquad\qquad\ \ \underline{-\ \ \begin{array}{rrr}(6x & - & 6)\end{array}} \\
\qquad\qquad\qquad\qquad\quad 0
\end{array}
$$

1.) Division von x^3 durch x ergibt **x^2**. Multipliziert man dann x^2 mit
$x - 1$, so erhält man $x^3 - x^2$. Diesen Term zieht man nun vom Aus-
gangspolynom $x^3 + 4x^2 + x + 6$ ab. Man erhält dann das Polynom
$5x^2 + x - 6$.

2.) Division von $5x^2$ durch x ergibt **$5x$**. Nachfolgende Multiplikation von
$5x$ mit $x - 1$ ergibt $5x^2 - 5x$. Diesen Ausdruck subtrahiert man von
dem Polynom $5x^2 + x - 6$ und erhält dann $6x - 6$.

3.) Division von $6x$ durch x ergibt 6. Die Multiplikation von 6 mit $x - 1$
ergibt $6x - 6$. Zieht man dann diesen Ausdruck von $6x - 6$ ab, so bleibt
nur noch die Null übrig.

Nun kann die Ausgangsgleichung geschrieben werden als

$$x^3 + 4x^2 + x - 6 = (x - 1) \cdot (x^2 + 5x + 6) = 0.$$

Die Lösungen der quadratischen Gleichung $x^2 + 5x - 6 = 0$ sind

$$x_{2,3} = \frac{-5 \pm \sqrt{25 - 24}}{2} = \frac{-5 \pm 1}{2},$$

also $x_2 = -3$ und $x_3 = -2$. Die Lösungsmenge der Ausgangsgleichung ist gegeben durch $\mathbb{L} = \{-3, -2, 1\}$.

Bemerkung:
Keine Lösung der Ausgangsgleichung ist z. B. $x = 0$. Polynomdivision von $x^3 + 4x^2 + x - 6$ durch $(x - 0)$ ergibt:

$$\left(x^3 + 4x^2 + x - 6\right) : (x - 0) = \frac{x^3 + 4x^2 + x - 6}{x} = x^2 + 4x + 1 - \frac{6}{x},$$

d. h. die Division geht nicht auf. Es bleibt ein Rest von $-\dfrac{6}{x}$.

Die Polynomdivision geht genau dann mit Rest Null auf, wenn die Menge der Nullstellen des Polynoms, mit dem man dividiert, eine Teilmenge der Menge der Nullstellen des zu dividierenden Polynoms ist.

7.4 Exponentialgleichungen

Eine Gleichung der Form

$\qquad b^x = a \quad$ mit $a > 0, b > 0, b \neq 1.$

nennt man eine **Exponentialgleichung** (Vergl. hierzu Satz und Definition 3.3.1). Hier steht die Unbekannte x im Exponenten. Diese Gleichung hat in $\mathbb{R}$ die einzige Lösung $x = \log_b a$. Die Lösungsmenge ist demnach gegeben durch $\mathbb{L} = \{\log_b a\}$.

Bemerkung:
Ist $a \leq 0$, so hat obige Gleichung keine Lösung ($\mathbb{L} = \emptyset$), da der Logarithmus nur für positive Zahlen a definiert ist.

Die Lösung der nachfolgenden Beispiele erkennt man zum Teil, ohne nachzurechnen, sofort. Wichtig ist hier das Logarithmieren, um rechnerisch auf die Lösung zu kommen. Dabei spielt die Basis der Logarithmen keine Rolle, die man zu Beginn der Rechnung wählt.

Zum Lösen der Gleichungen verwendet man die Logarithmengesetze, sowie einige grundlegende Eigenschaften der Logarithmen.

Beispiel 7.4.1

1.) Die Lösung der Gleichung $10^x = 1$ ist $x = 0$, denn logarithmiert man beide Seiten mit dem Logarithmus zur Basis 10, so folgt:

$$
\begin{aligned}
10^x &= 1 && |\log_{10} \\
\log_{10}(10^x) &= \log_{10}(1) && |\log_b(u^v) = v \cdot \log_b(u),\ \log_b(1) = 0 \\
x \cdot \log_{10}(10) &= 0 && |\log_b(b) = 1 \\
x &= 0.
\end{aligned}
$$

Die Lösungsmenge ist $\mathbb{L} = \{0\}$.

2.) Die Lösung der Gleichung $10^x = 10$ ist $x = 1$, denn logarithmiert man beide Seiten mit dem Logarithmus zur Basis 10, so folgt:

$$
\begin{aligned}
10^x &= 10 && |\log_{10} \\
\log_{10}(10^x) &= \log_{10}(10) && |\log_b(u^v) = v \cdot \log_b(u),\ \log_b(b) = 1 \\
x \cdot \log_{10}(10) &= 1 && |\log_b(b) = 1 \\
x &= 1.
\end{aligned}
$$

Die Lösungsmenge ist gegeben durch $\mathbb{L} = \{1\}$.

3.) Die Lösung der Gleichung $2^x = 512$ ist $x = 9$, denn logarithmiert man beide Seiten mit dem Logarithmus zur Basis 2, so folgt:

$$
\begin{aligned}
2^x &= 512 && |\log_2 \\
\log_2(2^x) &= \log_2(512) && |\log_b(u^v) = v \cdot \log_b(u) \\
x \cdot \log_2(2) &= \log_2(2^9) && |\log_b(b) = 1,\ \log_b(u^v) = v \cdot \log_b(u) \\
x &= 9 \cdot \log_2(2) && |\log_b(b) = 1 \\
x &= 9.
\end{aligned}
$$

Die Lösungsmenge ist gegeben durch $\mathbb{L} = \{9\}$.

Der Logarithmus zur Basis 2 ist auf den wenigsten Taschenrechnern vorhanden. Man kann, wie bereits eingangs erwähnt, jedoch jede beliebige andere Basis wählen, z. B. die Basis e. Der natürliche Logarithmus (ln) ist fast auf jedem Taschenrechner vorhanden. Mit der Basis e folgt dann

$$2^x = 512 \qquad | \ln$$
$$\ln(2^x) = \ln(512) \qquad | \log_b(u^v) = v \cdot \log_b(u)$$
$$x \cdot \ln(2) = \ln(512) \qquad | \div \ln(2)$$
$$x = \frac{\ln(512)}{\ln(2)}$$
$$x = 9.$$

Die Lösungsmenge ist wie bereits gezeigt $\mathbb{L} = \{9\}$.

4.) Die Lösung der Gleichung $5^x = \frac{1}{3125}$ ist $x = -5$, denn logarithmiert man beide Seiten mit dem Logarithmus zur Basis 5 und beachtet, daß $\frac{1}{3125} = 5^{-5}$ gilt, so folgt:

$$5^x = 5^{-5} \qquad | \log_5$$
$$\log_5(5^x) = \log_5(5^{-5}) \qquad | \log_b(u^v) = v \cdot \log_b(u)$$
$$x \cdot \log_5(5) = (-5) \cdot \log_5(5) \qquad | \log_b(b) = 1$$
$$x = -5.$$

Die Lösungsmenge ist $\mathbb{L} = \{-5\}$.

Verwendet man anstelle der Basis 5 die Basis e, so folgt

$$5^x = \frac{1}{3125} \qquad | \ln$$
$$\ln(5^x) = \ln(3125^{-1}) \qquad | \log_b(u^v) = v \cdot \log_b(u)$$
$$x \cdot \ln(5) = -\ln(3125) \qquad | \div \ln(5)$$
$$x = -\frac{\ln(3125)}{\ln(5)}$$
$$x = -5.$$

Die Lösungsmenge ist also wieder $\mathbb{L} = \{-5\}$.

Beispiel 7.4.2

Gesucht sind die Lösungen folgender Gleichungen. Dabei sollen die Basen der Logarithmen so gewählt werden, daß man, wenn möglich, keinen Taschenrechner zur Berechnung der Logarithmen benötigt.

1.) $4^{x+5} - 16 = 0$,

2.) $\left(\sqrt{6}\right)^{2x-5} = \left(\sqrt{6}\right)^{x+2}$,

3.) $\left(3^{6x-3}\right)^{\frac{1}{3}} - \left(3^{x+1}\right)^{\frac{1}{3}} = 0$,

4.) $\sqrt{5^{x-1}} = \sqrt{5^{2x+1}}$,

5.) $25^{x-5} - 5^{2x+3} = 0$,

6.) $9 \cdot 3^{x+5} - 27^{x-1} = 0$,

7.) $3^x + 3^{x+2} = 10$,

8.) $2^{x-1} + 2^{x+3} - 2^x = 30$,

9.) $\left(6^x\right)^{3x-1} = \left(6^{2x-1}\right)^{x+1}$,

10.) $3^{2x} + 2 \cdot 3^x - 3 = 0$.

Lösung:

1.)
$$4^{x+5} - 16 = 0 \qquad | + 16 = 4^2$$
$$4^{x+5} = 4^2 \qquad | \log_4, \ \log_b\left(u^v\right) = v \cdot \log_b(u)$$
$$(x+5) \cdot \log_4(4) = 2 \cdot \log_4(4) \qquad | \log_b(b) = 1$$
$$x + 5 = 2 \qquad | - 5$$
$$x = -3.$$

Die Lösungsmenge ist gegeben durch $\mathbb{L} = \{-3\}$.

2.)
$$\left(\sqrt{6}\right)^{2x-5} = \left(\sqrt{6}\right)^{x+2} \qquad | \log_{\sqrt{6}}, \ \log_b\left(u^v\right) = v \cdot \log_b(u)$$
$$(2x-5) \cdot \log_{\sqrt{6}}(\sqrt{6}) = (x+2) \cdot \log_{\sqrt{6}}(\sqrt{6}) \qquad | \log_b(b) = 1$$
$$2x - 5 = x + 2 \qquad | + (5 - x)$$
$$x = 7.$$

Die Lösungsmenge ist somit gegeben durch $\mathbb{L} = \{7\}$.

3.)
$$\left(3^{6x-3}\right)^{\frac{1}{5}} - \left(3^{x+1}\right)^{\frac{1}{5}} = 0 \qquad \Big|+\left(3^{x+1}\right)^{\frac{1}{5}}$$
$$\left(3^{6x-3}\right)^{\frac{1}{5}} = \left(3^{x+1}\right)^{\frac{1}{5}} \qquad |\ (\ )^5$$
$$3^{6x-3} = 3^{x+1} \qquad |\log_3,\ \log_b\left(u^v\right) = v \cdot \log_b(u)$$
$$(6x - 3) \cdot \log_3(3) = (x + 1) \cdot \log_3(3) \qquad |\log_b(b) = 1$$
$$6x - 3 = x + 1 \qquad |+(3 - x)$$
$$5x = 4 \qquad \Big| \cdot \left(\frac{1}{5}\right)$$
$$x = \frac{4}{5}.$$

Die Lösungsmenge ist gegeben durch $\mathbb{L} = \left\{ \dfrac{4}{5} \right\}$.

4.)
$$\sqrt{5^{x-1}} = \sqrt{5^{2x+1}} \qquad |\ (\ )^2$$
$$5^{x-1} = 5^{2x+1} \qquad |\log_5,\ \log_b\left(u^v\right) = v \cdot \log_b(u)$$
$$(x - 1) \cdot \log_5(5) = (2x + 1) \cdot \log_5(5) \qquad |\log_b(b) = 1$$
$$x - 1 = 2x + 1 \qquad |+(-1 - x)$$
$$-2 = x.$$

Die Lösungsmenge ist gegeben durch $\mathbb{L} = \{-2\}$.

5.)
$$25^{x-5} - 5^{2x+3} = 0 \qquad \Big|+\left(5^{2x+3}\right)$$
$$25^{x-5} = 5^{2x+3} \qquad |\log_5,\ \log_b\left(u^v\right) = v \cdot \log_b(u)$$
$$(x - 5) \cdot \log_5(25) = (2x + 3) \cdot \log_5(5)$$
$$(x - 5) \cdot \log_5\left(5^2\right) = (2x + 3) \cdot \log_5(5) \qquad |\log_b\left(u^v\right) = v \cdot \log_b(u)$$
$$(x - 5) \cdot 2 \cdot \log_5(5) = (2x + 3) \cdot \log_5(5) \qquad |\log_b(b) = 1$$
$$(x - 5) \cdot 2 = 2x + 3$$
$$2x - 10 = 2x + 3 \qquad |+(10 - 2x)$$
$$0 = 13.$$

Die Aussage $0 = 13$ ist falsch. Somit hat diese Gleichung keine Lösung.
Die Lösungsmenge ist gegeben durch $\mathbb{L} = \emptyset$.

6.) $9 \cdot 3^{x+5} - 27^{x-1} = 0$ $| + (27^{x-1})$

$\qquad\qquad 9 \cdot 3^{x+5} = 27^{x-1}$

$\qquad\quad 3^2 \cdot 3^{x+5} = (3^3)^{x-1}$ $| \; a^n \cdot a^m = a^{n+m}, \; (a^n)^m = a^{n \cdot m}$

$\qquad\quad\; 3^{x+5+2} = 3^{3 \cdot (x-1)}$

$\qquad\qquad\; 3^{x+7} = 3^{3x-3}$ $| \log_3, \; \log_b (u^v) = v \cdot \log_b(u)$

$(x+7) \cdot \log_3(3) = (3x-3) \cdot \log_3(3)$ $| \log_b(b) = 1$

$\qquad\quad\; x + 7 = 3x - 3$ $| + (3 - x)$

$\qquad\qquad\;\; 10 = 2x$ $| \cdot \left(\dfrac{1}{2}\right)$

$\qquad\qquad\quad\; 5 = x.$

Die Lösungsmenge ist $\mathbb{L} = \{5\}$.

7.) $3^x + 3^{x+2} = 10$ $|$ ausklammern von 3^x

$\qquad 3^x \cdot (1 + 3^2) = 10$

$\qquad\quad\; 3^x \cdot 10 = 10$

$\qquad\qquad\quad\; 3^x = 1$ $| \log_3, \; \log_b (u^v) = v \cdot \log_b(u)$

$x \cdot \log_3(3) = \log_3(1)$ $| \log_b(b) = 1, \; \log_b(1) = 0$

$\qquad\qquad\;\; x = 0.$

Die Lösungsmenge ist $\mathbb{L} = \{0\}$.

8.) $2^{x-1} + 2^{x+3} - 2^x = 30$ $|$ ausklammern von 2^x

$2^x \cdot (2^{-1} + 2^3 - 1) = 30$

$\qquad\quad 2^x \cdot \dfrac{15}{2} = 30$ $| \cdot \left(\dfrac{15}{2}\right)$

$\qquad\qquad\quad 2^x = 4$ $| \log_2, \; \log_b (u^v) = v \cdot \log_b(u)$

$x \cdot \log_2(2) = \log_2(4)$ $| \log_b(b) = 1$

$\qquad\qquad\;\; x = 2.$

Die Lösungsmenge ist $\mathbb{L} = \{2\}$.

9.) Diese Exponentialgleichung ist auf eine quadratische Gleichung zurückführbar.

$$\begin{aligned}
(6^x)^{3x-1} &= \left(6^{2x-1}\right)^{x+1} && |\ (a^n)^m = a^{n \cdot m} \\
6^{3x^2-x} &= 6^{2x^2+x-1} && |\log_6,\ \log_b\left(u^v\right) = v \cdot \log_b(u) \\
(3x^2 - x)\log_6(6) &= (2x^2 + x - 1)\cdot\log_6(6) && |\log_b(b) = 1 \\
3x^2 - x &= 2x^2 + x - 1 && |-\left(2x^2 + x - 1\right) \\
x^2 - 2x + 1 &= 0 && |\ 2.\ \text{binomische Formel} \\
(x - 1)^2 &= 0 \\
x &= 1.
\end{aligned}$$

Die Lösungsmenge ist $\mathbb{L} = \{1\}$.

10.) Bei dieser Gleichung bietet sich die Substitutionsmethode an.

$$\begin{aligned}
3^{2x} + 2\cdot 3^x - 3 &= 0 \\
(3^x)^2 + 2\cdot 3^x - 3 &= 0 && |\ \text{setze } 3^x = u \\
u^2 + 2u - 3 &= 0 && |\ \text{quadratische Gleichung} \\
u_{1,2} &= \frac{-2 \pm \sqrt{4 + 12}}{2} \\
u_1 &= -3 \\
u_2 &= 1.
\end{aligned}$$

Jetzt müssen noch die Gleichungen

$$3^{x_1} = u_1 = -3 \qquad \text{und} \qquad 3^{x_2} = u_2 = 1$$

gelöst werden. Aus der ersten Gleichung erhält man $x_1 = \log_3(-3)$. Diese Gleichung hat keine Lösung, da der Logarithmus nur für positive Zahlen definiert ist. Aus der zweiten Gleichung folgt $x_2 = \log_3(1) = 0$. Somit ist die Lösungsmenge der Ausgangsgleichung gegeben durch $\mathbb{L} = \{0\}$.

7.5 Gleichungen mit Beträgen

Der Betrag einer reellen Zahl x ist definiert durch

$$|x| = \left\{ \begin{array}{ll} x & \text{für } x \geq 0 \\ -x & \text{für } x < 0 \end{array} \right. = \left\{ \begin{array}{ll} x & \text{für } x \in [0,\infty) \\ -x & \text{für } x \in (-\infty, 0). \end{array} \right.$$

Satz 7.5.1

Die Gleichung $|x| = a$ mit $a \in \mathbb{R}$ hat folgende Lösungsmengen:

1.) $\mathbb{L} = \{-a, a\}$ für $a > 0$,

2.) $\mathbb{L} = \{0\}$ für $a = 0$,

3.) $\mathbb{L} = \emptyset$ für $a < 0$.

Zum Lösen einer Gleichung mit Beträgen ist es meistens notwendig, die Gleichung betragsfrei zu schreiben. Dies soll mithilfe des nächsten Beispiels näher betrachtet und gleichzeitig eingeübt werden. Vgl. hierzu auch das Kapitel über Ungleichungen.

Beispiel 7.5.1

Gesucht sind die reellen Lösungen folgender Betragsgleichungen.

1.) $|x| = 1$, 2.) $|x| = 0$, 3.) $|x| = -2$,

4.) $|x + 1| = 2$, 5.) $|x - 1| = 2$, 6.) $|1 - x| = 3$,

7.) $|x + 1| = x$, 8.) $|x + 1| = -x$, 9.) $|2x - 3| = x - 5$,

10.) $|x| = |-x|$, 11.) $|x| = -|x|$, 12.) $|2x| = |x - 2|$,

13.) $|x - 1| = |x + 3|$, 14.) $|x - 1| = |x + 1|$, 15.) $|3x + 2| = |2x + 3|$,

16.) $x^2 = 9|x| - x$, 17.) $|4x| = |x - 1| + x$, 18.) $2x^2 = |x| + x + 1$,

19.) $\dfrac{1}{|x|} = 1$, 20.) $\dfrac{1}{1 - |x|} = -|x|$, 21.) $\dfrac{1}{1 + |x|} = -|x|$,

22.) $\dfrac{x}{1 + |x|} = -|x|$, 23.) $\dfrac{x^2}{1 - |x|} = -4$, 24.) $\dfrac{x^2}{1 + |x|} = x - 1$,

25.) $\dfrac{x^2}{1 + |x|} = x + 1$, 26.) $\dfrac{2|x|}{1 - |x|} = x - 6$.

Lösungen:

Die Lösungen der Gleichungen 1.) bis 3.) können nach Satz 7.5.1 sofort angegeben werden. Da in diesem Beispiel eine Lösungsmethode vorgestellt werden soll, wird dieser Satz nicht angewendet. Die Lösungsmethode kann zum Beweis des Satzes 7.5.1 herangezogen werden.

1.) 1. Fall: $x \geq 0$, also $x \in [0, \infty)$.

In diesem Fall können in der Gleichung die Betragsstriche einfach weggelassen werden, d.h. $|x| = 1$ wird zu $x = 1$. Es muß nun gelten $x \in [0, \infty)$ und $x = 1$, d.h. die Lösungsmenge für den 1. Fall ist gegeben durch

$$\mathbb{L}_1 = [0, \infty) \cap \{1\} = \{1\}.$$

2. Fall: $x < 0$, also $x \in (-\infty, 0)$.

Soll die Gleichung in diesem Fall betragsfrei geschrieben werden, so muß nach Definition des Betrags $|x|$ durch $-x$ ersetzt werden. Man erhält also die betragsfreie Gleichung $-x = 1$ und somit $x = -1$. Es muß also gelten $x \in (-\infty, 0)$ und $x = -1$, d.h. die Lösungsmenge für den 2. Fall ist demnach

$$\mathbb{L}_2 = (-\infty, 0) \cap \{-1\} = \{-1\}.$$

Die Lösungen der Gleichung sind die Elemente der Menge $\mathbb{L}_1$ oder die Elemente der Menge $\mathbb{L}_2$ (kein exklusives oder), d.h. die Lösungsmenge der Betragsgleichung ist

$$\mathbb{L} = \mathbb{L}_1 \cup \mathbb{L}_2 = \{1\} \cup \{-1\} = \{-1, 1\}.$$

2.) 1. Fall: $x \geq 0$, also $x \in [0, \infty)$.

In diesem Fall können in der Gleichung die Betragsstriche weggelassen werden, d.h. $|x| = 0$ wird zu $x = 0$.

Die Lösungsmenge für den 1. Fall ist

$$\mathbb{L}_1 = [0, \infty) \cap \{0\} = \{0\}.$$

2. Fall: $x < 0$, also $x \in (-\infty, 0)$.

Soll die Gleichung in diesem Fall betragsfrei geschrieben werden, so muß nach Definition des Betrags $|x|$ durch $-x$ ersetzt werden. Man erhält also die betragsfreie Gleichung $-x = 0$ und somit $x = 0$.

Die Lösungsmenge für den 2. Fall ist demnach

$$\mathbb{L}_2 = (-\infty, 0) \cap \{0\} = \emptyset.$$

Die Lösungsmenge der Betragsgleichung ist dann

$$\mathbb{L} = \mathbb{L}_1 \cup \mathbb{L}_2 = \{0\} \cup \emptyset = \{0\}.$$

3.) 1. Fall: $x \geq 0$, also $x \in [0, \infty)$.
Die Betragsstriche können in der Gleichung weggelassen werden, d. h.
$|x| = -2$ wird zu $x = -2$.
Die Lösungsmenge für den 1. Fall ist

$$\mathbb{L}_1 = [0, \infty) \cap \{-2\} = \emptyset.$$

2. Fall: $x < 0$, also $x \in (-\infty, 0)$.
Soll die Gleichung betragsfrei geschrieben werden, so muß nach De-
finition des Betrags $|x|$ durch $-x$ ersetzt werden. Man erhält so die
betragsfreie Gleichung $-x = -2$, also $x = 2$.
Die Lösungsmenge für den 2. Fall ist somit

$$\mathbb{L}_2 = (-\infty, 0) \cap \{2\} = \emptyset.$$

Die Lösungsmenge der Betragsgleichung ist dann

$$\mathbb{L} = \mathbb{L}_1 \cup \mathbb{L}_2 = \emptyset \cup \emptyset = \emptyset,$$

d. h. die Gleichung besitzt keine Lösungen.

4.) 1. Fall: $x + 1 \geq 0$ für $x \geq -1$ also $x \in [-1, \infty)$.
In diesem Fall können in der Gleichung die Betragsstriche wieder weg-
gelassen werden, d. h. $|x + 1| = 2$ wird zu $x + 1 = 2$. Auflösen nach x
ergibt $x = 1$.
Die Lösungsmenge für den 1. Fall ist

$$\mathbb{L}_1 = [-1, \infty) \cap \{1\} = \{1\}.$$

2. Fall: $x + 1 < 0$ für $x < -1$ also $x \in (-\infty, -1)$.
Soll die Gleichung betragsfrei geschrieben werden, so muß nach De-
finition $|x + 1|$ durch $-(x + 1)$ ersetzt werden. Man erhält also die
betragsfreie Gleichung $-x - 1 = 2$, also $x = -3$.
Die Lösungsmenge für den 2. Fall ist somit

$$\mathbb{L}_2 = (-\infty, -1) \cap \{-3\} = \{-3\}.$$

Die Lösungsmenge der Betragsgleichung ist dann

$$\mathbb{L} = \mathbb{L}_1 \cup \mathbb{L}_2 = \{1\} \cup \{-3\} = \{-3, 1\}.$$

5.) 1. Fall: $x - 1 \geq 0$ für $x \geq 1$ also $x \in [1, \infty)$.

Die Betragsstriche können weggelassen werden, d.h. $|x - 1| = 2$ wird zu $x - 1 = 2$. Auflösen nach x ergibt $x = 3$.

Die Lösungsmenge für den 1. Fall ist

$$\mathbb{L}_1 = [1, \infty) \cap \{3\} = \{3\}.$$

2. Fall: $x - 1 < 0$ für $x < 1$ also $x \in (-\infty, 1)$.

Soll die Gleichung in diesem Fall betragsfrei geschrieben werden, so muß nach Definition $|x - 1|$ durch $-(x - 1)$ ersetzt werden. Man erhält also die betragsfreie Gleichung $-x + 1 = 2$, also $x = -1$.

Die Lösungsmenge für den 2. Fall ist somit

$$\mathbb{L}_2 = (-\infty, 1) \cap \{-1\} = \{-1\}.$$

Die Lösungsmenge der Ausgangsgleichung ist dann

$$\mathbb{L} = \mathbb{L}_1 \cup \mathbb{L}_2 = \{3\} \cup \{-1\} = \{-1, 3\}.$$

6.) 1. Fall: $1 - x \geq 0$ für $1 \geq x$ also $x \in (-\infty, 1]$.

In diesem Fall können in der Gleichung die Betragsstriche einfach weggelassen werden, d.h. $|1 - x| = 3$ wird zu $1 - x = 3$. Auflösen nach x ergibt $x = -2$.

Die Lösungsmenge für den 1. Fall ist

$$\mathbb{L}_1 = (-\infty, 1] \cap \{-2\} = \{-2\}.$$

2. Fall: $1 - x < 0$ für $1 < x$ also $x \in (1, \infty)$.

Soll die Gleichung in diesem Fall betragsfrei geschrieben werden, so muß nach Definition des Betrags $|1 - x|$ durch $-(1 - x)$ ersetzt werden. Man erhält also die betragsfreie Gleichung $x - 1 = 3$, also $x = 4$.

Die Lösungsmenge für den 2. Fall ist somit

$$\mathbb{L}_2 = (1, \infty) \cap \{4\} = \{4\}.$$

Die Lösungsmenge der Betragsgleichung ist damit

$$\mathbb{L} = \mathbb{L}_1 \cup \mathbb{L}_2 = \{-2\} \cup \{4\} = \{-2, 4\}.$$

7.) 1. Fall: $x + 1 \geq 0$ für $x \geq -1$ also $x \in [-1, \infty)$.

$|x + 1| = x$ wird zu $x + 1 = x$ und somit zu 1=0. Dies ist eine falsche Aussage, d. h. die Lösungsmenge für den 1. Fall ist

$$\mathbb{L}_1 = [-1, \infty) \cap \emptyset = \emptyset.$$

2. Fall: $x + 1 < 0$ für $x < -1$ also $x \in (-\infty, -1)$.

$|x+1| = x$ wird zu $-(x+1) = x$, also folgt $2x = -1$ und somit $x = -\dfrac{1}{2}$. Die Lösungsmenge für den 2. Fall ist dann

$$\mathbb{L}_2 = (-\infty, -1) \cap \left\{ -\frac{1}{2} \right\} = \emptyset.$$

Die Lösungsmenge der Betragsgleichung ist damit

$$\mathbb{L} = \mathbb{L}_1 \cup \mathbb{L}_2 = \emptyset \cup \emptyset = \emptyset,$$

d. h. diese Betragsgleichung hat keine Lösung.

8.) 1. Fall: $x + 1 \geq 0$ für $x \geq -1$ also $x \in [-1, \infty)$.

$|x+1| = -x$ wird zu $x + 1 = -x$ also folgt $2x = -1$ und somit $x = -\dfrac{1}{2}$. Somit ist die Lösungsmenge für den 1. Fall

$$\mathbb{L}_1 = [-1, \infty) \cap \left\{ -\frac{1}{2} \right\} = \left\{ -\frac{1}{2} \right\}.$$

2. Fall: $x + 1 < 0$ für $x < -1$ also $x \in (-\infty, -1)$.

$|x + 1| = -x$ wird zu $-(x + 1) = -x$, also zu $-1 = 0$. Dies ist eine falsche Aussage, d. h. die Lösungsmenge für den 2. Fall ist

$$\mathbb{L}_2 = (-\infty, -1) \cap \emptyset = \emptyset.$$

Die Lösungsmenge der Betragsgleichung ist damit

$$\mathbb{L} = \mathbb{L}_1 \cup \mathbb{L}_2 = \left\{ -\frac{1}{2} \right\} \cup \emptyset = \left\{ -\frac{1}{2} \right\}.$$

9.) 1. Fall: $2x - 3 \geq 0$, $2x \geq 3$, $x \geq \dfrac{3}{2}$, also $x \in \left[\dfrac{3}{2}, \infty \right)$.

$|2x - 3| = x - 5$ wird zu $2x - 3 = x - 5$, also $x = -2$. Die Lösungsmenge für den 1. Fall ist somit

$$\mathbb{L}_1 = \left[\frac{3}{2}, \infty \right) \cap \{-2\} = \emptyset.$$

2. Fall: $2x - 3 < 0$, $2x < 3$, $x < \dfrac{3}{2}$, also $x \in \left(-\infty, \dfrac{3}{2}\right)$.

$|2x - 3| = x - 5$ wird zu $-(2x - 3) = x - 5$, $-3x = -8$ also $x = \dfrac{8}{3}$.
Die Lösungsmenge für den 2. Fall ist somit

$$\mathbb{L}_2 = \left(-\infty, \frac{3}{2}\right) \cap \left\{\frac{8}{3}\right\} = \emptyset.$$

Die Lösungsmenge der Betragsgleichung ist folglich

$$\mathbb{L} = \mathbb{L}_1 \cup \mathbb{L}_2 = \emptyset \cup \emptyset = \emptyset,$$

d. h. die Gleichung hat keine Lösung.

10.) 1. Lösungsweg:
$|x| = |-x|$ gilt für alle $x \in \mathbb{R}$, somit ist die Lösungsmenge gegeben durch $\mathbb{L} = \mathbb{R}$.
2. Lösungsweg:
1. Fall: $x \geq 0$, also $x \in [0, \infty)$.
$|x| = |-x|$ wird zu $x = -(-x)$, also $x = x$ oder $0 = 0$. Dies ist eine allgemeingültige Aussage und gilt somit für alle $x \in \mathbb{R}$.
Die Lösungsmenge für den 1. Fall ist dann

$$\mathbb{L}_1 = [0, \infty) \cap \mathbb{R} = [0, \infty).$$

2. Fall: $x < 0$, also $x \in (-\infty, 0)$.
$|x| = |-x|$ wird zu $-x = -x$, also $0 = 0$. Dies ist eine allgemeingültige Aussage und gilt somit für alle $x \in \mathbb{R}$
Die Lösungsmenge für den 2. Fall ist somit

$$\mathbb{L}_2 = (-\infty, 0) \cap \mathbb{R} = (-\infty, 0).$$

Die Lösungsmenge der Betragsgleichung ist folglich

$$\mathbb{L} = \mathbb{L}_1 \cup \mathbb{L}_2 = [0, \infty) \cup (-\infty, 0) = \mathbb{R},$$

d. h. die Gleichung ist allgemeingültig.

11.) 1. Fall: $x \geq 0$, also $x \in [0, \infty)$.
$|x| = -|x|$ wird zu $x = -x$, also $2x = 0$ und somit $x = 0$.
Die Lösungsmenge für den 1. Fall ist

$$\mathbb{L}_1 = [0, \infty) \cap \{0\} = \{0\}.$$

2. Fall: $x < 0$, also $x \in (-\infty, 0)$.
$|x| = -|x|$ wird zu $-x = -(-x)$, also $-2x = 0$ und somit $x = 0$.
Die Lösungsmenge für den 2. Fall ist

$$\mathbb{L}_2 = (-\infty, 0) \cap \{0\} = \emptyset.$$

Die Lösungsmenge der Betragsgleichung ist folglich

$$\mathbb{L} = \mathbb{L}_1 \cup \mathbb{L}_2 = \{0\} \cup \emptyset = \{0\}.$$

12.) Die Lösung der Gleichung $2x = 0$ ist $x = 0$. Die Lösung der Gleichung $x - 2 = 0$ ist $x = 2$. Somit hätte man für die Betragsauflösung vier Fälle zu untersuchen und zwar: $x \geq 0$, $x < 0$, $x \geq 2$ und $x < 2$. Diese Fälle können allerdings auf die drei folgenden reduziert werden: $x < 0$, $0 \leq x < 2$ und $x \geq 2$. Man betrachtet also das Intervall links der kleineren Lösung ($x = 0$), das Intervall zwischen den beiden Lösungen ($x = 0$, $x = 2$) und das Intervall rechts der größeren Lösung ($x = 2$); dabei wählt man die Intervalle links abgeschlossen und rechts offen [...]. Diese Wahl ist in der Definition des Betrages begründet. Diese Reduzierung der Fälle wird vorgenommen, falls mehr als ein Betragsausdruck in einer Gleichung vorkommt.

1. Fall: $x \in (-\infty, 0)$.
$|2x| = |x - 2|$ wird zu $-2x = -(x - 2)$, also $-x = 2$ und somit $x = -2$.
Die Lösungsmenge für den 1. Fall ist damit

$$\mathbb{L}_1 = (-\infty, 0) \cap \{-2\} = \{-2\}.$$

2. Fall: $x \in [0, 2)$.
$|2x| = |x - 2|$ wird zu $2x = -(x - 2)$, also $3x = 2$ und somit $x = \dfrac{2}{3}$.
Die Lösungsmenge für den 2. Fall ist somit

$$\mathbb{L}_2 = [0, 2) \cap \left\{ \frac{2}{3} \right\} = \left\{ \frac{2}{3} \right\}.$$

3. Fall: $x \in [2, \infty)$.
$|2x| = |x - 2|$ wird zu $2x = x - 2$, also $x = -2$.
Die Lösungsmenge für den 3. Fall ist somit

$$\mathbb{L}_3 = [2, \infty) \cap \{-2\} = \emptyset.$$

Die Lösungsmenge der Betragsgleichung ist damit gegeben durch

$$\mathbb{L} = \mathbb{L}_1 \cup \mathbb{L}_2 \cup \mathbb{L}_3 = \{-2\} \cup \left\{ \frac{2}{3} \right\} \cup \emptyset = \left\{ -2, \frac{2}{3} \right\}.$$

13.) Die Lösung der Gleichung $x - 1 = 0$ ist $x = 1$. Die Lösung der Gleichung $x + 3 = 0$ ist $x = -3$. Somit ergeben sich die drei nachfolgenden Fälle zum Auflösen der Beträge.

1. Fall: $x \in (-\infty, -3)$.
$|x - 1| = |x + 3|$ wird zu $-(x - 1) = -(x + 3)$, $1 - x = -x - 3$, also $1 = -3$. Dies ist natürlich für kein x erfüllt.
Die Lösungsmenge für den 1. Fall ist damit

$$\mathbb{L}_1 = (-\infty, -3) \cap \emptyset = \emptyset.$$

2. Fall: $x \in [-3, 1)$.
$|x - 1| = |x + 3|$ wird zu $-(x - 1) = x + 3$, $-2x = 2$, also $x = -1$.
Die Lösungsmenge für den 2. Fall ist somit

$$\mathbb{L}_2 = [-3, 1) \cap \{-1\} = \{-1\}.$$

3. Fall: $x \in [1, \infty)$.
$|x - 1| = |x + 3|$ wird zu $x - 1 = x + 3$, also $-1 = 3$. Dies ist eine falsche Aussage und somit für kein x gültig.
Die Lösungsmenge für den 3. Fall ist somit

$$\mathbb{L}_3 = [1, \infty) \cap \emptyset = \emptyset.$$

Die Lösungsmenge der Betragsgleichung ist damit gegeben durch

$$\mathbb{L} = \mathbb{L}_1 \cup \mathbb{L}_2 \cup \mathbb{L}_3 = \emptyset \cup \{-1\} \cup \emptyset = \{-1\}.$$

14.) Die Lösung der Gleichung $x - 1 = 0$ ist $x = 1$. Die Lösung der Gleichung $x + 1 = 0$ ist $x = -1$. Somit ergeben sich die drei nachfolgenden Fälle.

1. Fall: $x \in (-\infty, -1)$.
$|x - 1| = |x + 1|$ wird zu $-(x - 1) = -(x + 1)$, $1 - x = -x - 1$, also

$1 = -1$. Dies ist natürlich für kein x erfüllt.
Die Lösungsmenge für den 1. Fall ist damit

$$\mathbb{L}_1 = (-\infty, -1) \cap \emptyset = \emptyset.$$

2. Fall: $x \in [-1, 1)$.
$|x - 1| = |x + 1|$ wird zu $-(x - 1) = x + 1$, $-2x = 0$, also $x = 0$.
Die Lösungsmenge für den 2. Fall ist somit

$$\mathbb{L}_2 = [-1, 1) \cap \{0\} = \{0\}.$$

3. Fall: $x \in [1, \infty)$.
$|x - 1| = |x + 1|$ wird zu $x - 1 = x + 1$, also $-1 = 1$. Dies ist eine falsche
Aussage und somit für kein x gültig.
Die Lösungsmenge für den 3. Fall ist somit

$$\mathbb{L}_3 = [1, \infty) \cap \emptyset = \emptyset.$$

Die Lösungsmenge der Betragsgleichung ist damit gegeben durch

$$\mathbb{L} = \mathbb{L}_1 \cup \mathbb{L}_2 \cup \mathbb{L}_3 = \emptyset \cup \{0\} \cup \emptyset = \{0\}.$$

15.) Die Lösung der Gleichung $3x + 2 = 0$ ist $x = -\dfrac{2}{3}$. Die Lösung der
Gleichung $2x + 3 = 0$ ist $x = -\dfrac{3}{2}$. Somit ergeben sich die drei nachfolgenden Fälle.

1. Fall: $x \in \left(-\infty, -\dfrac{3}{2}\right)$.
$|3x + 2| = |2x + 3|$ wird zu $-(3x + 2) = -(2x + 3)$, $-x = -1$, also
$x = 1$.
Die Lösungsmenge für den 1. Fall ist

$$\mathbb{L}_1 = \left(-\infty, -\frac{3}{2}\right) \cap \{1\} = \emptyset.$$

2. Fall: $x \in \left[-\dfrac{3}{2}, -\dfrac{2}{3}\right)$.
$|3x + 2| = |2x + 3|$ wird zu $-(3x + 2) = 2x + 3$, $-5x = 5$, also $x = -1$.
Die Lösungsmenge für den 2. Fall ist somit

$$\mathbb{L}_2 = \left[-\frac{3}{2}, -\frac{2}{3}\right) \cap \{-1\} = \{-1\}.$$

3. Fall: $x \in \left[-\dfrac{2}{3}, \infty \right)$.

$|3x + 2| = |2x + 3|$ wird zu $3x + 2 = 2x + 3$, also $x = 1$.
Die Lösungsmenge für den 3. Fall ist somit

$$\mathbb{L}_3 = \left[-\frac{2}{3}, \infty \right) \cap \{1\} = \{1\}.$$

Die Lösungsmenge der Ausgangsgleichung ist dann

$$\mathbb{L} = \mathbb{L}_1 \cup \mathbb{L}_2 \cup \mathbb{L}_3 = \emptyset \cup \{-1\} \cup \{1\} = \{-1, 1\}.$$

16.) 1. Fall: $x \geq 0$, also $x \in [0, \infty)$.
$x^2 = 9|x| - x$ wird zu $x^2 = 9x - x$, $x^2 - 8x = 0$, also $x(x - 8) = 0$ und
somit $x_1 = 0$ und $x_2 = 8$.
Die Lösungsmenge für den 1. Fall ist

$$\mathbb{L}_1 = [0, \infty) \cap \{0, 8\} = \{0, 8\}.$$

2. Fall: $x < 0$, also $(-\infty, 0)$.
$x^2 = 9|x| - x$ wird zu $x^2 = 9 \cdot (-x) - x$, $x^2 + 10x = 0$, also $x(x + 10) = 0$
und somit $x_1 = 0$ und $x_2 = -10$.
Die Lösungsmenge für den 2. Fall ist dann

$$\mathbb{L}_2 = (-\infty, 0) \cap \{-10, 0\} = \{-10\}.$$

Die Lösungsmenge der Ausgangsgleichung ist folglich

$$\mathbb{L} = \mathbb{L}_1 \cup \mathbb{L}_2 = \{0, 8\} \cup \{-10\} = \{-10, 0, 8\}.$$

17.) Die Lösung der Gleichung $4x = 0$ ist $x = 0$. Die Lösung der Gleichung
$x - 1 = 0$ ist $x = 1$. Somit ergeben sich die drei nachfolgenden Fälle.

1. Fall: $x < 0$, also $x \in (-\infty, 0)$.
$|4x| = |x - 1| + x$ wird zu $-4x = -(x - 1) + x$, $-4x = 1$, also $x = -\dfrac{1}{4}$.
Die Lösungsmenge für den 1. Fall ist

$$\mathbb{L}_1 = (-\infty, 0) \cap \left\{ -\frac{1}{4} \right\} = \left\{ -\frac{1}{4} \right\}.$$

2. Fall: $0 \leq x < 1$, also $[0,1)$.

$|4x| = |x-1| + x$ wird zu $4x = -(x-1) + x$, $4x = 1$, also $x = \dfrac{1}{4}$.

Die Lösungsmenge für den 2. Fall ist somit

$$\mathbb{L}_2 = [0,1) \cap \left\{\frac{1}{4}\right\} = \left\{\frac{1}{4}\right\}.$$

3. Fall: $x \geq 1$, also $[1, \infty)$.

$|4x| = |x-1| + x$ wird zu $4x = (x-1) + x$, $2x = -1$, also $x = -\dfrac{1}{2}$.

Die Lösungsmenge für den 3. Fall ist demnach gegeben durch

$$\mathbb{L}_3 = [1, \infty) \cap \left\{-\frac{1}{2}\right\} = \emptyset.$$

Die Lösungsmenge der Ausgangsgleichung ist dann

$$\mathbb{L} = \mathbb{L}_1 \cup \mathbb{L}_2 \cup \mathbb{L}_3 = \left\{-\frac{1}{4}\right\} \cup \left\{\frac{1}{4}\right\} \cup \emptyset = \left\{-\frac{1}{4}, \frac{1}{4}\right\}.$$

18.) 1. Fall: $x \geq 0$, also $x \in [0, \infty)$.

$2x^2 = |x| + x + 1$ wird zu $2x^2 = x + x + 1$, $2x^2 - 2x - 1 = 0$. Die Lösungen dieser quadratischen Gleichung sind

$$x_{1,2} = \frac{2 \pm \sqrt{4+8}}{4} = \frac{1}{2} \pm \frac{\sqrt{3}}{2}.$$

Die Lösungsmenge für den 1. Fall ist dann

$$\mathbb{L}_1 = [0, \infty) \cap \left\{\frac{1}{2} - \frac{\sqrt{3}}{2}, \frac{1}{2} + \frac{\sqrt{3}}{2}\right\} = \left\{\frac{1}{2} + \frac{\sqrt{3}}{2}\right\}.$$

2. Fall: $x < 0$, also $(-\infty, 0)$.

$2x^2 = |x| + x + 1$ wird zu $2x^2 = -x + x + 1$, $x^2 = \dfrac{1}{2}$, also sind die Lösungen dieser quadratischen Gleichung

$$x_{3,4} = \pm \frac{1}{\sqrt{2}}.$$

Die Lösungsmenge für den 2. Fall ist somit

$$\mathbb{L}_2 = (-\infty, 0) \cap \left\{-\frac{1}{\sqrt{2}}, \frac{1}{\sqrt{2}}\right\} = \left\{-\frac{1}{\sqrt{2}}\right\}.$$

Die Lösungsmenge der Ausgangsgleichung ist dann

$$\mathbb{L} = \mathbb{L}_1 \cup \mathbb{L}_2 = \left\{\frac{1}{2} + \frac{\sqrt{3}}{2}\right\} \cup \left\{-\frac{1}{\sqrt{2}}\right\} = \left\{-\frac{1}{\sqrt{2}}, \frac{1}{2} + \frac{\sqrt{3}}{2}\right\}.$$

19.) Bei dieser Gleichung ist eine Definitionslücke an der Stelle $x = 0$ vorhanden, denn sie ist nur definiert für Werte $x \in \mathbb{D} = \mathbb{R} \setminus \{0\}$.

Für $x \in \mathbb{D}$ kann man nun die Gleichung $\dfrac{1}{|x|} = 1$ mit $|x|$ durchmultiplizieren und erhält dann die äquivalente Gleichung $|x| = 1$. Die Lösungen dieser Gleichung sind nach 1.) $x_{1,2} = \pm 1$. Beide Lösungen sind in der Definitionsmenge $\mathbb{D}$ enthalten. Somit ist die Lösungsmenge der Ausgangsgleichung gegeben durch

$$\mathbb{L} = \{-1, 1\}.$$

20.) Die Definitionsmenge ist hier $\mathbb{D} = \mathbb{R} \setminus \{-1, 1\}$, da der Nenner $1 - |x| = 0$ ist für $|x| = 1$, also nach 1.) für $x \in \{-1, 1\}$.

1. Fall: $x \in \mathbb{D}$ und $x \geq 0$, also $x \in [0, \infty) \setminus \{1\}$.

$\dfrac{1}{1 - |x|} = -|x|$ wird zu $\dfrac{1}{1 - x} = -x$, also $1 = (-x)(1 - x)$,

$x^2 - x - 1 = 0$. Die Lösungen dieser quadratischen Gleichung sind

$$x_{1,2} = \frac{1 \pm \sqrt{1 + 4}}{2} = \frac{1 \pm \sqrt{5}}{2}.$$

Die Lösungsmenge für den 1. Fall ist somit

$$\mathbb{L}_1 = ([0, \infty) \setminus \{1\}) \cap \left\{ \frac{1 - \sqrt{5}}{2}, \frac{1 + \sqrt{5}}{2} \right\} = \left\{ \frac{1 + \sqrt{5}}{2} \right\}.$$

2. Fall: $x \in \mathbb{D}$ und $x < 0$, also $x \in (-\infty, 0) \setminus \{-1\}$.

$\dfrac{1}{1 - |x|} = -|x|$ wird zu $\dfrac{1}{1 + x} = x$, also $1 = x(1 + x)$,

$x^2 + x - 1 = 0$. Die Lösungen dieser quadratischen Gleichung sind

$$x_{3,4} = \frac{-1 \pm \sqrt{1 + 4}}{2} = \frac{-1 \pm \sqrt{5}}{2}.$$

Die Lösungsmenge für den 2. Fall ist demnach

$$\mathbb{L}_2 = ((-\infty, 0) \setminus \{-1\}) \cap \left\{ \frac{-1 - \sqrt{5}}{2}, \frac{-1 + \sqrt{5}}{2} \right\}$$

$$= \left\{ \frac{-1 - \sqrt{5}}{2} \right\}.$$

Die Lösungsmenge der Ausgangsgleichung ist dann

$$\mathbb{L} = \mathbb{L}_1 \cup \mathbb{L}_2 = \left\{\frac{1+\sqrt{5}}{2}\right\} \cup \left\{\frac{-1-\sqrt{5}}{2}\right\}$$

$$= \left\{-\left(\frac{1+\sqrt{5}}{2}\right), \frac{1+\sqrt{5}}{2}\right\}.$$

21.) Die Definitionsmenge ist hier $\mathbb{D} = \mathbb{R}$, da der Nenner $1 + |x| \neq 0$ ist für alle $x \in \mathbb{R}$.

1. Fall: $x \geq 0$, also $x \in [0, \infty)$.

$\dfrac{1}{1 + |x|} = -|x|$ wird zu $\dfrac{1}{1 + x} = -x$, also $1 = (-x)(1 + x)$,

$x^2 + x + 1 = 0$. Die Lösungen dieser quadratischen Gleichung sind

$$x_{1,2} = \frac{-1 \pm \sqrt{1 - 4}}{2} \notin \mathbb{R}.$$

Es gibt in diesem Fall keine reellen Lösungen.
Die Lösungsmenge für den 1. Fall ist somit

$$\mathbb{L}_1 = [0, \infty) \cap \emptyset = \emptyset.$$

2. Fall: $x < 0$, also $x \in (-\infty, 0)$.

$\dfrac{1}{1 + |x|} = -|x|$ wird zu $\dfrac{1}{1 - x} = x$, also $1 = x(1 - x)$,

$x^2 - x + 1 = 0$. Die Lösungen dieser quadratischen Gleichung sind

$$x_{3,4} = \frac{1 \pm \sqrt{1 - 4}}{2} \notin \mathbb{R}.$$

Es gibt auch in diesem Fall keine reellen Lösungen.
Die Lösungsmenge für den 2. Fall ist demnach

$$\mathbb{L}_2 = (-\infty, 0) \cap \emptyset = \emptyset.$$

Die Lösungsmenge der Ausgangsgleichung ist dann

$$\mathbb{L} = \mathbb{L}_1 \cup \mathbb{L}_2 = \emptyset \cup \emptyset = \emptyset.$$

22.) Die Definitionsmenge ist hier $\mathbb{D} = \mathbb{R}$, da der Nenner $1 + |x| \neq 0$ ist
für alle $x \in \mathbb{R}$.

1. Fall: $x \geq 0$, also $x \in [0, \infty)$.

$\dfrac{x}{1 + |x|} = -|x|$ wird zu $\dfrac{x}{1 + x} = -x$, also $x = (-x)(1 + x)$,

$x^2 + 2x = 0$, $x(x+2) = 0$. Die Lösungen dieser quadratischen Gleichung
sind also $x_1 = 0$ und $x_2 = -2$.
Die Lösungsmenge für den 1. Fall ist somit

$\qquad \mathbb{L}_1 = [0, \infty) \cap \{-2, 0\} = \{0\}.$

2. Fall: $x < 0$, also $x \in (-\infty, 0)$.

$\dfrac{x}{1 + |x|} = -|x|$ wird zu $\dfrac{x}{1 - x} = x$, also $x = x(1 - x)$, $x^2 = 0$.

Die Lösungen dieser quadratischen Gleichung sind $x_{3,4} = 0$.
Die Lösungsmenge für den 2. Fall ist demnach

$\qquad \mathbb{L}_2 = (-\infty, 0) \cap \{0\} = \emptyset.$

Die Lösungsmenge der Ausgangsgleichung ist dann

$\qquad \mathbb{L} = \mathbb{L}_1 \cup \mathbb{L}_2 = \{0\} \cup \emptyset = \{0\}.$

23.) Die Definitionsmenge ist $\mathbb{D} = \mathbb{R} \setminus \{-1, 1\}$, da $1 - |x| = 0$, $|x| = 1$ ist
für $x \in \{-1, 1\}$ nach 1.).

1. Fall: $x \in \mathbb{D}$ und $x \geq 0$, also $x \in [0, \infty) \setminus \{1\}$.

$\dfrac{x^2}{1 - |x|} = -4$ wird zu $\dfrac{x^2}{1 - x} = -4$, also $x^2 = (-4)(1 - x)$,

$x^2 - 4x + 4 = 0$. Die Lösungen dieser quadratischen Gleichung sind

$\qquad x_{1,2} = \dfrac{4 \pm \sqrt{16 - 16}}{2} = 2.$

Die Lösungsmenge für den 1. Fall ist somit

$\qquad \mathbb{L}_1 = ([0, \infty) \setminus \{1\}) \cap \{2\} = \{2\}.$

2. Fall: $x \in \mathbb{D}$ und $x < 0$, also $x \in (-\infty, 0) \setminus \{-1\}$.

$\dfrac{x^2}{1-|x|} = -4$ wird zu $\dfrac{x^2}{1+x} = -4$, also $x^2 = (-4)(1+x)$,

$x^2 + 4x + 4 = 0$. Die Lösungen der quadratischen Gleichung sind

$$x_{3,4} = \frac{-4 \pm \sqrt{16-16}}{2} = -2.$$

Die Lösungsmenge für den 2. Fall ist demnach

$$\mathbb{L}_2 = ((-\infty, 0) \setminus \{-1\}) \cap \{-2\} = \{-2\}.$$

Die Lösungsmenge der Ausgangsgleichung ist dann

$$\mathbb{L} = \mathbb{L}_1 \cup \mathbb{L}_2 = \{2\} \cup \{-2\} = \{-2, 2\}.$$

24.) Die Definitionsmenge ist $\mathbb{D} = \mathbb{R}$, da der Nenner $1 + |x| \neq 0$ ist für alle $x \in \mathbb{R}$.

1. Fall: $x \in \mathbb{D}$ und $x \geq 0$, also $x \in [0, \infty)$.

$\dfrac{x^2}{1+|x|} = x - 1$ wird zu $\dfrac{x^2}{1+x} = x - 1$, also $x^2 = (x-1)(1+x)$,

$x^2 = x^2 - 1$, also $0 = -1$.

Somit ist die Lösungsmenge für den 1. Fall

$$\mathbb{L}_1 = [0, \infty) \cap \emptyset = \emptyset.$$

2. Fall: $x \in \mathbb{D}$ und $x < 0$, also $x \in (-\infty, 0)$.

$\dfrac{x^2}{1+|x|} = x - 1$ wird zu $\dfrac{x^2}{1-x} = x - 1$, also $x^2 = (x-1)(1-x)$,

$2x^2 - 2x + 1 = 0$. Die Lösungen der quadratischen Gleichung sind

$$x_{3,4} = \frac{2 \pm \sqrt{4-8}}{2} \notin \mathbb{R}.$$

Die Lösungsmenge für den 2. Fall ist demnach

$$\mathbb{L}_2 = (-\infty, 0) \cap \emptyset = \emptyset.$$

Die Lösungsmenge der Ausgangsgleichung ist dann

$$\mathbb{L} = \mathbb{L}_1 \cup \mathbb{L}_2 = \emptyset \cup \emptyset = \emptyset.$$

25.) Die Definitionsmenge ist $\mathbb{D} = \mathbb{R}$, da der Nenner $1 + |x| \neq 0$ ist für alle $x \in \mathbb{R}$.

1. Fall: $x \in \mathbb{D}$ und $x \geq 0$, also $x \in [0, \infty)$.

$\dfrac{x^2}{1 + |x|} = x + 1$ wird zu $\dfrac{x^2}{1 + x} = x + 1$, also $x^2 = (x+1)^2$,

$x^2 = x^2 + 2x + 1$, also $2x + 1 = 0$, oder $x = -\dfrac{1}{2}$.

Somit ist die Lösungsmenge für den 1. Fall

$$\mathbb{L}_1 = [0, \infty) \cap \left\{ -\frac{1}{2} \right\} = \emptyset.$$

2. Fall: $x \in \mathbb{D}$ und $x < 0$, also $x \in (-\infty, 0)$.

$\dfrac{x^2}{1 + |x|} = x + 1$ wird zu $\dfrac{x^2}{1 - x} = x + 1$, also $x^2 = (x+1)(1-x)$,

$x^2 = -x^2 + 1$, oder $x^2 = \dfrac{1}{2}$. Die Lösungen dieser quadratischen Gleichung sind

$$x_{3,4} = \pm \frac{1}{4}.$$

Die Lösungsmenge für den 2. Fall ist demnach

$$\mathbb{L}_2 = (-\infty, 0) \cap \left\{ -\frac{1}{4}, \frac{1}{4} \right\} = \left\{ -\frac{1}{4} \right\}.$$

Die Lösungsmenge der Ausgangsgleichung ist dann

$$\mathbb{L} = \mathbb{L}_1 \cup \mathbb{L}_2 = \emptyset \cup \left\{ -\frac{1}{4} \right\} = \left\{ -\frac{1}{4} \right\}.$$

26.) Die Definitionsmenge ist $\mathbb{D} = \mathbb{R} \setminus \{-1, 1\}$, da der Nenner $1 - |x| = 0$ für $x \in \{-1, 1\}$ ist nach 1.).

1. Fall: $x \in \mathbb{D}$ und $x \geq 0$, also $x \in [0, \infty) \setminus \{1\}$.

$\dfrac{2|x|}{1 - |x|} = x - 6$ wird zu $\dfrac{2x}{1 - x} = x - 6$, also $2x = (x - 6)(1 - x)$,

$2x = -x^2 + 7x - 6$, also $x^2 - 5x + 6 = 0$. Die Lösungen dieser quadratischen Gleichung sind dann

$$x_{1,2} = \frac{5 \pm \sqrt{25 - 24}}{2} = \frac{5 \pm 1}{2}.$$

Somit ist die Lösungsmenge für den 1. Fall gegeben durch

$$\mathbb{L}_1 = ([0, \infty) \setminus \{1\}) \cap \{2, 3\} = \{2, 3\}.$$

2. Fall: $x \in \mathbb{D}$ und $x < 0$, also $x \in (-\infty, 0) \setminus \{-1\}$.

$\dfrac{2|x|}{1 - |x|} = x - 6$ wird zu $\dfrac{-2x}{1 + x} = x - 6$, also $-2x = (x - 6)(1 + x)$,

$-2x = x^2 - 5x - 6$, $x^2 - 3x - 6 = 0$. Die Lösungen dieser quadratischen Gleichung sind

$$x_{3,4} = \frac{3 \pm \sqrt{9 + 24}}{2} = \frac{3 \pm \sqrt{33}}{2}.$$

Die Lösungsmenge für den 2. Fall ist demnach

$$
\begin{aligned}
\mathbb{L}_2 &= ((-\infty, 0) \setminus \{-1\}) \cap \left\{ \frac{3 - \sqrt{33}}{2}, \frac{3 + \sqrt{33}}{2} \right\} \\
&= \left\{ \frac{3 - \sqrt{33}}{2} \right\}.
\end{aligned}
$$

Die Lösungsmenge der Ausgangsgleichung ist dann

$$\mathbb{L} = \mathbb{L}_1 \cup \mathbb{L}_2 = \{2, 3\} \cup \left\{ \frac{3 - \sqrt{33}}{2} \right\} = \left\{ \frac{3 - \sqrt{33}}{2}, 2, 3 \right\}.$$

7.6 Gleichungen mit Logarithmen

Gelöst werden sollen Gleichungen, bei denen die Unbekannte im Argument der Logarithmen auftaucht. Wichtig ist hierbei, daß die Logarithmen in einer Gleichung alle dieselbe Basis besitzen. Mithilfe des nachfolgenden Beispiels soll eine Lösungsmethode vorgestellt und eingeübt werden (vgl. hierzu auch das Kapitel über Ungleichungen).

Beispiel 7.6.1

Gesucht sind die reellen Lösungen folgender Logarithmengleichungen.

1.) $\log(7x - 2) = -1$,   2.) $\ln(3x + e) = 1$,

3.) $\log\left(\sqrt{12x + 4}\right) = 1$,   4.) $\ln(x + 2) + \ln(x) - \ln(3) = 0$,

5.) $2\ln(x) - \ln(4) - \ln(x - 1) = 0$,   6.) $\log(x) = 6 - \dfrac{1}{2}\log(x)$,

7.) $\ln(x^2) = \ln(-2x - 1)$,   8.) $\ln(2x - 1) - 2\ln(x) = 0$,

9.) $\ln\left(\dfrac{1}{x}\right) = \ln(x)$,   10.) $\ln\left(\dfrac{1}{1 - x}\right) = 0$,

11.) $\ln\left(\ln\left(e^x\right)\right) = 1$,   12.) $\log_2(14x) - \log_2\left(x^2 + 12\right) = 1$.

Lösung:

1.) Diese Gleichung ist definiert für $7x - 2 > 0$, also für $x \in \mathbb{D} = \left(\dfrac{2}{7}, \infty\right)$.

In dieser Gleichung kommt der Logarithmus zur Basis 10 vor. Führt man nun die Operation $10^{()}$ durch, so folgt

$$\log(7x - 2) = -1 \qquad |\, 10^{()}$$
$$10^{\log(7x-2)} = 10^{-1} \qquad |\, b^{\log_b(a)} = a$$
$$7x - 2 = \frac{1}{10}$$
$$7x = \frac{21}{10}$$
$$x = \frac{3}{10} \in \mathbb{D}.$$

Die Lösungsmenge ist $\mathbb{L} = \left\{\dfrac{3}{10}\right\}$.

2.) Diese Gleichung ist definiert für $3x + e > 0$, also für $x \in \mathbb{D} = \left(-\dfrac{e}{3}, \infty\right)$.

Die Basis des Logarithmus dieser Gleichung ist e, somit erhält man

$$\ln(3x + e) = 1 \qquad |\, e^{()}$$
$$e^{\log(3x+e)} = e^1 \qquad |\, b^{\log_b(a)} = a$$
$$3x + e = e$$
$$3x = 0$$
$$x = 0 \in \mathbb{D}.$$

Die Lösungsmenge ist $\mathbb{L} = \{0\}$.

3.) Diese Gleichung ist definiert für $12x + 4 > 0$, denn in diesem Fall ist die Wurzel definiert und positiv und somit ist $\log\left(\sqrt{12x + 4}\right)$ definiert.

Also ist $x \in \mathbb{D} = \left(-\dfrac{1}{3}, \infty\right)$ die Definitionsmenge, denn für $x \in \mathbb{D}$ ist $12x + 4 > 0$.

Die Basis des Logarithmus dieser Gleichung ist 10, somit erhält man

$$\log\left(\sqrt{12x + 4}\right) = 1 \qquad \big| \, 10^{(\,)}$$
$$10^{\log\left(\sqrt{12x+4}\right)} = 10^1 \qquad \big| \, b^{\log_b(a)} = a$$
$$\sqrt{12x + 4} = 10 \qquad \big| \, (\,)^2$$
$$12x + 4 = 100$$
$$12x = 96$$
$$x = 8 \in \mathbb{D}.$$

Somit ist die Lösungsmenge $\mathbb{L} = \{8\}$.

4.) Damit diese Gleichung definiert ist muß $x + 2 > 0$ und $x > 0$ gelten, also $x > -2$ und $x > 0$. Somit ist die Definitionsmenge gegeben durch

$$\mathbb{D} = (-2, \infty) \cap (0, \infty) = (0, \infty).$$

Die Basis der Logarithmen dieser Gleichung ist e, somit erhält man

$$\ln(x + 2) + \ln(x) - \ln(3) = 0 \qquad \big| \, 1. \text{ u. } 2. \text{ Logarithmusgesetz}$$
$$\ln\left(\frac{(x + 2)x}{3}\right) = 0 \qquad \big| \, e^{(\,)}$$
$$e^{\ln\left(\frac{(x+2)x}{3}\right)} = e^0 \qquad \big| \, b^{\log_b(a)} = a$$
$$\frac{x^2 + 2x}{3} = 1$$
$$x^2 + 2x = 3$$
$$x^2 + 2x - 3 = 0$$
$$x_1 = -3,$$
$$x_2 = 1.$$

Die Lösung $x_1 = -3$ der quadratischen Gleichung ist nicht in der Definitionsmenge $\mathbb{D}$ enthalten; $x_2 = 1$ ist in der Definitionsmenge $\mathbb{D}$ enthalten. Somit ist die Lösungsmenge gegeben durch $\mathbb{L} = \{1\}$.

5.) Damit diese Gleichung definiert ist, muß $x > 0$ und $x - 1 > 0$ gelten, also $x > 0$ und $x > 1$. Somit ist die Definitionsmenge gegeben durch

$$\mathbb{D} = (0, \infty) \cap (1, \infty) = (1, \infty).$$

Die Basis der Logarithmen dieser Gleichung ist e, somit erhält man

$$2\ln(x) - \ln(4) - \ln(x - 1) = 0 \qquad | 1., 2. \text{ u. } 3. \text{ Logarithmusgesetz}$$

$$\ln\left(\frac{x^2}{4(x - 1)}\right) = 0 \qquad | e^{()}$$

$$e^{\ln\left(\frac{x^2}{4(x-1)}\right)} = e^0 \qquad | b^{\log_b(a)} = a$$

$$\frac{x^2}{4x - 4} = 1$$

$$x^2 = 4x - 4$$

$$x^2 - 4x + 4 = 0$$

$$x_{1,2} = 2.$$

Die Lösung $x = x_{1,2} = 2$ der quadratischen Gleichung ist in der Definitionsmenge $\mathbb{D}$ enthalten, somit ist die Lösungsmenge gegeben durch $\mathbb{L} = \{2\}$.

6.) Damit diese Gleichung definiert ist muß $x > 0$ gelten, also ist die Definitionsmenge gegeben durch $\mathbb{D} = (0, \infty)$.

Die Basis der Logarithmen dieser Gleichung ist 10, somit erhält man

$$\log(x) = 6 - \frac{1}{2}\log(x) \quad | + \frac{1}{2}\log(x)$$

$$\frac{3}{2}\log(x) = 6 \qquad \left| \cdot \left(\frac{2}{3}\right)\right.$$

$$\log(x) = 4 \qquad | 10^{()}$$

$$x = 10^4$$

$$x = 1\,000.$$

Die Lösung $x = 1\,000$ ist in der Definitionsmenge $\mathbb{D} = (0, \infty)$ enthalten, somit ist die Lösungsmenge gegeben durch $\mathbb{L} = \{1\,000\}$.

7.) $x^2 \geq 0$, somit muß nur $x \neq 0$ gelten, damit $\ln\left(x^2\right)$ definiert ist.

$\ln(-2x - 1)$ ist für $-2x - 1 > 0$ definiert, also muß hier gelten $x < -\frac{1}{2}$.

Damit die Gleichung definiert ist, muß somit $x \neq 0$ und $x < -\dfrac{1}{2}$ gelten; also ist die Definitionsmenge gegeben durch

$$\mathbb{D} = (\mathbb{R} \setminus \{0\}) \cap \left(-\infty, -\frac{1}{2}\right) = \left(-\infty, -\frac{1}{2}\right).$$

Die Basis der Logarithmen dieser Gleichung ist e, somit erhält man

$$\ln\left(x^2\right) = \ln(-2x - 1) \quad | \, e^{()}$$

$$e^{\ln(x^2)} = e^{\ln(-2x-1)} \quad | \, b^{\log_b(a)} = a$$

$$x^2 = -2x - 1$$
$$x^2 + 2x + 1 = 0 \qquad | \, 1. \text{ binomische Formel}$$
$$(x + 1)^2 = 0$$
$$x = -1.$$

Die Lösung $x = -1$ ist in der Definitionsmenge $\mathbb{D}$ enthalten, somit ist die Lösungsmenge gegeben durch $\mathbb{L} = \{-1\}$.

8.) $\ln(2x - 1)$, ist definiert für $2x - 1 > 0$ somit muß $x > \dfrac{1}{2}$ gelten.

$\ln(x)$ ist für $x > 0$ definiert. Die Gleichung ist somit definiert für

$$x \in \mathbb{D} = \left(\frac{1}{2}, \infty\right) \cap (0, \infty) = \left(\frac{1}{2}, \infty\right).$$

Die Basis der Logarithmen dieser Gleichung ist e, somit erhält man

$$\ln\left(2x - 1\right) - 2\ln(x) = 0 \quad | \, 2. \text{ u. } 3. \text{ Logarithmusgesetz}$$

$$\ln\left(\frac{2x - 1}{x^2}\right) = 0 \quad | \, e^{()}$$

$$e^{\ln\left(\frac{2x-1}{x^2}\right)} = e^0 \quad | \, b^{\log_b(a)} = a$$

$$\frac{2x - 1}{x^2} = 1$$
$$2x - 1 = x^2$$
$$x^2 - 2x + 1 = 0 \qquad | \, 2. \text{ binomische Formel}$$
$$(x - 1)^2 = 0.$$

Die Lösung $x = 1$ ist in der Definitionsmenge $\mathbb{D}$ enthalten, somit ist die Lösungsmenge gegeben durch $\mathbb{L} = \{1\}$.

9.) $\ln\left(\dfrac{1}{x}\right)$, ist definiert für $\dfrac{1}{x} > 0$, also für $x > 0$.

ln(x) ist für $x > 0$ definiert. Die Gleichung ist somit definiert für

$$x \in \mathbb{D} = (0, \infty) \cap (0, \infty) = (0, \infty).$$

Die Basis der Logarithmen dieser Gleichung ist e, somit erhält man

$$\ln\left(\frac{1}{x}\right) = \ln(x) \quad \mid e^{()}$$

$$e^{\ln\left(\frac{1}{x}\right)} = e^{\ln(x)} \quad \mid b^{\log_b(a)} = a$$

$$\frac{1}{x} = x$$

$$x^2 = 1$$

$$x_1 = -1,$$

$$x_2 = 1.$$

Die Lösung $x_1 = -1$ ist nicht in $\mathbb{D}$ enthalten; die Lösung $x_2 = 1$ dagegen liegt in der Definitionsmenge $\mathbb{D}$. Die Lösungsmenge ist somit gegeben durch $\mathbb{L} = \{1\}$.

10.) $\ln\left(\dfrac{1}{1-x}\right)$, ist definiert für $\dfrac{1}{1-x} > 0$, also für $1 - x > 0$.

Die Gleichung ist somit definiert für $x \in \mathbb{D} = (-\infty, 1)$.
Die Basis des Logarithmus ist e, somit erhält man

$$\ln\left(\frac{1}{1-x}\right) = 0 \quad \mid e^{()}$$

$$e^{\ln\left(\frac{1}{1-x}\right)} = e^0 \quad \mid b^{\log_b(a)} = a$$

$$\frac{1}{1-x} = 1$$

$$1 = 1 - x$$

$$x = 0.$$

Die Lösung $x = 0$ ist in $\mathbb{D}$ enthalten, somit ist die Lösungsmenge gegeben durch $\mathbb{L} = \{0\}$.

11.) $\ln(e^x) = x \cdot \ln(e) = x$. Somit ist der Ausdruck $\ln(\ln(e^x)) = \ln(x)$ für $x > 0$ definiert, also $x \in \mathbb{D} = (0, \infty)$.

Die Basis des Logarithmus ist e, somit erhält man

$$\ln\left(\ln\left(e^x\right)\right) = 1$$
$$\ln(x) = 1 \qquad \mid e^{()}$$
$$e^{\ln(x)} = e^1 \qquad \mid b^{\log_b(a)} = a$$
$$x = e \in \mathbb{D}.$$

Somit ist die Lösungsmenge gegeben durch $\mathbb{L} = \{e\}$.

12.) $\log_2\left(14x\right)$, ist definiert für $14x > 0$, also für $x > 0$.

$\log_2\left(x^2 + 12\right)$ ist für $x^2 + 12 > 0$ definiert, also für $x \in \mathbb{R}$.

Die Gleichung ist somit definiert für $x \in \mathbb{D} = (0, \infty) \cap \mathbb{R} = (0, \infty)$.

Die Basis der Logarithmen dieser Gleichung ist 2, somit erhält man

$$\log_2\left(14x\right) - \log_2\left(x^2 + 12\right) = 1 \qquad \mid 2.\ \text{Logarithmusgesetz}$$
$$\log_2\left(\frac{14x}{x^2 + 12}\right) = 1 \qquad \mid 2^{()}$$
$$2^{\log_2\left(\frac{14x}{x^2+12}\right)} = 2^1 \qquad \mid b^{\log_b(a)} = a$$
$$\frac{14x}{x^2 + 12} = 2$$
$$14x = 2x^2 + 24$$
$$2x^2 - 14x + 24 = 0$$
$$x^2 - 7x + 12 = 0$$
$$x_1 = 3,$$
$$x_2 = 4.$$

Die Lösungen $x_1 = 3$ und $x_2 = 4$ sind in der Definitionsmenge $\mathbb{D} = (0, \infty)$ enthalten.

Die Lösungsmenge ist somit gegeben durch $\mathbb{L} = \{3, 4\}$.

7.7   Aufgaben zu Kapitel 7

Aufgabe 7.7.1
Lösen Sie, falls möglich, folgende Gleichungen nach x auf.

a) $38x - 2 = 17$,

b) $-2x + 3 = -1$,

c) $-5x - 2 = 7$,

d) $23x + \dfrac{23}{4}x - \dfrac{56}{6}x - 56 = 79$,

e) $-\dfrac{6}{7}x - \dfrac{4}{3}x + x - 1 = -1$,

f) $\dfrac{2x}{3} - \dfrac{x}{6} - 12 = \dfrac{3x}{9}$,

g) $\dfrac{1}{2}x - \dfrac{3}{4}x = -\dfrac{12}{16}x + 0.5x$,

h) $x - 3x + \dfrac{5}{2}x + 1 = \dfrac{1}{2}x$.

Lösung:

a) $\quad\quad 38x - 2 = 17 \quad |+2$
$\quad\quad\quad\quad 38x = 19 \quad |:38$
$\quad\quad\quad\quad\quad x = \dfrac{1}{2}$

$\Longrightarrow \; \mathbb{L} = \left\{ \dfrac{1}{2} \right\}.$

b) $\quad\quad -2x + 3 = -1 \quad |-3$
$\quad\quad\quad\quad -2x = -4 \quad |:(-2)$
$\quad\quad\quad\quad\quad x = 2$

$\Longrightarrow \; \mathbb{L} = \{2\}.$

c) $\quad\quad -5x - 2 = 7 \quad\quad |+2$
$\quad\quad\quad\quad -5x = 9 \quad\quad |:(-5)$
$\quad\quad\quad\quad\quad x = -\dfrac{9}{5}$

$\Longrightarrow \; \mathbb{L} = \left\{ -\dfrac{9}{5} \right\}.$

d)
$$23x + \frac{23}{4}x - \frac{56}{6}x - 56 = 79 \qquad |+56, \text{ (Hauptnenner ist 12)}$$
$$\frac{233}{12}x = 135 \qquad |\cdot\frac{12}{233}$$
$$x = \frac{1620}{233}$$

$$\Longrightarrow \mathbb{L} = \left\{ \frac{1620}{233} \right\}.$$

e)
$$-\frac{6}{7}x - \frac{4}{3}x + x - 1 = -1 \quad |+1, \text{ (Hauptnenner ist 21)}$$
$$-\frac{67}{21}x = 0$$
$$x = 0$$

$$\Longrightarrow \mathbb{L} = \{0\}.$$

f)
$$\frac{2x}{3} - \frac{x}{6} - 12 = \frac{3x}{9}$$
$$\frac{x}{2} - 12 = \frac{x}{3} \qquad |-\frac{x}{3}, \text{ (Hauptnenner ist 6)}$$
$$\frac{1}{6}x - 12 = 0 \qquad |+12$$
$$\frac{1}{6}x = 12 \qquad |\cdot 6$$
$$x = 72$$

$$\Longrightarrow \mathbb{L} = \{72\}.$$

g)
$$\frac{1}{2}x - \frac{3}{4}x = -\frac{12}{16}x + 0.5x$$
$$-\frac{1}{4}x = -\frac{1}{4}x$$
$$x = x \qquad\qquad |-x$$
$$0 = 0.$$

$0 = 0$ gilt für alle $x \in \mathbb{R}$, somit gibt es unendlich viele Lösungen.
$\Longrightarrow \mathbb{L} = \mathbb{R}.$

h)
$$x - 3x + \frac{5}{2}x + 1 = \frac{1}{2}x$$
$$\frac{1}{2}x + 1 = \frac{1}{2}x \qquad |-\frac{1}{2}x$$
$$1 = 0.$$

$1 = 0$ ist eine falsche Aussage und somit hat diese lineare Gleichung keine Lösung.

$\Longrightarrow \mathbb{L} = \emptyset.$

Aufgabe 7.7.2

Lösen Sie, falls möglich, folgende Gleichungen nach x auf.

a) $\dfrac{x-1}{x+1} = 0,$

b) $\dfrac{x-1}{x+1} = 1,$

c) $\dfrac{2x-1}{4x+1} = 3,$

d) $\dfrac{-x-1}{x+1} = -1.$

Lösung:

a) Die Definitionsmenge ist hier $\mathbb{D} = \mathbb{R} \setminus \{-1\}$.

$$\frac{x-1}{x+1} = 0 \qquad | \cdot (x+1)$$
$$x - 1 = 0 \qquad |+1$$
$$x = 1 \in \mathbb{D}$$

$\Longrightarrow \mathbb{L} = \{1\}.$

b) Die Definitionsmenge ist $\mathbb{D} = \mathbb{R} \setminus \{-1\}$.

$$\frac{x-1}{x+1} = 1 \qquad | \cdot (x+1)$$
$$x - 1 = x + 1 \qquad |-x$$
$$-1 = 1.$$

$-1 = 1$ ist eine falsche Aussage und somit hat diese Gleichung keine Lösung.

$\Longrightarrow \mathbb{L} = \emptyset.$

c) Die Definitionsmenge ist hier $\mathbb{D} = \mathbb{R} \setminus \left\{ -\dfrac{1}{4} \right\}$.

$$\begin{aligned}
\frac{2x-1}{4x+1} &= 3 && | \cdot (4x+1) \\
2x+1 &= 12x+3 && |-1,\ -12x \\
-10x &= 2 && |:(-10) \\
x &= -\frac{1}{5} \in \mathbb{D}
\end{aligned}$$

$$\implies \mathbb{L} = \left\{ -\frac{1}{5} \right\}.$$

d) Die Definitionsmenge ist $\mathbb{D} = \mathbb{R} \setminus \{-1\}$.

$$\begin{aligned}
\frac{-x-1}{x+1} &= -1 && | \cdot (-x-1) \\
x+1 &= (-1) \cdot (-x-1) && \\
x+1 &= x+1 && |-1 \\
x &= x && |-x \\
0 &= 0.
\end{aligned}$$

$0 = 0$ gilt für alle $x \in \mathbb{R}$. Zulässig sind allerdings nur $x \in \mathbb{R} \setminus \{-1\}$, somit gibt es unendlich viele Lösungen.
$$\implies \mathbb{L} = \mathbb{D} = \mathbb{R} \setminus \{-1\}.$$

Aufgabe 7.7.3

Lösen Sie, falls möglich, folgende Gleichungen nach x auf.

a) $\dfrac{1}{x} = 1$,

b) $\dfrac{2}{x} - \dfrac{1}{3x} = -1$,

c) $\dfrac{1}{5x} + \dfrac{1}{2x} = -1 - \dfrac{2}{10x}$,

d) $\dfrac{1}{5x} = -\dfrac{1}{7x}$,

e) $\dfrac{1}{5x} + \dfrac{1}{3x} = \dfrac{8}{15x}$,

f) $\dfrac{1}{5x} + \dfrac{1}{3x} = 1 + \dfrac{8}{15x}$.

Lösung:

a) Hier wird $x \neq 0$ vorausgesetzt, da sonst der Nenner (auf der linken Seite) Null wird und die Gleichung somit nicht definiert ist, also $\mathbb{D} = \mathbb{R} \setminus \{0\}$.

$$\frac{1}{x} = 1 \qquad | \cdot x$$
$$x = 1 \in \mathbb{D}$$

$$\Longrightarrow \mathbb{L} = \{1\}.$$

b) $\mathbb{D} = \mathbb{R} \setminus \{0\}$.

$$\frac{2}{x} - \frac{1}{3x} = -1 \qquad | \cdot 3x$$
$$5 = -3x \qquad | : (-3)$$
$$x = -\frac{5}{3} \in \mathbb{D}$$

$$\Longrightarrow \mathbb{L} = \left\{ -\frac{5}{3} \right\}.$$

c) $\mathbb{D} = \mathbb{R} \setminus \{0\}$.

$$\frac{1}{5x} + \frac{1}{2x} = -1 - \frac{2}{10x} \qquad | \cdot 10x$$
$$7 = -10x - 2 \qquad | + 2, : (-10)$$
$$x = -\frac{9}{10} \in \mathbb{D}$$

$$\Longrightarrow \mathbb{L} = \left\{ -\frac{9}{10} \right\}.$$

d) Wieder ist $\mathbb{D} = \mathbb{R} \setminus \{0\}$.

$$\frac{1}{5x} = -\frac{1}{7x} \qquad | \cdot 35x$$
$$7 = -5.$$

Diese Aussage ist falsch, somit ist diese Gleichung nicht lösbar.
$$\Longrightarrow \mathbb{L} = \emptyset.$$

e) $\mathbb{D} = \mathbb{R} \setminus \{0\}$.

$$\frac{1}{5x} + \frac{1}{3x} = \frac{8}{15x} \quad | \cdot 15x$$
$$8 = 8.$$

Diese Aussage gilt für alle $x \in \mathbb{R}$. Allerdings muß man $x = 0$ ausschließen, da sonst die Gleichung nicht definiert ist. Die Lösungsmenge ist somit $\mathbb{L} = \mathbb{D} = \mathbb{R} \setminus \{0\}$.

f) $\mathbb{D} = \mathbb{R} \setminus \{0\}$.

$$\frac{1}{5x} + \frac{1}{3x} = 1 + \frac{8}{15x} \quad | \cdot 15x$$
$$8 = 15x + 8 \quad | - 8$$
$$15x = 0.$$

Die Lösung der linearen Gleichung $15x = 0$ ist $x = 0$. Die ursprüngliche Gleichung ist allerdings für $x = 0$ nicht definiert, somit hat die Gleichung keine Lösung.
$$\implies \mathbb{L} = \emptyset.$$

Aufgabe 7.7.4

Lösen Sie, falls möglich, folgende Gleichungen nach x auf.

a) $\dfrac{2x+1}{x+1} = \dfrac{-2x-1}{1-x}$,

b) $\dfrac{2x-5}{x} = \dfrac{5}{x}$,

c) $\dfrac{9x+1}{9x-7} = \dfrac{x-1}{x+1}$,

d) $\dfrac{1-x}{x} = \dfrac{x-1}{1-x}$.

Lösung:

a) Voraussetzen muß man, damit diese Gleichung überhaupt definiert ist, daß $x \notin \{-1, 1\}$ gilt, denn für diese Werte werden die Nenner Null, also $\mathbb{D} = \mathbb{R} \setminus \{-1, 1\}$.

$$\frac{2x+1}{x+1} = \frac{-2x-1}{1-x} \qquad | \cdot (x+1)(1-x)$$

$$(2x+1)(1-x) = (-2x-1)(x+1)$$

$$-2x^2 + x + 1 = -2x^2 - 3x + 1$$

$$x = -3x$$

$$4x = 0$$

$$x = 0 \in \mathbb{D}$$

$$\Longrightarrow \mathbb{L} = \{0\}.$$

b) Die Nenner sind ungleich Null für $x \neq 0$, also $\mathbb{D} = \mathbb{R} \setminus \{0\}$.

$$\frac{2x-5}{x} = \frac{5}{x} \qquad | \cdot x$$

$$2x - 5 = 5$$

$$2x = 10$$

$$x = 5 \in \mathbb{D}$$

$$\Longrightarrow \mathbb{L} = \{5\}.$$

c) Die Nenner sind ungleich Null für $x \notin \left\{-1, \dfrac{7}{9}\right\}$,

also $\mathbb{D} = \mathbb{R} \setminus \left\{-1, \dfrac{7}{9}\right\}$.

$$\frac{9x+1}{9x-7} = \frac{x-1}{x+1} \qquad | \cdot (9x-7)(x+1)$$

$$(9x+1)(x+1) = (x-1)(9x-7)$$

$$9x^2 + 10x + 1 = 9x^2 - 16x + 7$$

$$26x = 6$$

$$x = \frac{3}{13} \in \mathbb{D}$$

$$\Longrightarrow \mathbb{L} = \left\{\frac{3}{13}\right\}.$$

d) Hier muß man $x = 0$ und $x = 1$ ausschließen, also $\mathbb{D} = \mathbb{R} \setminus \{0, 1\}$.

$$\frac{1-x}{x} = \frac{x-1}{1-x}$$

$$\frac{1-x}{x} = \frac{-(1-x)}{1-x} - 1 \quad |\cdot x$$

$$1 - x = -x \qquad\qquad |+x$$

$$1 = 0.$$

Aufgrund dieser falschen Aussage ist die Gleichung nicht lösbar.
$\implies \mathbb{L} = \emptyset$.

Aufgabe 7.7.5

Formen Sie die Gleichung

$$\frac{x-1}{ax+b} = \frac{2x}{x+1}, \quad \text{mit } a \neq 0$$

mithilfe elementarer Operationen (Multiplikation, Division, Addition, Subtraktion) in eine quadratische Gleichung um.

a) Welche Werte von x sind nicht zulässig?

b) Welche Bedingungen müssen an $a, b \in \mathbb{R}$ gestellt werden, damit die umgeformte Gleichung linear ist?

c) Für welche Werte von $a, b \in \mathbb{R}$ hat dann die lineare Gleichung genau eine reelle Lösung? Geben Sie diese Lösung an.

Lösung:

a) Nicht erlaubt sind Werte, für die die Nenner Null werden.

$$ax + b = 0 \quad \text{für } x = -\frac{b}{a} \quad \text{und}$$
$$x + 1 = 0 \quad \text{für } x = -1,$$

also nur Werte $x \in \mathbb{D} = \mathbb{R} \setminus \left\{-1, -\frac{b}{a}\right\}$ sind als mögliche Lösungen zulässig.

b)
$$\frac{x-1}{ax+b} = \frac{2x}{x+1} \qquad |\cdot (ax+b)(x+1)$$

$$(x-1)(x+1) = (2x)(ax+b)$$

$$x^2 - 1 = 2ax^2 + 2bx$$

Diese Gleichung ist linear, für $1 = 2a$, also für $a = \frac{1}{2}$ und für $b \neq 0$, da sonst auch der lineare Term $2bx$ verschwindet.

Die Gleichung ist linear für $a = \frac{1}{2}$, $b \neq 0$.

c) Für $a = \frac{1}{2}$, $b \neq 0$ erhalten wir: $-1 = 2bx$, und somit $x = -\frac{1}{2b}$.

Nach Teil 1.) darf nicht gelten:

$$-\frac{b}{a} = -\frac{1}{2b} \quad \text{und} \quad -1 = -\frac{1}{2b},$$

da $x \in \mathbb{D} = \mathbb{R} \setminus \left\{-1, -\frac{b}{a}\right\}$ vorausgesetzt werden muß.

Aus $-\frac{b}{a} = -\frac{1}{2b}$ folgt mit $a = \frac{1}{2}$ die Gleichung: $-2b = -\frac{1}{2b}$ und somit $4b^2 = 1$, also $b = \pm\frac{1}{2}$. Aus $-1 = -\frac{1}{2b}$ folgt $b = \frac{1}{2}$. Somit gilt:

Für $a = \frac{1}{2}$, $b \in \mathbb{R} \setminus \left\{-\frac{1}{2}, 0, \frac{1}{2}\right\}$ hat die lineare Gleichung die eindeutige Lösung $x = -\frac{1}{2b}$.

Aufgabe 7.7.6

Formen Sie die Gleichung

$$\frac{ax+3}{x-1} = \frac{bx-7}{x+1}$$

mithilfe elementarer Operationen (Multiplikation, Division, Addition, Subtraktion) in eine quadratische Gleichung um.

a) Welche Werte von x müssen von vornherein als Lösung ausgeschlossen werden?

b) Welche Bedingungen müssen an $a, b \in \mathbb{R}$ gestellt werden, damit die umgeformte Gleichung linear ist?

c) Für welche Werte von $a, b \in \mathbb{R}$ hat dann die lineare Gleichung genau eine reelle Lösung, keine reelle Lösung (beachten Sie hierbei 1.)), unendlich viele reelle Lösungen? Geben Sie die Lösung(en) an.

Lösung:

a) Ausgeschlossen müssen die Werte $x = -1$ und $x = 1$ werden, da sonst die Gleichung nicht definiert ist (Nenner gleich Null). Im folgenden sei also $x \in \mathbb{D} = \mathbb{R} \setminus \{-1, 1\}$.

b)
$$\frac{ax+3}{x-1} = \frac{bx-7}{x+1} \qquad | \cdot (x-1)(x+1)$$

$$(ax+3)(x+1) = (bx-7)(x-1)$$

$$ax^2 + (a+3)x + 3 = bx^2 + (-7-b)x + 7.$$

Diese quadratische Gleichung ist für $a = b$ linear. Man erhält dann:

$$(a+3)x + 3 = (-7-a)x + 7.$$

c) Bringt man in der letzten Gleichung sämtliche Ausdrücke mit x nach links und alle Konstanten nach rechts, so erhält man: $(10 + 2a)x = 4$, also $x = \dfrac{2}{5+a}$ für $a \neq -5$.

Nun muß man noch untersuchen für welche $a \in \mathbb{R}$ gilt:

$$-1 = \frac{2}{5+a} \quad \text{und} \quad 1 = \frac{2}{5+a},$$

denn zulässig sind nur Werte für $x \in \mathbb{D} = \mathbb{R} \setminus \{-1, 1\}$ nach Teil 1.). $-1 = \dfrac{2}{5+a}$ liefert $a = -7$ und $1 = \dfrac{2}{5+a}$ liefert $a = -3$, d. h. für $a \in \mathbb{R} \setminus \{-7, -5, -3\}$ und $b = a$ ist die ursprüngliche Gleichung linear und hat die eindeutige Lösung $x = \dfrac{2}{5+a}$.

Für $a \in \{-7, -5, -3\}$ hat dann die lineare Gleichung ($a = b$, $x \in \mathbb{R} \setminus \{-1, 1\}$) keine Lösung.

Unendlich viele Lösungen gibt es hier nicht.

Aufgabe 7.7.7

Gesucht sind die reellen Lösungen folgender quadratischer Gleichungen:

a) $x^2 - 13x + 42 = 0$,   b) $x^2 + 36 = 0$,

c) $x^2 - 6x + 9 = 0$,   d) $x^2 - 15x = 0$,

e) $-9x^2 + 6x - 1 = 0$,   f) $12x^2 + x - 1 = 0$,

g) $3x^2 - 2x + 1 = 0$.

Lösen sie diese Gleichungen mithilfe der Formel

$$x_{1,2} = \frac{-b \pm \sqrt{b^2 - 4ac}}{2a}$$

und geben Sie die Lösungsmenge an.

Lösung:

a) $x_{1,2} = \dfrac{-(-13) \pm \sqrt{(-13)^2 - 4 \cdot 1 \cdot 42}}{2 \cdot 1} = \dfrac{13 \pm \sqrt{1}}{2} = \dfrac{13 \pm 1}{2}$

$\Longrightarrow \mathbb{L} = \{6, 7\}$.

b) $x_{1,2} = \dfrac{-0 \pm \sqrt{0^2 - 4 \cdot 1 \cdot 36}}{2 \cdot 1} = \dfrac{\pm\sqrt{-144}}{2}$

$\Longrightarrow \mathbb{L} = \emptyset$, denn die Diskriminante ist negativ.

Bemerkung:

Es gibt hier nur komplexe Lösungen. Diese sind $x_1 = -6i$ und $x_2 = 6i$.

c) $x_{1,2} = \dfrac{-(-6) \pm \sqrt{(-6)^2 - 4 \cdot 1 \cdot 9}}{2 \cdot 1} = \dfrac{6 \pm \sqrt{0}}{2} = 3$

$\Longrightarrow \mathbb{L} = \{3\}$.

d) $x_{1,2} = \dfrac{-(-15) \pm \sqrt{(-15)^2 - 4 \cdot 1 \cdot 0}}{2 \cdot 1} = \dfrac{15 \pm \sqrt{225}}{2} = \dfrac{15 \pm 15}{2}$

$\Longrightarrow \mathbb{L} = \{0, 15\}$.

e) $x_{1,2} = \dfrac{-6 \pm \sqrt{6^2 - 4 \cdot (-9) \cdot (-1)}}{2 \cdot (-9)} = \dfrac{-6 \pm \sqrt{0}}{-18} = \dfrac{1}{3}$

$\Longrightarrow \mathbb{L} = \left\{\dfrac{1}{3}\right\}$.

f) $x_{1,2} = \dfrac{-1 \pm \sqrt{1^2 - 4 \cdot 12 \cdot (-1)}}{2 \cdot 12} = \dfrac{-1 \pm \sqrt{49}}{24} = \dfrac{-1 \pm 7}{24}$

$\Longrightarrow \mathbb{L} = \left\{ -\dfrac{1}{3}, \dfrac{1}{4} \right\}.$

g) $x_{1,2} = \dfrac{-(-2) \pm \sqrt{(-2)^2 - 4 \cdot 3 \cdot 1}}{2 \cdot 3} = \dfrac{2 \pm \sqrt{-8}}{6} = \dfrac{1 \pm \sqrt{-2}}{3}$

$\Longrightarrow \mathbb{L} = \emptyset$, denn die Diskriminante ist negativ.

Bemerkung:

Die komplexen Lösungen sind $x_1 = \dfrac{1 - i\sqrt{2}}{3}$ und $x_2 = \dfrac{1 + i\sqrt{2}}{3}$.

Aufgabe 7.7.8

Gesucht sind die reellen Lösungen folgender quadratischer Gleichungen:

a) $x^2 + 17x + 72 = 0,$ b) $x^2 + 3x + \dfrac{9}{4} = 0,$

c) $x^2 + x - \dfrac{3}{4} = 0,$ d) $x^2 - 4x = 0,$

e) $x^2 + 4 = 0,$ f) $4x^2 - 4x + 1 = 0,$

g) $-x^2 + 7x - 6 = 0,$ h) $-6x^2 + 4x - 1 = 0,$

i) $3x^2 + 2x - 1 = 0.$

Lösen sie diese Gleichungen mithilfe der quadratischen Ergänzung und geben Sie die Lösungsmenge an.

Lösung:

a) $\qquad x^2 + 17x + 72 = 0 \qquad | -72$

$\qquad\qquad x^2 + 17x = -72 \qquad \left| + \left(\dfrac{17}{2} \right)^2 \right.$

$\qquad x^2 + 17x + \dfrac{289}{4} = \dfrac{1}{4} \qquad |\text{1. binomische Formel}$

$\qquad\qquad \left(x + \dfrac{17}{2} \right)^2 = \dfrac{1}{4} \qquad | \sqrt{}$

$\qquad\qquad\qquad x + \dfrac{17}{2} = \pm\sqrt{\dfrac{1}{4}}.$

Die Lösungen sind gegeben durch: $x_{1,2} = \left(\pm\dfrac{1}{2} \right) - \dfrac{17}{2}$, also $x_1 = -9$ und $x_2 = -8$.

$\Longrightarrow \mathbb{L} = \{-9, -8\}.$

b)
$$x^2 + 3x + \frac{9}{4} = 0 \qquad \left| -\frac{9}{4} \right.$$

$$x^2 + 3x = -\frac{9}{4} \qquad \left| + \left(\frac{3}{2}\right)^2 \right.$$

$$x^2 + 3x + \frac{9}{4} = 0 \qquad |\text{1. binomische Formel}$$

$$\left(x + \frac{3}{2}\right)^2 = 0 \qquad |\sqrt{}$$

$$x + \frac{3}{2} = \pm\sqrt{0}.$$

Die Lösungen sind gegeben durch: $x_{1,2} = (\pm 0) - \frac{3}{2}$, also $x_1 = x_2 = -\frac{3}{2}$.

$$\Longrightarrow \ \mathbb{L} = \left\{-\frac{3}{2}\right\}.$$

c)
$$x^2 + x - \frac{3}{4} = 0 \qquad \left| + \frac{3}{4} \right.$$

$$x^2 + x = \frac{3}{4} \qquad \left| + \left(\frac{1}{2}\right)^2 \right.$$

$$x^2 + x + \frac{1}{4} = 1 \qquad |\text{1. binomische Formel}$$

$$\left(x + \frac{1}{2}\right)^2 = 1 \qquad |\sqrt{}$$

$$x + \frac{1}{2} = \pm\sqrt{1}.$$

Die Lösungen sind gegeben durch: $x_{1,2} = (\pm 1) - \frac{1}{2}$, also $x_1 = -\frac{3}{2}$ und
$x_2 = \frac{1}{2}$. $\Longrightarrow \ \mathbb{L} = \left\{-\frac{3}{2}, \frac{1}{2}\right\}.$

d)
$$x^2 - 4x = 0 \qquad \left| + \left(\frac{-4}{2}\right)^2 \right.$$

$$x^2 - 4x + 4 = 4 \qquad |\text{2. binomische Formel}$$

$$(x - 2)^2 = 4 \qquad |\sqrt{}$$

$$x - 2 = \pm\sqrt{4}.$$

Die Lösungen sind gegeben durch: $x_{1,2} = (\pm 2) + 2$, also $x_1 = 0$ und
$x_2 = 4$.

$$\Longrightarrow \ \mathbb{L} = \{0, 4\}.$$

e) $x^2 + 4 = 0$ $|-4$

       $x^2 = -4$ $|\sqrt{}$

       $x = \pm\sqrt{-4}.$

Die Wurzel aus einer negativen Zahl ist nicht in $\mathbb{R}$, somit gibt es keine reellen Lösungen.

$\Longrightarrow \mathbb{L} = \emptyset.$

Bemerkung:
Die komplexen Lösungen wären $x_1 = -2i$ und $x_2 = 2i$.

f) $4x^2 - 4x + 1 = 0$ $|:4$

       $x^2 - x + \dfrac{1}{4} = 0$ $|2.$ binomische Formel

       $\left(x - \dfrac{1}{2}\right)^2 = 0$ $|\sqrt{}$

       $x - \dfrac{1}{2} = \pm\sqrt{0}.$

Die Lösungen sind gegeben durch: $x_{1,2} = (\pm 0) + \dfrac{1}{2}$, also $x_1 = x_2 = \dfrac{1}{2}$.

$\Longrightarrow \mathbb{L} = \left\{\dfrac{1}{2}\right\}.$

g) $-x^2 + 7x - 6 = 0$ $|\cdot(-1)$

       $x^2 - 7x + 6 = 0$ $|-6$

       $x^2 - 7x = -6$ $\left|+\left(\dfrac{-7}{2}\right)^2\right.$

       $x^2 - 7x + \dfrac{49}{4} = \dfrac{25}{4}$ $|2.$ binomische Formel

       $\left(x - \dfrac{7}{2}\right)^2 = \dfrac{25}{4}$ $|\sqrt{}$

       $x - \dfrac{7}{2} = \pm\sqrt{\dfrac{25}{4}}.$

Die Lösungen sind gegeben durch: $x_{1,2} = \left(\pm\dfrac{5}{2}\right) + \dfrac{7}{2}$, also $x_1 = 1$ und $x_2 = 6$.

$\Longrightarrow \mathbb{L} = \{1, 6\}.$

h)
$$-6x^2 + 4x - 1 = 0 \qquad |\cdot\left(-\frac{1}{6}\right)$$

$$x^2 - \frac{2}{3}x + \frac{1}{6} = 0 \qquad |-\frac{1}{6}$$

$$x^2 - \frac{2}{3}x = -\frac{1}{6} \qquad |+\left(\frac{-\frac{2}{3}}{2}\right)^2$$

$$x^2 - \frac{2}{3}x + \frac{1}{9} = -\frac{1}{18} \qquad |2.\ \text{binomische Formel}$$

$$\left(x - \frac{1}{3}\right)^2 = -\frac{1}{18} \qquad |\sqrt{\ }$$

$$x - \frac{1}{3} = \pm\sqrt{-\frac{1}{18}}.$$

Die Wurzel aus einer negativen Zahl ist nicht in $\mathbb{R}$, somit gibt es keine reellen Lösungen.

$\implies \mathbb{L} = \emptyset.$

Bemerkung:
Die komplexen Lösungen wären $x_1 = \frac{1}{3} - \frac{1}{18}i$ und $x_1 = \frac{1}{3} + \frac{1}{18}i$.

i)
$$3x^2 + 2x - 1 = 0 \qquad |:3$$
$$x^2 + \frac{2}{3}x - \frac{1}{3} = 0 \qquad |+\frac{1}{3}$$

$$x^2 + \frac{2}{3}x = \frac{1}{3} \qquad |+\left(\frac{\frac{2}{3}}{2}\right)^2$$

$$x^2 + \frac{2}{3}x + \frac{1}{9} = \frac{4}{9} \qquad |1.\ \text{binomische Formel}$$

$$\left(x + \frac{1}{3}\right)^2 = \frac{4}{9} \qquad |\sqrt{\ }$$

$$x + \frac{1}{3} = \pm\sqrt{\frac{4}{9}}.$$

Die Lösungen sind gegeben durch: $x_{1,2} = \left(\pm\frac{2}{3}\right) - \frac{1}{3}$, also $x_1 = -1$

und $x_2 = \frac{1}{3}$.

$\implies \mathbb{L} = \left\{-1, \frac{1}{3}\right\}.$

Aufgabe 7.7.9

Lösen Sie folgende Gleichungen:

a) $x + \sqrt{x^2 - 4x + 1} - 1 = 0$,

b) $2x - 1 - \sqrt{x^2 + 2x - 1} = 0$,

c) $2x - 1 + \sqrt{x^2 - 5} = 0$,

d) $x - 3 + \sqrt{2x^2 - 1} = 0$.

Lösung:

a) Die Gleichung ist in $\mathbb{R}$ für alle reellen x definiert, für die gilt:

$$x^2 - 4x + 1 \geq 0.$$

$$
\begin{aligned}
x + \sqrt{x^2 - 4x + 1} - 1 &= 0 \qquad & |+1-x \\
\sqrt{x^2 - 4x + 1} &= 1 - x \qquad & |(\;)^2 \\
x^2 - 4x + 1 &= (1 - x)^2 \\
x^2 - 4x + 1 &= x^2 - 2x + 1 \\
-2x &= 0,
\end{aligned}
$$

also $x = 0$ ist die mögliche Lösung.

Man muß jetzt noch nachprüfen, ob für $x = 0$ die Voraussetzung

$$x^2 - 4x + 1 \geq 0$$

erfüllt ist.

Setzt man $x = 0$ in die Ungleichung ein, so erhält man $1 \geq 0$. Dies ist eine wahre Aussage. $x = 0$ löst auch die Ausgangsgleichung.

$\Longrightarrow \mathbb{L} = \{0\}$.

b) Die Gleichung ist in $\mathbb{R}$ für alle reellen x definiert, für die gilt:

$$x^2 + 2x - 1 \geq 0.$$

$$
\begin{aligned}
2x - 1 - \sqrt{x^2 + 2x - 1} &= 0 \qquad & |+1-2x \\
\sqrt{x^2 + 2x - 1} &= 1 - 2x \qquad & |(\;)^2 \\
x^2 + 2x - 1 &= (1 - 2x)^2 \\
x^2 + 2x - 1 &= 4x^2 - 4x + 1 \\
3x^2 - 6x + 2 &= 0,
\end{aligned}
$$

also

$$x_{1,2} = \frac{6 \pm \sqrt{36-24}}{6} = 1 \pm \frac{2}{6}\sqrt{3} = 1 \pm \frac{1}{\sqrt{3}}$$

sind die möglichen Lösungen.

Es ist noch nachzuprüfen, ob für $x_{1,2} = 1 \pm \frac{1}{\sqrt{3}}$ die Voraussetzung

$$x^2 + 2x - 1 \geq 0$$

erfüllt ist.

Für $x_1 = 1 - \frac{1}{\sqrt{3}}$ erhält man

$$\left(1 - \frac{1}{\sqrt{3}}\right)^2 + 2\left(1 - \frac{1}{\sqrt{3}}\right) - 1 = \frac{7}{3} - \frac{4}{\sqrt{3}} > 0.$$

$x_1 = 1 - \frac{1}{\sqrt{3}}$ löst allerdings die Ausgangsgleichung nicht.

Für $x_2 = 1 + \frac{1}{\sqrt{3}}$ erhält man

$$\left(1 + \frac{1}{\sqrt{3}}\right)^2 + 2\left(1 + \frac{1}{\sqrt{3}}\right) - 1 = \frac{7}{3} + \frac{4}{\sqrt{3}} \geq 0.$$

$x_2 = 1 + \frac{1}{\sqrt{3}}$ ist somit zulässig. x_2 löst die Ausgangsgleichung.

$$\implies \mathbb{L} = \left\{1 + \frac{1}{\sqrt{3}}\right\}.$$

c) Die Gleichung ist in $\mathbb{R}$ für alle reellen x definiert, für die gilt:

$$x^2 - 5 \geq 0.$$

$$
\begin{aligned}
2x - 1 + \sqrt{x^2 - 5} &= 0 && |+1-2x \\
\sqrt{x^2 - 5} &= 1 - 2x && |(\ )^2 \\
x^2 - 5 &= (1 - 2x)^2 \\
x^2 - 5 &= 4x^2 - 4x + 1 \\
3x^2 - 4x + 6 &= 0,
\end{aligned}
$$

also

$$x_{1,2} = \frac{4 \pm \sqrt{16 - 72}}{6} = \frac{2}{3} \pm \frac{\sqrt{-56}}{6}.$$

Da die Diskriminante negativ ist gibt es keine reellen Lösungen. Die
Lösungsmenge der Ausgangsgleichung ist dann $\mathbb{L} = \emptyset$.

d) Die Gleichung ist in $\mathbb{R}$ für alle reellen x definiert, für die gilt:

$$2x^2 - 1 \geq 0.$$

$$
\begin{aligned}
x - 3 + \sqrt{2x^2 - 1} &= 0 & &|+3-x \\
\sqrt{2x^2 - 1} &= 3 - x & &|(\ )^2 \\
2x^2 - 1 &= (3 - x)^2 \\
2x^2 - 1 &= x^2 - 6x + 9 \\
x^2 + 6x - 10 &= 0,
\end{aligned}
$$

also

$$x_{1,2} = \frac{-6 \pm \sqrt{36 + 40}}{2} = -3 \pm \sqrt{19}$$

sind die möglichen Lösungen.

Es ist noch nachzuprüfen, ob für $x_{1,2} = -3 \pm \sqrt{19}$ die Voraussetzung

$$2x^2 - 1 \geq 0$$

erfüllt ist.

Für $x_1 = -3 - \sqrt{19}$ erhält man

$$2 \cdot \left(-3 - \sqrt{19}\right)^2 - 1 = 36 + 6\sqrt{19} \geq 0.$$

$x_1 = -3 - \sqrt{19}$ ist also zulässig.

Für $x_2 = -3 + \sqrt{19}$ erhält man

$$2 \cdot \left(-3 + \sqrt{19}\right)^2 - 1 = 36 - 6\sqrt{19} \geq 0.$$

$x_2 = -3 + \sqrt{19}$ ist ebenfalls zulässig.

x_1 und x_2 lösen auch die Ausgangsgleichung.

$$\Rightarrow \mathbb{L} = \left\{-3 - \sqrt{19}, -3 + \sqrt{19}\right\}.$$

Aufgabe 7.7.10

Geben Sie die Lösungen der **biquadratischen Gleichung**

$$ax^4 + bx^2 + c = 0$$

mit a, b, $c \in \mathbb{R}$, $a \neq 0$ an.

Lösung:

Zur Lösung bietet sich die **Substitutionsmethode** an. Man ersetzt x^2 durch u und erhält dann:

$$au^2 + bu + c = 0.$$

die Lösungen sind dann gegeben durch:

$$u_{1,2} = \frac{-b \pm \sqrt{b^2 - 4ac}}{2a}.$$

Für die weitere Betrachtung unterscheidet man vier Fälle:

1.) Die quadratische Gleichung hat keine reelle Lösung. Somit hat auch die biquadratische Gleichung keine reelle Lösung.

2.) Eine der beiden Lösungen ist negativ und die andere nichtnegativ, d. h. seien $u_1 < 0$ und $u_2 \geq 0$, dann liefert die Lösung $u_1 < 0$ keine reelle Lösung für die biquadratische Gleichung, denn $x^2 = u_1 < 0$ ist in $\mathbb{R}$ nicht lösbar. Die Lösung $u_2 \geq 0$ dagegen liefert die Lösungen

$$x_1 = -\sqrt{u_2} \quad \text{und} \quad x_2 = \sqrt{u_2}.$$

Für $u_2 > 0$ sind diese beiden Lösungen voneinander verschieden.
Für $u_2 = 0$ fallen die beiden Lösungen zusammen und die Lösung der biquadratischen Gleichung ist dann $x = 0$.

3.) Seien $u_{1,2} < 0$, dann hat die biquadratische Gleichung keine reelle Lösung, denn $x^2 < 0$ ist in $\mathbb{R}$ nicht lösbar.

4.) Beide Lösungen der quadratische Gleichung sind positiv, d.h. $u_1 \geq 0$ und $u_2 \geq 0$. Zulässig ist hier natürlich auch $u_1 = u_2$. Die biquadratische Gleichung hat somit die nicht notwendigerweise verschiedenen vier Lösungen

$$x_1 = -\sqrt{u_1}, \quad x_2 = \sqrt{u_1}, \quad x_3 = -\sqrt{u_2} \quad \text{und} \quad x_4 = \sqrt{u_2}.$$

Aufgabe 7.7.11

Bestimmen Sie die reellen Lösungen folgender Gleichungen mithilfe der Substitutionsmethode:

a) $\dfrac{9(x+1)^2}{4} - 3(x+1) + 1 = 0,$

b) $4x - \sqrt{x} - 3 = 0,$

c) $3(x+1) + 9\sqrt{1+x} + 9 = 0,$

d) $x^4 - 9 = 0,$

e) $\dfrac{1}{x^2} - \dfrac{5}{x} + 4 = 0,$

f) $\dfrac{1}{x^4} - \dfrac{5}{x^2} + 4 = 0,$

g) $\dfrac{1}{(x-2)^2} - \dfrac{3}{x-2} + 2 = 0,$

h) $\dfrac{1}{x - \frac{1}{2}} - \sqrt{\dfrac{1}{x - \frac{1}{2}}} - 2 = 0,$

i) $\left(\dfrac{1}{1-x^2}\right)^3 - 16\left(\dfrac{1}{1-x^2}\right)^{\frac{3}{2}} + 64 = 0,$

j) $\left(1 + x^3\right)^2 + \dfrac{1+x^3}{2} + \dfrac{5}{16} = 0.$

Lösung:

a) Die Definitionsmenge ist $\mathbb{D} = \mathbb{R}$. Setzt man nun $u = x + 1$, so erhält man die quadratische Gleichung

$$\frac{9}{4}u^2 - 3u + 1 = 0.$$

Die Lösungen dieser Gleichung sind

$$u_{1,2} = \frac{3 \pm \sqrt{9-9}}{\frac{9}{2}} = \frac{2}{3},$$

also $u_1 = u_2 = \frac{2}{3}$. Somit muß nur noch die Gleichung

$$x + 1 = \frac{2}{3}$$

gelöst werden. Die Lösung ist $x = -\frac{1}{3} \in \mathbb{D}$.

$$\implies \mathbb{L} = \left\{-\frac{1}{3}\right\}.$$

b) Die Definitionsmenge ist $\mathbb{D} = \{x | x \in \mathbb{R}, x \geq 0\}$, da die Wurzel nur für diese Werte von x auf $\mathbb{R}$ definiert ist.
Sei $u = \sqrt{x}$, so erhält man die quadratische Gleichung

$$4u^2 - u - 3 = 0.$$

Die Lösungen dieser Gleichung sind

$$u_{1,2} = \frac{1 \pm \sqrt{1+48}}{8} = \frac{1 \pm 7}{8},$$

also $u_1 = -\frac{3}{4}$, $u_2 = 1$. Somit müssen noch die Gleichungen

$$\sqrt{x} = -\frac{3}{4} \quad \text{und} \quad \sqrt{x} = 1$$

gelöst werden. Die linke Gleichung ist in $\mathbb{R}$ nicht lösbar. Die Lösung der rechten Gleichung ist $x = 1 \in \mathbb{D}$.
$$\implies \mathbb{L} = \{1\}.$$

c) Die Definitionsmenge ist $\mathbb{D} = \{x | x \in \mathbb{R}, x \geq -1\}$, da $\sqrt{x+1}$ nur für $x \geq -1$ auf $\mathbb{R}$ definiert ist.
Sei $u = \sqrt{1+x}$, so erhält man die quadratische Gleichung

$$3u^2 + 9u + 9 = 0.$$

Die Lösungen dieser Gleichung sind:

$$u_{1,2} = \frac{-9 \pm \sqrt{81 - 108}}{6} = \frac{-9 \pm \sqrt{-27}}{6},$$

also besitzt diese quadratische Gleichung keine reelle Lösung, somit ist auch die Ausgangsgleichung in $\mathbb{R}$ nicht lösbar.

$\Longrightarrow \mathbb{L} = \emptyset$.

d) Die Definitionsmenge ist $\mathbb{D} = \mathbb{R}$.

Sei $u = x^2$, so erhält man die quadratische Gleichung

$$u^2 - 9 = 0.$$

Die Lösungen dieser Gleichung sind: $u_1 = -3$, $u_2 = 3$. Somit müssen noch die Gleichungen

$$x^2 = -3 \qquad \text{und} \qquad x^2 = 3$$

gelöst werden. Die linke Gleichung ist in $\mathbb{R}$ nicht lösbar. Die Lösungen der rechten Gleichung sind $x_{1,2} = \pm\sqrt{3} \in \mathbb{D}$.

$\Longrightarrow \mathbb{L} = \left\{-\sqrt{3}, \sqrt{3}\right\}$.

e) Die Definitionsmenge ist $\mathbb{D} = \mathbb{R} \setminus \{0\}$.

Sei $u = \dfrac{1}{x}$, so erhält man die quadratische Gleichung

$$u^2 - 5u + 4 = 0.$$

Die Lösungen dieser Gleichung sind

$$u_{1,2} = \frac{5 \pm \sqrt{25 - 16}}{2} = \frac{5 \pm 3}{2},$$

also $u_1 = 1$, $u_2 = 4$. Somit müssen noch die Gleichungen

$$\frac{1}{x} = 1 \qquad \text{und} \qquad \frac{1}{x} = 4$$

gelöst werden. Die Lösung der linken Gleichung ist $x_1 = 1 \in \mathbb{D}$, die der rechten Gleichung $x_2 = \dfrac{1}{4} \in \mathbb{D}$

$\Longrightarrow \mathbb{L} = \left\{\dfrac{1}{4}, 1\right\}$.

f) Die Definitionsmenge ist $\mathbb{D} = \mathbb{R} \setminus \{0\}$.

Sei $u = \dfrac{1}{x^2}$, so erhält man die quadratische Gleichung

$$u^2 - 5u + 4 = 0.$$

Die Lösungen dieser Gleichung sind

$$u_{1,2} = \frac{5 \pm \sqrt{25 - 16}}{2} = \frac{5 \pm 3}{2},$$

also $u_1 = 1$, $u_2 = 4$. Somit müssen noch die Gleichungen

$$\frac{1}{x^2} = 1 \quad \text{und} \quad \frac{1}{x^2} = 4$$

gelöst werden. Die Lösungen der linken Gleichung sind gegeben durch $x^2 = 1$, also $x_{1,2} = \pm 1 \in \mathbb{D}$. Die Lösungen der rechten Gleichung sind gegeben durch $x^2 = \frac{1}{4}$, also $x_{3,4} = \pm \frac{1}{2} \in \mathbb{D}$.

Somit hat die Ausgangsgleichung als Lösungsmenge

$$\mathbb{L} = \left\{ -1, -\frac{1}{2}, \frac{1}{2}, 1 \right\}.$$

g) Die Definitionsmenge ist $\mathbb{D} = \mathbb{R} \setminus \{2\}$.

Wählt man $u = \dfrac{1}{x - 2}$, so erhält man die quadratische Gleichung

$$u^2 - 3u + 2 = 0.$$

Die Lösungen dieser Gleichung sind

$$u_{1,2} = \frac{3 \pm \sqrt{9 - 8}}{2} = \frac{3 \pm 1}{2},$$

also $u_1 = 1$, $u_2 = 2$. Es müssen noch die Gleichungen

$$\frac{1}{x - 2} = 1 \quad \text{und} \quad \frac{1}{x - 2} = 2$$

gelöst werden. Die Lösung der linke Gleichung ist $x_1 = 3 \in \mathbb{D}$, die der rechten Gleichung ist $x_2 = \dfrac{5}{2} \in \mathbb{D}$.

Somit hat die Ausgangsgleichung die Lösungsmenge $\mathbb{L} = \left\{ \dfrac{5}{2}, 3 \right\}$.

h) $x - \dfrac{1}{2} \leq 0$ für $x \leq \dfrac{1}{2}$. Somit ist Definitionsmenge $\mathbb{D} = \mathbb{R} \setminus \left(-\infty, \dfrac{1}{2} \right]$

$$= \left(\frac{1}{2}, \infty \right).$$

Wählt man $u = \sqrt{\dfrac{1}{x - \frac{1}{2}}}$, so erhält man die quadratische Gleichung

$$u^2 - u - 2 = 0.$$

Die Lösungen dieser Gleichung sind

$$u_{1,2} = \frac{1 \pm \sqrt{1 + 8}}{2} = \frac{1 \pm 3}{2},$$

also $u_1 = -1$, $u_2 = 2$. Es müssen noch die Gleichungen

$$\sqrt{\frac{1}{x - \frac{1}{2}}} = -1 \quad \text{und} \quad \sqrt{\frac{1}{x - \frac{1}{2}}} = 2$$

gelöst werden. Die linke Gleichung ist in $\mathbb{R}$ nicht lösbar. Die Lösung der rechten Gleichung ist gegeben durch

$$\frac{1}{x - \frac{1}{2}} = 4, \quad \frac{1}{4} = x - \frac{1}{2}, \quad x = \frac{3}{4} \in \mathbb{D}.$$

Somit hat die Ausgangsgleichung die Lösungsmenge $\mathbb{L} = \left\{ \dfrac{3}{4} \right\}$.

i) $1 - x^2 \leq 0$ für $1 \leq x^2$, also $x \in (-\infty, -1] \cup [1, \infty)$. Die Definitionsmenge ist $\mathbb{D} = \mathbb{R} \setminus ((-\infty, -1] \cup [1, \infty)) = (-1, 1)$.
Setzt man $u = \left(\dfrac{1}{1 - x^2} \right)^{\frac{3}{2}}$, so erhält man die quadratische Gleichung

$$u^2 - 16u + 64 = 0.$$

Die Lösungen dieser Gleichung sind

$$u_{1,2} = \frac{16 \pm \sqrt{256 - 256}}{2} = \frac{16 \pm 0}{2},$$

also $u_1 = u_2 = 8$. Es muß noch die Gleichung

$$\left(\frac{1}{1 - x^2} \right)^{\frac{3}{2}} = 8$$

gelöst werden.

$$\left(\frac{1}{1-x^2}\right)^{\frac{3}{2}} = 8 \qquad |( )^{\frac{2}{3}}$$

$$\frac{1}{1-x^2} = 4 \qquad |\cdot(1-x^2)$$

$$1 = 4 - 4x^2$$

$$x^2 = \frac{3}{4}.$$

Man erhält also $x_1 = -\frac{\sqrt{3}}{2} \in \mathbb{D}$ und $x_2 = \frac{\sqrt{3}}{2} \in \mathbb{D}$. Somit hat die

Ausgangsgleichung die Lösungsmenge $\mathbb{L} = \left\{-\frac{\sqrt{3}}{2}, \frac{\sqrt{3}}{2}\right\}$.

j) Die Definitionsmenge ist $\mathbb{D} = \mathbb{R}$.

Setzt man $u = 1 + x^3$, so erhält man die quadratische Gleichung

$$u^2 + \frac{1}{2}u + \frac{5}{16} = 0.$$

Die Lösungen dieser Gleichung sind

$$u_{1,2} = \frac{-\frac{1}{2} \pm \sqrt{\frac{1}{4} - \frac{5}{4}}}{2} = -\frac{1}{4} \pm \frac{\sqrt{-1}}{2}.$$

Diese Gleichung hat keine reellen Lösungen. Somit hat auch die Ausgangsgleichung keine reellen Lösungen.

$$\Longrightarrow \mathbb{L} = \emptyset.$$

Aufgabe 7.7.12

Geben Sie die reellen Lösungen folgender Gleichungen an.

a) $x^4 - 3x^3 = 0$,

b) $\frac{9}{4}x^3 - 3x^2 + x = 0$,

c) $x^{12} + \frac{x^{11}}{2} + \frac{5x^{10}}{16} = 0$,

d) $3x^6 + 9x^5 + 6x^4 = 0$,

e) $x^9 + 1 = 0$,

f) $x^{12} + 12 = 0$,

g) $x^4 - 81 = 0$.

Lösung:

a) $x^4 - 3x^3 = x^3(x - 3) = 0$.

Somit ist die Lösungsmenge gegeben durch $\mathbb{L} = \{0, 3\}$.

b) $\frac{9}{4}x^3 - 3x^2 + x = x\left(\frac{9}{4}x^2 - 3x + 1\right) = 0$, also $x_1 = 0$.

Die Lösungen der quadratischen Gleichung

$$\frac{9}{4}x^2 - 3x + 1 = 0$$

sind

$$x_{2,3} = \frac{3 \pm \sqrt{9 - 9}}{\frac{9}{2}} = \frac{6}{9} = \frac{2}{3}.$$

Also ist die Lösungsmenge der Ausgangsgleichung gegeben durch $\mathbb{L} = \left\{0, \frac{2}{3}\right\}$.

c) $x^{12} + \frac{x^{11}}{2} + \frac{5x^{10}}{16} = x^{10}\left(x^2 + \frac{x}{2} + \frac{5}{16}\right) = 0$. Somit ist $x_1 = 0$ und

$$x_{2,3} = \frac{-\frac{1}{2} \pm \sqrt{\frac{1}{4} - \frac{5}{4}}}{2} \notin \mathbb{R}.$$

Die Ausgangsgleichung hat nur $x_1 = 0$ als reelle Lösung.
$\implies \mathbb{L} = \{0\}$.

d) $3x^6 + 9x^5 + 6x^4 = x^4(3x^2 + 9x + 6) = 0$. Eine Lösung ist $x_1 = 0$. Weitere Lösungen sind

$$x_{2,3} = \frac{-9 \pm \sqrt{81 - 72}}{6} = \frac{-9 \pm 3}{6},$$

also $x_2 = -2$ und $x_3 = -1$.
Die Lösungsmenge ist somit $\mathbb{L} = \{-2, -1, 0\}$.

e) Die Lösung ist gegeben durch $x = \sqrt[9]{-1} = -1$, also $\mathbb{L} = \{-1\}$.

f) $x^{12} = -12$ ist in $\mathbb{R}$ nicht lösbar, also $\mathbb{L} = \emptyset$.

g) $x^4 = 81$ hat die beiden reellen Lösungen $x_{1,2} = \pm\sqrt[4]{81} = \pm 3$, also
$\mathbb{L} = \{-3, 3\}$.

Aufgabe 7.7.13

Gegeben sei die Gleichung dritten Grades $x^3 - 6x^2 + 12x - 8 = 0$. Eine
Lösung dieser Gleichung ist $x_1 = 2$. Bestimmen Sie alle reellen Lösungen
dieser Gleichung.

Lösung:

Eine Lösung ist $x_1 = 2$, d.h. nach Ausklammern des Terms $x - 2$ von der
Ausgangsgleichung erhält man ein Polynom zweiten Grades. Man muß also
danach nur noch eine quadratische Gleichung lösen, um die restlichen Lösungen zu erhalten.
Führt man die **Polynomdivision** durch,

$$
\begin{array}{rrrrrl}
(x^3 & - & 6x^2 & + & 12x & - & 8) & : & (x-2) = x^2 - 4x + 4 \\
- & (x^3 & - & 2x^2) & & & \\
\hline
& & - & 4x^2 & + & 12x & - & 8 \\
& & - & (-4x^2 & + & 8x) & \\
\hline
& & & & 4x & - & 8 \\
& & & - & (4x & - & 8) \\
\hline
& & & & & & 0
\end{array}
$$

so kann die Ausgangsgleichung folgendermaßen geschrieben werden:

$$x^3 - 6x^2 + 12x - 8 = (x - 2)(x^2 - 4x + 4) = 0.$$

Die Lösungen der quadratischen Gleichung $x^2 - 4x + 4 = 0$ sind

$$x_{2,3} = \frac{4 \pm \sqrt{16 - 16}}{2} = 2,$$

also $x_2 = x_3 = 2$. Die Lösungsmenge der Ausgangsgleichung ist somit gegeben durch $\mathbb{L} = \{2\}$.

Aufgabe 7.7.14

Gegeben sei die Gleichung dritten Grades $2x^3 + 15x^2 + 13x - 60 = 0$. Bestimmen Sie die reellen Lösungen dieser Gleichung.
Eine Lösung dieser Gleichung ist auch Lösung der Gleichung $2x - 3 = 0$.

Lösung:

Da die Lösung der linearen Gleichung $2x - 3 = 0$ auch Lösung der Ausgangs-gleichung ist gilt: $x_1 = \dfrac{3}{2}$ ist Lösung der Ausgangsgleichung. Führt man die **Polynomdivision** mit $\left(x - \dfrac{3}{2}\right)$ durch,

$$
\begin{array}{rrrrrl}
(2x^3 & + & 15x^2 & + & 13x & - & 60) & :(x - 1.5) = 2x^2 + 18x + 40 \\
- & (2x^3 & - & 3x^2) & & & \\
\hline
& & 18x^2 & + & 13x & - & 60 \\
& - & (18x^2 & - & 27x) & & \\
\hline
& & & & 40x & - & 60 \\
& & - & (40x & - & 60) \\
\hline
& & & & & & 0
\end{array}
$$

so kann die Ausgangsgleichung folgendermaßen geschrieben werden:

$$2x^3 + 15x^2 + 13x - 60 = \left(x - \frac{3}{2}\right)\left(x^2 + 18x + 40\right) = 0.$$

Die Lösungen der quadratischen Gleichung $x^2 + 18x + 40 = 0$ sind

$$x_{2,3} = \frac{-18 \pm \sqrt{324 - 320}}{4} = \frac{-18 \pm 2}{4},$$

also $x_2 = -5$ und $x_3 = -4$. Die Lösungsmenge der Ausgangsgleichung ist somit gegeben durch $\mathbb{L} = \left\{-5, -4, \dfrac{3}{2}\right\}$.

Aufgabe 7.7.15

Gegeben sei die Gleichung sechsten Grades

$$x^6 - 2x^5 + 8x^4 - 16x^3 - 9x^2 + 18x = 0.$$

Bestimmen Sie alle reellen Lösungen dieser Gleichung. Eine Lösung dieser Gleichung ist $x_1 = 2$.

Lösung:
Eine weitere Lösung dieser Gleichung ist $x_2 = 0$, denn man kann x ausklammern und erhält dann

$$x \left(x^5 - 2x^4 + 8x^3 - 16x^2 - 9x + 18\right) = 0.$$

Das Polynom $x^5 - 2x^4 + 8x^3 - 16x^2 - 9x + 18$ hat ebenfalls die Nullstelle $x_1 = 2$. Die **Polynomdivision** liefert nun:

$$
\begin{array}{l}
\left(x^5 - 2x^4 \quad + \quad 8x^3 - 16x^2 \quad - \quad 9x + 18\right) \quad : (x-2) = x^4 + 8x^2 - 9 \\
-\underline{\left(x^5 - 2x^4\right)} \\
\qquad\quad 0 \quad + \quad 8x^3 - 16x^2 \quad - \quad 9x + 18 \\
\qquad\qquad\qquad - \underline{\left(8x^3 - 16x^2\right)} \\
\qquad\qquad\qquad\qquad 0 \qquad - \quad 9x + 18 \\
\qquad\qquad\qquad\qquad\qquad - \underline{\left(-9x + 18\right)} \\
\qquad\qquad\qquad\qquad\qquad\qquad 0.
\end{array}
$$

Als nächstes berechnet man die Nullstellen des Polynoms $x^4 + 8x^2 - 9$. Hierzu wendet man die **Substitutionsmethode** an. Es sei also $u = x^2$. Man erhält somit die quadratische Gleichung

$$u^2 + 8u - 9 = 0.$$

Die Lösungen dieser Gleichung sind gegeben durch

$$u_{1,2} = \frac{-8 \pm \sqrt{64 + 36}}{2} = \frac{-8 \pm 10}{2},$$

also $u_1 = -9$ und $u_2 = 1$.
Zu lösen bleiben jetzt noch die zwei Gleichungen

$$x^2 = -9 \quad \text{und} \quad x^2 = 1.$$

Die linke Gleichung besitzt keine reellen Lösungen; die rechte Gleichung hat die beiden Lösungen $x_3 = -1$ und $x_4 = 1$.
Somit ist die Menge aller reelle Lösungen der Ausgangsgleichung gegeben durch $\mathbb{L} = \{-1, 0, 1, 2\}$.

Aufgabe 7.7.16

Gesucht sind die Lösungen folgender Gleichungen. Dabei sollen die Basen der Logarithmen so gewählt werden, daß man, wenn möglich, keinen Taschenrechner zur Berechnung der Logarithmen benötigt.

a) $5^{2x-1} - 125 = 0$,   b) $5^{2x-1} + 125 = 0$,

c) $\sqrt[3]{2^{7x-4}} = \sqrt[3]{2^{5x+2}}$,   d) $64^{x+1} - 4^{2x-1} = 0$,

e) $12^{x+1} + 12^{x+2} = 156$,   f) $5^{x-1} - 5^{x+1} - 5^x = -58$,

g) $1^x = 1$,   h) $\left(5^{2x}\right)^{x-1} = \left(5^{x-1}\right)^{x+1}$,

i) $(3^x)^x = 3^{2x}$,   j) $3^x = 3^{\frac{1}{x}}$,

k) $3^x = 3^{\frac{1}{x^2}}$,   l) $4^x - 2^x - 2 = 0$,

m) $5^x - 12 \cdot 5^{-x} = 1$.

Lösung:

a) $$
\begin{array}{ll}
5^{2x-1} - 125 = 0 & |+125 \\
5^{2x-1} = 125 & |\log_5, \ \log_b(u^v) = v \cdot \log_b(u) \\
(2x-1) \cdot \log_5(5) = \log_5(125) & |\log_b(b) = 1 \\
2x - 1 = 3 & |+1 \\
2x = 4 & \\
x = 2. &
\end{array}
$$

Die Lösungsmenge ist gegeben durch $\mathbb{L} = \{2\}$.

b) $$
\begin{array}{ll}
5^{2x-1} + 125 = 0 & |-125 \\
5^{2x-1} = -125 & |\log_5, \ \log_b(u^v) = v \cdot \log_b(u) \\
(2x-1) \cdot \log_5(5) = \log_5(-125). &
\end{array}
$$

Der Logarithmus ist nur für positive reelle Zahlen definiert, also ist der Ausdruck $\log_5(-125)$ nicht definiert und somit die Ausgangsgleichung nicht lösbar. Die Lösungsmenge ist demnach $\mathbb{L} = \emptyset$.

c)
$$\sqrt[3]{2^{7x-4}} = \sqrt[3]{2^{5x+2}} \qquad \mid (\ )^3$$
$$2^{7x-4} = 2^{5x+2} \qquad \mid \log_2, \ \log_b(u^v) = v \cdot \log_b(u)$$
$$(7x-4) \cdot \log_2(2) = (5x+2) \cdot \log_2(2) \qquad \mid \log_b(b) = 1$$
$$7x - 4 = 5x + 2 \qquad \mid -(5x-4)$$
$$2x = 6$$
$$x = 3.$$

Die Lösungsmenge ist somit $\mathbb{L} = \{3\}$.

d)
$$64^{x+1} - 4^{2x-1} = 0$$
$$\left(4^3\right)^{x+1} = 4^{2x-1} \qquad \mid (a^n)^m = a^{n \cdot m}$$
$$4^{3x+3} = 4^{2x-1} \qquad \mid \log_4, \ \log_b(u^v) = v \cdot \log_b(u)$$
$$(3x+3) \cdot \log_4(4) = (2x-1) \cdot \log_4(4) \qquad \mid \log_b(b) = 1$$
$$3x + 3 = 2x - 1 \qquad \mid -(2x+3)$$
$$x = -4.$$

Die Lösungsmenge ist demnach $\mathbb{L} = \{-4\}$.

e)
$$12^{x+1} + 12^{x+2} = 156 \qquad \mid \text{ausklammern von } 12^x$$
$$12^x \cdot \left(12 + 12^2\right) = 156$$
$$12^x \cdot 156 = 156$$
$$12^x = 1 \qquad \mid \log_{12}, \ \log_b(u^v) = v \cdot \log_b(u)$$
$$x \cdot \log_{12}(12) = \log_{12}(1) \qquad \mid \log_b(b) = 1, \ \log_b(1) = 0$$
$$x = 0.$$

Die Lösungsmenge ist $\mathbb{L} = \{0\}$.

f)
$$5^{x-1} - 5^{x+1} - 5^x = -58 \qquad \mid \text{ausklammern von } 5^x$$
$$5^x \cdot \left(5^{-1} - 5 - 1\right) = -58$$
$$5^x \cdot (-5.8) = -58$$
$$5^x = 10 \qquad \mid \log_5, \ \log_b(u^v) = v \cdot \log_b(u)$$
$$x \cdot \log_5(5) = \log_5(10) \qquad \mid \log_b(b) = 1$$
$$x = \log_5(10).$$

Als Lösungsmenge erhält man somit $\mathbb{L} = \{\log_5(10)\}$.

g) $1^x = 1$ $|\log_b$ mit $b > 0,\ b \neq 1,\ \log_b(u^v) = v \cdot \log_b(u)$

$x \cdot \log_b(1) = \log_b(1)$ $|\log_b(1) = 0$

$\qquad\qquad 0 = 0.$

Die Aussage $0 = 0$ ist unabhängig von x. Somit ist die Ausgangsgleichung für alle $x \in \mathbb{R}$ lösbar. Die Lösungsmenge ist somit $\mathbb{L} = \mathbb{R}$.

h) $\left(5^{2x}\right)^{x-1} = \left(5^{x-1}\right)^{x+1}$ $\mid (a^n)^m = a^{n \cdot m}$

$\qquad\qquad 5^{2x^2 - 2x} = 5^{x^2 - 1}$ $|\log_5,\ \log_b(u^v) = v \cdot \log_b(u)$

$(2x^2 - 2x) \cdot \log_5(5) = \left(x^2 - 1\right) \cdot \log_5(5)$ $|\log_b(b) = 1$

$\qquad\qquad 2x^2 - 2x = x^2 - 1$ $\mid - (x^2 - 1)$

$\qquad\qquad x^2 - 2x + 1 = 0$ $\mid$ 2. binomische Formel

$\qquad\qquad (x - 1)^2 = 0$

$\qquad\qquad x = 1.$

Die Lösungsmenge ist also $\mathbb{L} = \{1\}$.

i) $(3^x)^x = 3^{2x}$ $\mid (a^n)^m = a^{n \cdot m}$

$\qquad\qquad 3^{x^2} = 3^{2x}$ $|\log_3,\ \log_b(u^v) = v \cdot \log_b(u)$

$(x^2) \cdot \log_3(3) = (2x) \cdot \log_3(3)$ $|\log_b(b) = 1$

$\qquad\qquad x^2 = 2x$ $\mid - 2x$

$\qquad\qquad x^2 - 2x = 0$ $\mid$ ausklammern von x

$\qquad\qquad x \cdot (x - 2) = 0.$

Die Lösungen kann man somit ablesen. Sie sind $x_1 = 0$ und $x_2 = 2$. Die Lösungsmenge ist demnach $\mathbb{L} = \{0, 2\}$.

j) Die Gleichung $3^x = 3^{\frac{1}{x}}$ ist definiert für alle $x \in \mathbb{R} \setminus \{0\}$.

$\qquad\qquad 3^x = 3^{\frac{1}{x}}$ $|\log_3,\ \log_b(u^v) = v \cdot \log_b(u)$

$x \cdot \log_3(3) = \left(\dfrac{1}{x}\right) \cdot \log_3(3)$ $|\log_b(b) = 1$

$\qquad\qquad x = \dfrac{1}{x}$ $\mid \cdot x \neq 0$

$\qquad\qquad x^2 = 1.$

Die Lösungen sind somit $x_1 = -1$ und $x_2 = 1$. Sowohl $x_1 = -1$, als auch $x_2 = 1$ sind in der Definitionsmenge enthalten. Somit ist die Lösungsmenge gegeben durch $\mathbb{L} = \{-1, 1\}$.

k) Die Gleichung $3^x = 3^{\frac{1}{x^2}}$ ist definiert für alle $x \in \mathbb{R} \setminus \{0\}$.

$$3^x = 3^{\frac{1}{x^2}} \qquad | \log_3, \ \log_b(u^v) = v \cdot \log_b(u)$$

$$x \cdot \log_3(3) = \left(\frac{1}{x^2}\right) \cdot \log_3(3) \qquad | \log_b(b) = 1$$

$$x = \frac{1}{x^2} \qquad | \cdot x^2 \neq 0$$

$$x^3 = 1 \qquad | \sqrt[3]{}$$

$$x = 1.$$

Die Lösung $x = 1$ ist in der Definitionsmenge enthalten. Somit ist die Lösungsmenge gegeben durch $\mathbb{L} = \{1\}$.

l) Lösbar mit der Substitutionsmethode.

$$4^x - 2^x - 2 = 0$$
$$\left(2^2\right)^x - 2^x - 2 = 0$$
$$\left(2^x\right)^2 - 2^x - 2 = 0 \qquad | \text{ setze } 2^x = u$$
$$u^2 - u - 2 = 0 \qquad | \text{ quadratische Gleichung}$$
$$u_{1,2} = \frac{1 \pm \sqrt{1+8}}{2}$$
$$u_1 = -1,$$
$$u_2 = 2.$$

Es müssen noch die zwei Gleichungen

$$2^{x_1} = u_1 = -1 \qquad \text{und} \qquad 2^{x_2} = u_2 = 2$$

gelöst werden. Die erste Gleichung ist nicht lösbar, denn $x_1 = \log_2(-1)$ existiert nicht. Die Lösung der zweiten Gleichung ist gegeben durch $x_2 = \log_2(2) = 1$. Somit ist $\mathbb{L} = \{1\}$ die Lösungsmenge der Ausgangsgleichung.

m) Lösbar mit der Substitutionsmethode.

$$5^x - 12 \cdot 5^{-x} = 1 \qquad | \text{ Multiplikation mit } 5^x > 0$$
$$5^{2x} - 12 = (5^x) \qquad | - (5^x)$$
$$5^{2x} - 5^x - 12 = 0$$
$$\left(5^x\right)^2 - 5^x - 12 = 0 \qquad | \text{ setze } 5^x = u$$
$$u^2 - u - 12 = 0 \qquad | \text{ quadratische Gleichung}$$
$$u_{1,2} = \frac{1 \pm \sqrt{1+48}}{2}$$
$$u_1 = -3,$$
$$u_2 = 4.$$

Es müssen noch die zwei Gleichungen

$$5^{x_1} = u_1 = -3 \quad \text{und} \quad 5^{x_2} = u_2 = 4$$

gelöst werden. Die erste Gleichung ist nicht lösbar, denn $x_1 = \log_5(-3)$ existiert nicht. Die Lösung der zweiten Gleichung ist gegeben durch $x_2 = \log_5(4)$. Somit ist $\mathbb{L} = \{\log_5(4)\}$ die Lösungsmenge der Ausgangsgleichung.

Kapitel 8

Ungleichungen

Für das Lösen von Ungleichungen können viele Sachverhalte und Methoden, die für das Lösen von Gleichungen aus dem letzten Kapitel bekannt sind oder entwickelt wurden, übernommen werden. Zusätzlich gibt es aber noch eine ganze Reihe von neuen Prinzipien, so daß das Bestimmen der Lösungsmenge von Ungleichungen oftmals eine weit kompliziertere Vorgehensweise erfordert als das Lösen einer entsprechenden Gleichung.

Ganz im Gegensatz zu den Lösungsmengen von Gleichungen, bei denen meist nur wenige Zahlen die Lösungsmenge bilden, besteht die Lösungsmenge von Ungleichungen häufig aus Intervallen, die aus einer Reihe von Fallunterscheidungen herrühren.

8.1 Elementare Rechenregeln

Nachstehend werden Rechenregeln angegeben, die unabhängig von der expliziten Gestalt einer Ungleichung sind, also Formeln, die auf alle möglichen Arten von Ungleichungen angewendet werden können.

Elementare Rechenregeln für Ungleichungen:

- $a < b \Longrightarrow a + c < b + c$ für alle $a, b, c \in \mathbb{R}$.

- $a < b \Longrightarrow a - c < b - c$ für alle $a, b, c \in \mathbb{R}$.

- $a < b \Longrightarrow ac < bc$ für alle $a, b \in \mathbb{R}$ und $c > 0$.

- $a < b \Longrightarrow ac > bc$ für alle $a, b \in \mathbb{R}$ und $c < 0$.

- Spezialfall für $c = -1$: $a < b \Longrightarrow -a > -b$.

- $a < b$ und $c < d \Longrightarrow a + c < b + d$ für alle $a, b, c, d \in \mathbb{R}$.

- $a < b$ und $a, b > 0 \Longrightarrow \dfrac{1}{a} > \dfrac{1}{b}$ für alle $a, b \in \mathbb{R}$.

- $0 < a < b \Longrightarrow 0 < a^n < b^n$ für alle $a, b \in \mathbb{R}^+$ und $n \in \mathbb{N}$.
  $0 < a < b \Longrightarrow 0 < \sqrt[n]{a} < \sqrt[n]{b}$ für alle $a, b \in \mathbb{R}^+$ und $n \in \mathbb{N}$.

- $0 < a < b \Longrightarrow \log_x a < \log_x b$ für alle $a, b \in \mathbb{R}^+$ und $x > 1$.
  $0 < a < b \Longrightarrow \log_x a > \log_x b$ für alle $a, b \in \mathbb{R}^+$ und $0 < x < 1$.

- $a \cdot b > 0 \Longrightarrow a > 0, b > 0$ oder $a < 0, b < 0$.
  $a \cdot b < 0 \Longrightarrow a > 0, b < 0$ oder $a < 0, b > 0$.
  $a \cdot b \geq 0 \Longrightarrow a \geq 0, b \geq 0$ oder $a \leq 0, b \leq 0$.
  $a \cdot b \leq 0 \Longrightarrow a \geq 0, b \leq 0$ oder $a \leq 0, b \geq 0$.

Beispiel 8.1.1

1.) $4 < 7 \Longrightarrow 4 + 3 < 7 + 3 \Longrightarrow 7 < 10$,
$-3 < 20 \Longrightarrow -3 - 10 < 20 - 10 \Longrightarrow -17 < 10$.

2.) $2 < 7 \Longrightarrow 2 \cdot 5 < 7 \cdot 5 \Longrightarrow 10 < 35$,
$-1 < 5 \Longrightarrow \dfrac{-1}{6} < \dfrac{5}{6}$,
$2 < 7 \Longrightarrow 2 \cdot (-5) > 7 \cdot (-5) \Longrightarrow -10 > -35$,
$-1 < 5 \Longrightarrow \dfrac{-1}{-6} > \dfrac{5}{-6} \Longrightarrow \dfrac{1}{6} > -\dfrac{5}{6}$.

3.) $2 < 3$ und $4 < 7 \Longrightarrow 2 + 4 < 3 + 7 \Longrightarrow 6 < 10$.

4.) $5 < 18 \Longrightarrow \dfrac{1}{5} > \dfrac{1}{18}$.

5.) $0 < 1 < 4 \Longrightarrow 0 < 1^2 < 4^2 \Longrightarrow 0 < 1 < 16$,
$0 < 1 < 4 \Longrightarrow 0 < 1^5 < 4^5 \Longrightarrow 0 < 1 < 1024$,
$0 < 1 < 4 \Longrightarrow 0 < \sqrt{1} < \sqrt{4} \Longrightarrow 0 < 1 < 2$,
$0 < 1 < 4 \Longrightarrow 0 < \sqrt[10]{1} < \sqrt[10]{4} \Longrightarrow 0 < 1 < \sqrt[10]{4}$.

6.) $2 < 8 \Longrightarrow \log_2 2 < \log_2 8 \Longrightarrow 1 < 3$,
$2 < 8 \Longrightarrow \log_{\frac{1}{2}} 2 > \log_{\frac{1}{2}} 8 \Longrightarrow -1 > -3$.

7.) $x \cdot (y-1) > 0 \Longrightarrow x > 0, y-1 > 0$ oder $x < 0, y-1 < 0 \Longrightarrow x > 0, y > 1$
oder $x < 0, y < 1$.

8.) $x \cdot (y-1) < 0 \Longrightarrow x > 0, y-1 < 0$ oder $x < 0, y-1 > 0 \Longrightarrow x > 0, y < 1$
oder $x < 0, y > 1$.

8.2 Lineare Ungleichungen

Eine **lineare Ungleichung** hat die Gestalt

$$ax + b \geq 0 \quad \text{bzw.} \quad ax + b \leq 0 \quad \text{mit} \quad a \in \mathbb{R} \setminus \{0\},\ b \in \mathbb{R}.$$

Gesucht sind, analog zum Lösen von Gleichungen, alle $x \in \mathbb{R}$, welche diese Ungleichung lösen.

Zuerst wird die Ungleichung $ax + b \geq 0$ gelöst.

$$ax + b \geq 0 \quad | -b$$
$$ax \geq -b$$

Der nächste Schritt ist die Division der gesamten Ungleichung durch a. Da aber a sowohl positiv als auch negativ sein kann, muß eine Fallunterscheidung erfolgen:

1. Fall: $a > 0$.
Für die Ungleichung gilt dann:

$$ax \geq -b \quad | : a$$
$$x \geq -\frac{b}{a}$$

$$\Longrightarrow \mathbb{L} = \left[-\frac{b}{a}, \infty \right).$$

2. Fall: $a < 0$.

Für die Ungleichung gilt dann:

$$ax \geq -b \quad | : a$$
$$x \leq -\frac{b}{a}$$

$$\Longrightarrow \; \mathbb{L} = \left(-\infty, -\frac{b}{a}\right].$$

Danach wird die andere Ungleichung $ax + b \leq 0$ gelöst.

$$ax + b \leq 0 \quad | - b$$
$$ax \leq -b$$

Der nächste Schritt ist die Division der gesamten Ungleichung durch a. Da aber a sowohl positiv als auch negativ sein kann, muß eine Fallunterscheidung erfolgen:

1. Fall: $a > 0$.

Für die Ungleichung gilt dann:

$$ax \leq -b \quad | : a$$
$$x \leq -\frac{b}{a}$$

$$\Longrightarrow \; \mathbb{L} = \left(-\infty, -\frac{b}{a}\right].$$

2. Fall: $a < 0$.

Für die Ungleichung gilt dann:

$$ax \leq -b \quad | : a$$
$$x \geq -\frac{b}{a}$$

$$\Longrightarrow \; \mathbb{L} = \left[-\frac{b}{a}, \infty\right).$$

Bemerkung:

Für die Lösungsmengen der linearen Ungleichungen, die sich von den beiden obigen nur durch das Fehlen des Gleichheitszeichens unterscheiden, gilt:

$$ax + b > 0, a > 0 \Longrightarrow \mathbb{L} = \left(-\frac{b}{a}, \infty\right).$$

$$ax + b > 0, a < 0 \Longrightarrow \mathbb{L} = \left(-\infty, -\frac{b}{a}\right).$$

$$ax + b < 0, a > 0 \Longrightarrow \mathbb{L} = \left(-\infty, -\frac{b}{a}\right).$$

$$ax + b < 0, a < 0 \Longrightarrow \mathbb{L} = \left(-\frac{b}{a}, \infty\right).$$

Beispiel 8.2.1

Gesucht sind die Lösungen folgender Ungleichungen:

1.) $2x \leq 3$,

2.) $3x + 1 \leq -2$,

3.) $-2x + 4 \leq 13$,

4.) $-\sqrt{2}x + 1 < 5$,

5.) $-\frac{1}{2}x + 13 \geq 2$,

6.) $13.5x - 27 > -\sqrt{2}$.

Lösung:

1.) $\qquad 2x \leq 3 \quad | : 3$

$\qquad\qquad x \leq \frac{3}{2}$

$\Longrightarrow \mathbb{L} = \left(-\infty, \frac{3}{2}\right].$

2.) $\qquad 3x + 1 \leq -2 \quad | - 1$

$\qquad\qquad 3x \leq -3 \quad | : 3$

$\qquad\qquad x \leq -1$

$\Longrightarrow \mathbb{L} = (-\infty, -1].$

3.) $-2x + 4 \leq 13$ $| - 4$

           $-2x \leq 9$ $| : (-2)$

           $x \geq -\dfrac{9}{2}$

$\Longrightarrow \mathbb{L} = \left[-\dfrac{9}{2}, \infty \right).$

4.) $-\sqrt{2}x + 1 < 5$ $| - 1$

           $-\sqrt{2}x < 4$ $| : (-\sqrt{2})$

           $x > \dfrac{4}{-\sqrt{2}} = -2\sqrt{2}$

$\Longrightarrow \mathbb{L} = \left(-2\sqrt{2}, \infty \right).$

5.) $-\dfrac{1}{2}x + 13 \geq 2$ $| - 13$

           $-\dfrac{1}{2}x \geq -11$ $| : \left(-\dfrac{1}{2} \right)$

           $x \leq -\dfrac{11}{-\frac{1}{2}} = 22$

$\Longrightarrow \mathbb{L} = (-\infty, 22].$

6.) $13.5x - 27 > -\sqrt{2}$ $| + 27$

           $13.5x > -\sqrt{2} + 27$ $| : 13.5$

           $x > \dfrac{-\sqrt{2} + 27}{13.5}$

$\Longrightarrow \mathbb{L} = \left(\dfrac{-\sqrt{2} + 27}{13.5}, \infty \right).$

8.3 Quadratische Ungleichungen

Eine **quadratische Ungleichung** hat die Gestalt

$$x^2 + px + q \geq 0 \quad \text{bzw.} \quad x^2 + px + q \leq 0 \quad \text{mit} \quad p, q \in \mathbb{R}.$$

Gesucht sind alle $x \in \mathbb{R}$, welche diese Ungleichung lösen.

Die **erste Möglichkeit**, quadratische Ungleichungen zu lösen beruht darauf, daß ihre Lösungesmenge auf diejenige der entsprechenden quadratischen Gleichung zurückgeführt wird.

Zuerst wird wieder die Ungleichung $x^2 + px + q \geq 0$ gelöst.
Da quadratische Gleichungen entweder keine, eine oder zwei reelle Lösungen besitzen können, müssen drei Fälle unterschieden werden.

1. Fall:
Die quadratische Gleichung hat zwei Lösungen
$x_1 = -\dfrac{p}{2} - \sqrt{\dfrac{p^2}{4} - q}$ und $x_2 = -\dfrac{p}{2} + \sqrt{\dfrac{p^2}{4} - q}$, wobei $x_1 < x_2$ gilt.

Nach dem Satz von Vieta gilt dann:

$$x^2 + px + q \geq 0 \Longrightarrow (x - x_1)(x - x_2) \geq 0.$$

Nach den Rechenregeln für Ungleichungen folgt dann:

$$x - x_1 \geq 0, x - x_2 \geq 0 \Longrightarrow x \geq x_1, x \geq x_2 \Longrightarrow x \geq x_2 \text{ oder}$$

$$x - x_1 \leq 0, x - x_2 \leq 0 \Longrightarrow x \leq x_1, x \leq x_2 \Longrightarrow x \leq x_1.$$

Damit gilt aber:

$$\mathbb{L} = \left(-\infty, -\frac{p}{2} - \sqrt{\frac{p^2}{4} - q} \right] \cup \left[-\frac{p}{2} + \sqrt{\frac{p^2}{4} - q}, \infty \right).$$

2. Fall:
Die quadratische Gleichung hat eine Lösung $x_1 = -\dfrac{p}{2}$.

Nach dem Satz von Vieta gilt dann:

$$x^2 + px + q \geq 0 \Longrightarrow (x - x_1)^2 \geq 0.$$

Da Quadrate stets größer oder gleich 0 sind, folgt:

$\mathbb{L} = \mathbb{R}.$

3. Fall:

Die quadratische Gleichung hat keine Lösung.

Da Quadrate stets größer oder gleich 0 sind, folgt auch hier:

$\mathbb{L} = \mathbb{R}.$

Danach wird die andere Ungleichung $x^2 + ax + b \leq 0$ gelöst.

Wieder müssen drei Fälle unterschieden werden.

1. Fall:

Die quadratische Gleichung hat die zwei Lösungen

$x_1 = -\dfrac{p}{2} - \sqrt{\dfrac{p^2}{4} - q}$ und $x_2 = -\dfrac{p}{2} + \sqrt{\dfrac{p^2}{4} - q}$, wobei $x_1 < x_2$ gilt.

Nach dem Satz von Vieta gilt dann:

$$x^2 + ax + b \leq 0 \Longrightarrow (x - x_1)(x - x_2) \leq 0.$$

Nach den Rechenregeln für Ungleichungen folgt dann:

$$x - x_1 \geq 0, x - x_2 \leq 0 \Longrightarrow x \geq x_1, x \leq x_2 \Longrightarrow x_1 \leq x \leq x_2 \text{ oder}$$

$$x - x_1 \leq 0, x - x_2 \geq 0 \Longrightarrow x \leq x_1, x \geq x_2$$
$$\Longrightarrow \text{ Es gibt keine weiteren Lösungen, da } x_1 < x_2.$$

Damit gilt aber:

$$\mathbb{L} = \left[-\frac{p}{2} - \sqrt{\frac{p^2}{4} - q}, -\frac{p}{2} + \sqrt{\frac{p^2}{4} - q} \right].$$

2. Fall:

Die quadratische Gleichung hat eine Lösung $x_1 = -\dfrac{p}{2}$.

Nach dem Satz von Vieta gilt dann:

$$x^2 + px + q \leq 0 \Longrightarrow (x - x_1)^2 \leq 0.$$

Da Quadrate stets größer oder gleich 0 sind, folgt:

$$\mathbb{L} = \left\{ -\frac{p}{2} \right\}.$$

3. Fall:
Die quadratische Gleichung hat keine Lösung.
Da Quadrate stets größer oder gleich 0 sind, folgt hier:

$$\mathbb{L} = \{\}.$$

Die **zweite Möglichkeit**, quadratische Ungleichungen zu lösen ist eine Kombination der Lösungen der Spezialfälle $x^2 \geq a$ bzw. $x^2 \leq a$ mit dem Prinzip der quadratischen Ergänzung.

Für die Spezialfälle $x^2 \geq a$ bzw. $x^2 \leq a$ gilt:

- $x^2 \geq a, a > 0 \Longrightarrow x \leq -\sqrt{a}$ oder $x \geq \sqrt{a}$
  $\Longrightarrow \mathbb{L} = (-\infty, -\sqrt{a}] \cup [\sqrt{a}, \infty)$.

- $x^2 \geq a, a < 0 \Longrightarrow x \in \mathbb{R} \Longrightarrow \mathbb{L} = \mathbb{R}$.

- $x^2 \geq a, a = 0 \Longrightarrow x \in \mathbb{R} \Longrightarrow \mathbb{L} = \mathbb{R}$.

- $x^2 \leq a, a > 0 \Longrightarrow -\sqrt{a} \leq x \leq \sqrt{a} \Longrightarrow \mathbb{L} = [-\sqrt{a}, \sqrt{a}]$.

- $x^2 \leq a, a < 0 \Longrightarrow$ keine $x \in \mathbb{R}$ sind Lösung $\Longrightarrow \mathbb{L} = \{\}$.

- $x^2 \leq a, a = 0 \Longrightarrow x = 0 \Longrightarrow \mathbb{L} = \{0\}$.

Zuerst wird wieder die Ungleichung $x^2 + px + q \geq 0$ gelöst.

$$
\begin{aligned}
x^2 + px + q &\geq 0 &&\Big| + \frac{p^2}{4} \\
\left(x^2 + px + \frac{p^2}{4} \right) + q &\geq \frac{p^2}{4} &&\Big| - q \\
\left(x^2 + px + \frac{p^2}{4} \right) &\geq \frac{p^2}{4} - q \\
\left(x + \frac{p}{2} \right)^2 &\geq \frac{p^2}{4} - q.
\end{aligned}
$$

Wieder müssen 3 Fälle unterschieden werden.

1. Fall: $\frac{p^2}{4} - q > 0$.

Dann folgt aber

$$x + \frac{p}{2} \geq \sqrt{\frac{p^2}{4} - q} \text{ oder } x + \frac{p}{2} \leq -\sqrt{\frac{p^2}{4} - q}$$

$$\Longrightarrow \mathbb{L} = \left(-\infty, -\frac{p}{2} - \sqrt{\frac{p^2}{4} - q}\right] \cup \left[-\frac{p}{2} + \sqrt{\frac{p^2}{4} - q}, \infty\right).$$

2. Fall: $\frac{p^2}{4} - q = 0$.

Da Quadrate stets größer oder gleich 0 sind, folgt:

$\mathbb{L} = \mathbb{R}$.

3. Fall: $\frac{p^2}{4} - q < 0$.

Da Quadrate stets größer oder gleich 0 sind, folgt auch hier:

$\mathbb{L} = \mathbb{R}$.

Danach wird die andere Ungleichung $x^2 + px + q \leq 0$ gelöst.

$$x^2 + px + q \leq 0 \qquad |+\frac{p^2}{4}$$
$$\left(x^2 + px + \frac{p^2}{4}\right) + q \leq \frac{p^2}{4} \qquad |-q$$
$$\left(x^2 + px + \frac{p^2}{4}\right) \leq \frac{p^2}{4} - q$$
$$\left(x + \frac{p}{2}\right)^2 \leq \frac{p^2}{4} - q$$

Wieder müssen 3 Fälle unterschieden werden.

1. Fall: $\frac{p^2}{4} - q > 0$.

Dann folgt aber

$$-\sqrt{\frac{p^2}{4} - q} \le x + \frac{p}{2} \le \sqrt{\frac{p^2}{4} - q}$$

$$\Longrightarrow \mathbb{L} = \left[-\frac{p}{2} - \sqrt{\frac{p^2}{4} - q}, -\frac{p}{2} + \sqrt{\frac{p^2}{4} - q} \right].$$

2. Fall: $\frac{p^2}{4} - q = 0$.

Da Quadrate stets größer oder gleich 0 sind, folgt:

$$\mathbb{L} = \left\{ -\frac{p}{2} \right\}.$$

3. Fall: $\frac{a^2}{4} - b < 0$.

Da Quadrate stets größer oder gleich 0 sind, folgt hier:

$$\mathbb{L} = \{\}.$$

Bemerkung:

Für die Lösungsmengen der quadratischen Ungleichungen, die sich von den beiden obigen nur durch das Fehlen des Gleichheitszeichens unterscheiden, gilt mit

$$x_1 = -\frac{p}{2} - \sqrt{\frac{p^2}{4} - q} \text{ und } x_2 = -\frac{p}{2} + \sqrt{\frac{p^2}{4} - q}:$$

$$x^2 + px + q > 0, \frac{p^2}{4} - q > 0 \Longrightarrow \mathbb{L} = (-\infty, x_1) \cup (x_2, \infty).$$

$$x^2 + px + q > 0, \frac{p^2}{4} - q = 0 \Longrightarrow \mathbb{L} = \mathbb{R} \setminus \left\{ -\frac{p}{2} \right\}.$$

$$x^2 + px + q > 0, \frac{p^2}{4} - q < 0 \Longrightarrow \mathbb{L} = \mathbb{R}.$$

$$x^2 + px + q < 0, \frac{p^2}{4} - q > 0 \Longrightarrow \mathbb{L} = (x_1, x_2).$$

$$x^2 + px + q < 0, \frac{p^2}{4} - q = 0 \Longrightarrow \mathbb{L} = \{\}.$$

$$x^2 + px + q < 0, \frac{p^2}{4} - q < 0 \Longrightarrow \mathbb{L} = \{\}.$$

Beispiel 8.3.1

Gesucht sind die Lösungen folgender Ungleichungen:

1.) $x^2 + 3x - 10 \geq 0$,

2.) $4x^2 - 16x + 8 < 0$,

3.) $x^2 - x - 6 < 0$,

4.) $2x^2 + 3x + 5 > 0$,

5.) $x^2 - 9x - 4 \geq 0$,

6.) $-x^2 + 10x - 40 > 0$.

Lösung:

1.)
$$x^2 + 3x - 10 \geq 0 \qquad | + 2.25$$
$$x^2 + 3x + 2.25 - 10 \geq 2.25 \qquad | + 10$$
$$x^2 + 3x + 2.25 \geq 12.25$$
$$(x + 1.5)^2 \geq 12.25$$

$\Longrightarrow x + 1.5 \geq 3.5$ oder $x + 1.5 \leq -3.5 \Longrightarrow x \geq 2$ oder $x \leq -5$
$\Longrightarrow \mathbb{L} = (-\infty, -5] \cup [2, \infty)$.

2.)
$$4x^2 - 16x + 8 < 0 \quad | : 4$$
$$x^2 - 4x + 2 < 0 \quad | + 4$$
$$x^2 - 4x + 4 + 2 < 4 \quad | - 2$$
$$x^2 - 4x + 4 < 2$$
$$(x - 2)^2 < 2$$

$\Longrightarrow -\sqrt{2} < x - 2 < \sqrt{2} \Longrightarrow 2 - \sqrt{2} < x < 2 + \sqrt{2}$
$\Longrightarrow \mathbb{L} = \left(2 - \sqrt{2}, 2 + \sqrt{2}\right)$.

3.)
$$x^2 - x - 6 \leq 0 \qquad | + 0.25$$
$$x^2 - x + 0.25 - 6 \leq 0.25 \quad | + 6$$
$$x^2 - x + 0.25 \leq 6.25$$
$$(x - 0.5)^2 \leq 6.25$$

$\Longrightarrow -2.5 \leq x - 0.5 \leq 2.5 \Longrightarrow -2 \leq x \leq 3$
$\Longrightarrow \mathbb{L} = [-2, 3]$.

4.)
$$2x^2 + 3x + 5 > 0 \qquad |:2$$
$$x^2 + \frac{3}{2}x + \frac{5}{2} > 0 \qquad |+\frac{9}{16}$$
$$x^2 + \frac{3}{2}x + \frac{9}{16} + \frac{5}{2} > \frac{9}{16} \qquad |-\frac{5}{2}$$
$$x^2 + \frac{3}{2}x + \frac{9}{16} > -\frac{31}{16}$$
$$\left(x - \frac{3}{4}\right)^2 > -\frac{31}{16}$$

$$\Longrightarrow \mathbb{L} = \mathbb{R}.$$

5.)
$$x^2 - 9x - 4 \geq 0 \qquad |+20.25$$
$$x^2 - 9x + 20.25 - 4 \geq 20.25 \qquad |+4$$
$$x^2 - 9x + 20.25 \geq 24.25$$
$$(x - 4.5)^2 \geq 24.25$$

$$\Longrightarrow x - 4.5 \geq \sqrt{24.25} \text{ oder } x - 4.5 \leq -\sqrt{24.25}$$
$$\Longrightarrow x \geq 4.5 + \sqrt{24.25} \text{ oder } x \leq 4.5 - \sqrt{24.25}$$
$$\Longrightarrow \mathbb{L} = \left(-\infty, 4.5 - \sqrt{24.25}\right] \cup \left[\sqrt{24.25} + 4.5, \infty\right).$$

6.)
$$-x^2 + 10x - 40 > 0 \qquad |\cdot(-1)$$
$$x^2 - 10x + 40 < 0 \qquad |+25$$
$$x^2 - 10x + 25 + 40 < 25 \qquad |-40$$
$$x^2 - 10x + 25 < -15$$
$$(x - 5)^2 < -15$$

$$\Longrightarrow \mathbb{L} = \{\}.$$

8.4   Ungleichungen mit Beträgen

8.4.1   Elementare Ungleichungen mit Beträgen

Die nachfolgenden elementaren Ungleichungen mit Beträgen sind in Kapitel 4 schon angegeben worden und sind hier nur der Vollständigkeit halber nochmals in gekürzter Form wiedergegeben:

- $|x| \leq r, r > 0 \Longrightarrow -r \leq x \leq r \Longrightarrow x \in [-r, r] \Longrightarrow \mathbb{L} = [-r, r]$.

- $|x| \geq r, r > 0 \Longrightarrow x \leq -r$ oder $x \geq r \Longrightarrow \mathbb{L} = (-\infty, -r] \cup [r, \infty)$.

- $|x| \leq r, r < 0 \Longrightarrow$ kein $x \in \mathbb{R}$ ist Lösung $\Longrightarrow \mathbb{L} = \{\}$.

- $|x| \geq r, r < 0 \Longrightarrow x \in \mathbb{R} \Longrightarrow \mathbb{L} = \mathbb{R}$.

- $|x| \leq 0 \Longrightarrow x = 0 \Longrightarrow \mathbb{L} = \{0\}$.

- $|x| \geq 0 \Longrightarrow x \in \mathbb{R} \Longrightarrow \mathbb{L} = \mathbb{R}$.

Bemerkung:
Für die Ungleichungen, die sich von den beiden obigen nur durch das Fehlen des Gleichzeichens unterscheiden, gilt:

- $|x| < r, r > 0 \Longrightarrow -r < x < r \Longrightarrow x \in (-r, r) \Longrightarrow \mathbb{L} = (-r, r)$.

- $|x| > r, r > 0 \Longrightarrow x > -r$ oder $x < r \Longrightarrow \mathbb{L} = (-\infty, -r) \cup (r, \infty)$.

- $|x| < r, r < 0 \Longrightarrow$ kein $x \in \mathbb{R}$ ist Lösung $\Longrightarrow \mathbb{L} = \{\}$.

- $|x| > r, r < 0 \Longrightarrow x \in \mathbb{R} \Longrightarrow \mathbb{L} = \mathbb{R}$.

- $|x| < 0 \Longrightarrow$ kein $x \in \mathbb{R}$ ist Lösung. $\Longrightarrow \mathbb{L} = \{\}$.

- $|x| > 0 \Longrightarrow x \in \mathbb{R} \setminus \{0\} \Longrightarrow \mathbb{L} = \mathbb{R} \setminus \{0\}$.

Beispiel 8.4.1

1.) $|x| < 5 \Longrightarrow -5 < x < 5 \Longrightarrow \mathbb{L} = (-5, 5)$.

2.) $|2x - 4| < 17 \Longrightarrow -17 < 2x - 4 < 17 \Longrightarrow -13 < 2x < 21$
$\Longrightarrow -6.5 < x < 10.5 \Longrightarrow \mathbb{L} = (-6.5, 10.5)$.

3.) $|4x - 1| > -3 \Longrightarrow \mathbb{L} = \mathbb{R}$.

8.4.2 Weiterführende Ungleichungen mit Beträgen

Nach den elementaren Ungleichungen, die nur einen Betrag beinhalteten, werden jetzt Ungleichungen behandelt, in denen mehrere Beträge vorkommen.

Beispiel 8.4.2
Gesucht sind die Lösungen folgender Ungleichungen:

1.) $|x + 1| < |x - 2|$,

2.) $|2x - 4| > |-x + 5|$,

3.) $|5x - 1| > |x - 1| - |3x + 6|$.

Lösung:

1.)   Wegen $|x + 1| = \begin{cases} x + 1 & \text{für } x \geq -1 \\ -x - 1 & \text{für } x < -1 \end{cases}$ und

$$|x - 2| = \begin{cases} x - 2 & \text{für } x \geq 2 \\ -x + 2 & \text{für } x < 2 \end{cases}$$

müssen drei Fälle unterschieden werden.

1. Fall: $x < -1$, also $x \in (-\infty, -1)$.
Für die Ungleichung gilt dann:

$$-x - 1 < -x + 2 \quad | + x$$
$$-1 < 2.$$

Diese Ungleichung ist allgemeingültig.
$\Longrightarrow \mathbb{L}_1 = (-\infty, -1) \cap \mathbb{R} = (-\infty, -1)$.

2. Fall: $-1 \leq x < 2$, also $x \in [-1, 2)$.
Für die Ungleichung gilt dann:

$$x + 1 < -x + 2 \quad | + x$$
$$2x + 1 < 2 \quad | - 1$$
$$2x < 1 \quad | : 2$$
$$x < \frac{1}{2}$$

$\Longrightarrow \mathbb{L}_2 = [-1, 2) \cap \left(-\infty, \frac{1}{2}\right) = \left[-1, \frac{1}{2}\right)$.

3. Fall: $x \geq 1$, also $x \in [1, \infty)$.

Für die Ungleichung gilt dann:

$$x + 1 < x - 2 \quad | + x$$
$$1 < -2.$$

Diese Ungleichung hat keine Lösung.

$\Longrightarrow \mathbb{L}_3 = [1, \infty) \cap \{\} = \{\}.$

Insgesamt gilt: $\mathbb{L} = \mathbb{L}_1 \cup \mathbb{L}_2 \cup \mathbb{L}_3 = \left(-\infty, \frac{1}{2} \right)$.

2.)   Wegen $\quad |2x - 4| = \begin{cases} 2x - 4 & \text{für } x \geq 2 \\ -2x + 4 & \text{für } x < 2 \end{cases}$ und

$$|-x + 5| = \begin{cases} -x + 5 & \text{für } x \leq 5 \\ x - 5 & \text{für } x > 5 \end{cases}$$

müssen drei Fälle unterschieden werden.

1. Fall: $x < 2$.

Für die Ungleichung gilt dann:

$$-2x + 4 > -x + 5 \quad | + 2x$$
$$4 > x + 5 \quad | - 5$$
$$-1 > x$$

$\Longrightarrow \mathbb{L}_1 = (-\infty, -2) \cap (-\infty, -1) = (-\infty, -1).$

2. Fall: $2 \leq x \leq 5$.

Für die Ungleichung gilt dann:

$$2x - 4 > -x + 5 \quad | + x$$
$$3x - 4 > 5 \quad | + 4$$
$$3x > 9 \quad | : 3$$
$$x > 3$$

$\Longrightarrow \mathbb{L}_2 = [2, 5] \cap (3, \infty) = (3, 5].$

3. Fall: $x > 5$.

Für die Ungleichung gilt dann:

$$2x - 4 > x - 5 \quad | - x$$
$$x - 4 > -5 \quad | + 4$$
$$x > -1$$

$\Longrightarrow \mathbb{L}_3 = (5,\infty) \cap (-1,\infty) = (5,\infty).$

Insgesamt gilt: $\mathbb{L} = \mathbb{L}_1 \cup \mathbb{L}_2 \cup \mathbb{L}_3 = (-\infty,-1) \cup (3,\infty) = \mathbb{R} \setminus [-1,3].$

3.)   Wegen $|5x - 1| = \begin{cases} 5x - 1 & \text{für } x \geq \dfrac{1}{5} \\[2mm] -5x + 1 & \text{für } x < \dfrac{1}{5} \end{cases}$ und

$|x - 1| = \begin{cases} x - 1 & \text{für } x \geq 1 \\[1mm] -x + 1 & \text{für } x < 1 \end{cases}$ und

$|3x + 6| = \begin{cases} 3x + 6 & \text{für } x \geq -2 \\[1mm] -3x - 6 & \text{für } x < -2 \end{cases}$

müssen vier Fälle unterschieden werden.

1. Fall: $x < -2$.

Für die Ungleichung gilt dann:

$$\begin{aligned} -5x + 1 &\geq -x + 1 - (-3x - 6) & &| \text{ zusammenfassen} \\ -5x + 1 &\geq 2x + 7 & &| + 5x \\ 1 &\geq 7x + 7 & &| - 7 \\ -6 &\geq 7x & &| : 7 \\ -\frac{6}{7} &\geq x \end{aligned}$$

$$\Longrightarrow \mathbb{L}_1 = (-\infty,-2) \cap \left(-\infty, -\frac{6}{7}\right] = (-\infty,-2).$$

2. Fall: $-2 \leq x < \dfrac{1}{5}$.

Für die Ungleichung gilt dann:

$$\begin{aligned} -5x + 1 &\geq -x + 1 - (3x + 6) & &| \text{ zusammenfassen} \\ -5x + 1 &\geq -4x - 5 & &| + 5x \\ 1 &\geq x - 5 & &| + 5 \\ 6 &\geq x \end{aligned}$$

$$\Longrightarrow \mathbb{L}_2 = \left[-2, \frac{1}{5}\right) \cap (-\infty, 6] = \left[-2, \frac{1}{5}\right).$$

3. Fall: $\dfrac{1}{5} \leq x < 1$.

Für die Ungleichung gilt dann:

$$5x - 1 \geq -x + 1 - (3x + 6) \quad | \text{ zusammenfassen}$$
$$5x - 1 \geq -4x - 5 \qquad\qquad | + 4x$$
$$9x - 1 \geq -5 \qquad\qquad\quad | + 1$$
$$9x \geq -4 \qquad\qquad\quad | : 9$$
$$x \geq -\frac{4}{9}$$

$$\implies \mathbb{L}_3 = \left[\frac{1}{5}, 1\right) \cap \left[-\frac{4}{9}, \infty\right) = \left[\frac{1}{5}, 1\right).$$

4. Fall: $x \geq 1$.

Für die Ungleichung gilt dann:

$$5x - 1 \geq x - 1 - (3x + 6) \quad | \text{ zusammenfassen}$$
$$5x - 1 \geq -2x - 7 \qquad\qquad | + 2x$$
$$7x - 1 \geq -7 \qquad\qquad\quad | + 1$$
$$7x \geq -6 \qquad\qquad\quad | : 7$$
$$x \geq -\frac{6}{7}$$

$$\implies \mathbb{L}_4 = [1, \infty) \cap \left[-\frac{6}{7}, \infty\right) = [1, \infty).$$

Insgesamt gilt: $\mathbb{L} = \mathbb{L}_1 \cup \mathbb{L}_2 \cup \mathbb{L}_3 \cup \mathbb{L}_4 = \mathbb{R}$.

8.5   Allgemeine Ungleichungen

In diesem Abschnitt werden alle Ungleichungstypen, die bisher betrachtet
wurden, kombiniert. Es entstehen dabei Ungleichungen, die Brüche, Beträge
und Quadrate enthalten. Solche Ungleichungen sind meist von komplizier-
ter Gestalt, es entstehen häufig umfangreiche Fallunterscheidungen und ihr
Lösungsweg kann, ohne weiteres, nicht schematisiert werden.

Deshalb werden jetzt an einigen typischen Beispielen die verschiedenen
Lösungsmöglichkeiten vorgeführt.

Beispiel 8.5.1

Gesucht sind die Lösungen folgender Ungleichungen:

1.) $\dfrac{x-5}{x+2} \geq 0,$ 2.) $\dfrac{x+1}{x-3} \leq 1,$

3.) $\dfrac{3x+6}{x^2-4} \leq 1,$ 4.) $|2x| < x^2 - 5,$

5.) $\dfrac{2}{|x|-1} < 5,$ 6.) $|x^2 - 2x + 16| > 2,$

7.) $\left|\dfrac{3x+3}{x-1}\right| > 2,$ 8.) $\left|4 - \dfrac{x^2}{9}\right| < 5,$

9.) $\dfrac{1}{|x-2|} < \dfrac{1}{x-2} - x - 1,$ 10.) $\dfrac{x^2+2x}{1+|x^2-4|} \geq \dfrac{1}{2}.$

Lösung:

1.) Gesucht sind alle Lösungen von $\dfrac{x-5}{x+2} \geq 0$.

Wegen des Nenners gilt: $\mathbb{D} = \mathbb{R} \setminus \{-2\}$.

Als erstes muß diese Ungleichung mit $x + 2$ durchmultipliziert werden. Da dieser Term sowohl positiv als auch negativ werden kann, müssen zwei Fälle unterschieden werden.

1. Fall: $x + 2 > 0 \Longrightarrow x > -2$.

Für die Ungleichung gilt dann:

$$\begin{aligned} \frac{x-5}{x+2} &\geq 0 \quad |\cdot (x+2) \\ x - 5 &\geq 0 \quad |+5 \\ x &\geq 5 \end{aligned}$$

$\Longrightarrow \mathbb{L}_1 = (-2, \infty) \cap [5, \infty) = [5, \infty)$.

2. Fall: $x + 2 < 0 \Longrightarrow x < -2$.

Für die Ungleichung gilt dann:

$$\begin{aligned} \frac{x-5}{x+2} &\geq 0 \quad |\cdot (x+2) \\ x - 5 &\leq 0 \quad |+5 \\ x &\leq 5 \end{aligned}$$

$\Longrightarrow \mathbb{L}_2 = (-\infty, -2) \cap (-\infty, 5] = (-\infty, -2)$.

Insgesamt gilt: $\mathbb{L} = \mathbb{L}_1 \cup \mathbb{L}_2 = (-\infty, -2) \cup [5, \infty) = \mathbb{R} \setminus [-2, 5)$.

2.) Gesucht sind alle Lösungen von $\dfrac{x+1}{x-3} \leq 1$.

Wegen des Nenners gilt: $\mathbb{D} = \mathbb{R} \setminus \{3\}$.

Als erstes muß diese Ungleichung mit $x-3$ durchmultipliziert werden. Da dieser Term sowohl positiv als auch negativ werden kann, müssen zwei Fälle unterschieden werden.

1. Fall: $x - 3 > 0 \Longrightarrow x > 3$.

Für die Ungleichung gilt dann:

$$\frac{x+1}{x-3} \leq 1 \qquad |\cdot (x-3)$$
$$x - 1 \leq x - 3 \quad |-x$$
$$-1 \leq -3$$

$$\Longrightarrow \ \mathbb{L}_1 = (3, \infty) \cap \{\} = \{\}.$$

2. Fall: $x - 3 < 0 \Longrightarrow x < 3$.

Für die Ungleichung gilt dann:

$$\frac{x+1}{x-3} \leq 1 \qquad |\cdot (x-3)$$
$$x - 1 \geq x - 3 \quad |-x$$
$$-1 \geq -3$$

$$\Longrightarrow \ \mathbb{L}_2 = (-\infty, 3) \cap \mathbb{R} = (-\infty, 3).$$

Insgesamt gilt: $\mathbb{L} = \mathbb{L}_1 \cup \mathbb{L}_2 = (-\infty, 3)$.

3.) Gesucht sind alle Lösungen von $\dfrac{3x+6}{x^2-4} \leq 1$.

Wegen des Nenners gilt: $\mathbb{D} = \mathbb{R} \setminus \{-2, 2\}$.

Als erstes muß diese Ungleichung mit $x^2 - 4$ durchmultipliziert werden. Da dieser Term sowohl positiv als auch negativ werden kann, müssen zwei Fälle unterschieden werden.

1. Fall: $x^2 - 4 > 0 \Longrightarrow x < -2$ oder $x > 2$.

Für die Ungleichung gilt dann:

$$\frac{3x+6}{x^2-4} \leq 1 \qquad | \cdot (x^2-4)$$
$$3x+6 \leq x^2-4 \qquad | -3x-6$$
$$0 \leq x^2-3x-10 \qquad | \text{ Seiten vertauschen}$$
$$x^2-3x-10 \geq 0 \qquad | +2.25$$
$$x^2-3x+2.25-10 \geq 2.25 \qquad | +10$$
$$x^2-3x+2.25 \geq 12.25$$
$$(x-1.5)^2 \geq 12.25$$

$\Longrightarrow x-1.5 \leq -3.5$ oder $x-1.5 \geq 3.5 \Longrightarrow x \leq -2$ oder $x \geq 5$
$\Longrightarrow \mathbb{L}_1 = ((-\infty,-2) \cup (2,\infty)) \cap ((-\infty,-2] \cup [5,\infty))$
$= (-\infty,-2) \cup [5,\infty)$.

2. Fall: $x^2-4 < 0 \Longrightarrow -2 < x < 2$.
Für die Ungleichung gilt dann:

$$\frac{3x+6}{x^2-4} \leq 1 \qquad | \cdot (x^2-4)$$
$$3x+6 \geq x^2-4 \qquad | -3x-6$$
$$0 \geq x^2-3x-10 \qquad | \text{ Seiten vertauschen}$$
$$x^2-3x-10 \leq 0 \qquad | +2.25$$
$$x^2-3x+2.25-10 \leq 2.25 \qquad | +10$$
$$x^2-3x+2.25 \leq 12.25$$
$$(x-1.5)^2 \leq 12.25$$

$\Longrightarrow -3.5 \leq x-1.5 \leq 3.5 \Longrightarrow -2 \leq x \leq 5$
$\Longrightarrow \mathbb{L}_2 = (-2,2) \cap [-2,5] = (-2,2)$.

Insgesamt gilt: $\mathbb{L} = \mathbb{L}_1 \cup \mathbb{L}_2 = (-\infty,-2) \cup (-2,2) \cup (5,\infty)$.

4.) Gesucht sind alle Lösungen von $|2x| < x^2-5$.

Wegen des Betrags müssen zwei Fälle unterschieden werden.

1. Fall: $x \geq 0$.
Für die Ungleichung gilt dann:

$$2x < x^2-5 \qquad | -2x$$
$$0 < x^2-2x-5 \qquad | \text{ Seiten vertauschen}$$
$$x^2-2x-5 > 0 \qquad | +1$$
$$x^2-2x+1-5 > 1 \qquad | +5$$
$$x^2-2x+1 > 6$$
$$(x-1)^2 > 6$$

$\Longrightarrow x - 1 < -\sqrt{6}$ oder $x - 1 > \sqrt{6} \Longrightarrow x < 1 - \sqrt{6}$ oder $x > 1 + \sqrt{6}$

$\Longrightarrow \mathbb{L}_1 = [0, \infty) \cap \left(\left(-\infty, 1 - \sqrt{6} \right) \cup \left(1 + \sqrt{6}, \infty \right) \right) = \left(1 + \sqrt{6}, \infty \right).$

2. Fall: $x < 0$.

Für die Ungleichung gilt dann:

$$-2x < x^2 - 5 \qquad | + 2x$$
$$0 < x^2 + 2x - 5 \qquad | \text{ Seiten vertauschen}$$
$$x^2 + 2x - 5 > 0 \qquad | + 1$$
$$x^2 + 2x + 1 - 5 > 1 \qquad | + 5$$
$$x^2 + 2x + 1 > 6$$
$$(x + 1)^2 > 6$$

$\Longrightarrow x + 1 < -\sqrt{6}$ oder $x + 1 > \sqrt{6} \Longrightarrow x < -1 - \sqrt{6}$ oder $x > -1 + \sqrt{6}$

$\Longrightarrow \mathbb{L}_2 = (-\infty, 0) \cap \left(\left(-\infty, -1 - \sqrt{6} \right) \cup \left(-1 + \sqrt{6}, \infty \right) \right)$

$= \left(-\infty, -1 - \sqrt{6} \right).$

Insgesamt gilt: $\mathbb{L} = \mathbb{L}_1 \cup \mathbb{L}_2 = \left(-\infty, -1 - \sqrt{6} \right) \cup \left(1 + \sqrt{6}, \infty \right).$

5.) Gesucht sind alle Lösungen von $\dfrac{2}{|x| - 1} < 5$.

Wegen des Nenners gilt: $\mathbb{D} = \mathbb{R} \setminus \{-1, 1\}$.

Als erstes muß diese Ungleichung mit $|x| - 1$ durchmultipliziert werden. Da dieser Term sowohl positiv als auch negativ werden kann, müssen zwei Fälle unterschieden werden.

1. Fall: $|x| - 1 > 0 \Longrightarrow |x| > 1 \Longrightarrow x > 1$ oder $x < -1$.

Für die Ungleichung gilt dann:

$$\frac{2}{|x| - 1} < 5 \qquad | \cdot (|x| - 1)$$
$$2 < 5(|x| - 1) \qquad | \text{ zusammenfassen}$$
$$2 < 5|x| - 5 \qquad | + 5$$
$$7 < 5|x| \qquad | : 5$$
$$\frac{7}{5} < |x|$$

$\Longrightarrow x > \dfrac{7}{5}$ oder $x < -\dfrac{7}{5}$

$\Longrightarrow \mathbb{L}_1 = ((-\infty, -1) \cup (1, \infty)) \cap \left(\left(-\infty, -\dfrac{7}{5} \right) \cup \left(\dfrac{7}{5}, \infty \right) \right)$

$$= \left(-\infty, -\frac{7}{5}\right) \cup \left(\frac{7}{5}, \infty\right).$$

2. Fall: $|x| - 1 < 0 \Longrightarrow -1 < x < 1$.
Für die Ungleichung gilt dann:

$$\frac{2}{|x|-1} < 5 \qquad\qquad | \cdot (|x|-1)$$
$$2 > 5(|x|-1) \quad | \text{ zusammenfassen}$$
$$2 > 5|x| - 5 \quad | + 5$$
$$7 > 5|x| \quad | : 5$$
$$\frac{7}{5} > |x|$$

$$\Longrightarrow -\frac{7}{5} < x < \frac{7}{5}$$

$$\Longrightarrow \mathbb{L}_2 = (-1, 1) \cap \left(-\frac{7}{5}, \frac{7}{5}\right) = (-1, 1).$$

Insgesamt gilt: $\mathbb{L} = \mathbb{L}_1 \cup \mathbb{L}_2 = \left(-\infty, -\frac{7}{5}\right) \cup (-1, 1) \cup \left(\frac{7}{5}, \infty\right).$

6.) Gesucht sind alle Lösungen von $|x^2 - 2x + 16| > 2$.

Wegen $|x^2 - 2x + 16| > 2 \Longrightarrow x^2 - 2x + 16 > 2$ oder $x^2 - 2x + 16 < -2$
müssen zwei Fälle unterschieden werden.

1. Fall: $x^2 - 2x + 16 > 2$.
Für die Ungleichung gilt dann:

$$x^2 - 2x + 16 > 2 \qquad | + 1$$
$$x^2 - 2x + 1 + 16 > 3 \qquad | - 16$$
$$x^2 - 2x + 1 > -13 \qquad |$$
$$(x - 1)^2 > -13.$$

Diese Ungleichung ist allgemeingültig
$\Longrightarrow \mathbb{L}_1 = \mathbb{R}.$

2. Fall: $x^2 - 2x + 16 < -2$.
Für die Ungleichung gilt dann:

$$x^2 - 2x + 16 < -2 \qquad | + 1$$
$$x^2 - 2x + 1 + 16 < -1 \qquad | - 16$$
$$x^2 - 2x + 1 < -17 \qquad |$$
$$(x - 1)^2 < -17.$$

Diese Ungleichung hat keine Lösung.

$\Longrightarrow \mathbb{L}_2 = \{\}.$

Insgesamt gilt: $\mathbb{L} = \mathbb{L}_1 \cup \mathbb{L}_2 = \mathbb{R}.$

7.) Gesucht sind alle Lösungen von $\left|\dfrac{3x+3}{x-1}\right| > 2.$

Wegen des Nenners gilt: $\mathbb{D} = \mathbb{R} \setminus \{1\}.$

Wegen $\left|\dfrac{3x+3}{x-1}\right| = \dfrac{|3x+3|}{|x-1|}$ und

$$|3x+3| = \begin{cases} 3x+3 & \text{für } x \geq -1 \\ -3x-3 & \text{für } x < -1 \end{cases} \quad \text{und}$$

$$|x-1| = \begin{cases} x-1 & \text{für } x \geq 1 \\ -x+1 & \text{für } x < 1 \end{cases}$$

müssen drei Fälle unterschieden werden.

1. Fall: $x < -1.$

Für die Ungleichung gilt dann:

$$\begin{aligned}
\dfrac{-3x-3}{-x+1} &> 2 && |\cdot(-x+1) \\
-3x-3 &> 2(-x+1) && |\text{ zusammenfassen} \\
-3x-3 &> -2x+2 && |+3x-2 \\
-5 &> x
\end{aligned}$$

$\Longrightarrow \mathbb{L}_1 = (-\infty, -1) \cap (-\infty, -5) = (-\infty, -5).$

2. Fall: $-1 \leq x < 1.$

Für die Ungleichung gilt dann:

$$\begin{aligned}
\dfrac{3x+3}{-x+1} &> 2 && |\cdot(-x+1) \\
3x+3 &> 2(-x+1) && |\text{ zusammenfassen} \\
3x+3 &> -2x+2 && |+2x-3 \\
5x &> -1 && |:5 \\
x &> -\dfrac{1}{5}
\end{aligned}$$

$\Longrightarrow \mathbb{L}_2 = [-1, 1) \cap \left(-\dfrac{1}{5}, \infty\right) = \left(-\dfrac{1}{5}, 1\right).$

3. Fall: $x \geq 1.$

Für die Ungleichung gilt dann:

$$\frac{3x+3}{x-1} > 2 \qquad | \cdot (x-1)$$
$$3x+3 > 2(x-1) \qquad | \text{ zusammenfassen}$$
$$3x+3 > 2x-2 \qquad |-2x-3$$
$$x > -5$$

$$\implies \mathbb{L}_3 = [1,\infty) \cap (-5,\infty) = [1,\infty).$$

Insgesamt gilt: $\mathbb{L} = \mathbb{L}_1 \cup \mathbb{L}_2 \cup \mathbb{L}_3 = (-\infty,-5) \cup \left(-\frac{1}{5},\infty\right)$.

8.) Gesucht sind alle Lösungen von $\left|4 - \frac{x^2}{9}\right| < 5$.

Es gilt:

$$\left|4 - \frac{x^2}{9}\right| < 5 \implies -5 < 4 - \frac{x^2}{9} < 5 \implies -9 < -\frac{x^2}{9} < 1$$
$$\implies 81 > x^2 > -9 \implies 0 \le x^2 < 81 \implies -9 < x < 9,$$
$$\implies \mathbb{L} = (-9,9).$$

9.) Gesucht sind alle Lösungen von $\dfrac{1}{|x-2|} < \dfrac{1}{x-2} - x - 1$.

Wegen des Nenners gilt: $\mathbb{D} = \mathbb{R} \setminus \{2\}$.

$$\text{Wegen } |x-2| = \begin{cases} x-2 & \text{für } x \ge 2 \\ -x+2 & \text{für } x < 2 \end{cases}$$

müssen zwei Fälle unterschieden werden.

1. Fall: $x < 2$.
Für die Ungleichung gilt dann:

$$\frac{1}{-x+2} < \frac{1}{x-2} - x - 1 \qquad | \cdot (-x+2)$$
$$\frac{-x+2}{-x+2} < \frac{-x+2}{x-2} - (x+1)(-x+2) \qquad | \text{ zusammenfassen}$$
$$1 < -1 + x^2 - x - 2 \qquad |-1$$
$$0 < x^2 - x - 4 \qquad |+0.25 + 4$$
$$(x-0.5)^2 > 4.25$$

$$\implies x - 0.5 < -\sqrt{4.25} \text{ oder } x - 0.5 > \sqrt{4.25}$$
$$\implies x < 0.5 - \sqrt{4.25} \text{ oder } x > 0.5 + \sqrt{4.25}$$
$$\implies \mathbb{L}_1 = (-\infty,2) \cap \left(\left(-\infty,0.5-\sqrt{4.25}\right) \cup \left(0.5+\sqrt{4.25},\infty\right)\right)$$

$$= \left(-\infty, 0.5 - \sqrt{4.25}\right).$$

2. Fall: $x > 2$.

Für die Ungleichung gilt dann:

$$\frac{1}{x-2} < \frac{1}{x-2} - x - 1 \quad \Big| - \frac{1}{x-2}$$
$$0 < -x - 1 \qquad \Big| + x$$
$$x < -1$$

$$\Longrightarrow \mathbb{L}_2 = (2, \infty) \cap (-\infty, -1) = \{\}.$$

Insgesamt gilt: $\mathbb{L} = \mathbb{L}_1 \cup \mathbb{L}_2 = \left(-\infty, 0.5 - \sqrt{4.25}\right)$.

10.) Gesucht sind alle Lösungen von $\dfrac{x^2 + 2x}{1 + |x^2 - 4|} \geq \dfrac{1}{2}$.

Da der Nenners stets positiv ist, gilt: $\mathbb{D} = \mathbb{R}$.

$$\text{Wegen } |x^2 - 4| = \begin{cases} x^2 - 4 & \text{für } x \geq 2 \text{ oder } x \leq -2 \\ -x^2 + 4 & \text{für } -2 < x < 2 \end{cases}$$

müssen zwei Fälle unterschieden werden.

1. Fall: $x \leq -2$ oder $x \geq 2$.

Für die Ungleichung gilt dann:

$$\frac{x^2 + 2x}{1 + x^2 - 4} \geq \frac{1}{2} \qquad \Big| \cdot 2(1 + x^2 - 4)$$
$$2(x^2 + 2x) \geq 1 + x^2 - 4 \quad \Big| \text{ zusammenfassen}$$
$$x^2 + 4x + 3 \geq 0 \qquad \Big| + 4$$
$$x^2 + 4x + 4 + 3 \geq 4 \qquad \Big| - 3$$
$$x^2 + 4x + 4 \geq 1$$
$$(x + 2)^2 \geq 1$$

$$\Longrightarrow x + 2 \leq -1 \text{ oder } x + 2 \geq 1 \Longrightarrow x \leq -3 \text{ oder } x \geq -1$$
$$\Longrightarrow \mathbb{L}_1 = ((-\infty, -2] \cup [2, \infty)) \cap ((-\infty, -3] \cup [-1, \infty))$$
$$= (-\infty, -3] \cup [2, \infty).$$

2. Fall: $-2 < x < 2$.

Für die Ungleichung gilt dann:

$$\frac{x^2 + 2x}{1 - x^2 + 4} \geq \frac{1}{2} \qquad | \cdot 2(1 - x^2 + 4)$$

$$2(x^2 + 2x) \geq 1 - x^2 + 4 \quad | \text{zusammenfassen}$$

$$3x^2 + 4x - 5 \geq 0 \qquad | : 3$$

$$x^2 + \frac{4}{3}x - \frac{5}{3} \geq 0 \qquad |+\frac{4}{9}$$

$$x^2 + \frac{4}{3}x + \frac{4}{9} - \frac{5}{3} \geq \frac{4}{9} \qquad |+\frac{5}{3}$$

$$x^2 + \frac{4}{3}x + \frac{4}{9} \geq \frac{19}{9}$$

$$\left(x + \frac{2}{3}\right)^2 \geq \frac{19}{9}$$

$$\Longrightarrow x + \frac{2}{3} \leq -\frac{\sqrt{19}}{3} \text{ oder } x + \frac{2}{3} \geq \frac{\sqrt{19}}{3}$$

$$\Longrightarrow x \leq -\frac{2}{3} - \frac{\sqrt{19}}{3} \text{ oder } x \geq -\frac{2}{3} + \frac{\sqrt{19}}{3}$$

$$\Longrightarrow \mathbb{L}_2 = (-2, 2) \cap \left(\left(-\infty, -\frac{2}{3} - \frac{\sqrt{19}}{3}\right] \cup \left[-\frac{2}{3} + \frac{\sqrt{19}}{3}, \infty\right)\right)$$

$$= \left[-\frac{2}{3} + \frac{\sqrt{19}}{3}, 2\right).$$

Insgesamt gilt: $\mathbb{L} = \mathbb{L}_1 \cup \mathbb{L}_2 = (-\infty, -3) \cup \left[-\frac{2}{3} + \frac{\sqrt{19}}{3}, 2\right).$

8.6   Aufgaben zu Kapitel 8

Aufgabe 8.6.1
Bestimmen Sie die Lösungsmengen folgender Ungleichungen:

a) $6x - 3 < x + 2$,

b) $25x + 13 < 10x + 23$,

c) $2x + \dfrac{5}{2} \ge \dfrac{1}{2}x + 3$,

d) $\dfrac{x}{3} + 1 \le \dfrac{2x}{4} + 3$,

e) $\dfrac{x+2}{3} \ge \dfrac{x-1}{5}$,

f) $\sqrt{2}x + 3 \le 2x - \sqrt{2}$.

Lösung:

a)
$$6x - 3 < x + 2 \quad | -x + 3$$
$$5x < 5 \qquad | : 5$$
$$x < 1$$

$$\Longrightarrow \mathbb{L} = (-\infty, 1).$$

b)
$$25x + 13 < 10x + 23 \quad | -10x - 13$$
$$15x < 10 \qquad\qquad | : 15$$
$$x < \frac{10}{15} \qquad\qquad | \text{ kürzen}$$
$$x < \frac{2}{3}$$

$$\Longrightarrow \mathbb{L} = \left(-\infty, \frac{2}{3}\right).$$

c)
$$2x + \frac{5}{2} \ge \frac{1}{2}x + 3 \quad | -\frac{1}{2}x - \frac{5}{2}$$
$$\frac{3}{2}x \ge \frac{1}{2} \qquad\qquad | \cdot \frac{2}{3}$$
$$x \ge \frac{1}{3}$$

$$\implies \mathbb{L} = \left[\frac{1}{3}, \infty\right).$$

d) $\quad \frac{x}{3} + 1 \leq \frac{2x}{4} + 3 \qquad |-\frac{x}{3} - 3$

$\qquad -2 \leq \frac{1}{2}x - \frac{1}{3}x \quad |$ zusammenfassen

$\qquad -2 \leq \frac{1}{6}x \qquad |\cdot 6$

$\qquad -12 \leq x$

$\implies \mathbb{L} = [-12, \infty).$

e) $\quad \frac{x+2}{3} \geq \frac{x-1}{5}$

$\qquad \frac{1}{3}x + \frac{2}{3} \geq \frac{1}{5}x - \frac{1}{5} \quad |-\frac{1}{5}x - \frac{2}{3}$

$\qquad \frac{1}{3}x - \frac{1}{5}x \geq -\frac{1}{5} - \frac{2}{3} \quad |$ zusammenfassen

$\qquad \frac{2}{15}x \geq -\frac{13}{15} \qquad |\cdot \frac{15}{2}$

$\qquad x \geq -\frac{13}{2}$

$\implies \mathbb{L} = \left[-\frac{13}{2}, \infty\right).$

f) $\quad \sqrt{2}x + 3 \leq 2x - \sqrt{2} \qquad |-\sqrt{2}x + \sqrt{2}$

$\qquad 3 + \sqrt{2} \leq (2 - \sqrt{2})x \quad |:(2 - \sqrt{2})$

$\qquad \frac{3 + \sqrt{2}}{2 - \sqrt{2}} \leq x \qquad |$ vereinfachen

$\qquad \frac{(3 + \sqrt{2})(2 + \sqrt{2})}{(2 - \sqrt{2})(2 + \sqrt{2})} \leq x \qquad |$ vereinfachen

$\qquad \frac{8 + 5\sqrt{2}}{2} \leq x$

$\qquad 4 + \frac{5}{2}\sqrt{2} \leq x$

$\implies \mathbb{L} = \left[4 + \frac{5}{2}\sqrt{2}, \infty\right).$

Aufgabe 8.6.2

Bestimmen Sie die Lösungsmengen folgender Ungleichungen:

a) $\dfrac{2}{x} > 5$,   b) $\dfrac{4}{x+1} \leq 3$,

c) $\dfrac{3}{-2x+1} \geq 14$,   d) $\dfrac{x}{2x+1} \leq 0$,

e) $\dfrac{x}{3x-1} \geq 4$,   f) $\dfrac{-4}{2x+3} > 0$.

Lösung:

a) Gesucht sind alle Lösungen von $\dfrac{2}{x} > 5$.

Wegen des Nenners gilt: $\mathbb{D} = \mathbb{R} \setminus \{0\}$.

Als erstes muß diese Ungleichung mit x durchmultipliziert werden. Da dieser Term sowohl positiv als auch negativ werden kann, müssen zwei Fälle unterschieden werden.

1. Fall: $x > 0$.
Für die Ungleichung gilt dann:

$$\frac{2}{x} > 5 \quad | \cdot x$$
$$2 > 5x \quad | : 5$$
$$\frac{2}{5} > x$$

$$\implies \mathbb{L}_1 = (0, \infty) \cap \left(-\infty, \frac{2}{5}\right) = \left(0, \frac{2}{5}\right).$$

2. Fall: $x < 0$.
Für die Ungleichung gilt dann:

$$\frac{2}{x} > 5 \quad | \cdot x$$
$$2 < 5x \quad | : 5$$
$$\frac{2}{5} < x$$

$$\implies \mathbb{L}_2 = (-\infty, 0) \cap \left(\frac{2}{5}, \infty\right) = \{\}.$$

Insgesamt gilt: $\mathbb{L} = \mathbb{L}_1 \cup \mathbb{L}_2 = \left(0, \frac{2}{5}\right) \cup \{\} = \left(0, \frac{2}{5}\right).$

b) Gesucht sind alle Lösungen von $\dfrac{4}{x+1} \leq 3$.

Wegen des Nenners gilt: $\mathbb{D} = \mathbb{R} \setminus \{-1\}$.

Als erstes muß diese Ungleichung mit $x+1$ durchmultipliziert werden. Da dieser Term sowohl positiv als auch negativ werden kann, müssen zwei Fälle unterschieden werden.

1. Fall: $x + 1 > 0 \Longrightarrow x > -1$.

Für die Ungleichung gilt dann:

$$
\begin{aligned}
\frac{4}{x+1} &\leq 3 && |\cdot (x+1) \\
4 &\leq 3(x+1) && |\text{ zusammenfassen} \\
4 &\leq 3x + 3 && |-3 \\
1 &\leq 3x && |:3 \\
\frac{1}{3} &\leq x
\end{aligned}
$$

$$\Longrightarrow \mathbb{L}_1 = (-1, \infty) \cap \left[\frac{1}{3}, \infty\right) = \left[\frac{1}{3}, \infty\right).$$

2. Fall: $x + 1 < 0 \Longrightarrow x < -1$.

Für die Ungleichung gilt dann:

$$
\begin{aligned}
\frac{4}{x+1} &\leq 3 && |\cdot (x+1) \\
4 &\geq 3(x+1) && |\text{ zusammenfassen} \\
4 &\geq 3x + 3 && |-3 \\
1 &\geq 3x && |:3 \\
\frac{1}{3} &\geq x
\end{aligned}
$$

$$\Longrightarrow \mathbb{L}_2 = (-\infty, -1) \cap \left(-\infty, \frac{1}{3}\right] = (-\infty, -1).$$

Insgesamt gilt: $\mathbb{L} = \mathbb{L}_1 \cup \mathbb{L}_2 = \left[\dfrac{1}{3}, \infty\right) \cup (-\infty, -1)$.

c) Gesucht sind alle Lösungen von $\dfrac{3}{-2x+1} \geq 14$.

Wegen des Nenners gilt: $\mathbb{D} = \mathbb{R} \setminus \left\{\dfrac{1}{2}\right\}$.

Als erstes muß diese Ungleichung mit $-2x+1$ durchmultipliziert werden. Da dieser Term sowohl positiv als auch negativ werden kann, müssen zwei Fälle unterschieden werden.

1. Fall: $-2x + 1 > 0 \implies x < \dfrac{1}{2}$.

Für die Ungleichung gilt dann:

$$
\begin{aligned}
\frac{3}{-2x+1} &\geq 14 && |\cdot(-2x+1) \\
3 &\geq 14(-2x+1) && |\text{ zusammenfassen} \\
3 &\geq -28x + 14 && |+28x - 3 \\
28x &\geq 11 && |:28 \\
x &\geq \frac{11}{28}
\end{aligned}
$$

$$\implies \mathbb{L}_1 = \left(-\infty, \frac{1}{2}\right) \cap \left[\frac{11}{28}, \infty\right) = \left[\frac{11}{28}, \frac{1}{2}\right).$$

2. Fall: $-2x + 1 < 0 \implies x > \dfrac{1}{2}$.

Für die Ungleichung gilt dann:

$$
\begin{aligned}
\frac{3}{-2x+1} &\geq 14 && |\cdot(-2x+1) \\
3 &\leq 14(-2x+1) && |\text{ zusammenfassen} \\
3 &\leq -28x + 14 && |+28x - 3 \\
28x &\leq 11 && |:28 \\
x &\leq \frac{11}{28}
\end{aligned}
$$

$$\implies \mathbb{L}_2 = \left(\frac{1}{2}, \infty\right) \cap \left(-\infty, \frac{11}{28}\right] = \{\}.$$

Insgesamt gilt: $\mathbb{L} = \mathbb{L}_1 \cup \mathbb{L}_2 = \left[\dfrac{11}{28}, \dfrac{1}{2}\right) \cup \{\} = \left[\dfrac{11}{28}, \dfrac{1}{2}\right).$

d) Gesucht sind alle Lösungen von $\dfrac{x}{2x+1} \leq 0$.

Wegen des Nenners gilt: $\mathbb{D} = \mathbb{R} \setminus \left\{-\dfrac{1}{2}\right\}$.

Als erstes muß diese Ungleichung mit $2x+1$ durchmultipliziert werden. Da dieser Term sowohl positiv als auch negativ werden kann, müssen zwei Fälle unterschieden werden.

1. Fall: $2x + 1 > 0 \implies x > -\dfrac{1}{2}$.

Für die Ungleichung gilt dann:

$$\frac{x}{2x+1} \leq 0 \quad | \cdot (2x+1)$$
$$x \leq 0$$

$$\Longrightarrow \mathbb{L}_1 = \left(-\frac{1}{2}, \infty\right) \cap (-\infty, 0] = \left(-\frac{1}{2}, 0\right].$$

2. Fall: $2x + 1 < 0 \Longrightarrow x < -\dfrac{1}{2}$.

Für die Ungleichung gilt dann:

$$\frac{x}{2x+1} \leq 0 \quad | \cdot (2x+1)$$
$$x \geq 0$$

$$\Longrightarrow \mathbb{L}_2 = \left(-\infty, -\frac{1}{2}\right) \cap [0, \infty) = \{\}.$$

Insgesamt gilt: $\mathbb{L} = \mathbb{L}_1 \cup \mathbb{L}_2 = \left(-\dfrac{1}{2}, 0\right] \cup \{\} = \left(-\dfrac{1}{2}, 0\right].$

e) Gesucht sind alle Lösungen von $\dfrac{x}{3x-1} \geq 4$.

Wegen des Nenners gilt: $\mathbb{D} = \mathbb{R} \setminus \left\{\dfrac{1}{3}\right\}$.

Als erstes muß diese Ungleichung mit $3x - 1$ durchmultipliziert werden. Da dieser Term sowohl positiv als auch negativ werden kann, müssen zwei Fälle unterschieden werden.

1. Fall: $3x - 1 > 0 \Longrightarrow x > \dfrac{1}{3}$.

Für die Ungleichung gilt dann:

$$\frac{x}{3x-1} \geq 4 \qquad | \cdot (3x-1)$$
$$x \geq 4(3x-1) \quad | \text{ zusammenfassen}$$
$$x \geq 12x - 4 \quad | -x + 4$$
$$4 \geq 11x \quad | : 11$$
$$\frac{4}{11} \geq x$$

$$\Longrightarrow \mathbb{L}_1 = \left(\frac{1}{3}, \infty\right) \cap \left(-\infty, \frac{4}{11}\right] = \left(\frac{1}{3}, \frac{4}{11}\right].$$

2. Fall: $3x - 1 < 0 \Longrightarrow x < \dfrac{1}{3}$.

Für die Ungleichung gilt dann:

$$\frac{x}{3x-1} \geq 4 \qquad | \cdot (3x-1)$$

$$x \leq 4(3x-1) \quad | \text{ zusammenfassen}$$

$$x \leq 12x - 4 \quad | -x + 4$$

$$4 \leq 11x \qquad | : 11$$

$$\frac{4}{11} \leq x$$

$$\Longrightarrow \mathbb{L}_2 = \left(-\infty, \frac{1}{3}\right) \cap \left[\frac{4}{11}, \infty\right) = \{\}.$$

Insgesamt gilt: $\mathbb{L} = \mathbb{L}_1 \cup \mathbb{L}_2 = \left(\frac{1}{3}, \frac{4}{11}\right] \cup \{\} = \left(\frac{1}{3}, \frac{4}{11}\right].$

f) Gesucht sind alle Lösungen von $\dfrac{-4}{2x+3} > 0$.

Wegen des Nenners gilt: $\mathbb{D} = \mathbb{R} \setminus \left\{-\frac{3}{2}\right\}$.

Als erstes muß diese Ungleichung mit $2x+3$ durchmultipliziert werden. Da dieser Term sowohl positiv als auch negativ werden kann, müssen zwei Fälle unterschieden werden.

1. Fall: $2x + 3 > 0 \Longrightarrow x > -\dfrac{3}{2}$.

Für die Ungleichung gilt dann:

$$\frac{-4}{2x+3} > 0 \quad | \cdot (2x+3)$$

$$-4 > 0$$

$$\Longrightarrow \mathbb{L}_1 = \left(-\frac{3}{2}, \infty\right) \cap \{\} = \{\}.$$

2. Fall: $2x + 3 < 0 \Longrightarrow x < -\dfrac{3}{2}$.

Für die Ungleichung gilt dann:

$$\frac{-4}{2x+3} > 0 \quad | \cdot (2x+3)$$

$$-4 < 0$$

$$\Longrightarrow \mathbb{L}_2 = \left(-\infty, -\frac{3}{2}\right) \cap \mathbb{R} = \left(-\infty, -\frac{3}{2}\right).$$

Insgesamt gilt: $\mathbb{L} = \mathbb{L}_1 \cup \mathbb{L}_2 = \{\} \cup \left(-\infty, -\dfrac{3}{2}\right) = \left(-\infty, -\dfrac{3}{2}\right)$.

Aufgabe 8.6.3

Bestimmen Sie die Lösungsmengen folgender Ungleichungen:

a) $|x| < 3$,　　b) $|x| \leq 4$,　　c) $|x| \geq -2$,

d) $|x| \geq 17$,　　e) $|x| > \sqrt{3}$,　　f) $|2x| \leq \dfrac{1}{2}$,

g) $\left|\dfrac{1}{2}x\right| \geq -2$,　　h) $\left|\sqrt{2}x\right| \leq \pi$,　　i) $|3x| \leq 0$,

k) $|-2x| \geq 1$,　　l) $|2.5x| < 0$.

Lösung:

a) $|x| < 3 \Longrightarrow -3 < x < 3 \Longrightarrow \mathbb{L} = (-3, 3)$.

b) $|x| \leq 4 \Longrightarrow -4 \leq x \leq 4 \Longrightarrow \mathbb{L} = [-4, 4]$.

c) $|x| \geq -2 \Longrightarrow \mathbb{L} = \mathbb{R}$.

d) $|x| \geq 17 \Longrightarrow x \leq -17$ oder $x \geq 17 \Longrightarrow \mathbb{L} = (-\infty, -17] \cup [17, \infty)$.

e) $|x| > \sqrt{3} \Longrightarrow x < -\sqrt{3}$ oder $x > \sqrt{3} \Longrightarrow \mathbb{L} = (-\infty, -\sqrt{3}) \cup (\sqrt{3}, \infty)$.

f) $|2x| \leq \dfrac{1}{2} \Longrightarrow |x| \leq \dfrac{1}{4} \Longrightarrow -\dfrac{1}{4} \leq x \leq \dfrac{1}{4} \Longrightarrow \mathbb{L} = \left[-\dfrac{1}{4}, \dfrac{1}{4}\right]$.

g) $\left|\dfrac{1}{2}x\right| \geq -2 \Longrightarrow \mathbb{L} = \mathbb{R}$.

h) $\left|\sqrt{2}x\right| \leq \pi \Longrightarrow |x| \leq \dfrac{\pi}{\sqrt{2}} = \dfrac{1}{2}\sqrt{2}\pi \Longrightarrow -\dfrac{1}{2}\sqrt{2}\pi \leq x \leq \dfrac{1}{2}\sqrt{2}\pi$

$\Longrightarrow \mathbb{L} = \left[-\dfrac{1}{2}\sqrt{2}\pi, \dfrac{1}{2}\sqrt{2}\pi\right]$.

i) $|3x| \leq 0 \Longrightarrow |x| \leq 0 \Longrightarrow \mathbb{L} = \{0\}$.

k) $|-2x| \geq 1 \Longrightarrow -2x \leq -1$ oder $-2x \geq 1 \Longrightarrow x \geq \dfrac{1}{2}$ oder $x \leq -\dfrac{1}{2}$

$\Longrightarrow \mathbb{L} = \left(-\infty, -\dfrac{1}{2}\right] \cup \left[\dfrac{1}{2}, \infty\right)$.

l) $|2.5x| < 0 \Longrightarrow \mathbb{L} = \{\}$.

Aufgabe 8.6.4

Bestimmen Sie die Lösungsmengen folgender Ungleichungen:

a) $\left|2x + \dfrac{5}{2}\right| \le -\dfrac{3}{2}$, b) $\left|2x - \sqrt{3}\right| \ge \sqrt{5}$.

Lösung:

a) $\left|2x + \dfrac{5}{2}\right| \le -\dfrac{3}{2} \implies \mathbb{L} = \{\}$.

b) $\left|2x - \sqrt{3}\right| \ge \sqrt{5} \implies 2x - \sqrt{3} \le -\sqrt{5}$ oder $2x - \sqrt{3} \ge \sqrt{5}$

$\implies 2x \le -\sqrt{5} + \sqrt{3}$ oder $2x \ge \sqrt{3} + \sqrt{5}$

$\implies x \le \dfrac{1}{2}\left(-\sqrt{5} + \sqrt{3}\right)$ oder $x \ge \dfrac{1}{2}\left(\sqrt{3} + \sqrt{5}\right)$

$\implies \mathbb{L} = \left(-\infty, \dfrac{1}{2}\left(-\sqrt{5} + \sqrt{3}\right)\right] \cup \left[\dfrac{1}{2}\left(\sqrt{3} + \sqrt{5}\right), \infty\right)$.

Aufgabe 8.6.5

Ein schlauer Anlageberater gibt auf eine neugierige Frage nach den Vermögen seiner vier Kunden A, B, C und D folgende Informationen preis:

A und B besitzen zusammen weniger als C und D.

A und D besitzen zusammen weniger als B und C.

B und D besitzen zusammen weniger als A und C.

Welche der beiden Fragen eines neugierigen Zeitgenossen lassen sich aus diesen Angaben beantworten:

a) Wer besitzt das größte Vermögen?

b) Wer besitzt das kleinste Vermögen?

Lösung:

Sei a der Wert des Vermögens von A, b der Wert des Vermögens von B, c der Wert des Vermögens von C und d der Wert des Vermögens von D. Dann folgt aus den drei Angaben:

$a + b < c + d$,
$a + d < b + c$,
$b + d < a + c$.

Addiert man die ersten beiden Ungleichungen, so folgt:
$2a + b + d < 2c + b + d$ oder $a < c$.

Addiert man die erste und die dritte Ungleichung, so folgt:

$2b + a + d < 2c + a + d$ oder $b < c$.

Addiert man die letzten beiden Ungleichungen, so folgt:

$2d + a + b < 2c + a + b$ oder $d < c$.

Also kann nur die Frage a) beantwortet werden: C besitzt das größte Vermögen. Dagegen kann Frage b) nicht beantwortet werden: Eine Reihenfolge zwischen A, B und D kann aus den Angaben nicht abgeleitet werden.

Aufgabe 8.6.6

Bestimmen Sie die Lösungsmengen folgender Ungleichungen:

a) $\dfrac{10x + 12}{6x - 1} < 2$,   b) $\dfrac{x + 3}{x - 7} < 0$,

c) $\dfrac{2x + 1}{3x - 5} \geq 4$,   d) $\dfrac{1}{5x - 2} \leq \dfrac{2}{3x + 1}$,

e) $\dfrac{x + 1}{x + 2} \leq \dfrac{x + 3}{x + 4}$.

Lösung:

a) Gesucht sind alle Lösungen von $\dfrac{10x + 12}{6x - 1} \leq 2$.

Wegen des Nenners gilt: $\mathbb{D} = \mathbb{R} \setminus \left\{ \dfrac{1}{6} \right\}$.

Als erstes muß diese Ungleichung mit $6x - 1$ durchmultipliziert werden. Da dieser Term sowohl positiv als auch negativ werden kann, müssen zwei Fälle unterschieden werden.

1. Fall: $6x - 1 > 0 \Longrightarrow x > \dfrac{1}{6}$.

Für die Ungleichung gilt dann:

$$
\begin{aligned}
10x + 12 &< 2(6x - 1) \quad &&| \text{ zusammenfassen} \\
10x + 12 &< 12x - 2 \quad &&| - 10x + 2 \\
14 &< 2x \quad &&| : 2 \\
7 &< x
\end{aligned}
$$

$$\Longrightarrow \mathbb{L}_1 = \left(\dfrac{1}{6}, \infty \right) \cap (7, \infty) = (7, \infty).$$

2. Fall: $6x - 1 < 0 \Longrightarrow x < \dfrac{1}{6}$.

Für die Ungleichung gilt dann:

$$10x + 12 > 2(6x - 1) \quad | \text{ zusammenfassen}$$
$$10x + 12 > 12x - 2 \quad | -10x + 2$$
$$14 > 2x \quad\quad | : 2$$
$$7 > x$$

$$\Longrightarrow \mathbb{L}_2 = \left(-\infty, \frac{1}{6}\right) \cap (-\infty, 7) = \left(-\infty, \frac{1}{6}\right).$$

Insgesamt gilt: $\mathbb{L} = \mathbb{L}_1 \cup \mathbb{L}_2 = (7, \infty) \cup \left(-\infty, \frac{1}{6}\right) = \mathbb{R} \setminus \left[\frac{1}{6}, 7\right].$

b) Gesucht sind alle Lösungen von $\dfrac{x + 3}{x - 7} < 0$.

Wegen des Nenners gilt: $\mathbb{D} = \mathbb{R} \setminus \{7\}$.

Als erstes muß diese Ungleichung mit $x - 7$ durchmultipliziert werden. Da dieser Term sowohl positiv als auch negativ werden kann, müssen zwei Fälle unterschieden werden.

1. Fall: $x - 7 > 0 \Longrightarrow x > 7$.
Für die Ungleichung gilt dann:

$$x + 3 < 0 \quad | -3$$
$$x < -3$$

$$\Longrightarrow \mathbb{L}_1 = (7, \infty) \cap (-\infty, -3) = \{\}.$$

2. Fall: $x - 7 < 0 \Longrightarrow x < 7$.
Für die Ungleichung gilt dann:

$$x + 3 > 0 \quad | -3$$
$$x > -3$$

$$\Longrightarrow \mathbb{L}_2 = (7, \infty) \cap (-3, \infty) = (7, \infty).$$

Insgesamt gilt: $\mathbb{L} = \mathbb{L}_1 \cup \mathbb{L}_2 = \{\} \cup (7, \infty) = (7, \infty).$

c) Gesucht sind alle Lösungen von $\dfrac{2x + 1}{3x - 5} \geq 4$.

Wegen des Nenners gilt: $\mathbb{D} = \mathbb{R} \setminus \left\{\dfrac{5}{3}\right\}$.

Als erstes muß diese Ungleichung mit $3x - 5$ durchmultipliziert werden. Da dieser Term sowohl positiv als auch negativ werden kann, müssen zwei Fälle unterschieden werden.

1. Fall: $3x - 5 > 0 \Longrightarrow x > \dfrac{5}{3}$.

Für die Ungleichung gilt dann:

$$
\begin{aligned}
2x + 1 &\geq 4(3x - 5) && | \text{ zusammenfassen} \\
2x + 1 &\geq 12x - 20 && | - 2x + 20 \\
21 &\geq 10x && | : 10 \\
\frac{21}{10} &\geq x
\end{aligned}
$$

$$\Longrightarrow \mathbb{L}_1 = \left(\frac{5}{3}, \infty\right) \cap \left(-\infty, \frac{21}{10}\right] = \left(\frac{5}{3}, \frac{21}{10}\right].$$

2. Fall: $3x - 5 < 0 \Longrightarrow x < \dfrac{5}{3}$.

Für die Ungleichung gilt dann:

$$
\begin{aligned}
2x + 1 &\leq 4(3x - 5) && | \text{ zusammenfassen} \\
2x + 1 &\leq 12x - 20 && | - 2x + 20 \\
21 &\leq 10x && | : 10 \\
\frac{21}{10} &\leq x
\end{aligned}
$$

$$\Longrightarrow \mathbb{L}_2 = \left(-\infty, \frac{5}{3}\right) \cap \left[\frac{21}{10}, \infty\right) = \{\}.$$

Insgesamt gilt: $\mathbb{L} = \mathbb{L}_1 \cup \mathbb{L}_2 = \left(\dfrac{5}{3}, \dfrac{21}{10}\right] \cup \{\} = \left(\dfrac{5}{3}, \dfrac{21}{10}\right].$

d) Gesucht sind alle Lösungen von $\dfrac{1}{5x - 2} \leq \dfrac{2}{3x + 1}$.

Wegen der Nenner gilt: $\mathbb{D} = \mathbb{R} \setminus \left\{\dfrac{2}{5}, -\dfrac{1}{3}\right\}$.

Als erstes muß diese Ungleichung mit $(5x - 2)(3x + 1)$ durchmultipliziert werden. Da dieser Term sowohl positiv als auch negativ werden kann, müssen drei Fälle unterschieden werden.

1. Fall: $x < -\dfrac{1}{3}$.

Es gilt dann: $(5x - 2)(3x + 1) > 0$.

Für die Ungleichung gilt dann:

$$3x + 1 \leq 2(5x - 2) \quad | \text{ zusammenfassen}$$
$$3x + 1 \leq 10x - 4 \quad | -3x + 4$$
$$5 \leq 7x \quad | : 7$$
$$\frac{5}{7} \leq x$$

$$\Longrightarrow \mathbb{L}_1 = \left(-\infty, -\frac{1}{3}\right) \cap \left[\frac{5}{7}, \infty\right) = \{\}.$$

2. Fall: $-\frac{1}{3} < x < \frac{2}{5}$.

Es gilt dann: $(5x - 2)(3x + 1) < 0$.

Für die Ungleichung gilt dann:

$$3x + 1 \geq 2(5x - 2) \quad | \text{ zusammenfassen}$$
$$3x + 1 \geq 10x - 4 \quad | -3x + 4$$
$$5 \geq 7x \quad | : 7$$
$$\frac{5}{7} \geq x$$

$$\Longrightarrow \mathbb{L}_2 = \left(-\frac{1}{3}, \frac{2}{5}\right) \cap \left(-\infty, \frac{5}{7}\right] = \left(-\frac{1}{3}, \frac{2}{5}\right).$$

3. Fall: $x > \frac{2}{5}$.

Es gilt dann: $(5x - 2)(3x + 1) > 0$.

Für die Ungleichung gilt dann:

$$3x + 1 \leq 2(5x - 2) \quad | \text{ zusammenfassen}$$
$$3x + 1 \leq 10x - 4 \quad | -3x + 4$$
$$5 \leq 7x \quad | : 7$$
$$\frac{5}{7} \leq x$$

$$\Longrightarrow \mathbb{L}_3 = \left(\frac{2}{5}, \infty\right) \cap \left[\frac{5}{7}, \infty\right) = \left[\frac{5}{7}, \infty\right).$$

Insgesamt gilt: $\mathbb{L} = \mathbb{L}_1 \cup \mathbb{L}_2 \cup \mathbb{L}_3 = \{\} \cup \left(-\frac{1}{3}, \frac{2}{5}\right) \cup \left[\frac{5}{7}, \infty\right)$

$$= \left(-\frac{1}{3}, \frac{2}{5}\right) \cup \left[\frac{5}{7}, \infty\right).$$

e) Gesucht sind alle Lösungen von $\dfrac{x+1}{x+2} \leq \dfrac{x+3}{x+4}$.

Wegen der Nenner gilt: $\mathbb{D} = \mathbb{R} \setminus \{-2, -4\}$.

Als erstes muß diese Ungleichung mit $(x+2)(x+4)$ durchmultipliziert werden. Da dieser Term sowohl positiv als auch negativ werden kann, müssen drei Fälle unterschieden werden.

1. Fall: $x < -4$.
Es gilt dann: $(x+2)(x+4) > 0$.
Für die Ungleichung gilt dann:

$$(x+1)(x+4) \leq (x+3)(x+2) \quad \text{zusammenfassen}$$
$$x^2 + 5x + 4 \leq x^2 + 5x + 6 \quad | -x^2 - 5x$$
$$4 \leq 6$$

$$\Longrightarrow \mathbb{L}_1 = (-\infty, -4) \cap \mathbb{R} = (-\infty, -4).$$

2. Fall: $-4 < x < -2$.
Es gilt dann: $(x+2)(x+4) < 0$.
Für die Ungleichung gilt dann:

$$(x+1)(x+4) \geq (x+3)(x+2) \quad \text{zusammenfassen}$$
$$x^2 + 5x + 4 \geq x^2 + 5x + 6 \quad | -x^2 - 5x$$
$$4 \geq 6$$

$$\Longrightarrow \mathbb{L}_2 = (-4, -2) \cap \{\} = \{\}.$$

3. Fall: $x > -2$.
Es gilt dann: $(x+2)(x+4) > 0$.
Für die Ungleichung gilt dann:

$$(x+1)(x+4) \leq (x+3)(x+2) \quad \text{zusammenfassen}$$
$$x^2 + 5x + 4 \leq x^2 + 5x + 6 \quad | -x^2 - 5x$$
$$4 \leq 6$$

$$\Longrightarrow \mathbb{L}_3 = (-2, \infty) \cap \mathbb{R} = (-2, \infty).$$

Insgesamt gilt: $\mathbb{L} = \mathbb{L}_1 \cup \mathbb{L}_2 \cup \mathbb{L}_3 = (-\infty, -4) \cup \{\} \cup (-2, \infty)$
$= \mathbb{R} \setminus [-4, -2]$.

Aufgabe 8.6.7

Bestimmen Sie die Lösungsmengen folgender Ungleichungen:

a) $|2x| < 7x + 3$,

b) $-5x > |x - 1| + 8$,

c) $3 - |x + 1| + x - 5 < 2$,

d) $|x + 3| < |x - 7|$,

e) $|2x - 5| \geq \left|\frac{x}{2} + 1\right|$,

f) $|x - 5| - |x + 5| \leq 2|3x + 6|$,

g) $|x + 8| - |2x - 3| \geq |7x - 4| + |x + 1|$.

Lösung:

a)   Wegen $|2x| = \begin{cases} 2x & \text{für } x \geq 0 \\ -2x & \text{für } x < 0 \end{cases}$

müssen zwei Fälle unterschieden werden.

1. Fall: $x \geq 0$.
Für die Ungleichung gilt dann:

$$\begin{aligned} 2x &< 7x + 3 \quad &| -2x - 3 \\ -3 &< 5x \quad &| : 5 \\ -\frac{3}{5} &< x \end{aligned}$$

$$\Longrightarrow \mathbb{L}_1 = [0, \infty) \cap \left(-\frac{3}{5}, \infty\right) = [0, \infty).$$

2. Fall: $x < 0$.
Für die Ungleichung gilt dann:

$$\begin{aligned} -2x &< 7x + 3 \quad &| +2x - 3 \\ -3 &< 9x \quad &| : 9 \\ -\frac{1}{3} &< x \end{aligned}$$

$$\Longrightarrow \mathbb{L}_2 = [-\infty, 0) \cap \left(-\frac{1}{3}, \infty\right) = \left(-\frac{1}{3}, 0\right).$$

Insgesamt gilt: $\mathbb{L} = \mathbb{L}_1 \cup \mathbb{L}_2 = [0, \infty) \cup \left(-\frac{1}{3}, 0\right) = \left(-\frac{1}{3}, \infty\right).$

b)   Wegen $|x - 1| = \begin{cases} x - 1 & \text{für } x \geq 1 \\ -x + 1 & \text{für } x < 1 \end{cases}$

müssen zwei Fälle unterschieden werden.

1. Fall: $x \geq 1$.

Für die Ungleichung gilt dann:

$$-5x > x - 1 + 8 \quad | \text{ zusammenfassen}$$
$$-5x > x + 7 \qquad | + 5x - 7$$
$$-7 > 6x \qquad\quad | : 6$$
$$-\frac{7}{6} > x$$

$$\Longrightarrow \; \mathbb{L}_1 = [1, \infty) \cap \left(-\infty, -\frac{7}{6}\right) = \{\}.$$

2. Fall: $x < 1$.

Für die Ungleichung gilt dann:

$$-5x > -x + 1 + 8 \quad | \text{ zusammenfassen}$$
$$-5x > -x + 9 \qquad | + 5x - 9$$
$$-9 > 4x \qquad\quad | : 4$$
$$-\frac{9}{4} > x$$

$$\Longrightarrow \; \mathbb{L}_2 = (-\infty, 1) \cap \left(-\infty, -\frac{9}{4}\right) = \left(-\infty, -\frac{9}{4}\right).$$

Insgesamt gilt: $\mathbb{L} = \mathbb{L}_1 \cup \mathbb{L}_2 = \{\} \cup \left(-\infty, -\frac{9}{4}\right)$.

c)   Wegen $|x + 1| \; = \; \begin{cases} x + 1 & \text{für } x \geq -1 \\ -x - 1 & \text{für } x < -1 \end{cases}$

müssen zwei Fälle unterschieden werden.

1. Fall: $x \geq -1$.

Für die Ungleichung gilt dann:

$$3 - (x + 1) + x - 5 < 2 \quad | \text{ zusammenfassen}$$
$$-3 < 2$$

$$\Longrightarrow \; \mathbb{L}_1 = [-1, \infty) \cap \mathbb{R} = [-1, \infty).$$

2. Fall: $x < -1$.

Für die Ungleichung gilt dann:

$$3 - (-x - 1) + x - 5 < 2 \quad | \text{ zusammenfassen}$$
$$-1 + 2x < 2 \qquad | + 1$$
$$2x < 3 \qquad | : 3$$
$$x < \frac{3}{2}$$

$\Longrightarrow \mathbb{L}_2 = (-\infty, -1) \cap \left(-\infty, \dfrac{3}{2}\right) = (-\infty, -1).$

Insgesamt gilt: $\mathbb{L} = \mathbb{L}_1 \cup \mathbb{L}_2 = [-1, \infty) \cup (-\infty, -1) = \mathbb{R}.$

d)   Wegen $|x+3| = \begin{cases} x+3 & \text{für } x \geq -3 \\ -x-3 & \text{für } x < -3 \end{cases}$ und

$|x-7| = \begin{cases} x-7 & \text{für } x \geq 7 \\ -x+7 & \text{für } x < 7 \end{cases}$

müssen drei Fälle unterschieden werden.

1. Fall: $x < -3$.
Für die Ungleichung gilt dann:

$$-x-3 < -x+7 \quad |+x$$
$$-3 < 7.$$

Diese Ungleichung ist allgemeingültig.
$\Longrightarrow \mathbb{L}_1 = (-\infty, -3) \cap \mathbb{R} = (-\infty, -3).$

2. Fall: $-3 \leq x < 7$.
Für die Ungleichung gilt dann:

$$x+3 < -x+7 \quad |+x-3$$
$$2x < 4 \qquad |:2$$
$$x < 2$$

$\Longrightarrow \mathbb{L}_2 = [-3, 7) \cap (-\infty, 2) = [-3, 2).$

3. Fall: $x \geq 7$.
Für die Ungleichung gilt dann:

$$x+3 < x-7 \quad |-x$$
$$3 < -7.$$

Diese Ungleichung hat keine Lösung.
$\Longrightarrow \mathbb{L}_3 = [7, \infty) \cap \{\} = \{\}.$

Insgesamt gilt: $\mathbb{L} = \mathbb{L}_1 \cup \mathbb{L}_2 \cup \mathbb{L}_3 = (-\infty, -3) \cup [-3, 2) \cup \{\} = (-\infty, 2).$

e)

$$\text{Wegen} \quad |2x - 5| \;=\; \begin{cases} 2x - 5 & \text{für } x \geq \dfrac{5}{2} \\[2mm] -2x + 5 & \text{für } x < \dfrac{5}{2} \end{cases} \quad \text{und}$$

$$\left|\dfrac{x}{2} + 1\right| \;=\; \begin{cases} \dfrac{x}{2} + 1 & \text{für } x \geq -2 \\[2mm] -\dfrac{x}{2} - 1 & \text{für } x < -2 \end{cases}$$

müssen drei Fälle unterschieden werden.

1. Fall: $x < -2$.

Für die Ungleichung gilt dann:

$$-2x + 5 \geq -\frac{x}{2} - 1 \quad | + 2x + 1$$
$$6 \geq \frac{3}{2}x \qquad | \cdot \frac{2}{3}$$
$$4 \geq x$$

$$\implies \mathbb{L}_1 = (-\infty, -2) \cap (-\infty, -4] = (-\infty, -2).$$

2. Fall: $-2 \leq x < \dfrac{5}{2}$.

Für die Ungleichung gilt dann:

$$-2x + 5 \geq \frac{x}{2} + 1 \quad | + 2x - 1$$
$$4 \geq \frac{5}{2}x \qquad | \cdot \frac{2}{5}$$
$$\frac{8}{5} \geq x$$

$$\implies \mathbb{L}_2 = \left[-2, \frac{5}{2}\right) \cap \left(-\infty, \frac{8}{5}\right] = \left[-2, \frac{8}{5}\right].$$

3. Fall: $x \geq \dfrac{5}{2}$.

Für die Ungleichung gilt dann:

$$2x - 5 \geq \frac{x}{2} + 1 \quad | - \frac{x}{2} + 5$$
$$\frac{3}{2}x \geq 6 \qquad | \cdot \frac{2}{3}$$
$$x \geq 4$$

$$\implies \mathbb{L}_3 = \left[\frac{5}{2}, \infty\right) \cap [4, \infty) = [4, \infty).$$

Insgesamt gilt: $\mathbb{L} = \mathbb{L}_1 \cup \mathbb{L}_2 \cup \mathbb{L}_3 = (-\infty, -2) \cup \left[-2, \frac{8}{5}\right] \cup [4, \infty)$

$$= \left(-\infty, \frac{8}{5}\right] \cup [4, \infty).$$

f)   Wegen $|x - 5| = \begin{cases} x - 5 & \text{für } x \geq 5 \\ -x + 5 & \text{für } x < 5 \end{cases}$ und

$$|x + 5| = \begin{cases} x + 5 & \text{für } x \geq -5 \\ -x - 5 & \text{für } x < -5 \end{cases} \quad \text{und}$$

$$|3x + 6| = \begin{cases} 3x + 6 & \text{für } x \geq -2 \\ -3x - 6 & \text{für } x < -2 \end{cases}$$

müssen vier Fälle unterschieden werden.

1. Fall: $x < -5$.
Für die Ungleichung gilt dann:

$$\begin{aligned}
-x + 5 - (-x - 5) &\leq 2(-3x - 6) & &| \text{ zusammenfassen} \\
-x + 5 + x + 5 &\leq -6x - 12 & &| \text{ zusammenfassen} \\
10 &\leq -6x - 12 & &| + 6x - 10 \\
6x &\leq -22 & &| : 6 \\
x &\leq -\frac{11}{3}
\end{aligned}$$

$$\Longrightarrow \ \mathbb{L}_1 = (-\infty, -5) \cap \left(-\infty, -\frac{11}{3}\right] = (-\infty, -5).$$

2. Fall: $-5 \leq x < -2$.
Für die Ungleichung gilt dann:

$$\begin{aligned}
-x + 5 - (x + 5) &\leq 2(-3x - 6) & &| \text{ zusammenfassen} \\
-x + 5 - x - 5 &\leq -6x - 12 & &| \text{ zusammenfassen} \\
-2x &\leq -6x - 12 & &| + 6x \\
4x &\leq -12 & &| : 4 \\
x &\leq -3
\end{aligned}$$

$$\Longrightarrow \ \mathbb{L}_2 = [-5, -2) \cap (-\infty, -3] = [-5, -3].$$

3. Fall: $-2 \leq x < 5$.
Für die Ungleichung gilt dann:

$$\begin{aligned}
-x + 5 - (x + 5) &\leq 2(3x + 6) & &| \text{ zusammenfassen} \\
-x + 5 - x - 5 &\leq 6x + 12 & &| \text{ zusammenfassen} \\
-2x &\leq 6x + 12 & &| + 2x - 12 \\
-12 &\leq 8x & &| : 8 \\
-\frac{3}{2} &\leq x
\end{aligned}$$

$$\Longrightarrow \mathbb{L}_3 = [-2,5) \cap \left[-\frac{3}{2}, \infty\right) = \left[-\frac{3}{2}, 5\right).$$

4. Fall: $x \geq 5$.

Für die Ungleichung gilt dann:

$$\begin{array}{ll} x - 5 - (x+5) \leq 2(3x+6) & | \text{ zusammenfassen} \\ x - 5 - x - 5 \leq 6x + 12 & | \text{ zusammenfassen} \\ -10 \leq 6x + 12 & | -12 \\ -22 \leq 6x & | : 6 \\ -\dfrac{11}{3} \leq x & \end{array}$$

$$\Longrightarrow \mathbb{L}_4 = [5, \infty) \cap \left[-\frac{11}{3}, \infty\right) = [5, \infty).$$

Insgesamt gilt: $\mathbb{L} = \mathbb{L}_1 \cup \mathbb{L}_2 \cup \mathbb{L}_3 \cup \mathbb{L}_4$

$$= (-\infty, -5) \cup [-5, -3] \cup \left[-\frac{3}{2}, 5\right) \cup [5, \infty) = (-\infty, -3] \cup \left[-\frac{3}{2}, \infty\right).$$

g)   Wegen $|x+8| = \begin{cases} x+8 & \text{für } x \geq -8 \\ -x-8 & \text{für } x < -8 \end{cases}$ und

$$|2x-3| = \begin{cases} 2x-3 & \text{für } x \geq \dfrac{3}{2} \\ -2x+3 & \text{für } x < \dfrac{3}{2} \end{cases}$$ und

$$|7x-4| = \begin{cases} 7x-4 & \text{für } x \geq \dfrac{4}{7} \\ -7x+4 & \text{für } x < \dfrac{4}{7} \end{cases}$$ und

$$|x+1| = \begin{cases} x+1 & \text{für } x \geq -1 \\ -x-1 & \text{für } x < -1 \end{cases}$$

müssen fünf Fälle unterschieden werden.

1. Fall: $x < -8$.

Für die Ungleichung gilt dann:

$$\begin{array}{ll} -x - 8 + 2x - 3 \geq -7x + 4 - x - 1 & | \text{ zusammenfassen} \\ x - 11 \geq -8x + 3 & | + 8x + 11 \\ 9x \geq 14 & | : 9 \\ x \geq \dfrac{14}{9} & \end{array}$$

$$\Longrightarrow \mathbb{L}_1 = (-\infty, -8) \cap \left[\frac{14}{9}, \infty\right) = \{\}.$$

2. Fall: $-8 \leq x < -1$.

Für die Ungleichung gilt dann:

$$x + 8 + 2x - 3 \geq -7x + 4 - x - 1 \quad | \text{ zusammenfassen}$$
$$3x + 5 \geq -8x + 3 \quad | + 8x - 5$$
$$11x \geq -2 \quad | : 11$$
$$x \geq -\frac{2}{11}$$

$$\Longrightarrow \mathbb{L}_2 = [-8, -1) \cap \left[-\frac{2}{11}, \infty\right) = \{\}.$$

3. Fall: $-1 \leq x < \frac{4}{7}$.

Für die Ungleichung gilt dann:

$$x + 8 + 2x - 3 \geq -7x + 4 + x + 1 \quad | \text{ zusammenfassen}$$
$$3x + 5 \geq -6x + 5 \quad | + 6x - 5$$
$$9x \geq 0 \quad | : 9$$
$$x \geq 0$$

$$\Longrightarrow \mathbb{L}_3 = \left[-1, \frac{4}{7}\right) \cap [0, \infty) = \left[0, \frac{4}{7}\right).$$

4. Fall: $\frac{4}{7} \leq x < \frac{3}{2}$.

Für die Ungleichung gilt dann:

$$x + 8 + 2x - 3 \geq 7x - 4 + x + 1 \quad | \text{ zusammenfassen}$$
$$3x + 5 \geq 8x - 3 \quad | - 3x + 3$$
$$8 \geq 5x \quad | : 11$$
$$\frac{8}{5} \geq x$$

$$\Longrightarrow \mathbb{L}_4 = \left[\frac{4}{7}, \frac{3}{2}\right) \cap \left(-\infty, \frac{8}{5}\right] = \left[\frac{4}{7}, \frac{3}{2}\right).$$

5. Fall: $x \geq \frac{3}{2}$.

Für die Ungleichung gilt dann:

$$x + 8 - 2x + 3 \geq 7x - 4 + x + 1 \quad | \text{ zusammenfassen}$$
$$-x + 11 \geq 8x - 3 \quad | + x + 3$$
$$14 \geq 9x \quad | : 9$$
$$\frac{14}{9} \geq x$$

$$\implies \mathbb{L}_5 = \left[\frac{3}{2},\infty\right) \cap \left(-\infty, \frac{14}{9}\right] = \left[\frac{3}{2}, \frac{14}{9}\right].$$

Insgesamt gilt: $\mathbb{L} = \mathbb{L}_1 \cup \mathbb{L}_2 \cup \mathbb{L}_3 \cup \mathbb{L}_4 \cup \mathbb{L}_5$

$$= \{\} \cup \{\} \cup \left[0, \frac{4}{7}\right) \cup \left[\frac{4}{7}, \frac{3}{2}\right) \cup \left[\frac{3}{2}, \frac{14}{9}\right] = \left[0, \frac{14}{9}\right].$$

Aufgabe 8.6.8

Bestimmen Sie die Lösungsmengen folgender Ungleichungen:

a) $(x+1)(x-2) \geq 0,$ b) $(x-2)\left(x+\sqrt{2}\right) < 0,$

c) $\left(x^2 + 2x + 1\right)(x-4) \geq 0,$ d) $\left(\sqrt{2}x - \sqrt{3}\right)\left(x^2 + 1\right) \leq 0.$

Lösung:

a) $(x+1)(x-2) \geq 0$

$\implies x+1 \geq 0, x-2 \geq 0$ oder $x+1 \leq 0, x-2 \leq 0$

$\implies x \geq -1, x \geq 2$ oder $x \leq -1, x \leq 2$

$\implies x \geq 2$ oder $x \leq -1 \implies \mathbb{L} = (-\infty, -1] \cup [2, \infty).$

b) $(x-2)\left(x+\sqrt{2}\right) < 0$

$\implies x-2 > 0, x+\sqrt{2} < 0$ oder $x-2 < 0, x+\sqrt{2} > 0$

$\implies x > 2, x < -\sqrt{2}$ oder $x < 2, x > -\sqrt{2}$

$\implies \{\}$ oder $-\sqrt{2} < x < 2 \implies \mathbb{L} = \{\} \cup \left(-\sqrt{2}, 2\right) = \left(-\sqrt{2}, 2\right).$

c) $\left(x^2 + 2x + 1\right)(x-4) \geq 0$

$\implies x^2 + 2x + 1 \geq 0, x-4 \geq 0$ oder $x^2 + 2x + 1 \leq 0, x-4 \leq 0$

$\implies (x+1)^2 \geq 0, x \geq 4$ oder $(x+1)^2 \leq 0, x \leq 4 \implies x \geq 4$ oder $x = -1$

$\implies \mathbb{L} = \{-1\} \cup [4, \infty).$

d) $\left(\sqrt{2}x - \sqrt{3}\right)\left(x^2 + 1\right) \leq 0$

$\implies \sqrt{2}x - \sqrt{3} \geq 0, x^2 + 1 \leq 0$ oder $\sqrt{2}x - \sqrt{3} \leq 0, x^2 + 1 \geq 0$

$\implies x \geq \frac{\sqrt{3}}{\sqrt{2}} = \frac{1}{2}\sqrt{6}, x^2 \leq -1$ oder $x \leq \frac{1}{2}\sqrt{6}, x^2 \geq -1$

$\implies \mathbb{L} = \left(\left[\frac{1}{2}\sqrt{6}, \infty\right) \cap \{\}\right) \cup \left(\left(-\infty, \frac{1}{2}\sqrt{6}\right] \cap \mathbb{R}\right) = \left(-\infty, \frac{1}{2}\sqrt{6}\right].$

Aufgabe 8.6.9

Bestimmen Sie die Lösungsmengen folgender Ungleichungen:

a) $x^2 - 3x + 4 \geq 0,$ b) $-8x - 8 \leq -4x^2.$

Lösung:

a)
$$x^2 - 3x - 4 \geq 0 \qquad | + 2.25$$
$$x^2 - 3x + 2.25 - 4 \geq 2.25 \qquad | + 4$$
$$x^2 - 3x + 2.25 \geq 6.25$$
$$(x - 1.5)^2 \geq 6.25$$

$$\Longrightarrow x - 1.5 \geq 2.5 \text{ oder } x - 1.5 \leq -2.5$$
$$\Longrightarrow x \geq 4 \text{ oder } x \leq -1$$
$$\Longrightarrow \mathbb{L} = (-\infty, -1] \cup [4, \infty).$$

b)
$$-8x - 8 \leq -4x^2 \qquad | + 4x^2$$
$$4x^2 - 8x - 8 \leq 0 \qquad | : 4$$
$$x^2 - 2x - 2 \leq 0 \qquad | + 1$$
$$x^2 - 2x + 1 - 2 \leq 1 \qquad | + 2$$
$$x^2 - 2x + 1 \leq 3$$
$$(x - 1)^2 \leq 3$$

$$\Longrightarrow -\sqrt{3} \leq x - 1 \leq \sqrt{3} \Longrightarrow -\sqrt{3} + 1 \leq x \leq \sqrt{3} + 1$$
$$\Longrightarrow \mathbb{L} = [-\sqrt{3} + 1, \sqrt{3} + 1].$$

Aufgabe 8.6.10

Bestimmen Sie die Lösungsmengen folgender Ungleichungen:

a) $\left| x^2 + 2x - 7 \right| > 4$,   b) $\left| 2x^2 - 5x + 3 \right| \leq 8$,

c) $\left| 4x^2 - 4 \right| \leq 12$,   d) $\left| 9x^2 - 24x + 16 \right| > 0$.

Lösung:

a) Gesucht sind alle Lösungen von $\left| x^2 + 2x - 7 \right| > 4$.

Wegen $\left| x^2 + 2x - 7 \right| > 4 \Longrightarrow x^2 + 2x - 7 > 4$ oder $x^2 + 2x - 7 < -4$ müssen zwei Fälle unterschieden werden.

1. Fall: $x^2 + 2x - 7 > 4$.

Für die Ungleichung gilt dann:

$$x^2 + 2x - 7 > 4 \qquad | + 1$$
$$x^2 + 2x + 1 - 7 > 5 \qquad | + 7$$
$$(x + 1)^2 > 12$$

$\Longrightarrow x + 1 < -\sqrt{12}$ oder $x + 1 > \sqrt{12}$

$\Longrightarrow x < -1 - \sqrt{12}$ oder $x > -1 + \sqrt{12}$

$\Longrightarrow \mathbb{L}_1 = (-\infty, -1 - \sqrt{12}) \cup (-1 + \sqrt{12}, \infty)$.

2. Fall: $x^2 + 2x - 7 < -4$

Für die Ungleichung gilt dann:

$$x^2 + 2x - 7 < -4 \quad | + 1$$
$$x^2 + 2x + 1 - 7 < -3 \quad | + 7$$
$$(x + 1)^2 < 4.$$

$\Longrightarrow -2 < x + 1 < 2 \Longrightarrow -3 < x < 1 \Longrightarrow \mathbb{L}_2 = (-3, 1)$.

Insgesamt gilt:

$\mathbb{L} = \mathbb{L}_1 \cup \mathbb{L}_2 = (-\infty, -1 - \sqrt{12}) \cup (-3, 1) \cup (-1 + \sqrt{12}, \infty)$.

b) Gesucht sind alle Lösungen von $|2x^2 - 5x + 3| \leq 8$.

Wegen $|2x^2 - 5x + 3| \leq 8 \Longrightarrow -8 \leq 2x^2 - 5x + 3 \leq 8$ müssen zwei Fälle unterschieden werden.

1. Fall: $-8 \leq 2x^2 - 5x + 3$.

Für die Ungleichung gilt dann:

$$
\begin{aligned}
-8 &\leq 2x^2 - 5x + 3 & &| + 8 \\
0 &\leq 2x^2 - 5x + 11 & &| : 2 \\
0 &\leq x^2 - 2.5x + 5.5 & &| + 1.5625 \\
1.5625 &\leq x^2 - 2.5x + 1.5625 + 5.5 & &| - 5.5 \\
(x - 1.25)^2 &\geq -3.9375
\end{aligned}
$$

$\Longrightarrow \mathbb{L}_1 = \mathbb{R}$.

2. Fall: $2x^2 - 5x + 3 \leq 8$.

Für die Ungleichung gilt dann:

$$
\begin{aligned}
2x^2 - 5x + 3 &\leq 8 & &| - 8 \\
2x^2 - 5x - 5 &\leq 0 & &| : 2 \\
x^2 - 2.5x - 2.5 &\leq 0 & &| + 1.5625 \\
x^2 - 2.5x + 1.5625 - 2.5 &\leq 1.5625 & &| + 2.5 \\
(x - 1.25)^2 &\leq 4.0625
\end{aligned}
$$

$\Longrightarrow -\sqrt{4.0625} < x - 1.25 < \sqrt{4.0625}$

$\Longrightarrow 1.25 - \sqrt{4.0625} < x < 1.25 + \sqrt{4.0625}$

$$\implies \mathbb{L}_2 = \left(1.25 - \sqrt{4.0625}, 1.25 + \sqrt{4.0625}\right).$$

Insgesamt gilt:

$$\mathbb{L} = \mathbb{L}_1 \cap \mathbb{L}_2 = \mathbb{R} \cap \left(1.25 - \sqrt{4.0625}, 1.25 + \sqrt{4.0625}\right)$$
$$= \left(1.25 - \sqrt{4.0625}, 1.25 + \sqrt{4.0625}\right).$$

c) $\left|4x^2 - 4\right| \le 12 \implies -12 \le 4x^2 - 4 \le 12 \implies -8 \le 4x^2 \le 16$
$\implies -2 \le x^2 \le 4 \implies 0 \le x^2 \le 4 \implies -2 \le x \le 2 \implies \mathbb{L} = [-2, 2].$

d) $\left|9x^2 - 24x + 16\right| > 0 \implies \left|(3x - 4)^2\right| > 0$
$\implies \mathbb{L} = \mathbb{R} \setminus \{x \mid 3x - 4 = 0\} = \mathbb{R} \setminus \left\{\dfrac{4}{3}\right\}.$

Aufgabe 8.6.11

Bestimmen Sie die Lösungsmengen folgender Ungleichungen:

a) $\left|\dfrac{x-2}{x+1}\right| \ge 4$, b) $\left|\dfrac{x+8}{x-7}\right| < 13$, c) $\left|\dfrac{6x}{x-2}\right| \le 4.$

Lösung:

a) Gesucht sind alle Lösungen von $\left|\dfrac{x-2}{x+1}\right| \ge 4.$

Wegen des Nenners gilt: $\mathbb{D} = \mathbb{R} \setminus \{-1\}.$

Wegen $\left|\dfrac{x-2}{x+1}\right| = \dfrac{|x-2|}{|x+1|}$ und

$$|x - 2| = \begin{cases} x - 2 & \text{für } x \ge 2 \\ -x + 2 & \text{für } x < 2 \end{cases} \quad \text{und}$$

$$|x + 1| = \begin{cases} x + 1 & \text{für } x \ge -1 \\ -x - 1 & \text{für } x < -1 \end{cases}$$

müssen drei Fälle unterschieden werden.

1. Fall: $x < -1$.

Für die Ungleichung gilt dann:

$$\begin{array}{ll} \dfrac{-x + 2}{-x - 1} \ge 4 & |\cdot (-x - 1) \\[2mm] -x + 2 \ge 4(-x - 1) & |\text{ zusammenfassen} \\[1mm] -x + 2 \ge -4x - 4 & |+4x - 2 \\[1mm] 3x \ge -6 & |:3 \\[1mm] x \ge -2 & \end{array}$$

$\Longrightarrow \ \mathbb{L}_1 = (-\infty, -1) \cap [-2, \infty) = [-2, -1).$

2. Fall: $-1 < x < 2$.

Für die Ungleichung gilt dann:

$$\frac{-x+2}{x+1} \geq 4 \qquad | \cdot (x+1)$$
$$-x+2 \geq 4(x+1) \quad | \text{ zusammenfassen}$$
$$-x+2 \geq 4x+4 \quad | +x-4$$
$$-2 \geq 5x \qquad | : 5$$
$$-\frac{2}{5} \geq x$$

$$\Longrightarrow \ \mathbb{L}_2 = (-1, 2) \cap \left(-\infty, -\frac{2}{5}\right] = \left(-1, -\frac{2}{5}\right].$$

3. Fall: $x \geq 2$.

Für die Ungleichung gilt dann:

$$\frac{x-2}{x+1} \geq 4 \qquad | \cdot (x+1)$$
$$x-2 \geq 4(x+1) \quad | \text{ zusammenfassen}$$
$$x-2 \geq 4x+4 \quad | -x-4$$
$$-6 \geq 3x \qquad | : 3$$
$$-2 \geq x$$

$$\Longrightarrow \ \mathbb{L}_3 = [2, \infty) \cap (-\infty, -2] = \{\}.$$

Insgesamt gilt:

$$\mathbb{L} = \mathbb{L}_1 \cup \mathbb{L}_2 \cup \mathbb{L}_3 = [-2, -1) \cup \left(-1, -\frac{2}{5}\right] \cup \{\} = \left[-2, -\frac{2}{5}\right] \setminus \{-1\}.$$

b) Gesucht sind alle Lösungen von $\left|\dfrac{x+8}{x-7}\right| < 13$.

Wegen des Nenners gilt: $\mathbb{D} = \mathbb{R} \setminus \{7\}$.

Wegen $\left|\dfrac{x+8}{x-7}\right| = \dfrac{|x+8|}{|x-7|}$ und

$$|x+8| = \begin{cases} x+8 & \text{für } x \geq -8 \\ -x-8 & \text{für } x < -8 \end{cases} \quad \text{und}$$

$$|x-7| = \begin{cases} x-7 & \text{für } x \geq 7 \\ -x+7 & \text{für } x < 7 \end{cases}$$

müssen drei Fälle unterschieden werden.

1. Fall: $x < -8$.

Für die Ungleichung gilt dann:

$$\frac{-x-8}{-x+7} < 13 \qquad | \cdot (-x+7)$$

$$-x-8 < 13(-x+7) \quad | \text{ zusammenfassen}$$

$$-x-8 < -13x+91 \quad | +13x+8$$

$$12x < 99 \qquad | :12$$

$$x < \frac{33}{4}$$

$$\implies \mathbb{L}_1 = (-\infty, -8) \cap \left(-\infty, \frac{33}{4}\right) = (-\infty, -8).$$

2. Fall: $-8 \leq x < 7$.

Für die Ungleichung gilt dann:

$$\frac{x+8}{-x+7} < 13 \qquad | \cdot (-x+7)$$

$$x+8 < 13(-x+7) \quad | \text{ zusammenfassen}$$

$$x+8 < -13x+91 \quad | +13x-8$$

$$14x < 83 \qquad | :14$$

$$x < \frac{83}{14}$$

$$\implies \mathbb{L}_2 = [-8, 7) \cap \left(-\infty, \frac{83}{14}\right) = \left(-8, \frac{83}{14}\right).$$

3. Fall: $x > 7$.

Für die Ungleichung gilt dann:

$$\frac{x+8}{x-7} < 13 \qquad | \cdot (x-7)$$

$$x+8 < 13(x-7) \quad | \text{ zusammenfassen}$$

$$x+8 < 13x-91 \quad | -x+91$$

$$99 < 12x \qquad | :12$$

$$\frac{33}{4} < x$$

$$\implies \mathbb{L}_3 = (7, \infty) \cap \left(\frac{33}{4}, \infty\right) = \left(\frac{33}{4}, \infty\right).$$

Insgesamt gilt: $\mathbb{L} = \mathbb{L}_1 \cup \mathbb{L}_2 \cup \mathbb{L}_3$

$$= (-\infty, -8) \cup \left[-8, \frac{83}{14}\right) \cup \left(\frac{33}{4}, \infty\right) = \left(-\infty, \frac{83}{14}\right) \cup \left(\frac{33}{4}, \infty\right).$$

c) Gesucht sind alle Lösungen von $\left|\dfrac{6x}{x-2}\right| \leq 4$.

Wegen des Nenners gilt: $\mathbb{D} = \mathbb{R} \setminus \{2\}$.

Wegen $\left| \dfrac{6x}{x-2} \right| = \dfrac{|6x|}{|x-2|}$ und

$$|6x| = \begin{cases} 6x & \text{für } x \geq 0 \\ -6x & \text{für } x < 0 \end{cases} \quad \text{und}$$

$$|x-2| = \begin{cases} x-2 & \text{für } x \geq 2 \\ -x+2 & \text{für } x < 2 \end{cases}$$

müssen drei Fälle unterschieden werden.

1. Fall: $x < 0$.

Für die Ungleichung gilt dann:

$$\begin{aligned}
\frac{-6x}{-x+2} &\leq 4 & &| \cdot (-x+2) \\
-6x &\leq 4(-x+2) & &| \text{ zusammenfassen} \\
-6x &\leq -4x+8 & &| +6x-8 \\
-8 &\leq 2x & &| : 2 \\
-4 &\leq x
\end{aligned}$$

$\Longrightarrow \mathbb{L}_1 = (-\infty, 0) \cap [-4, \infty) = [-4, 0)$.

2. Fall: $0 \leq x < 2$.

Für die Ungleichung gilt dann:

$$\begin{aligned}
\frac{6x}{-x+2} &\leq 4 & &| \cdot (-x+2) \\
6x &\leq 4(-x+2) & &| \text{ zusammenfassen} \\
6x &\leq -4x+8 & &| +4x \\
10x &\leq 8 & &| : 10 \\
x &\leq \frac{4}{5}
\end{aligned}$$

$\Longrightarrow \mathbb{L}_2 = [0, 2) \cap \left(-\infty, \dfrac{4}{5}\right] = \left[0, \dfrac{4}{5}\right]$.

3. Fall: $x > 2$.

Für die Ungleichung gilt dann:

$$\begin{aligned}
\frac{6x}{x-2} &\leq 4 & &| \cdot (x-2) \\
6x &\leq 4(x-2) & &| \text{ zusammenfassen} \\
6x &\leq 4x-8 & &| -4x \\
2x &\leq -8 & &| : 2 \\
x &\leq -4
\end{aligned}$$

$\Longrightarrow \mathbb{L}_3 = (2, \infty) \cap (-\infty, -4] = \{\}.$

Insgesamt gilt: $\mathbb{L} = \mathbb{L}_1 \cup \mathbb{L}_2 \cup \mathbb{L}_3 = [-4, 0) \cup \left[0, \frac{4}{5}\right] \cup \{\} = \left[-4, \frac{4}{5}\right].$

Aufgabe 8.6.12

Bestimmen Sie die Lösungsmengen folgender Ungleichungen:

a) $\dfrac{x^2 - 36}{x + 6} \geq 0,$ b) $x - \dfrac{6}{x} \leq 0,$ c) $|x + 2| - \dfrac{8}{x + 2} > 0.$

Lösung:

a) Gesucht sind alle Lösungen von $\dfrac{x^2 - 36}{x + 6} \geq 0.$

Wegen des Nenners gilt: $\mathbb{D} = \mathbb{R} \setminus \{-6\}.$

Als erstes muß diese Ungleichung mit $x + 6$ durchmultipliziert werden. Da dieser Term sowohl positiv als auch negativ werden kann, müssen zwei Fälle unterschieden werden.

1. Fall: $x + 6 > 0 \Longrightarrow x > -6.$

Für die Ungleichung gilt dann:

$$\frac{x^2 - 36}{x + 6} \geq 0 \quad | \cdot (x - 6)$$
$$x^2 - 36 \geq 0 \quad | + 36$$
$$x^2 \geq 36$$

$\Longrightarrow x \leq -6$ oder $x \geq 6$

$\Longrightarrow \mathbb{L}_1 = (-6, \infty) \cap ((-\infty, -6] \cup [6, \infty)) = [6, \infty).$

2. Fall: $x + 6 < 0 \Longrightarrow x < -6.$

Für die Ungleichung gilt dann:

$$\frac{x^2 - 36}{x + 6} \geq 0 \quad | \cdot (x - 6)$$
$$x^2 - 36 \leq 0 \quad | + 36$$
$$x^2 \leq 36$$

$\Longrightarrow -6 \leq x \leq 6$

$\Longrightarrow \mathbb{L}_2 = (-\infty, -6) \cap [-6, 6] = \{\}.$

Insgesamt gilt: $\mathbb{L} = \mathbb{L}_1 \cup \mathbb{L}_2 = [6, \infty) \cup \{\} = [6, \infty).$

b) Gesucht sind alle Lösungen von $x - \dfrac{6}{x} \leq 0$.

Wegen des Nenners gilt: $\mathbb{D} = \mathbb{R} \setminus \{0\}$.

Als erstes muß diese Ungleichung mit x durchmultipliziert werden. Da dieser Term sowohl positiv als auch negativ werden kann, müssen zwei Fälle unterschieden werden.

1. Fall: $x > 0$.

Für die Ungleichung gilt dann:

$$x - \frac{6}{x} \leq 0 \quad | \cdot x$$
$$x^2 - 6 \leq 0 \quad | + 6$$
$$x^2 \leq 6$$

$$\Longrightarrow -\sqrt{6} \leq x \leq \sqrt{6}$$

$$\Longrightarrow \mathbb{L}_1 = (0, \infty) \cap \left[-\sqrt{6}, \sqrt{6}\right] = \left(0, \sqrt{6}\right].$$

2. Fall: $x < 0$.

Für die Ungleichung gilt dann:

$$x - \frac{6}{x} \leq 0 \quad | \cdot x$$
$$x^2 - 6 \geq 0 \quad | + 6$$
$$x^2 \geq 6$$

$$\Longrightarrow x \leq -\sqrt{6} \text{ oder } x \geq \sqrt{6}$$

$$\Longrightarrow \mathbb{L}_2 = (-\infty, 0) \cap \left(\left(-\infty, -\sqrt{6}\right] \cup \left[\sqrt{6}, \infty\right)\right) = \left(-\infty, -\sqrt{6}\right].$$

Insgesamt gilt: $\mathbb{L} = \mathbb{L}_1 \cup \mathbb{L}_2 = \left(-\infty, -\sqrt{6}\right] \cup \left(0, \sqrt{6}\right]$.

c) Gesucht sind alle Lösungen von $|x + 2| - \dfrac{8}{x + 2} > 0$.

Wegen des Nenners gilt: $\mathbb{D} = \mathbb{R} \setminus \{-2\}$.

$$\text{Wegen } |x + 2| = \begin{cases} x + 2 & \text{für } x \geq -2 \\ -x - 2 & \text{für } x < -2 \end{cases}$$

müssen zwei Fälle unterschieden werden.

1. Fall: $x > -2$.

Für die Ungleichung gilt dann:

$$x + 2 - \frac{8}{x+2} > 0 \quad | \cdot (x+2)$$

$$(x+2)^2 - 8 > 0 \quad | + 8$$

$$(x+2)^2 > 8$$

$$\Longrightarrow x + 2 < -\sqrt{8} \text{ oder } x + 2 > \sqrt{8}$$
$$\Longrightarrow x < -2 - \sqrt{8} \text{ oder } x > -2 + \sqrt{8}$$

$$\Longrightarrow \mathbb{L}_1 = (-2, \infty) \cap \left(\left(-\infty, -2 - \sqrt{8} \right) \cup \left(-2 + \sqrt{8}, \infty \right) \right)$$
$$= \left(-2 + \sqrt{8}, \infty \right).$$

2. Fall: $x < -2$.

Für die Ungleichung gilt dann:

$$-(x+2) - \frac{8}{x+2} > 0 \qquad | \cdot (x+2)$$

$$-(x+2)^2 - 8 < 0 \qquad | + (x+2)^2$$

$$-8 < (x+2)^2$$

$$\Longrightarrow \mathbb{L}_2 = (-\infty, -2) \cap \mathbb{R} = (-\infty, -2).$$

Insgesamt gilt: $\mathbb{L} = \mathbb{L}_1 \cup \mathbb{L}_2 = (-\infty, -2) \cup \left(-2 + \sqrt{8}, \infty \right).$

Aufgabe 8.6.13

Bestimmen Sie die Lösungsmengen folgender Ungleichungen:

a) $x > 2 - \dfrac{1}{x}$, b) $\dfrac{2}{x} - \dfrac{5}{2x} \le 3$, c) $\dfrac{x-5}{|5x-5|} \le 4$.

Lösung:

a) Gesucht sind alle Lösungen von $x > 2 - \dfrac{1}{x}$.

Wegen des Nenners gilt: $\mathbb{D} = \mathbb{R} \setminus \{0\}$.

Als erstes muß diese Ungleichung mit x durchmultipliziert werden. Da dieser Term sowohl positiv als auch negativ werden kann, müssen zwei Fälle unterschieden werden.

1. Fall: $x > 0$.

Für die Ungleichung gilt dann:

$$x > 2 - \frac{1}{x} \quad | \cdot x$$

$$x^2 > 2x - 1 \quad | -2x + 1$$

$$x^2 - 2x + 1 > 0$$

$$(x - 1)^2 > 0$$

$$\Longrightarrow \mathbb{L}_1 = (0, \infty) \cap (\mathbb{R} \setminus \{1\}) = (0, \infty) \setminus \{1\}.$$

2. Fall: $x < 0$.

Für die Ungleichung gilt dann:

$$x > 2 - \frac{1}{x} \quad | \cdot x$$

$$x^2 < 2x - 1 \quad | -2x + 1$$

$$x^2 - 2x + 1 < 0$$

$$(x - 1)^2 < 0$$

$$\Longrightarrow \mathbb{L}_2 = (-\infty, 0) \cap \{\} = \{\}.$$

Insgesamt gilt: $\mathbb{L} = \mathbb{L}_1 \cup \mathbb{L}_2 = ((0, \infty) \setminus \{1\}) \cup \{\} = (0, \infty) \setminus \{1\}$.

b) Gesucht sind alle Lösungen von $\frac{2}{x} - \frac{5}{2x} \leq 3$.

Wegen des Nenners gilt: $\mathbb{D} = \mathbb{R} \setminus \{0\}$.

Als erstes muß diese Ungleichung mit $2x$ durchmultipliziert werden. Da dieser Term sowohl positiv als auch negativ werden kann, müssen zwei Fälle unterschieden werden.

1. Fall: $x > 0$.

Für die Ungleichung gilt dann:

$$\frac{2}{x} - \frac{5}{2x} \leq 3 \quad | \cdot 2x$$

$$4 - 5 \leq 6x \quad | \text{ zusammenfassen}$$

$$-1 \leq 6x \quad | : 6$$

$$-\frac{1}{6} \leq x$$

$$\Longrightarrow \mathbb{L}_1 = (0, \infty) \cap \left[-\frac{1}{6}, \infty \right) = (0, \infty).$$

2. Fall: $x < 0$.

Für die Ungleichung gilt dann:

$$\frac{2}{x} - \frac{5}{2x} \le 3 \qquad | \cdot 2x$$

$$4 - 5 \ge 6x \qquad | \text{ zusammenfassen}$$

$$-1 \ge 6x \qquad | : 6$$

$$-\frac{1}{6} \ge x$$

$$\Longrightarrow \mathbb{L}_2 = (-\infty, 0) \cap \left(-\infty, -\frac{1}{6}\right] = \left(-\infty, -\frac{1}{6}\right].$$

Insgesamt gilt: $\mathbb{L} = \mathbb{L}_1 \cup \mathbb{L}_2 = \left(-\infty, -\frac{1}{6}\right] \cap (0, \infty) = \mathbb{R} \setminus \left(-\frac{1}{6}, 0\right].$

c) Gesucht sind alle Lösungen von $\dfrac{x-5}{|5x-5|} \le 4$.

Wegen des Nenners gilt: $\mathbb{D} = \mathbb{R} \setminus \{1\}$.

$$\text{Wegen } |5x - 5| \;=\; \begin{cases} 5x - 5 & \text{für } x \ge 1 \\ -5x + 1 & \text{für } x < 1 \end{cases}$$

müssen zwei Fälle unterschieden werden.

1. Fall: $x > 1$.

Für die Ungleichung gilt dann:

$$\frac{x-5}{5x-5} \le 4 \qquad | \cdot (5x - 5)$$

$$x - 5 \le 4(5x - 5) \qquad | \text{ zusammenfassen}$$

$$x - 5 \le 20x - 20 \qquad | - x + 20$$

$$15 \le 19x \qquad | : 19$$

$$\frac{15}{19} \le x$$

$$\Longrightarrow \mathbb{L}_1 = (1, \infty) \cap \left[\frac{15}{19}, \infty\right) = \left[\frac{15}{19}, \infty\right).$$

2. Fall: $x < 1$.

Für die Ungleichung gilt dann:

$$\frac{x-5}{-5x+5} \leq 4 \qquad | \cdot (-5x+5)$$

$$x-5 \leq 4(-5x+5) \quad | \text{ zusammenfassen}$$
$$x-5 \leq -20x+20 \quad | +20x+5$$
$$21x \leq 25 \quad | : 21$$
$$x \leq \frac{25}{21}$$

$$\Longrightarrow \mathbb{L}_2 = (-\infty, 1) \cap \left(-\infty, \frac{25}{21}\right] = (-\infty, 1).$$

Insgesamt gilt: $\mathbb{L} = \mathbb{L}_1 \cup \mathbb{L}_2 = (-\infty, 1) \cup \left[\frac{15}{19}, \infty\right) = \mathbb{R} \setminus \left[1, \frac{15}{19}\right).$

Aufgabe 8.6.14

Bestimmen Sie die Lösungsmengen folgender Ungleichungen:

a) $\dfrac{-2}{4-x^2} > 1$, b) $\dfrac{-1}{x-2} \geq x$, c) $\dfrac{1-2x}{x^2-2} < 1$.

Lösung:

a) Gesucht sind alle Lösungen von $\dfrac{-2}{4-x^2} > 1$.

Wegen des Nenners gilt: $\mathbb{D} = \mathbb{R} \setminus \{-2, 2\}$.

Als erstes muß diese Ungleichung mit $4-x^2$ durchmultipliziert werden. Da dieser Term sowohl positiv als auch negativ werden kann, müssen zwei Fälle unterschieden werden.

1. Fall: $4-x^2 > 0 \Longrightarrow 4 > x^2 \Longrightarrow -2 < x < 2$.
Für die Ungleichung gilt dann:

$$\frac{-2}{4-x^2} > 1 \qquad | \cdot (4-x^2)$$
$$-2 > 4-x^2 \quad | +x^2+2$$
$$x^2 > 6$$

$$\Longrightarrow x < -\sqrt{6} \text{ oder } x > \sqrt{6}$$

$$\Longrightarrow \mathbb{L}_1 = (-2, 2) \cap \left(\left(-\infty, -\sqrt{6}\right) \cup \left(-\sqrt{6}, \infty\right)\right) = \{\}.$$

2. Fall: $4 - x^2 < 0 \Longrightarrow 4 < x^2 \Longrightarrow x < -2$ oder $x > 2$.

Für die Ungleichung gilt dann:

$$\frac{-2}{4 - x^2} > 1 \qquad | \cdot (4 - x^2)$$
$$-2 < 4 - x^2 \quad | + x^2 + 2$$
$$x^2 < 6$$

$\Longrightarrow -\sqrt{6} < x < \sqrt{6} \Longrightarrow \mathbb{L}_2 = ((-\infty, -2) \cup (2, \infty)) \cap \left(-\sqrt{6}, \sqrt{6}\right)$

$= \left(-\sqrt{6}, -2\right) \cup \left(2, \sqrt{6}\right).$

Insgesamt gilt: $\mathbb{L} = \mathbb{L}_1 \cup \mathbb{L}_2 = \{\} \cup \left(\left(-\sqrt{6}, -2\right) \cup \left(2, \sqrt{6}\right)\right)$

$= \left(-\sqrt{6}, -2\right) \cup \left(2, \sqrt{6}\right).$

b) Gesucht sind alle Lösungen von $\dfrac{-1}{x - 2} \geq x$.

Wegen des Nenners gilt: $\mathbb{D} = \mathbb{R} \setminus \{2\}$.

Als erstes muß diese Ungleichung mit $x - 2$ durchmultipliziert werden. Da dieser Term sowohl positiv als auch negativ werden kann, müssen zwei Fälle unterschieden werden.

1. Fall: $x - 2 > 0 \Longrightarrow x > 2$.

Für die Ungleichung gilt dann:

$$\frac{-1}{x - 2} \geq x \qquad | \cdot (x - 2)$$
$$-1 \geq x(x - 2) \quad | \text{ zusammenfassen}$$
$$-1 \geq x^2 - 2x \quad | + 1$$
$$0 \geq x^2 - 2x + 1$$
$$0 \geq (x - 1)^2$$

$\Longrightarrow x = 1 \Longrightarrow \mathbb{L}_1 = (2, \infty) \cap \{1\} = \{\}.$

2. Fall: $x - 2 < 0 \Longrightarrow x < 2$.

Für die Ungleichung gilt dann:

$$\frac{-1}{x - 2} \geq x \qquad | \cdot (x - 2)$$
$$-1 \leq x(x - 2) \quad | \text{ zusammenfassen}$$
$$-1 \leq x^2 - 2x \quad | + 1$$
$$0 \leq x^2 - 2x + 1$$
$$0 \leq (x - 1)^2$$

$\Longrightarrow x \in \mathbb{R} \Longrightarrow \mathbb{L}_2 = (-\infty, 2) \cap \mathbb{R} = (-\infty, 2).$

Insgesamt gilt: $\mathbb{L} = \mathbb{L}_1 \cup \mathbb{L}_2 = \{\} \cup (-\infty, 2) = (-\infty, 2).$

c) Gesucht sind alle Lösungen von $\dfrac{1 - 2x}{x^2 - 2} < 1.$

Wegen des Nenners gilt: $\mathbb{D} = \mathbb{R} \setminus \{-\sqrt{2}, \sqrt{2}\}.$

Als erstes muß diese Ungleichung mit $x^2 - 2$ durchmultipliziert werden. Da dieser Term sowohl positiv als auch negativ werden kann, müssen zwei Fälle unterschieden werden.

1. Fall: $x^2 - 2 > 0 \Longrightarrow x^2 > 2 \Longrightarrow x < -\sqrt{2}$ oder $x > \sqrt{2}.$
Für die Ungleichung gilt dann:

$$
\begin{aligned}
\frac{1 - 2x}{x^2 - 2} &< 1 && | \cdot (x^2 - 2) \\
1 - 2x &< x^2 - 2 && | -1 + 2x \\
0 &< x^2 + 2x - 3 && |\text{Seiten tauschen} \\
x^2 + 2x - 3 &> 0 && | +1 \\
x^2 + 2x + 1 - 3 &> 1 && | +3 \\
(x + 1)^2 &> 4
\end{aligned}
$$

$\Longrightarrow x + 1 < -2$ oder $x + 1 > 2 \Longrightarrow x < -3$ oder $x > 1$

$\Longrightarrow \mathbb{L}_1 = \left(\left(-\infty, -\sqrt{2}\right) \cup \left(\sqrt{2}, \infty\right) \right) \cap ((-\infty, -3) \cup (1, \infty))$

$= (-\infty, -3) \cup \left(\sqrt{2}, \infty\right).$

2. Fall: $x^2 - 2 < 0 \Longrightarrow x^2 < 2 \Longrightarrow -\sqrt{2} < x < \sqrt{2}.$
Für die Ungleichung gilt dann:

$$
\begin{aligned}
\frac{1 - 2x}{x^2 - 2} &< 1 && | \cdot (x^2 - 2) \\
1 - 2x &> x^2 - 2 && | -1 + 2x \\
0 &> x^2 + 2x - 3 && |\text{Seiten tauschen} \\
x^2 + 2x - 3 &< 0 && | +1 \\
x^2 + 2x + 1 - 3 &< 1 && | +3 \\
(x + 1)^2 &< 4
\end{aligned}
$$

$\Longrightarrow -2 < x + 1 < 2 \Longrightarrow -3 < x < 1$
$\Longrightarrow \mathbb{L}_2 = \left(-\sqrt{2}, \sqrt{2}\right) \cap (-3, 1) = \left(-\sqrt{2}, 1\right).$

Insgesamt gilt: $\mathbb{L} = \mathbb{L}_1 \cup \mathbb{L}_2 = (-\infty, -3) \cup \left(-\sqrt{2}, 1\right) \cup \left(\sqrt{2}, \infty\right)$.

Aufgabe 8.6.15

Bestimmen Sie die Lösungsmengen folgender Ungleichungen:

a) $\dfrac{1}{|x-3|} < \dfrac{1}{x-3} + x$, b) $|x| + \dfrac{2}{1+|x|} > 2$,

c) $x - 1 \geq \dfrac{1}{|x-2|}$,   d) $\dfrac{x^2}{2 + |x-1|} \leq 1$.

Lösung:

a) Gesucht sind alle Lösungen von $\dfrac{1}{|x-3|} < \dfrac{1}{x-3} + x$.

Wegen des Nenners gilt: $\mathbb{D} = \mathbb{R} \setminus \{3\}$.

$$\text{Wegen } |x-3| \;=\; \begin{cases} x-3 & \text{für } x \geq 3 \\ -x+3 & \text{für } x < 3 \end{cases}$$

müssen zwei Fälle unterschieden werden.

1. Fall: $x < 3$.

Für die Ungleichung gilt dann:

$$\frac{1}{-x+3} < \frac{1}{x-3} + x \qquad\qquad |\cdot(-x+3)$$

$$1 < \frac{-x+3}{x-3} + x(-x+3) \quad | \text{ zusammenfassen}$$

$$1 < -1 - x^2 + 3x \qquad\qquad |+x^2 - 3x + 1$$

$$x^2 - 3x + 2 < 0 \qquad\qquad\qquad |+2.25$$

$$x^2 - 3x + 2.25 + 2 < 2.25 \qquad\qquad |-2$$

$$(x - 1.5)^2 < 0.25$$

$\Longrightarrow -0.5 < x - 1.5 < 0.5 \Longrightarrow 1 < x < 2$
$\Longrightarrow \mathbb{L}_1 = (-\infty, 3) \cap (1, 2) = (1, 2)$.

2. Fall: $x > 3$.

Für die Ungleichung gilt dann:

$$\frac{1}{x-3} < \frac{1}{x-3} + x \quad |-\frac{1}{x-3}$$

$$0 < x$$

$\implies \mathbb{L}_2 = (3, \infty) \cap (0, \infty) = (3, \infty)$.

Insgesamt gilt: $\mathbb{L} = \mathbb{L}_1 \cup \mathbb{L}_2 = (1, 2) \cup (3, \infty)$.

b) Gesucht sind alle Lösungen von $|x| + \dfrac{2}{1 + |x|} > 2$.

Da der Nenner stets positiv ist, gilt: $\mathbb{D} = \mathbb{R}$.

$$\text{Wegen } |x| \;=\; \begin{cases} x & \text{für } x \geq 0 \\ -x & \text{für } x < 0 \end{cases}$$

müssen zwei Fälle unterschieden werden.

1. Fall: $x < 0$.

Für die Ungleichung gilt dann:

$$-x + \frac{2}{1 - x} > 2 \qquad | \cdot (1 - x)$$

$$-x(1 - x) + 2 > 2(1 - x) \quad | \text{ zusammenfassen}$$
$$-x + x^2 + 2 > 2 - 2x \quad | -2 + 2x$$
$$x^2 + x > 0 \quad | +0.25$$
$$x^2 + x + 0.25 > 0.25$$
$$(x + 0.5)^2 > 0.25$$

$\implies x + 0.5 < -0.5$ oder $x + 0.5 > 0.5 \implies x < -1$ oder $x > 0$
$\implies \mathbb{L}_1 = (-\infty, 0) \cap ((-\infty, -1) \cup (0, \infty)) = (-\infty, -1)$.

2. Fall: $x \geq 0$.

Für die Ungleichung gilt dann:

$$x + \frac{2}{1 + x} > 2 \qquad | \cdot (1 + x)$$

$$x(1 + x) + 2 > 2(1 + x) \quad | \text{ zusammenfassen}$$
$$x + x^2 + 2 > 2 + 2x \quad | -2 - 2x$$
$$x^2 - x > 0 \quad | +0.25$$
$$x^2 - x + 0.25 > 0.25$$
$$(x - 0.5)^2 > 0.25$$

$\implies x - 0.5 < -0.5$ oder $x - 0.5 > 0.5 \implies x < 0$ oder $x > 1$
$\implies \mathbb{L}_2 = [0, \infty) \cap ((-\infty, 0) \cup (1, \infty)) = (1, \infty)$.

Insgesamt gilt: $\mathbb{L} = \mathbb{L}_1 \cup \mathbb{L}_2 = (-\infty, -1) \cup (1, \infty)$.

c) Gesucht sind alle Lösungen von $x - 1 \geq \dfrac{1}{|x-2|}$.

Wegen des Nenners gilt: $\mathbb{D} = \mathbb{R} \setminus \{2\}$.

$$\text{Wegen } |x-2| \;=\; \begin{cases} x-2 & \text{für } x \geq 2 \\ -x+2 & \text{für } x < 2 \end{cases}$$

müssen zwei Fälle unterschieden werden.

1. Fall: $x < 2$.

Für die Ungleichung gilt dann:

$$x - 1 \geq \frac{1}{-x+2} \qquad | \cdot (-x+2)$$

$$\begin{aligned}
(x-1)(-x+2) &\geq 1 & &| \text{ zusammenfassen} \\
-x^2 + 3x - 2 &\geq 1 & &| + x^2 - 3x + 2 \\
0 &\geq x^2 - 3x + 3 & &| + 2.25 \\
x^2 - 3x + 2.25 + 3 &\leq 2.25 & &| - 3 \\
(x-1.5)^2 &\leq -0.75
\end{aligned}$$

$\Longrightarrow \mathbb{L}_1 = (-\infty, 2) \cap \{\} = \{\}.$

2. Fall: $x > 2$.

Für die Ungleichung gilt dann:

$$x - 1 \geq \frac{1}{x-2} \qquad | \cdot (x-2)$$

$$\begin{aligned}
(x-1)(x-2) &\geq 1 & &| \text{ zusammenfassen} \\
x^2 - 3x + 2 &\geq 1 & &| + 2.25 \\
x^2 - 3x + 2.25 + 2 &\geq 3.25 & &| - 2 \\
(x-1.5)^2 &\geq 1.25
\end{aligned}$$

$\Longrightarrow x - 1.5 \leq -\sqrt{1.25}$ oder $x - 1.5 \geq \sqrt{1.25}$

$\Longrightarrow x \leq 1.5 - \sqrt{1.25}$ oder $x \geq 1.5 + \sqrt{1.25}$

$\Longrightarrow \mathbb{L}_2 = (2, \infty) \cap \left(\left(-\infty, 1.5 - \sqrt{1.25}\right] \cup \left[1.5 + \sqrt{1.25}, \infty\right) \right)$

$= \left[1.5 + \sqrt{1.25}, \infty\right).$

Insgesamt gilt:

$\mathbb{L} = \mathbb{L}_1 \cup \mathbb{L}_2 = \{\} \cup \left[1.5 + \sqrt{1.25}, \infty\right)$

$= \left[1.5 + \sqrt{1.25}, \infty\right).$

d) Gesucht sind alle Lösungen von $\dfrac{x^2}{2 + |x - 1|} \leq 1$.

Da der Nenner stets positiv ist, gilt: $\mathbb{D} = \mathbb{R}$.

$$\text{Wegen } |x - 1| \; = \; \begin{cases} x - 1 & \text{für } x \geq 1 \\ -x + 1 & \text{für } x < 1 \end{cases}$$

müssen zwei Fälle unterschieden werden.

1. Fall: $x < 1$.

Für die Ungleichung gilt dann:

$$\frac{x^2}{2 - x + 1} \leq 1 \qquad | \text{ zusammenfassen}$$

$$\frac{x^2}{3 - x} \leq 1 \qquad | \cdot (3 - x)$$

$$x^2 \leq 3 - x \qquad | - 3 + x$$

$$x^2 + x - 3 \leq 0 \qquad | + 0.25$$

$$x^2 + x + 0.25 - 3 \leq 0.25 \qquad | + 3$$

$$(x + 0.5)^2 \leq 3.25$$

$$\Longrightarrow -\sqrt{3.25} \leq x + 0.5 \leq \sqrt{3.25} \Longrightarrow -0.5 - \sqrt{3.25} \leq x \leq -0.5 + \sqrt{3.25}$$
$$\Longrightarrow \mathbb{L}_1 = (-\infty, 1) \cap \left[-0.5 - \sqrt{3.25}, -0.5 + \sqrt{3.25} \right]$$
$$= \left[-0.5 - \sqrt{3.25}, 1 \right).$$

2. Fall: $x \geq 1$.

Für die Ungleichung gilt dann:

$$\frac{x^2}{2 + x - 1} \leq 1 \qquad | \text{ zusammenfassen}$$

$$\frac{x^2}{x + 1} \leq 1 \qquad | \cdot (x + 1)$$

$$x^2 \leq x + 1 \qquad | - x - 1$$

$$x^2 - x - 1 \leq 0 \qquad | + 0.25$$

$$x^2 - x + 0.25 - 1 \leq 0.25 \qquad | + 1$$

$$(x - 0.5)^2 \leq 1.25$$

$$\Longrightarrow -\sqrt{1.25} \leq x - 0.5 \leq \sqrt{1.25} \Longrightarrow 0.5 - \sqrt{1.25} \leq x \leq 0.5 + \sqrt{1.25}$$
$$\Longrightarrow \mathbb{L}_2 = [1, \infty) \cap \left[0.5 - \sqrt{1.25}, 0.5 + \sqrt{1.25} \right] = \left[1, 0.5 + \sqrt{1.25} \right].$$

Insgesamt gilt: $\mathbb{L} = \mathbb{L}_1 \cup \mathbb{L}_2 = \left[-0.5 - \sqrt{3.25}, 0.5 + \sqrt{1.25} \right]$.

Kapitel 9

Geometrie in der Ebene

9.1 Strahlensätze

Die Strahlensätze machen Aussagen über Streckenverhältnisse, die sich mittels zentrischer Streckung begründen lassen. Zunächst werden jedoch einige Begriffe, die dabei eine Rolle spielen, vorgestellt.

Zieht man eine Linie durch die Punkte A und B, so entsteht die **Gerade** $g(A, B)$. Diese ist eindeutig durch die Punkte A und B bestimmt, sofern $A \neq B$ gilt. Sie besteht aus unendlich vielen Punkten.

Abbildung 9.1.1
Gerade $g(A, B)$ durch die Punkte A und B

A B

Definition 9.1.1
Unter der **Strecke** *AB bzw. der* **Strecke** *BA versteht man die Menge aller Punkte der Geraden $g(A, B)$, die zwischen den Punkten A und B liegen, einschließlich der Punkte A und B. Die Länge dieser Strecke wird mit $\overline{AB}$ bzw. $\overline{BA}$ bezeichnet.*

Abbildung 9.1.2
Strecke AB bzw. BA

A B

Definition 9.1.2
Der Punkt T einer Geraden g zerlegt diese in zwei **Halbgeraden** g_1 *und* g_2.
Eine Halbgerade mit Durchlaufsinn heißt **Strahl**. *Jeder Strahl besitzt einen*
Anfangspunkt.

Abbildung 9.1.3
Halbgeraden g_1 und g_2

g_1 T g_2

Abbildung 9.1.4
Strahl s

T s

Definition 9.1.3
Eine Strecke AB mit Durchlaufsinn heißt **Pfeil** $\overrightarrow{AB}$. *Jeder* **Pfeil** *hat einen*
Anfangspunkt und eine Spitze.

Abbildung 9.1.5
Pfeil $\overrightarrow{AB}$

A B

$\sphericalangle AZB$ bezeichne im folgenden den **Winkel** φ, der durch die drei Punkte A, Z und B bestimmt wird, wobei durch Z die Spitze des Winkels gegeben ist. Vergleiche Abbildung 9.1.6.

Abbildung 9.1.6

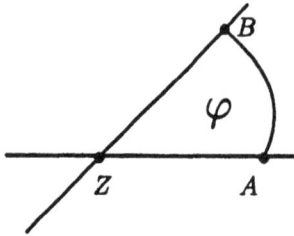

Das Zeichen $\|$ steht im folgenden für parallel.

Satz 9.1.1
Besitzen zwei Geraden $g_1\,(A_1, B_1)$ und $g_2\,(A_2, B_2)$ den gemeinsamen Punkt Z und gilt $A_1 A_2 \| B_1 B_2$, so gilt:

1. **Strahlensatz:** $\overline{ZA_1} : \overline{ZB_1} \;=\; \overline{ZA_2} : \overline{ZB_2}$ *und*

2. **Strahlensatz:** $\overline{A_1 A_2} : \overline{B_1 B_2} \;=\; \overline{ZA_1} : \overline{ZB_1} \;=\; \overline{ZA_2} : \overline{ZB_2}.$

Abbildung 9.1.7
1. und 2. Strahlensatz (Satz 9.1.1)

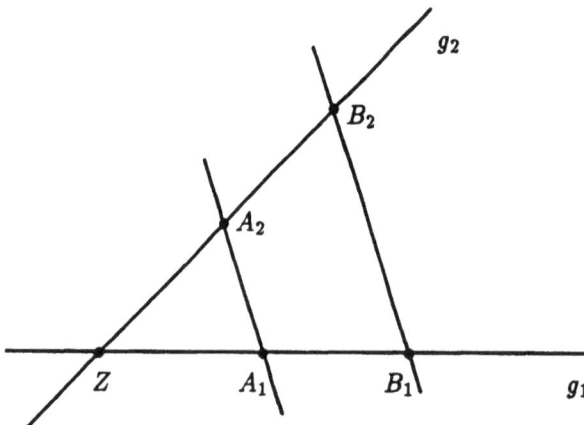

Satz 9.1.2

Besitzen zwei Geraden $g_1 (A_1, B_1)$ und $g_2 (A_2, B_2)$ den gemeinsamen Punkt Z und folgen die Punkte Z, A_1, B_1 auf g_1 in der gleichen Reihenfolge wie die Punkte Z, A_2, B_2 auf g_2, so folgt aus $\overline{ZA_1} : \overline{ZB_1} = \overline{ZA_2} : \overline{ZB_2}$, daß $A_1 A_2 \| B_1 B_2$ gilt.

Abbildung 9.1.8
Strahlensatz (Satz 9.1.2)

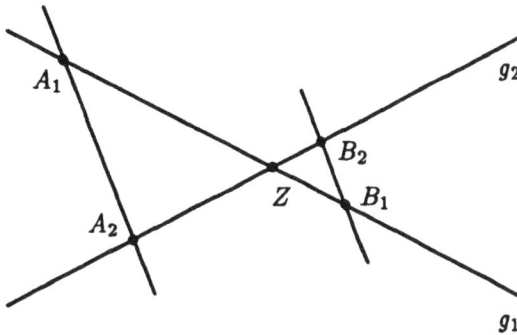

In Abbildung 9.1.8 gilt:

$$\sphericalangle A_1 Z A_2 = \sphericalangle B_1 Z B_2,$$
$$\sphericalangle A_1 Z B_2 = \sphericalangle B_1 Z A_2$$

und

$$\sphericalangle A_1 Z A_2 + \sphericalangle A_1 Z B_2 = 180°,$$
$$\sphericalangle A_1 Z A_2 + \sphericalangle B_1 Z A_2 = 180°,$$
$$\sphericalangle B_1 Z B_2 + \sphericalangle B_1 Z A_2 = 180°,$$
$$\sphericalangle B_1 Z B_2 + \sphericalangle A_1 Z B_2 = 180°.$$

Satz 9.1.3

Ist $A_1 A_2 \| B_1 B_2$ und liegt auf der Geraden $g_1 (A_1, B_1)$ ein Punkt Z mit der Eigenschaft $\overline{A_1 A_2} : \overline{B_1 B_2} = \overline{ZA_1} : \overline{ZB_1}$, so liegt Z auch auf der Geraden $g_2 (A_2, B_2)$.

9.2   Dreiecke

In diesem Abschnitt sollen einige Eigenschaften von Dreiecken zusammengetragen werden.

Abbildung 9.2.1
Beliebiges Dreieck

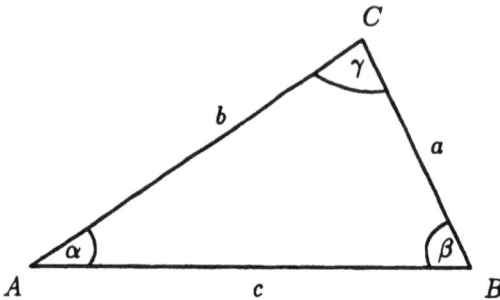

Eine elementare Eigenschaft von Dreiecken ist, daß die Winkelsumme 180°
beträgt, d. h. es gilt:

$$\alpha + \beta + \gamma = 180°.$$

Eine weitere Dreiecksbedingung ist, daß die Länge einer Seite kleiner ist als
die Summe der Längen der beiden anderen Seiten, d. h. es gilt:

$$a \; < \; b + c,$$
$$b \; < \; a + c,$$
$$c \; < \; a + b.$$

Wichtige Verbindungsstrecken beliebiger Dreiecke und deren Eigenschaften
sind:

1.) Die **Höhe** h_a eines Dreiecks ist die Verbindungsstrecke der Geraden
$g(B, C)$ mit dem Punkt A, die senkrecht auf der Geraden $g(B, C)$ steht.
Die Länge der Höhe h_a soll ebenfalls mit h_a bezeichnet werden.
Die **Höhe** h_b eines Dreiecks ist die Verbindungsstrecke der Geraden

$g(A, C)$ mit dem Punkt B, die senkrecht auf der Geraden $g(A, C)$ steht.
Die Länge der Höhe h_b soll ebenfalls mit h_b bezeichnet werden.
Die **Höhe** h_c eines Dreiecks ist die Verbindungsstrecke der Geraden
$g(A, B)$ mit dem Punkt C, die senkrecht auf der Geraden $g(A, B)$ steht.
Die Länge der Höhe h_c soll ebenfalls mit h_c bezeichnet werden.

Abbildung 9.2.2
Dreieck mit Höhe h_c

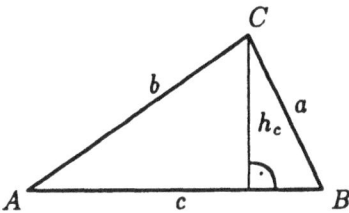

Abbildung 9.2.3
Die Höhen in einem beliebigen Dreieck

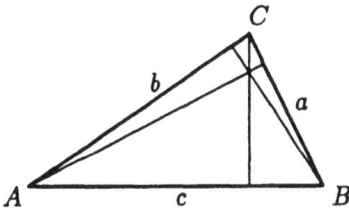

Die **Höhen** schneiden sich in einem Punkt.

2.) Die **Mittelsenkrechten** eines Dreiecks halbieren die jeweiligen Seiten
und stehen senkrecht auf diesen.

Abbildung 9.2.4
Die Mittelsenkrechten in einem beliebigen Dreieck

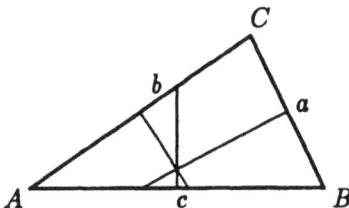

Die **Mittelsenkrechten** schneiden sich in einem Punkt, dem **Um-kreismittelpunkt**.

3.) Die **Winkelhalbierenden** eines Dreiecks sind die Verbindungs-strecken der Eckpunkte zu den gegenüberliegenden Seiten, wobei diese die Winkel an den Eckpunkten halbieren.

Abbildung 9.2.5
Die Winkelhalbierenden in einem beliebigen Dreieck

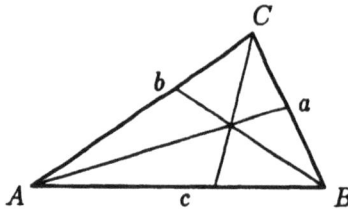

Die **Winkelhalbierenden** schneiden sich in einem Punkt, dem **In-kreismittelpunkt**.

4.) Die **Seitenhalbierenden** eines Dreiecks sind die Verbindungsstrecken der Seitenmittelpunkte zu den gegenüberliegenden Eckpunkten.

Abbildung 9.2.6
Die Seitenhalbierenden in einem beliebigen Dreieck

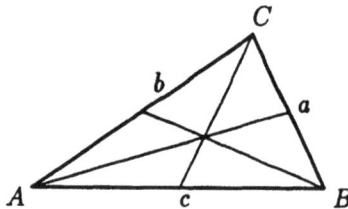

Die **Seitenhalbierenden** schneiden sich in einem Punkt, dem **Schwerpunkt**.

Der **Schwerpunkt** eines Dreiecks teilt jede Seitenhalbierende vom Eckpunkt des Dreiecks aus im Verhältnis 2:1.

Die Fläche A eines beliebigen Dreiecks berechnet sich aus

$$A = \frac{1}{2}ah_a = \frac{1}{2}bh_b = \frac{1}{2}ch_c.$$

Vergleiche hierzu Abbildung 9.2.2.

Anhand der Abbildung 9.2.1 sollen nun spezielle Dreiecke beschrieben werden.

1.) **Gleichschenkliges Dreieck**
Bei einem **gleichschenkligen Dreieck** gilt:

$$a = b \quad \text{oder} \quad \alpha = \beta.$$

Die Höhe h_c ist gegeben durch

$$h_c = \sqrt{a^2 - \left(\frac{c}{2}\right)^2}.$$

2.) **Gleichseitiges Dreieck**
Bei einem **gleichseitigen Dreieck** gilt:

$$\alpha = \beta = \gamma = 60°.$$

Für die Höhen gilt:

$$h_a = h_b = h_c = h = \frac{a}{2}\sqrt{3}.$$

Für die Fläche gilt:

$$A = \frac{a^2}{4}\sqrt{3}.$$

Der Umkreisradius ist $\frac{a}{3}\sqrt{3}$ und der Inkreisradius ist $\frac{a}{6}\sqrt{3}$.

3.) **Rechtwinkliges Dreieck** (Abbildung 9.2.7)
Bei einem **rechtwinkligen Dreieck** ist der Winkel $\gamma = 90°$.
Für die Höhen gilt dann:

$$h_a = b \quad \text{und} \quad h_b = a.$$

Für die Höhe h_c schreibt man einfach h.
Die Fläche berechnet man durch die Formeln

$$A = \frac{1}{2}ch = \frac{1}{2}ab$$
$$= \frac{1}{2}c\sqrt{pq} \quad \text{(Höhensatz 9.2.3)}.$$

In einem rechtwinkligen Dreieck bezeichnet man die längste Seite als **Hypothenuse**. In Abbildung 9.2.7 ist somit die Strecke AB die **Hypothenuse**.
Die Stecke AC bezeichnet man als **Ankathete** und die Strecke BC als **Ge-
genkathete** zum Winkel α.
Die Länge der **Hypothenuse** ist $\overline{AB} = c$, die Länge der **Katheten** sind
$\overline{AC} = b$ und $\overline{BC} = a$.

Abbildung 9.2.7
Rechtwinkliges Dreieck

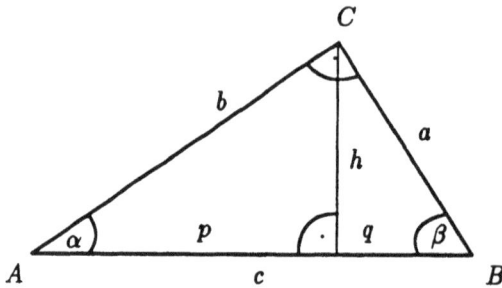

Mithilfe dieser Bezeichnungen erhält man nun die

Definition 9.2.1

$$\sin \alpha \;=\; \frac{a}{c} \qquad \textit{heißt } \textbf{Sinus } \textit{von } \alpha,$$

$$\cos \alpha \;=\; \frac{b}{c} \qquad \textit{heißt } \textbf{Kosinus } \textit{von } \alpha,$$

$$\tan \alpha \;=\; \frac{a}{b} \qquad \textit{heißt } \textbf{Tangens } \textit{von } \alpha,$$

$$\cot \alpha \;=\; \frac{b}{a} \qquad \textit{heißt } \textbf{Kotangens } \textit{von } \alpha.$$

Aus dieser Definition folgt direkt

$$\tan \alpha \;=\; \frac{\sin \alpha}{\cos \alpha} \quad \text{und} \quad \cot \alpha \;=\; \frac{1}{\tan \alpha}.$$

Für den Winkel β gilt:

$$\sin \beta \;=\; \frac{b}{c} \;=\; \cos \alpha, \qquad\qquad \cos \beta \;=\; \frac{a}{c} \;=\; \sin \alpha,$$

$$\tan \beta \;=\; \frac{b}{a} \;=\; \cot \alpha, \qquad\qquad \cot \beta \;=\; \frac{a}{b} \;=\; \tan \alpha.$$

Man kann sofort einige spezielle Werte angeben:

$$\sin 0° = \frac{0}{c} = 0, \qquad \sin 90° = \frac{c}{c} = 1,$$

$$\cos 0° = \frac{c}{c} = 1, \qquad \cos 90° = \frac{0}{c} = 0,$$

$$\tan 0° = \frac{0}{b} = 0, \qquad \tan 90° = \frac{a}{0} \quad \text{ist nicht definiert,}$$

$$\cot 90° = \frac{0}{a} = 0, \qquad \cot 0° = \frac{b}{0} \quad \text{ist nicht definiert.}$$

Da in einem Dreieck die Winkelsumme 180° beträgt, gilt in einem rechtwinkligen Dreieck $\alpha + \beta = 90°$ und somit $\beta = 90° - \alpha$. Weiter gilt in einem rechtwinkligen Dreieck $\sin \alpha = \cos \beta$ und damit für $0° \leq \alpha, \beta \leq 90°$:

$$\sin \alpha = \cos (90° - \alpha), \qquad \cos \alpha = \sin (90° - \alpha).$$

Hieraus erhält man die Identität: $\sin 45° = \cos 45°$.

Für $0° < \alpha, \beta < 90°$ gilt:

$$\tan \alpha = \cot (90° - \alpha), \qquad \cot \alpha = \tan (90° - \alpha).$$

Die nachfolgende Tabelle enthält einige spezielle Werte für den Sinus, Kosinus, Tangens und den Kotangens.

Tabelle 9.2.1

φ	$\sin \varphi$	$\cos \varphi$	$\tan \varphi$	$\cot \varphi$
0°	0	1	0	−
30°	$\frac{1}{2}$	$\frac{\sqrt{3}}{2}$	$\frac{\sqrt{3}}{3}$	$\sqrt{3}$
45°	$\frac{\sqrt{2}}{2}$	$\frac{\sqrt{2}}{2}$	1	1
60°	$\frac{\sqrt{3}}{2}$	$\frac{1}{2}$	$\sqrt{3}$	$\frac{\sqrt{3}}{3}$
90°	1	0	−	0

Für rechtwinklige Dreiecke gelten folgende wichtige Sätze (Abbildung 9.2.7).

Satz 9.2.1

Satz des Pythagoras

Im rechtwinkligen Dreieck gilt: $a^2 + b^2 = c^2$.

Satz 9.2.2

Kathetensatz

Im rechtwinkligen Dreieck gilt: $a^2 = cq$ *und* $b^2 = cp.$

Satz 9.2.3

Höhensatz

Im rechtwinkligen Dreieck gilt: $h^2 = pq.$

9.3   Vierecke

In diesem Abschnitt sollen Eigenschaften von Vierecken zusammengetragen werden.

Eine elementare Eigenschaft von Vierecken ist, daß ihre Winkelsumme 360° beträgt.

Spezielle Vierecke sind:

1.) **Quadrat** (Abbildung 9.3.1)

Beim **Quadrat** gilt: $\overline{AB} = \overline{BC} = \overline{CD} = \overline{AD}$

und $AB \perp BC, \ BC \perp CD, \ CD \perp AD, \ AB \perp AD.$

Das Zeichen $\perp$ steht hierbei für senkrecht.

Bei Vierecken nennt man die Verbindungsstrecken gegenüberliegender Eckpunkte **Diagonalen**.

Für die Diagonalen eines Quadrats gilt:

$AC \perp BD$ und $\overline{AC} = \overline{BD} = a\sqrt{2},$

d.h. die Diagonalen AC und BD stehen senkrecht aufeinander und sind gleich lang.

Der Umfang eines Quadrats ist

$U = 4a$

und die Fläche

$A = a^2.$

Abbildung 9.3.1

Quadrat

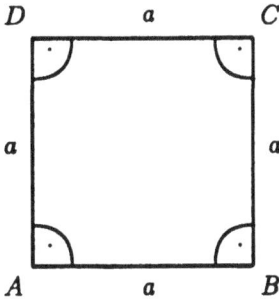

2.) **Rechteck** (Abbildung 9.3.2)

Beim **Rechteck** gilt: $\overline{AB} = \overline{CD}, \quad \overline{BC} = \overline{AD}$

und $AB \perp BC, \; BC \perp CD, \; CD \perp AD, \; AB \perp AD.$

Bei einem Rechteck sind die Diagonalen AC und BD gleich lang. Mit dem Satz des Pythagoras (Satz 9.2.1) erhält man für die Länge der Diagonalen folgende Aussage.

$$\overline{AC} = \overline{BD} = \sqrt{a^2 + b^2}.$$

Der Umfang eines Rechtecks ist

$$U = 2(a + b)$$

und die Fläche

$$A = ab.$$

Abbildung 9.3.2

Rechteck

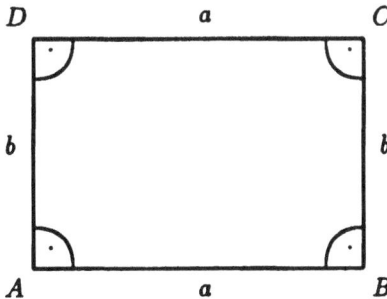

3.) **Drachen** (Abbildung 9.3.3)

Für die Seiten eines **Drachens** gilt:

$$\overline{AB} = \overline{AD}, \quad \overline{BC} = \overline{CD}.$$

Die Diagonalen eines Drachens stehen senkrecht aufeinander, d.h. $AC \perp BD$.

Der Umfang ist gegeben durch die Formel

$$U = 2(a + b)$$

und die Fläche durch die Formel

$$A = \frac{1}{2}ef.$$

Abbildung 9.3.3
Drachen

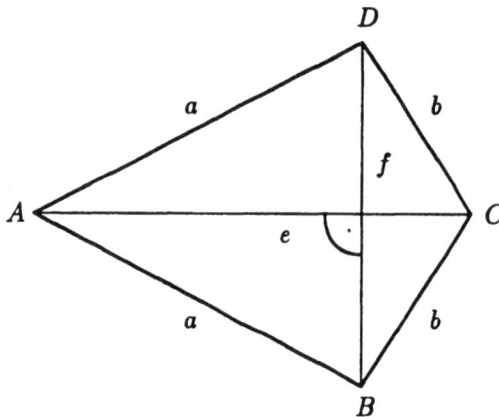

4.) **Raute**

Die **Raute** ist ein Spezialfall des Drachens, denn hier gilt $a = b$ in Abbildung 9.3.3.

Desweiteren gilt die Gleichung $e^2 + f^2 = 4a^2$.

Den Umfang erhält man durch die Formel $U = 4a$ und die Fläche durch $A = \frac{1}{2}ef.$

5.) **Parallelogramm** (Abbildung 9.3.4)

Für das **Parallelogramm** gilt:

$$\overline{AB} = \overline{CD}, \quad \overline{AD} = \overline{BC} \quad \text{und} \quad AB\|CD, \quad AD\|BC.$$

Beim Parallelogramm halbieren sich die Diagonalen AC und BD gegenseitig.

Der Umfang ist

$$U = 2(a + b)$$

und die Fläche ist

$$A = ah_a = bh_b.$$

Abbildung 9.3.4

Parallelogramm

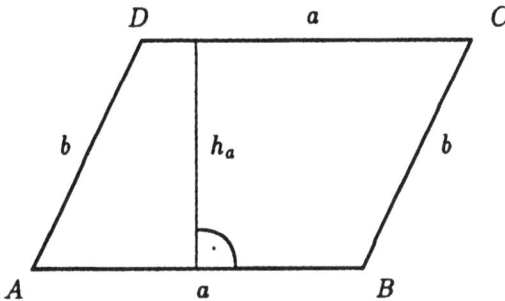

6.) **Trapez** (Abbildung 9.3.5)

Die Grundseiten AB und CD sind parallel, d. h. $AB\|CD$.

Für m gilt die Formel

$$m = \frac{a + c}{2}.$$

Der Umfang ist gegeben durch

$$\ddot{U} = a + b + c + d$$

und die Fläche durch

$$A = mh.$$

Abbildung 9.3.5

Trapez

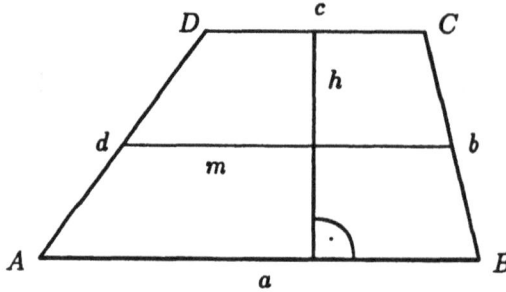

9.4   Kreis

Ein Kreis ist die Menge aller Punkte, die von einem vorgegebenen Punkt M den gleichen Abstand r besitzen.

Abbildung 9.4.1

Kreis

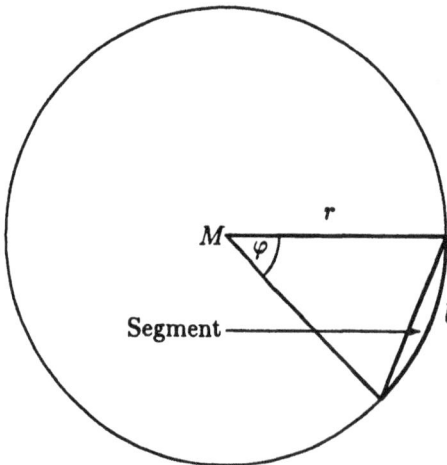

In Abbildung 9.4.1 bezeichnet r den **Radius** des Kreises und M den **Mittelpunkt**. $2r = d$ nennt man den **Durchmesser**.

Ein Kreis mit Radius r hat den Umfang

$$U = 2\pi r = \pi d$$

und die Fläche

$$A = \pi r^2 = \frac{\pi}{4} d^2.$$

Betrachtet man einen **Kreisausschnitt** oder auch **Kreissektor** genannt, eines Kreises mit Radius r, so ist die Länge b des **Kreisbogens** mit dem **Mittelpunktswinkel** φ (gemessen in Grad) durch die Formel

$$b = 2\pi r \frac{\varphi}{360°} = \pi r \frac{\varphi}{180°},$$

gegeben. Die Fläche A des Kreissektors erhält man durch

$$A = \pi r^2 \frac{\varphi}{360°}.$$

Ein **Kreisabschnitt** oder auch **Kreissegment** genannt ist ein Teil eines Kreissektors. Die Fläche eines Segmentes ist dann gegeben durch

$$A = \frac{r^2}{2} \left(\pi \frac{\varphi}{180°} - \sin \varphi \right).$$

9.5   Aufgaben zu Kapitel 9

Aufgabe 9.5.1

Gegeben sei ein Dreieck wie in Abbildung 9.2.1 mit folgenden Werten für die Seitenlängen in cm:

a) $a = 2, b = 2, c = 3$;   b) $a = 1, b = 2, c = 3$;

c) $a = 3, b = 4, c = 5$;   d) $a = 16, b = 15, c = 4$;

e) $a = 9, b = 1, c = 11$;   f) $a = 4, b = 4, c = 4$;

g) $a = 2, b = 2, c = 0$.

In welchen Fällen handelt es sich um kein Dreieck, ein rechtwinkliges Dreieck, ein gleichseitiges Dreieck, bzw. um ein gleichschenkliges Dreieck?

Lösung:

Zunächst muß nachgeprüft werden, ob man aus den gegebenen Seitenlängen ein Dreieck konstruieren kann. Eine Konstruktion ist möglich, wenn gilt: $a < b + c$, $b < a + c$ und $c < a + b$.

a) Aus diesen Seitenlängen kann man ein Dreieck konstruieren.
   Zwei Seitenlängen sind gleich lang, somit handelt es sich um ein gleichseitiges Dreieck. Es handelt sich allerdings nicht um ein rechtwinkliges Dreieck, da $a^2 + b^2 = 4 + 4 = 8 \neq 9 = c^2$ gilt.

b) Aus diesen Seitenlängen kann man kein Dreieck konstruieren, da $c = 3 = 1 + 2 = a + b$ gilt.

c) Aus diesen Seitenlängen kann man ein Dreieck konstruieren.
   Die Seitenlängen sind alle verschieden und es gilt: $a^2 + b^2 = 9 + 16 = 25 = c^2$. Somit handelt es sich in diesem Fall um ein rechtwinkliges Dreieck.

d) Aus diesen Seitenlängen kann man ein Dreieck konstruieren.
   Die Seitenlängen sind alle verschieden und es gilt: $4^2 + 15^2 = 257 \neq 256 = 16^2$. Es handelt sich hier um kein spezielles Dreieck.

e) Aus diesen Seitenlängen kann man kein Dreieck konstruieren, da $c = 11 > 10 = 9 + 1 = a + b$ gilt.

f) Aus diesen Seitenlängen kann man ein Dreieck konstruieren. Die Seiten sind hierbei alle gleich lang. Somit handelt es sich hier um ein gleichseitiges Dreieck.

g) Aus diesen Seitenlängen kann man kein Dreieck konstruieren, da $a = 2 = 2 + 0 = b + c$ gilt.

Aufgabe 9.5.2

Berechnen Sie die Fläche der Dreiecke mit den Seitenlängen (in cm):

a) $a = 2, b = 2, c = 3$;   b) $a = 4, b = 4, c = 4$;

c) $a = 3, b = 4, c = 5$;   d) $a = 1, b = 3, c = \sqrt{10}$.

Lösung:

a) In diesem Fall handelt es sich um ein gleichschenkliges Dreieck, da $a = b$ ist. Somit gilt:

$$A = \frac{1}{2}ch_c = \frac{1}{2}c\sqrt{a^2 - \left(\frac{c}{2}\right)^2}$$

$$= \frac{1}{2} \cdot 3 \cdot \sqrt{4 - \left(\frac{3}{2}\right)^2}\, \text{cm}^2 = \frac{3\sqrt{7}}{4}\, \text{cm}^2.$$

b) In diesem Fall handelt es sich um ein gleichseitiges Dreieck, da $a = b = c$ ist. Somit gilt:

$$A = \frac{a^2}{4}\sqrt{3} = \frac{16}{4}\sqrt{3}\, \text{cm}^2 = 4\sqrt{3}\, \text{cm}^2.$$

c) In diesem Fall handelt es sich um ein rechtwinkliges Dreieck (vgl. obige Aufgabe). Somit gilt:

$$A = \frac{1}{2}ab = \frac{1}{2} \cdot 3 \cdot 4\, \text{cm}^2 = 6\, \text{cm}^2.$$

d) Auch in diesem Fall handelt es sich um ein rechtwinkliges Dreieck, denn es gilt $a^2 + b^2 = 1 + 9 = 10 = c^2$. Somit gilt:

$$A = \frac{1}{2}ab = \frac{1}{2} \cdot 1 \cdot 3\, \text{cm}^2 = \frac{3}{2}\, \text{cm}^2.$$

Aufgabe 9.5.3

Gegeben sei das rechtwinklige Dreieck (Abbildung 9.2.7) mit den Seitenlängen $a = 5\, \text{cm}$, $b = 4\sqrt{6}\, \text{cm}$ und $c = 11\, \text{cm}$.

a) Berechnen Sie $\sin\alpha$, $\cos\alpha$, $\tan\alpha$, $\cot\alpha$, sowie $\sin\beta$ und $\cot\beta$.

b) Berechnen Sie p und q, sowie die Höhe h.

Lösung:

a)
$$\sin\alpha = \frac{a}{c} = \frac{5}{11} = 0.\overline{45},$$

$$\cos\alpha = \frac{b}{c} = \frac{4\sqrt{6}}{11},$$

$$\tan\alpha = \frac{a}{b} = \frac{5}{4\sqrt{6}},$$

$$\cot\alpha = \frac{b}{a} = \frac{4\sqrt{6}}{5},$$

$$\sin\beta = \cos\alpha = \frac{4\sqrt{6}}{11},$$

$$\cos\beta = \sin\alpha = \frac{5}{11} = 0.\overline{45}.$$

b) Gesucht sei zunächst die Höhe h. Ist diese bekannt, so kann man mithilfe des Satzes des Pythagoras 9.2.1 p und q bestimmen, da die Höhe h senkrecht auf der Hypothenuse steht.

Bekannt sind die Seitenlängen a, b und c, gesucht ist nun h. Diese vier Variablen kommen in den Flächenformeln vor. Es gilt:

$$A = \frac{1}{2}ch = \frac{1}{2}ab.$$

Somit gilt für h:

$$h = \frac{ab}{c} = \frac{20\sqrt{6}}{11} \text{ cm}.$$

Um p berechnen zu können muß man die Formel $b^2 = p^2 + h^2$ nach p auflösen und um q zu berechnen muß man die Formel $a^2 = q^2 + h^2$ nach q auflösen. Somit gilt:

$$p = \sqrt{b^2 - h^2} = \sqrt{96 - \frac{2400}{121}} \text{ cm} = 8.\overline{72}\,\text{cm}.$$

$$q = \sqrt{a^2 - h^2} = \sqrt{25 - \frac{2400}{121}} \text{ cm} = 2.\overline{27}\,\text{cm}.$$

q hätte man, nachdem man p berechnet hat, auch durch die Formel $q = c - p$ berechnen können.

Aufgabe 9.5.4

Gegeben seien die Rechtecke (Abbildung 9.3.2) mit den Seitenlängen (in cm):

a) $a = 2, b = 3$;   b) $a = 1, b = 2$;
c) $a = 3, b = 3$;   d) $a = 3, b = 4$.

Berechnen Sie die Länge $\overline{AC}$ der Diagonalen AC, sowie den Flächeninhalt der Rechtecke.

Lösung:

Mit dem Satz des Pythagoras 9.2.1 gilt für die Länge $\overline{AC}$ der Diagonalen AC:

$$\overline{AC} = \sqrt{a^2 + b^2}.$$

a) $\overline{AC} = \sqrt{a^2 + b^2} = \sqrt{4 + 9}\,\text{cm} = \sqrt{13}\,\text{cm}.$

Die Fläche ist gegeben durch $A = ab = 2\,\text{cm} \cdot 3\,\text{cm} = 6\,\text{cm}^2$.

b) $\overline{AC} = \sqrt{a^2 + b^2} = \sqrt{1 + 4}\,\text{cm} = \sqrt{5}\,\text{cm}.$

Die Fläche ist gegeben durch $A = ab = 1\,\text{cm} \cdot 2\,\text{cm} = 2\,\text{cm}^2$.

c) $\overline{AC} = \sqrt{a^2 + b^2} = \sqrt{9 + 9}\,\text{cm} = \sqrt{18}\,\text{cm}.$

Die Fläche ist gegeben durch $A = ab = 3\,\text{cm} \cdot 3\,\text{cm} = 9\,\text{cm}^2$.

d) $\overline{AC} = \sqrt{a^2 + b^2} = \sqrt{9 + 16}\,\text{cm} = \sqrt{25}\,\text{cm} = 5\,\text{cm}.$

Die Fläche ist gegeben durch $A = ab = 3\,\text{cm} \cdot 4\,\text{cm} = 12\,\text{cm}^2$.

Aufgabe 9.5.5

Gegeben ist ein Drachen (Abbildung 9.3.3) mit $e = 8\,\text{cm}$, $f = 6\,\text{cm}$ und $b = \sqrt{13}\,\text{cm}$. Berechnen Sie die Fläche und den Umfang des Drachens.

Lösung:

Die Fläche ist gegeben durch die Formel

$$A = \frac{1}{2}ef = \frac{1}{2} \cdot 8\,\text{cm} \cdot 6\,\text{cm} = 24\,\text{cm}^2.$$

Den Umfang erhält man durch $U = 2(a + b)$. Die Seitenlänge a ist noch nicht bekannt. Die Strecken AC und BD schneiden sich in einem Punkt P. Nun gilt mit dem Satz des Pythagoras 9.2.1

$$b^2 = \left(\frac{f}{2}\right)^2 + (\overline{PC})^2$$

und somit

$$\overline{PC} = \sqrt{b^2 - \left(\frac{f}{2}\right)^2} = \sqrt{13 - 9}\,\text{cm} = 2\,\text{cm}.$$

Für die Strecke AP gilt nun:

$$\overline{AP} = e - \overline{PC} = 8\,\text{cm} - 2\,\text{cm} = 6\,\text{cm}.$$

Es folgt mit dem Satz des Pythagoras:

$$a^2 = \left(\frac{f}{2}\right)^2 + (\overline{AP})^2,$$

also gilt:

$$a = \sqrt{\left(\frac{f}{2}\right)^2 + (\overline{AP})^2} = \sqrt{9 + 36}\,\text{cm} = 3\sqrt{5}\,\text{cm}.$$

Der Umfang ist gegeben durch

$$U = 2(a + b) = 2\left(3\sqrt{5}\,\text{cm} + \sqrt{13}\,\text{cm}\right) = \left(6\sqrt{5} + 2\sqrt{13}\right)\,\text{cm}.$$

Aufgabe 9.5.6
Für eine gegebene Raute gelte $e = a\sqrt{2}$.
Um was für einen Spezialfall handelt es sich hier?

Lösung:
Da bei einer Raute $a = b$ gilt, ist dies eine Gemeinsamkeit mit dem Quadrat. Beim Quadrat kann man die Länge einer Diagonalen mit dem Satz des Pythagoras berechnen. Man erhält dann (Abbildung 9.3.1)

$$\overline{AC} = \overline{BD} = a\sqrt{2} = e.$$

Somit ist die gegebene Raute ein Quadrat.

Aufgabe 9.5.7
Berechnen Sie den Flächeninhalt eines Trapezes (Abbildung 9.3.5) mit den Längen (in cm):

a) $a = c = 2$, $h = 4$;

b) $a = c = 2$, $h = 1$;

c) $a = 2$, $c = 6$, $h = 3$.

Lösung:
Die Fläche eines Trapezes berechnet sich durch

$$A = mh = \frac{a+c}{2} \cdot h.$$

a) $A = \frac{a+c}{2} \cdot h = \frac{2+2}{2} \cdot 4\,\text{cm}^2 = 8\,\text{cm}^2.$

b) $A = \frac{a+c}{2} \cdot h = \frac{2+2}{2} \cdot 1\,\text{cm}^2 = 2\,\text{cm}^2.$

c) $A = \frac{a+c}{2} \cdot h = \frac{2+6}{2} \cdot 3\,\text{cm}^2 = 12\,\text{cm}^2.$

Aufgabe 9.5.8
Gegeben sei ein Kreis (Abbildung 9.4.1) mit Radius $r = 1\,\text{cm}$.
Berechnen Sie den Durchmesser, den Umfang und die Fläche des Kreises.
Gegeben seien weiter die Mittelpunktswinkel $\varphi_1 = 30°$, $\varphi_2 = 45°$, $\varphi_3 = 60°$
und $\varphi_4 = 90°$.
Berechnen Sie jeweils die Länge b des Kreisbogens, die Fläche des Kreissektors, sowie die Fläche des Kreissegments.

Lösung:
Durchmesser $d = 2r = 2\,\text{cm}$,
Umfang $U = 2\pi r = 2\pi\,\text{cm}$,
Fläche $A = \pi r^2 = \pi\,\text{cm}^2$.
Für $\varphi_1 = 30°$ gilt:

$$b = \pi r \frac{\varphi}{180°} = \pi 1 \frac{30°}{180°}\,\text{cm} = \frac{\pi}{6}\,\text{cm}.$$

Die Fläche A des Kreissektors erhält man durch

$$A = \pi r^2 \frac{\varphi}{360°} = \pi 1^2 \frac{30°}{360°}\,\text{cm}^2 = \frac{\pi}{12}\,\text{cm}^2.$$

Die Fläche eines Segmentes ist gegeben durch

$$A = \frac{r^2}{2}\left(\pi \frac{\varphi}{180°} - \sin\varphi\right)$$
$$= \frac{1^2}{2}\left(\pi \frac{30°}{180°} - \sin 30°\right)\,\text{cm}^2 = \left(\frac{\pi-3}{12}\right)\,\text{cm}^2.$$

Für $\varphi_1 = 45°$ gilt:

$$b = \pi r \frac{\varphi}{180°} = \pi 1 \frac{45°}{180°}\,\text{cm} = \frac{\pi}{4}\,\text{cm}.$$

Die Fläche A des Kreissektors erhält man durch

$$A \;=\; \pi r^2 \frac{\varphi}{360°} \;=\; \pi 1^2 \frac{45°}{360°}\,\text{cm}^2 \;=\; \frac{\pi}{8}\,\text{cm}^2.$$

Die Fläche eines Segmentes ist gegeben durch

$$A \;=\; \frac{r^2}{2}\left(\pi\frac{\varphi}{180°} - \sin\varphi\right)$$
$$\;=\; \frac{1^2}{2}\left(\pi\frac{45°}{180°} - \sin 45°\right)\text{cm}^2 \;=\; \left(\frac{\pi - 2\sqrt{2}}{8}\right)\text{cm}^2.$$

Für $\varphi_1 = 60°$ gilt:

$$b \;=\; \pi r\frac{\varphi}{180°} \;=\; \pi 1\frac{60°}{180°}\,\text{cm} \;=\; \frac{\pi}{3}\,\text{cm}.$$

Die Fläche A des Kreissektors erhält man durch

$$A \;=\; \pi r^2 \frac{\varphi}{360°} \;=\; \pi 1^2 \frac{60°}{360°}\,\text{cm}^2 \;=\; \frac{\pi}{6}\,\text{cm}^2.$$

Die Fläche eines Segmentes ist gegeben durch

$$A \;=\; \frac{r^2}{2}\left(\pi\frac{\varphi}{180°} - \sin\varphi\right)$$
$$\;=\; \frac{1^2}{2}\left(\pi\frac{60°}{180°} - \sin 60°\right)\text{cm}^2 \;=\; \left(\frac{2\pi - 3\sqrt{3}}{12}\right)\text{cm}^2.$$

Für $\varphi_1 = 90°$ gilt:

$$b \;=\; \pi r\frac{\varphi}{180°} \;=\; \pi 1\frac{90°}{180°}\,\text{cm} \;=\; \frac{\pi}{2}\,\text{cm}.$$

Die Fläche A des Kreissektors erhält man durch

$$A \;=\; \pi r^2 \frac{\varphi}{360°} \;=\; \pi 1^2 \frac{90°}{360°}\,\text{cm}^2 \;=\; \frac{\pi}{4}\,\text{cm}^2.$$

Die Fläche eines Segmentes ist gegeben durch

$$A \;=\; \frac{r^2}{2}\left(\pi\frac{\varphi}{180°} - \sin\varphi\right)$$
$$\;=\; \frac{1^2}{2}\left(\pi\frac{90°}{180°} - \sin 90°\right)\text{cm}^2 \;=\; \left(\frac{\pi - 2}{4}\right)\text{cm}^2.$$

Kapitel 10

Körper im Raum

In diesem Kapitel werden einfache dreidimensionale Körper betrachtet, die im täglichen Leben häufig eine Rolle spielen. Wichtige Kenngrößen dieser Körper sind Volumen, Oberfläche und Mantelfläche.

Das **Volumen** V beschreibt den Rauminhalt des Körpers. Die **Oberfläche** O ist die Summe aller äußeren Begrenzungsflächen, während die **Mantelfläche** M oder einfach der Mantel die Summe aller äußeren Begrenzungsflächen ohne Grund- und Deckfläche, also ohne Boden und Deckel ist.

10.1 Körper mit deckungsgleicher und paralleler Grund- und Deckfläche

10.1.1 Der Quader

Definition 10.1.1
*Ein **Quader** wird von sechs ebenen Flächen begrenzt und hat zwölf ebene Kanten und acht Ecken. Die Begrenzungsflächen sind Rechtecke, wobei jeweils die einander gegenüberliegenden Rechtecke deckungsgleich sind. Jeweils vier Kanten sind gleich lang und zueinander parallel.*

Abbildung 10.1.1

Quader

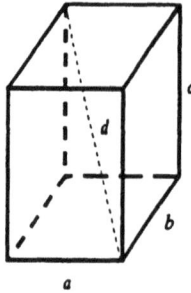

Satz 10.1.1

Für einen **Quader** mit den Kantenlängen a, b und c gilt:

$$V = abc,$$
$$O = 2ab + 2ac + 2bc,$$
$$M = 2ac + 2bc.$$

Bemerkung:

Für die Raumdiagonale d gilt: $d = \sqrt{a^2 + b^2 + c^2}$.

Beispiel 10.1.1

Gegeben sei ein Quader mit $a = 4\,\text{cm}$, $b = 11\,\text{cm}$ und $c = 7\,\text{cm}$. Dann gilt:

$$V = abc = 4 \cdot 11 \cdot 7\,\text{cm}^3 = 308\,\text{cm}^3.$$
$$O = 2ab + 2ac + 2bc = 2 \cdot 4 \cdot 11\,\text{cm}^2 + 2 \cdot 4 \cdot 7\,\text{cm}^2 + 2 \cdot 11 \cdot 7\,\text{cm}^2$$
$$= 298\,\text{cm}^2.$$
$$M = 2ac + 2bc = 2 \cdot 4 \cdot 7\,\text{cm}^2 + 2 \cdot 11 \cdot 7\,\text{cm}^2 = 210\,\text{cm}^2.$$

10.1.2   Der Würfel

Definition 10.1.2

*Ein Quader mit $a = b = c$ heißt **Würfel**. Alle sechs Begrenzungsflächen sind Quadrate mit der Seitenlänge a.*

Abbildung 10.1.2
Würfel

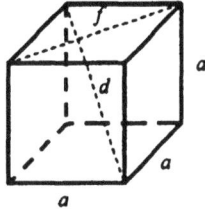

Satz 10.1.2
Für einen **Würfel** mit der Kantenlänge a gilt:

$$V \;=\; a^3,$$
$$O \;=\; 6a^2,$$
$$M \;=\; 4a^2.$$

Bemerkung:
Für die Flächendiagonale f gilt: $f = a\sqrt{2}$.
Für die Raumdiagonale d gilt: $d = a\sqrt{3}$.

Beispiel 10.1.2
Gegeben sei ein Würfel mit $a = 6\,\text{cm}$. Dann gilt:

$$V \;=\; a^3 = 4^3\,\text{cm}^3 = 216\,\text{cm}^3.$$
$$O \;=\; 6a^2 = 6 \cdot 6^2\,\text{cm}^2 = 216\,\text{cm}^2.$$
$$M \;=\; 4a^2 = 4 \cdot 6^2\,\text{cm}^2 = 144\,\text{cm}^2.$$

10.1.3 Das Prisma

Definition 10.1.3
*Ein **Prisma** ist ein Körper, dessen Grund- und Deckfläche deckungsgleiche,
zueinander parallele n-Ecke sind. Die Verbindungsstrecken einander zuge-
ordneter Ecken sind dabei parallel und gleich lang. Die n Seitenflächen sind
Rechtecke. Die Höhe dieser Rechtecke stimmt mit der Höhe des gesamten
Prismas überein.*

Abbildung 10.1.3
Prisma

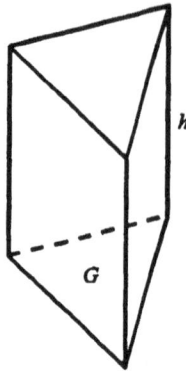

Satz 10.1.3

Für ein **Prisma** mit der Höhe h, dessen Grund- und Deckfläche jeweils den Flächeninhalt G und den Umfang U besitzen, gilt:

$$V = Gh,$$
$$O = 2G + Uh,$$
$$M = Uh.$$

Beispiel 10.1.3

Die Grundfläche eines Prismas sei ein rechtwinkliges Dreieck mit den Seitenlängen $a = 3\,\text{cm}$, $b = 4\,\text{cm}$ und $c = 5\,\text{cm}$. Die Höhe des Prismas sei $h = 8\,\text{cm}$. Dann gilt:

$$G = \frac{1}{2} \cdot 3 \cdot 4\,\text{cm}^2 = 6\,\text{cm}^2,$$
$$U = 3\,\text{cm} + 4\,\text{cm} + 5\,\text{cm} = 12\,\text{cm} \text{ und damit:}$$

$$V = G \cdot h = 6 \cdot 8\,\text{cm}^3 = 48\,\text{cm}^3.$$
$$O = 2G + Uh = 2 \cdot 6\,\text{cm}^2 + 12 \cdot 8\,\text{cm}^2 = 108\,\text{cm}^2.$$
$$M = Uh = 12 \cdot 8\,\text{cm}^2 = 96\,\text{cm}^2.$$

10.1.4 Der Zylinder

Definition 10.1.4
Läßt man ein Rechteck um eine Seite rotieren, so entsteht ein **Zylinder**.
Grund- und Deckfläche eines Zylinders sind dann deckungsgleiche Kreise,
während die Mantelfläche ein Rechteck ist.

Abbildung 10.1.4
Zylinder

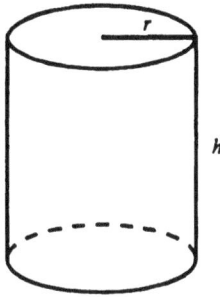

Bemerkung:
Beispiele für Zylinder im täglichen Leben sind Rollen, Walzen und Stäbe.

Satz 10.1.4
Für einen **Zylinder** mit der Höhe h, dessen Grund- und Deckfläche Kreise
mit Radius r sind, gilt:

$$V = \pi r^2 h,$$
$$O = 2\pi r(r + h),$$
$$M = 2\pi r h.$$

Beispiel 10.1.4
Gegeben sei ein Zylinder mit $h = 8\,\text{cm}$ und $r = 3\,\text{cm}$. Dann gilt:

$$V = \pi r^2 h = \pi \cdot 3^2 \cdot 8\,\text{cm}^3 = 72\pi\,\text{cm}^3 = 226.19\,\text{cm}^3.$$
$$O = 2\pi r(r + h) = 2\pi \cdot 3(3 + 8)\,\text{cm}^2 = 66\pi\,\text{cm}^2 = 207.35\,\text{cm}^2.$$
$$M = 2\pi r h = 2\pi \cdot 3 \cdot 8\,\text{cm}^2 = 48\pi\,\text{cm}^2 = 150.80\,\text{cm}^2.$$

10.2   Körper mit einer Spitze

10.2.1   Die Pyramide

Definition 10.2.1
Verbindet man alle Ecken eines n-Ecks geradlinig mit einem Punkt S, der nicht in der Ebene liegt, in der sich das n-Eck befindet, so entsteht eine **Pyramide**. *Sämtliche Seitenflächen sind Dreiecke.*

Abbildung 10.2.1
Pyramide

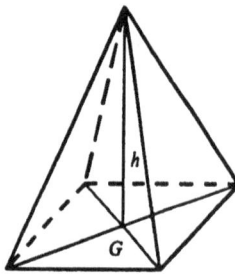

Satz 10.2.1
Für eine **Pyramide** mit der Höhe h, deren Grundfläche den Flächeninhalt G hat, gilt:

$$V = \frac{1}{3}Gh,$$
$$O = G + M,$$
$$M = \text{Fläche aller Seitendreiecke.}$$

Bemerkung:
Eine gerade Pyramide ist eine Pyramide, deren Grundfläche ein regelmäßiges n-Eck ist und deren Spitze auf einer Geraden liegt, die auf dieser Grundfläche senkrecht steht und durch den Schwerpunkt des n-Ecks geht.

Beispiel 10.2.1

Eine **gerade Pyramide** hat als Grundfläche ein Quadrat mit der Seitenlänge $a = 5$ cm und hat die Höhe $h = 9$ cm. Dann gilt:

$$V \;=\; \frac{1}{3}Gh \;=\; \frac{1}{3}a^2h \;=\; \frac{1}{3}\cdot 5^2\cdot 9\,\text{cm}^3 \;=\; 75\,\text{cm}^3.$$

$$O \;=\; G+M \;=\; a^2 + 4\cdot\frac{1}{2}ah_s,$$

wobei für die Höhe h_s der Seitendreiecke nach den Satz von Pythagoras gilt:

$$h_s \;=\; \sqrt{\frac{a^2}{4}+h^2}\;\text{cm} \;=\; \sqrt{\frac{25}{4}+9^2}\;\text{cm} \;=\; \sqrt{87.25}\;\text{cm} \;=\; 9.34\,\text{cm}.$$

Dann folgt aber:

$$O \;=\; 5^2\,\text{cm}^2 + 4\cdot\frac{1}{2}\cdot 5\,\text{cm}\cdot 9.34\,\text{cm} \;=\; 118.40\,\text{cm}^2.$$

$$M \;=\; 4\cdot\frac{1}{2}ah_s = 4\cdot\frac{1}{2}\cdot 5\,\text{cm}\cdot 9.34\,\text{cm} \;=\; 93.40\,\text{cm}^2.$$

10.2.2 Der senkrechte Kreiskegel

Definition 10.2.2
Läßt man ein rechtwinkliges Dreieck um eine Kathete rotieren, so entsteht ein **senkrechter Kreiskegel** *oder kurz* **Kegel**. *Die Grundfläche ist dann ein Kreis, die Mantelfläche ein Kreissektor.*

Abbildung 10.2.2
Kegel

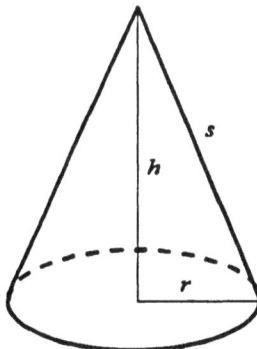

Satz 10.2.2

Für einen **Kegel** mit der Höhe h, dessen Grundfläche ein Kreis mit Radius r ist, gilt:

$$V = \frac{1}{3}\pi r^2 h,$$

$$O = \pi r(r + s) \text{ mit } s = \sqrt{r^2 + h^2},$$

$$M = \pi r s = \pi r\sqrt{r^2 + h^2}.$$

Beispiel 10.2.2

Gegeben sei ein Kegel mit $r = 6\,\text{cm}$ und $h = 8\,\text{cm}$. Dann gilt mit $s = \sqrt{6^2 + 8^2}\,\text{cm} = 10\,\text{cm}$:

$$V = \frac{1}{3}\pi r^2 h = \frac{1}{3}\pi \cdot 6^2 \cdot 8\,\text{cm}^3 = 96\pi\,\text{cm}^3 = 301.59\,\text{cm}^3.$$

$$O = \pi r(r + s) = \pi \cdot 6 \cdot (6 + 10)\,\text{cm}^2 = 96\pi\,\text{cm}^2 = 301.59\,\text{cm}^2.$$

$$M = \pi r s = \pi \cdot 6 \cdot 10\,\text{cm}^2 = 60\pi\,\text{cm}^2 = 188.50\,\text{cm}^2.$$

10.3   Körper ohne Grund- und Deckfläche

10.3.1   Die Kugel

Definition 10.3.1

Läßt man einen Kreis um eine Gerade durch den Mittelpunkt rotieren, so entsteht eine **Kugel**. *Alle Punkte auf der Kugeloberfläche haben vom Mittelpunkt den gleichen Abstand.*

Abbildung 10.3.1
Kugel

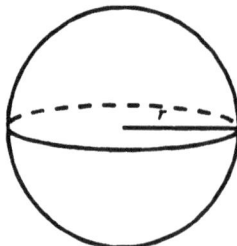

Bemerkung:
Beispiele für Kugeln sind Bälle und Ballone.

Satz 10.3.1
Für eine **Kugel** mit dem Radius r gilt:

$$V = \frac{4}{3}\pi r^3,$$
$$O = M = 4\pi r^2.$$

Beispiel 10.3.1
Gegeben sei eine Kugel mit $r = 5$ cm. Dann gilt:

$$V = \frac{4}{3}\pi r^3 = \frac{4}{3}\pi \cdot 5^3\, \text{cm}^3 = \frac{500}{3}\pi\, \text{cm}^3 = 523.60\, \text{cm}^3.$$
$$O = 4\pi r^2 = 4\pi \cdot 5^2\, \text{cm}^2 = 100\pi\, \text{cm}^2 = 314.16\, \text{cm}^2.$$

10.4 Körper mit abgetrennter Spitze

10.4.1 Der Pyramidenstumpf

Definition 10.4.1
Wird von einer Pyramide mittels einer zur Grundfläche parallelen Ebene der obere Teil abgetrennt, so entsteht ein **Pyramidenstumpf.**

Abbildung 10.4.1
Pyramidenstumpf

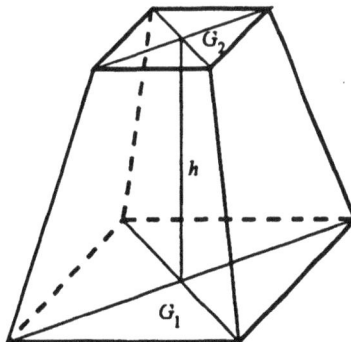

Satz 10.4.1

Für einen **Pyramidenstumpf** mit der Höhe h, dessen Grundfläche den Inhalt G_1 hat und dessen Deckfläche den Inhalt G_2 hat, gilt:

$$
\begin{aligned}
V &= \frac{1}{3}h\left(G_1 + \sqrt{G_1 G_2} + G_2\right), \\
O &= G_1 + G_2 + M, \\
M &= \text{Summe aller Seitenflächen.}
\end{aligned}
$$

Beispiel 10.4.1

Ein gerader Pyramidenstumpf mit der Höhe $h = 5\,\text{cm}$ hat als Grundfläche ein Quadrat mit der Seitenlänge $a_1 = 6\,\text{cm}$ und als Deckfläche ein Quadrat mit der Seitenlänge $a_2 = 3\,\text{cm}$. Dann gilt:

$$
\begin{aligned}
V &= \frac{1}{3}h\left(G_1 + \sqrt{G_1 G_2} + G_2\right) = \frac{1}{3}h\left(a_1^2 + \sqrt{a_1^2 a_2^2} + a_2^2\right) \\
&= \frac{1}{3}h\left(a_1^2 + a_1 a_2 + a_2^2\right) = \frac{1}{3}\cdot 5\cdot(36 + 6\cdot 3 + 9)\,\text{cm}^3 = 105\,\text{cm}^3.
\end{aligned}
$$

Die 4 Seitenflächen sind 4 deckungsgleiche Trapeze. Für deren Höhe s gilt:

$$
s = \sqrt{h^2 + \left(\frac{a_1 - a_2}{2}\right)^2} = \sqrt{5^2 + \left(\frac{6-3}{2}\right)^2}\,\text{cm} = \sqrt{\frac{109}{4}}\,\text{cm} = 5.22\,\text{cm}.
$$

Dann folgt aber:

$$
\begin{aligned}
O &= G_1 + G_2 + M = a_1^2 + a_2^2 + 4\cdot\frac{1}{2}(a_1 + a_2)\cdot s \\
&= \left(6^2 + 3^2 + 2(6+3)\cdot 5.22\right)\,\text{cm}^2 = 138.96\,\text{cm}^2. \\
M &= 4\cdot\frac{1}{2}\cdot(a_1 + a_2)s = 93.96\,\text{cm}^2.
\end{aligned}
$$

10.4.2   Der Kegelstumpf

Definition 10.4.2

*Wird von einem Kegel mittels einer zur Grundfläche parallelen Ebene der obere Teil abgetrennt, so entsteht ein **Kegelstumpf**.*

Abbildung 10.4.2
Kegelstumpf

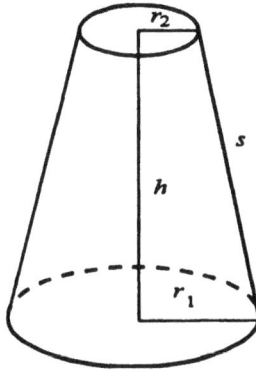

Satz 10.4.2

Für einen **Kegelstumpf** mit der Höhe h, dessen Grundfläche ein Kreis mit Radius r_1 ist und dessen Deckfläche ein Kreis mit Radius r_2 ist, gilt:

$$V = \frac{1}{3}\pi h \left(r_1^2 + r_1 r_2 + r_2^2\right),$$

$$O = \pi r_1^2 + \pi r_2^2 + \pi \left(r_1 + r_2\right) \cdot \sqrt{h^2 + \left(r_1 - r_2\right)^2}$$

$$M = \pi \left(r_1 + r_2\right) \cdot \sqrt{h^2 + \left(r_1 - r_2\right)^2}.$$

Beispiel 10.4.2

Ein senkrechter Kegelstumpf mit der Höhe $h = 6\,\text{cm}$ hat als Grundfläche einen Kreis mit dem Radius $r_1 = 5\,\text{cm}$ und als Deckfläche einen Kreis mit dem Radius $r_2 = 3\,\text{cm}$. Dann gilt:

$$\begin{aligned}
V &= \frac{1}{3}\pi h \left(r_1^2 + r_1 r_2 + r_2^2\right) = \frac{1}{3}\pi \cdot 6 \left(5^2 + 5 \cdot 3 + 3^2\right)\,\text{cm}^3 \\
&= 98\pi\,\text{cm}^3 = 307.88\,\text{cm}^3. \\
O &= \pi r_1^2 + \pi r_2^2 + \pi \left(r_1 + r_2\right) \cdot \sqrt{h^2 + \left(r_1 - r_2\right)^2} \\
&= \left(\pi \cdot 5^2 + \pi \cdot 3^2 + \pi \cdot \left(5 + 3\right) \cdot \sqrt{6^2 + \left(5 - 3\right)^2}\right)\,\text{cm}^2 \\
&= \left(34 + 16\sqrt{10}\right)\pi\,\text{cm}^2 = 265.77\,\text{cm}^2.
\end{aligned}$$

$$M \;=\; \pi\,(r_1 + r_2) \cdot \sqrt{h^2 + (r_1 - r_2)^2}$$

$$\;=\; \pi \cdot (5+3) \cdot \sqrt{6^2 + (5-3)^2}\,\text{cm}^2 \;=\; 16\sqrt{10}\,\pi\,\text{cm}^2 \;=\; 158.95\,\text{cm}^2.$$

10.5   Aufgaben zu Kapitel 10

Aufgabe 10.5.1
Berechnen Sie Volumen, Oberfläche und Mantelfläche eines Würfels mit der
Kantenlänge $a = 2.5$ m.

Lösung:

$V = a^3 = 2.5^3 \, \text{m}^3 = 15.625 \, \text{m}^3.$
$O = 6a^2 = 6 \cdot 2.5^2 \, \text{m}^2 = 37.5 \, \text{m}^2.$
$M = 4a^2 = 4 \cdot 2.5^2 \, \text{m}^2 = 25 \, \text{m}^2.$

Aufgabe 10.5.2
Das Volumen eines Würfels beträgt $300 \, \text{cm}^3$. Berechnen Sie die Kantenlänge
a des Würfels.

Lösung:

$V = a^3 = 300 \, \text{cm}^3 \Longrightarrow a = \sqrt[3]{300} \, \text{cm} = 6.69 \, \text{cm}.$

Aufgabe 10.5.3
Die Oberfläche eines Würfels beträgt $180 \, \text{cm}^2$. Berechnen Sie das Volumen
V des Würfels.

Lösung:

$O = 6a^2 = 180 \, \text{cm}^2 \Longrightarrow a^2 = 30 \, \text{cm}^2 \Longrightarrow a = \sqrt{30} \, \text{cm}$

$\Longrightarrow V = a^3 = \left(\sqrt{30} \, \text{cm}\right)^3 = 30\sqrt{30} \, \text{cm}^3 = 164.32 \, \text{cm}^3.$

Aufgabe 10.5.4
Berechnen Sie Volumen, Oberfläche und Mantelfläche eines Quaders mit der
Kantenlängen $a = 7.2$ cm, $b = 6.25$ cm und $c = 8.12$ cm.

Lösung:

$V = abc = 7.2 \cdot 6.25 \cdot 8.12 \, \text{cm}^3 = 365.4 \, \text{cm}^3.$
$O = 2ab + 2ac + 2bc = (2 \cdot 7.2 \cdot 6.25 + 2 \cdot 7.2 \cdot 8.12 + 2 \cdot 6.25 \cdot 8.12) \, \text{cm}^2 = 380.43 \, \text{cm}^2.$
$M = 2ac + 2bc = (2 \cdot 7.2 \cdot 8.12 + 2 \cdot 6.25 \cdot 8.12) \, \text{cm}^2 = 218.43 \, \text{cm}^2.$

Aufgabe 10.5.5

Berechnen Sie Volumen und Oberfläche eines Prismas mit der Höhe $h =$ 7 cm, dessen Grund- und Deckfläche ein gleichschenkliges Trapez ist mit der Höhe 4 cm und den beiden parallelen Seiten von 4 cm und 6 cm.

Lösung:

$$V = Gh = \frac{1}{2} \cdot (4 + 6) \cdot 4 \, \text{cm}^2 \cdot 7 \, \text{cm} = 140 \, \text{cm}^3.$$

Für den Umfang des Trapezes müssen die zwei nicht parallelen, gleich langen Seiten s berechnet werden. Es gilt:

$$s^2 = 4^2 + \left(\frac{6-4}{2}\right)^2 \implies s = \sqrt{17} \, \text{cm}.$$

Damit gilt dann:

$$U = \left(4 + 6 + 2\sqrt{17}\right) \, \text{cm} = \left(10 + 2\sqrt{17}\right) \, \text{cm}.$$

$$\implies O = 2G + Uh = \left(2 \cdot \frac{1}{2}(4+6) \cdot 4 + \left(10 + 2\sqrt{17}\right) \cdot 7\right) \, \text{cm}^2$$

$$= \left(110 + 14\sqrt{17}\right) \, \text{cm}^2 = 167.72 \, \text{cm}^2.$$

Aufgabe 10.5.6

Berechnen Sie Volumen, Oberfläche und Mantelfläche eines Zylinders mit der Höhe $h = 8.3$ cm und dem Radius $r = 3.28$ cm.

Lösung:

$V = \pi r^2 h = \pi \cdot 3.28^2 \cdot 8.3 \, \text{cm}^3 = 280.53 \, \text{cm}^3.$
$O = 2\pi r(r + h) = 2\pi \cdot 3.28(3.28 + 8.3) \, \text{cm}^2 = 238.65 \, \text{cm}^2.$
$M = 2\pi rh = 2\pi \cdot 3.28 \cdot 8.3 \, \text{cm}^2 = 171.05 \, \text{cm}^2.$

Aufgabe 10.5.7

Ein Zylinder hat die Höhe $h = 7$ cm und das Volumen $V = 100 \, \text{cm}^3$. Berechnen Sie die Oberfläche des Zylinders.

Lösung:

$$V = \pi r^2 h \implies 100 \, \text{cm}^3 = \pi r^2 \cdot 7 \, \text{cm}^3$$

$$\implies r^2 = \frac{100}{7\pi} \, \text{cm}^2 \implies r = \sqrt{\frac{100}{7\pi}} \, \text{cm}$$

$$\Longrightarrow O = 2\pi r(r+h) = 2\pi\sqrt{\frac{100}{7\pi}}\left(\sqrt{\frac{100}{7\pi}}+7\right)\text{cm}^2 = 122.36\,\text{cm}^2.$$

Aufgabe 10.5.8

Gegeben sei eine rechteckige, senkrechte Pyramide mit der Höhe $h = 7\,\text{cm}$, deren Grundfläche ein Rechteck ist mit den Seitenlängen $a = 6\,\text{cm}$ und $b = 3\,\text{cm}$. Berechnen Sie Volumen, Oberfläche und Mantelfläche der Pyramide.

Lösung:

$$V = \frac{1}{3}Gh = \frac{1}{3}abh = \frac{1}{3}\cdot 6\cdot 3\cdot 7\,\text{cm}^3 = 42\,\text{cm}^3.$$

Für die Höhen h_a und h_b der Seitendreiecke gilt:

$$h_a^2 = h^2 + \left(\frac{b}{2}\right)^2$$

$$\Longrightarrow h_a = \sqrt{h^2 + \left(\frac{b}{2}\right)^2} = \sqrt{7^2 + 1.5^2}\,\text{cm} = \sqrt{51.25}\,\text{cm} = 7.16\,\text{cm}.$$

$$h_b^2 = h^2 + \left(\frac{a}{2}\right)^2$$

$$\Longrightarrow h_b = \sqrt{h^2 + \left(\frac{a}{2}\right)^2} = \sqrt{7^2 + 3^2}\,\text{cm} = \sqrt{58}\,\text{cm} = 7.62\,\text{cm}.$$

Daraus folgt dann:

$$O = G + M = ab + 2\cdot\frac{1}{2}\cdot ah_a + 2\cdot\frac{1}{2}\cdot bh_b = ab + ah_a + bh_b$$
$$= (6\cdot 3 + 6\cdot 7.16 + 3\cdot 7.62)\,\text{cm}^2 = 83.82\,\text{cm}^2.$$
$$M = 2\cdot\frac{1}{2}\cdot ah_a + 2\cdot\frac{1}{2}\cdot bh_b = ah_a + bh_b = (6\cdot 7.16 + 3\cdot 7.62)\,\text{cm}^2 = 65.82\,\text{cm}^2.$$

Aufgabe 10.5.9

Berechnen Sie Volumen, Oberfläche und Mantelfläche eines Kegels mit $h = 12.73\,\text{cm}$ und $r = 3.42\,\text{cm}$.

Lösung:

Mit $s = \sqrt{r^2 + h^2} = \sqrt{3.42^2 + 12.73^2}\,\text{cm} = 13.18\,\text{cm}$ gilt:

$$V = \frac{1}{3}\pi r^2 h = \frac{1}{3}\pi\cdot 3.42^2\cdot 12.73\,\text{cm}^3 = 49.63\pi\,\text{cm}^3 = 155.92\,\text{cm}^3.$$

$$O = \pi r(r+s) = \pi\cdot 3.42\cdot(3.42 + 13.18)\,\text{cm}^2 = 56.77\pi\,\text{cm}^2 = 178.36\,\text{cm}^2.$$
$$M = \pi rs = \pi\cdot 3.24\cdot 13.18\,\text{cm}^2 = 42.70\pi\,\text{cm}^2 = 134.16\,\text{cm}^2.$$

Aufgabe 10.5.10

Berechnen Sie Volumen und Oberfläche eines kugelförmigen Medizinballs mit dem Radius $r = 25$ cm.

Lösung:

$$V = \frac{4}{3}\pi r^3 = \frac{4}{3}\pi \cdot 25^3 \, \mathrm{cm}^3 = \frac{62\,500}{3}\pi \, \mathrm{cm}^3 = 65\,449.85 \, \mathrm{cm}^3.$$
$$O = 4\pi r^2 = 4\pi \cdot 25^2 \, \mathrm{cm}^2 = 2500\pi \, \mathrm{cm}^2 = 7\,853.98 \, \mathrm{cm}^2.$$

Aufgabe 10.5.11

Gegeben sei ein rechteckiger, gerader Pyramidenstumpf mit der Höhe $h = 7.2$ cm. Die beiden Seitenlängen der Grundfläche betragen $a_1 = 8.4$ cm und $b_1 = 6$ cm, die der Deckfläche $a_2 = 4.2$ cm und $b_2 = 3.0$ cm. Berechnen Sie Volumen, Oberfläche und Mantelfläche des Pyramidenstumpfs.

Lösung:

$$V = \frac{1}{3}h\left(G_1 + \sqrt{G_1 G_2} + G_2\right) = \frac{1}{3}h\left(a_1 b_1 + \sqrt{a_1 b_1 a_2 b_2} + a_2 b_2\right)$$
$$= \frac{1}{3}\cdot 7.2\cdot\left(8.4\cdot 6\cdot +\sqrt{8.4\cdot 6\cdot 4.2\cdot 3} + 4.2\cdot 3\right)\mathrm{cm}^3 = 211.68\,\mathrm{cm}^3.$$

Die 4 Seitenflächen sind jeweils 2 deckungsgleiche Trapeze.

Für deren Höhen s_a und s_b gilt:

$$s_a = \sqrt{h^2 + \left(\frac{b_1 - b_2}{2}\right)^2} = \sqrt{7.2^2 + \left(\frac{6-3}{2}\right)^2}\,\mathrm{cm} = \sqrt{54.09}\,\mathrm{cm} = 7.36\,\mathrm{cm}.$$

$$s_b = \sqrt{h^2 + \left(\frac{a_1 - a_2}{2}\right)^2} = \sqrt{7.2^2 + \left(\frac{8.4-4.2}{2}\right)^2}\,\mathrm{cm} = \sqrt{56.25}\,\mathrm{cm} = 7.50\,\mathrm{cm}.$$

Dann folgt aber:

$$O = G_1 + G_2 + M$$
$$= a_1 b_1 + a_2 b_2 + 2\cdot\frac{1}{2}(a_1 + a_2)\cdot s_a + +2\cdot\frac{1}{2}(b_1 + b_2)\cdot s_b$$
$$= \left(8.4\cdot 6 + 4.2\cdot 3 + 2\cdot\frac{1}{2}(8.4 + 4.2)\cdot 7.36 + 2\cdot\frac{1}{2}(6+3)\cdot 7.50\right)\mathrm{cm}^2$$
$$= 223.24\,\mathrm{cm}^2.$$
$$M = 2\cdot\frac{1}{2}(a_1 + a_2)\cdot s_a + 2\cdot\frac{1}{2}(b_1 + b_2)\cdot s_b$$

$$= \left(2 \cdot \frac{1}{2} \left(8.4 + 4.2 \right) \cdot 7.36 + 2 \cdot \frac{1}{2} \left(6 + 3 \right) \cdot 7.50 \right) \, \text{cm}^2 = 160.24 \, \text{cm}^2.$$

Aufgabe 10.5.12

Gegeben sei ein Kegelstumpf mit der Höhe $h = 5.37\,\text{cm}$. Die Radien der Grund- und Deckfläche betragen $r_1 = 2.37\,\text{cm}$ und $r_2 = 1.98\,\text{cm}$. Berechnen Sie Volumen, Oberfläche und Mantelfläche des Kegelstumpfs.

Lösung:

$$V = \frac{1}{3} \pi h \left(r_1^2 + r_1 r_2 + r_2^2 \right) = \frac{1}{3} \pi \cdot 5.37 \left(2.37^2 + 2.37 \cdot 1.98 + 1.98^2 \right) \, \text{cm}^3$$

$$= 25.47 \pi \, \text{cm}^3 = 80.02 \, \text{cm}^3.$$

$$O = \pi r_1^2 + \pi r_2^2 + \pi \left(r_1 + r_2 \right) \cdot \sqrt{h^2 + \left(r_1 - r_2 \right)^2}$$

$$= \left(\pi \cdot 2.37^2 + \pi \cdot 1.98^2 + \pi \cdot \left(2.37 + 1.98 \right) \cdot \sqrt{5.37^2 + \left(1.98 - 2.37 \right)^2} \right) \, \text{cm}^2$$

$$= \left(9.54 + 4.35 \sqrt{28.99} \right) \pi \, \text{cm}^2 = 103.55 \, \text{cm}^2.$$

$$M = \pi \left(r_1 + r_2 \right) \cdot \sqrt{h^2 + \left(r_1 - r_2 \right)^2}$$

$$= \pi \cdot \left(2.37 + 1.98 \right) \cdot \sqrt{5.37^2 + \left(1.98 - 2.37 \right)^2} \, \text{cm}^2 = 4.35 \sqrt{28.99} \pi \, \text{cm}^2$$

$$= 73.58 \, \text{cm}^2.$$

Aufgabe 10.5.13

Ein Aquarium hat die Form eines Quaders. Die Außenmaße (Länge, Breite, Höhe) betragen $a = 100\,\text{cm}$, $b = 60\,\text{cm}$ und $c = 50\,\text{cm}$. Alle Glasseiten haben eine Dicke von $d = 0.75\,\text{cm}$. Berechnen Sie das Volumen V_1 des Glasteils und das Volumen V_2 für die Wasserfüllung, wenn das Aquarium randvoll gefüllt wird.

Lösung:

Für das gesamte Volumen gilt:

$$V = abc = 100 \cdot 60 \cdot 50 \, \text{cm}^3 = 300\,000 \, \text{cm}^3.$$

Für das Volumen der Wasserfüllung gilt:

$$V_2 = (a - 1.5)(b - 1.5)(c - 0.75) = 98.5 \cdot 58.5 \cdot 49.25 \, \text{cm}^3 = 283\,790.81 \, \text{cm}^3.$$

Dann gilt für das Volumen des Glasteils:

$$V_1 = V - V_2 = 300\,000\,\text{cm}^3 - 283\,790.81\,\text{cm}^3 = 16\,209.19\,\text{cm}^3.$$

Aufgabe 10.5.14

Ein Werkstück besitzt die Form eines Zylinders, wobei an beiden Enden eine Halbkugel mit dem gleichen Radius aufgesetzt ist. Berechnen Sie Volumen und Oberfläche des Werkstücks, falls die Höhe des Zylinders $h = 3\,\text{cm}$ und der Radius $r = 0.5\,\text{cm}$ betragen.

Lösung:

$$V = V_{\text{Zylinder}} + 2 \cdot V_{\text{Halbkugel}} = \frac{1}{3}\pi r^2 h + 2 \cdot \frac{2}{3}\pi r^3$$

$$= \left(\frac{1}{3}\pi \cdot 0.5^2 \cdot 3 + \frac{4}{3}\pi \cdot 0.5^3\right)\,\text{cm}^3 = 1.31\,\text{cm}^3.$$

$$O = M_{\text{Zylinder}} + 2 \cdot O_{\text{Halbkugel}} = 2\pi r h + 2 \cdot 2\pi r^2$$

$$= \left(2\pi \cdot 0.5 \cdot 3 + 4\pi \cdot 0.5^2\right)\,\text{cm}^2 = 4\pi\,\text{cm}^2 = 12.57\,\text{cm}^2.$$

Aufgabe 10.5.15

Ein hantelförmiges Werkstück hat die Form eines Zylinders mit zwei aufgesetzten gleich großen Kegelstümpfen. Das Volumen des gesamten Werkstücks beträgt $350\,\text{cm}^3$. Für den Zylinder gelten $h_1 = 6\,\text{cm}$ und $r_1 = 2.5\,\text{cm}$. Die Höhen der Kegelstümpfe betragen $h_2 = 3\,\text{cm}$. Berechnen Sie den Radius der Grund- und Deckfläche des Werkstücks, also den zweiten Radius der Kegelstümpfe.

Lösung:

$$V = V_{\text{Zylinder}} + 2 \cdot V_{\text{Kegelstumpf}} = \pi r_1^2 h_1 + 2 \cdot \frac{1}{3}\pi h_2 \cdot \left(r_1^2 + r_1 r_2 + r_2^2\right)$$

$$= \pi \cdot 2.5^2 \cdot 6 + \frac{2}{3}\pi \cdot 3 \cdot \left(2.5^2 + 2.5 \cdot r_2 + r_2^2\right) = 6.28 \cdot r_2^2 + 15.71 r_2 + 157.08.$$

Damit gilt:

$$6.28 \cdot r_2^2 + 15.71 r_2 + 157.08 = 350 \Longrightarrow 6.28 \cdot r_2^2 + 15.71 r_2 - 192.92 = 0.$$

Diese quadratische Gleichung hat die Lösungen 4.43 und -6.93.

Damit gilt: $r_2 = 8.10\,\text{cm}$.

Aufgabe 10.5.16

Ein unten offener Silobehälter in der Landwirtschaft hat die Form eines

Zylinders mit oben aufgesetztem Kegel. Der unten offene Teil des Silos wird durch einen Kegelstumpf beschrieben. Es gelten folgende Maße:

Zylinder: $h_1 = 8\,\mathrm{m}$ und $r_1 = 3\,\mathrm{m}$,

Kegel: $h_2 = 1\,\mathrm{m}$ und $r_2 = 3\,\mathrm{m}$,

Kegelstumpf: $h_3 = 2\,\mathrm{m}$, $r_3 = 3\,\mathrm{m}$ und $r_4 = 0.5\,\mathrm{m}$.

Berechnen Sie den Blechbedarf für das Silo, falls 10% Verschnitt eingerechnet werden müssen.

Lösung:

$$O = M_{\text{Zylinder}} + M_{\text{Kegel}} + V_{\text{Kegelstumpf}}$$

$$= 2\pi r_1 h_1 + \pi r_2 \sqrt{r_2^2 + h_2^2} + \pi\,(r_3 + r_4) \cdot \sqrt{h_3^2 + (r_3 + r_4)^2}$$

$$= \left(2\pi \cdot 8 \cdot 3 + \pi \cdot 3\sqrt{3^2 + 1^2} + \pi\,(3 + 0.5) \cdot \sqrt{2^2 + (3 + 0.5)^2} \right)\ \mathrm{m}^2$$

$$= 224.93\,\mathrm{m}^2.$$

Also müssen $224.93 \cdot 1.1\,\mathrm{m}^2 = 247.42\,\mathrm{m}^2$ Blech bereitgestellt werden.

Index

www.ingramcontent.com/pod-product-compliance
Lightning Source LLC
Chambersburg PA
CBHW050657190326
41458CB00008B/2601